神东千万吨矿井群
核心技术研究

Research on the core technology of ten million
ton mine group in Shendong Mining Area

王存飞 ／ 著

中国矿业大学出版社

·徐州·

内 容 提 要

本书系统总结了近十年以来神东公司在科研攻关、技术研发、管理创新等方面取得的系列核心关键技术成果,建成了千万吨矿井群的煤炭生产基地。内容主要包括神东矿区概况、千万吨矿井群规划及生产系统、千万吨矿井高效开采技术、千万吨矿井安全开采技术、千万吨矿井绿色开采技术、千万吨煤矿智能开采技术、千万吨矿井智能洗选技术以及千万吨矿井全面管理技术、主要创新技术成果。

本书可供从事煤矿开采的工程技术人员、科研人员以及高等院校采矿工程专业师生参考。

图书在版编目(CIP)数据

神东千万吨矿井群核心技术研究 / 王存飞著. —徐

州 : 中国矿业大学出版社,2022.12

ISBN 978 - 7 - 5646 - 5265 - 4

Ⅰ. ①神… Ⅱ. ①王… Ⅲ. ①矿井－煤矿开采－技术

Ⅳ. ①TD82

中国版本图书馆 CIP 数据核字(2021)第 255857 号

书　　名	神东千万吨矿井群核心技术研究
	SHENDONG QIANWANDUN KUANGJINGQUN HEXIN JISHU YANJIU
著　　者	王存飞
责任编辑	马晓彦
出版发行	中国矿业大学出版社有限责任公司
	(江苏省徐州市解放南路　邮编 221008)
营销热线	(0516)83885370　83884103
出版服务	(0516)83995789　83884920
网　　址	http://www.cumtp.com　E-mail:cumtpvip@cumtp.com
印　　刷	苏州市古得堡数码印刷有限公司
开　　本	787 mm×1092 mm　1/16　印张 26.5　字数 662 千字
版次印次	2022 年 12 月第 1 版　2022 年 12 月第 1 次印刷
定　　价	118.00 元

(图书出现印装质量问题,本社负责调换)

前　言

　　国能神东煤炭集团有限责任公司（以下简称"神东公司"）是国家能源集团的骨干煤炭生产企业，地跨陕、蒙、晋三省区，2011 年产量就已经突破 2 亿 t，截至 2021 年，采掘机械化率达到 100%，资源回收率达到 80% 以上，矿井人均工效最高达到 150 t/工，是世界上生产规模最大、技术水平最先进的现代化煤炭生产基地。神东公司立足支撑国家能源集团"具有全球竞争力的世界一流能源集团"的发展战略，坚持"安全、高效、创新、协调"的核心价值观，大力推进"绿色开采、智能开采、清洁利用、一体化管理"发展思路，坚持规模优先、效率优先，建成了千万吨矿井群的煤炭生产基地。

　　神东公司近 10 年以来，率先在全国建成了千万吨矿井集群的高产高效矿区，首创了世界上第一个 7.0 m、8.8 m 特大采高综采工作面，研发了 6 000 m 可伸缩单点驱动带式输送机和地面箱式移动变电成套技术，确立了"一井一面年产 1 000 万 t"和"一井两面年产 2 000 万 t"的千万吨矿井生产格局，建成了"大柳塔煤矿沉陷区国家水土保持科技示范园""哈拉沟煤矿沉陷区国家水土保持生态文明工程"等代表性生态修复示范基地，多项创新成果如"千万吨矿井群资源与环境协调开发技术""生态脆弱区煤炭现代开采地下水和地表生态保护关键技术"荣获国家科技进步二等奖，为我国大型煤炭基地的规划、建设与发展起到了积极的示范和引领作用。

　　本书总结了近 10 年以来神东公司在科研攻关、技术研发、管理创新等方面取得的一系列核心关键技术成果，旨在为我国煤炭工业的高效、安全、绿色、智能、集约化发展提供借鉴。全书总共有 9 章内容：第 1 章介绍了神东矿区主采煤层赋存条件及千万吨矿井群分布状况；第 2 章阐述了神东矿区无盘区划分开拓布置革新理念，研发了无人值守 6 000 m 可伸缩单点驱动带式输送机、电柴混合双动力运输装备、地面箱式变电站垂直供电技术等生产配套系统；第 3 章创建了 8.8 m 特大采高综采工作面成套装备及技术，双巷快速掘进、掘锚一体化、全断面盾构施工斜井技术，短壁机械化开采技术以及薄煤层等高式采煤技术，引领了国内外一次采全高综采工作面高效开采技术的发展及应用；第 4 章提出并形成了特大采高综采工作面围岩控制技术、坚硬顶板弱化改性技术、无煤柱开采围岩控制技术、近距离煤层群安全开采技术、矿压预警平台安全保障技术、富水顶板下安全开采以及一通三防安全保障技术等，确保了神东千万吨矿井群综采工作面的安全开采；第 5 章首创了煤矿分布式地下水库关键技术、采损区微生物复垦以及水土保持监测与管理等方面的先进技术和卓越成效,实现了千万吨矿井群高效采煤与生态保护的协调开发;第6章陈述了神东矿区智能化开采技术、煤矿机器人技术、矿区综合信息传输平台、数据协议与接口标准化、矿用鸿蒙系统、智能一体化管控平台等,创建了首个亿吨矿区中央生产控制指挥中心,形成了神东特色的智能化开采技术体系;第7章以上湾洗煤厂为例系统介绍了智能化洗选技术、选煤生产智能决策系统建设以及智能化选煤厂建设进展,实现了千万吨级选煤厂的智能化建设;第8章归纳了神东公司千万吨矿井全面管理技术,包括综合性管理体系、标准化体系、生产经营管理、人力资源管理、精益化管理、专业化服务和矿业组合服务,提升了企业的核心竞争力,引领煤炭行业规范化和专业化管理;第9章高度凝练总结了神东千万吨矿井群核心创新技术成果。

本书的研究工作是在神东公司与中国矿业大学、中国矿业大学(北京)、中煤科工集团、西安科技大学、辽宁工程技术大学、太原理工大学等高校和科研院以及郑州煤矿机械集团股份有限公司等单位联合攻关下完成的,并得到了国家能源集团、神东公司相关领导、工程技术人员的大力支持与帮助,在此表示诚挚的感谢。

限于作者水平等因素,书中难免存在缺陷或错误,恳请煤炭行业专家、技术人员和广大读者批评指正。

作　者

2022 年 7 月

目　　录

第1章 神东矿区概况

1.1 公司概况

  国能神东煤炭集团有限责任公司(以下简称"神东公司")地跨陕西、内蒙古、山西三省区,是国家能源集团的骨干煤炭企业之一。现有安全高效矿井 13 个(如图 1-1 所示),其中陕西省5 个(大柳塔煤矿、哈拉沟煤矿、石圪台煤矿、锦界煤矿、榆家梁煤矿),内蒙古 7 个(上湾煤矿、补连塔煤矿、乌兰木伦煤矿、布尔台煤矿、柳塔煤矿、寸草塔煤矿、寸草塔二矿),山西省1 个(保德煤矿)。神东公司井田面积为 1 027.82 km²,截至 2021 年保有地质储量为 123.43 亿 t,可采储量为 77.17 亿 t。

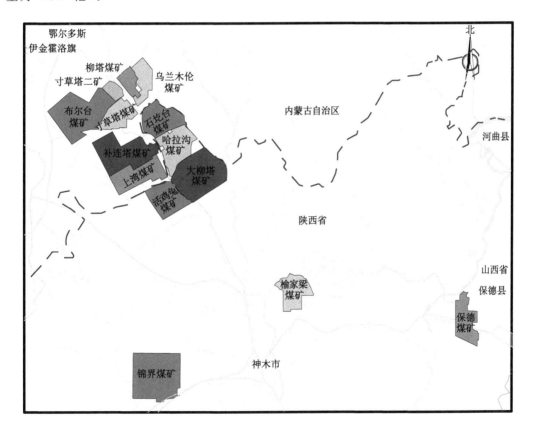

图 1-1 神东公司井田分布

神东公司所属矿井于1985年开发建设,经历了由小型矿井群到千万吨现代化矿井群的转变。20世纪90年代初期确立了高起点、高质量、高技术、高效率、高效益的建设方针;1998年以后,创建了以生产规模化、技术现代化、队伍专业化、管理信息化为特征的千万吨矿井群生产模式。2005年率先建成全国第一个亿吨级煤炭生产基地。2011年,神东公司产量突破2亿t,成为全国首个2亿t煤炭生产基地,约占全国煤炭总产量的5.2%,目前位居我国十四大煤炭基地之首。截至2020年10月底累计产量达30.73亿t。

近10年以来,神东公司依靠技术和管理创新,发展新型集约化生产模式,形成了世界第一大千万吨矿井群。全国26座千万吨级井工煤矿中,神东公司占据9座,占比高达35%。

神东公司所属矿井除保德煤矿以外均属神府东胜侏罗纪煤田,含煤地层为侏罗系中下统延安组,共包含5个煤组,可采煤层一般为7~9层。地层倾角为1°~3°,为平缓向西倾斜的单斜构造,地质及水文地质条件较为简单;煤层埋藏浅,赋存稳定,煤层露头发育烧变岩,无岩浆活动,煤层易自燃,煤尘有爆炸危险性,瓦斯含量低,总体上开采技术条件较好。

保德煤矿属河东煤田,含煤地层为石炭系太原组及二叠系山西组,可采煤层为4层。井田总体呈平缓的单斜构造,地层倾角为3°~9°,地质及水文地质条件中等,煤层易自燃,煤尘有爆炸危险性,瓦斯含量较高。

1.2 自然地理

1.2.1 地理位置

神东公司开发经营的神府东胜煤田相对集中的区域(以下简称"神东矿区")地理坐标为东经109°51′~110°46′、北纬38°52′~39°41′,地处乌兰木伦河的两侧。神东矿区位于陕西省榆林市神木市北部、内蒙古鄂尔多斯市伊金霍洛旗南部,行政辖区隶属神木市大柳塔镇级试验区、中鸡镇、店塔镇、伊金霍洛旗乌兰木伦镇。矿区内交通便捷,公路纵横交错。区内有阿镇—大柳塔—神木一级公路、包头—大柳塔二级公路,矿区西面有包茂高速公路、北面有荣乌高速公路、南面有榆神高速公路经过。向西北50 km至伊金霍洛旗及鄂尔多斯市康巴什新区,向北100 km至鄂尔多斯市东胜区、180 km至包头市,向南60 km至神木市、150 km至榆林市、720 km至西安市。矿区内包神、神朔、神延、巴准等运煤专用铁路均已投入运营多年,北可达包头,南可达西安,东经山西、河北可达沿海秦皇岛、天津、黄骅港等港口,矿区的煤炭可运达全国大部分地区。

保德煤矿位于山西省保德县境内,分属东关、桥头两镇辖区。陕西省与山西省的韩府二级公路、五保高速公路和神朔复线电气化铁路从矿区中部通过,神朔铁路在该矿地面生产洗选系统北侧设有枣林装车站。保德煤矿的煤炭通过自动装车系统装上火车,经神木—朔州—黄骅港铁路运往国内各地,交通方便。

1.2.2 地形地貌

神东矿区以及保德煤矿位于我国西北地区东部、鄂尔多斯盆地中东部及边缘地区,是毛乌素沙地与陕北黄土高原的接壤带。矿区东西地貌变化较大。西北部主要为固定和半固定的沙丘地貌,东南部主要为黄土沟壑和土塬地貌,全区地势总体呈西北高东南低,西北部沙丘地区地形起伏相对较小,东南部局部地区沟壑纵横、切割强烈、地形支离破碎、起伏较大,平均海拔为+1 200 m左右。

1.2.3　气象水文

神东矿区为典型的中温带干旱、半干旱大陆性气候。气候特点为:春季多风、夏季炎热、秋季凉爽、冬季寒冷,四季冷热多变,昼夜温差悬殊,干旱少雨,蒸发量大,降雨多集中在7—9月份。全年无霜期短,一般10月份上冻,次年4月份解冻。夏季最高气温可达40 ℃,冬季最低气温降至−30 ℃,平均降雨量为400 mm左右,平均蒸发量为2 300 mm左右。

神东矿区属于黄河一级支流窟野河流域,窟野河的上游乌兰木伦河自西北向东南纵贯矿区,至房子塔处与窟野河的另一条支沟悖牛川汇合后经神木最后注入黄河。乌兰木伦河、悖牛川有常年流水,丰水期和平水期随季节变化明显,年平均流量分别为3.74 m³/s和4.2 m³/s。其支流在矿区内自北向南主要有公涅尔盖沟、考考赖沟、柳根沟、呼和乌素沟、补连沟、活鸡兔沟、哈拉沟、母河沟、双沟等河流。矿区开发建设初期,供水水源地主要有哈拉沟、考考赖沟、石圪台沟、公涅尔盖沟等,随着矿区生产规模和开采范围的不断扩大,水源地已日益枯竭。

锦界井田大部分属于黄河一级支流秃尾河流域,井田内发育两条常年性沟流——青草界沟和河则沟,均为秃尾河支流。南部的青草界沟流量为0.12 m³/s,在瑶镇滴水崖附近汇入秃尾河,河则沟流量为0.16 m³/s。井田西侧流过的秃尾河,正常流量为12.7 m³/s,洪峰最大流量为2 120 m³/s(1971年7月21日),年径流量为3.08亿 m³,年输沙量为7.69×10⁶ t。

保德井田属于黄河支流朱家川河流域,朱家川河为区内唯一的季节性河流,从井田中南部自东向西穿过并汇入黄河。朱家川河全长为167.5 km,至下流碛水文站的流域面积为2 881 km²,流量的季节变化剧烈,1—5月和9—12月的流量小,6—8月的洪水流量大,高达3.80～7.34 m³/s;洪水期内流量的日变化也很大,洪水瞬时流量高达181～401 m³/s。

1.3　矿区地质概况

1.3.1　神东矿区地层

神东矿区位于鄂尔多斯大型聚煤盆地的东北部,煤田开采规划区内地面广泛覆盖着现代风积沙及第四系黄土,主要含煤地层中下侏罗统延安组($J_{1-2}y$)分布广泛、含煤丰富。区内地质构造简单,全区总体以单斜构造为主,断层发育较少。煤层埋藏浅,平均地表以下70 m左右即可见到煤层。各主要煤层均属特低灰、特低硫、特低磷、中高发热量、高挥发分的长焰煤和不黏煤。神东矿区地层综合柱状图如图1-2所示。

1.3.2　保德井田地层

保德煤矿属于河东煤田-天桥泉域的一部分,区内大面积被新生界地层覆盖,仅在沟谷中出露基岩。据钻探揭露及地表调查,区内地层有奥陶系中统马家沟组(O_2m)、峰峰组(O_2f)、石炭系中统本溪组(C_2b)、上统太原组(C_3t),二叠系船山统山西组(P_1s)、船山统下

地层时代				地层(煤层)厚度/m		层间距/m	煤层编号	柱状(1:500)	岩性特征	说明
界	系	统	组	段	最小~最大 / 平均	累计厚度	最小~最大 / 平均				
新生界	第四系	全新统 Q₄	全新统 Q₄		0~35.0 / 15.0	5.0				风积沙,矿区广泛分布。成分主要为石英、长石;组成固定、半固定沙丘	
		上更新统 Q₃	兰马组 Q₃m		0~20.0 / 10.0	15.0				黄土,分布于梁峁区顶部,为黄色粉砂质亚砂土、亚黏土。顶部偶见一层0.5~1.0m的淤泥质亚砂土(黑垆土)。	
			萨拉乌苏组 Q₃s		15.0~60.0 / 30.0	45.0				湖积物,分布于滩地和阶地。岩性为褐黄色粉细砂、中细砂,有少量零星小砾石。为揭灰色亚砂土,水平层理发育,有群体平卷螺化石	
		中更新统 Q₂	离石组 Q₂l		20.0~70.0 / 40.0	85.0				风积黄土,棕黄色、灰黄色粉砂质亚砂土、亚黏土。下部结构密实,垂直节理发育,含钙质结核有3~10层古土壤。上部黄土质地较下部疏松,夹3~5层古土壤	
	第三系 R	上新统 N₂			15.0~40.0 / 20.0	105.0				上部浅棕色橘黄色黏土。夹数层钙板及钙质结核层,底部有厚1~2m的砂砾石层。上部浅棕红色黏土多成陡壁或陡坎,风化后呈鳞片状,含动物化石	
中生界	侏罗系 J	中统 J₂	安定组 J₂a		0~98.70 / 57.07	162.07				杂色砂质泥岩、粉砂岩与中细砂岩不等厚互层。砂质含泥砾,斜层理理杂色砂质泥岩、粉砂岩不等厚互层。中细砂岩厚而稳,向南逐渐变薄。砂质含泥岩、斜层理理紫红色中粗粒含砾长石石英砂岩,呈巨厚层状透镜状出现。该地层分布于补连区石灰沟以西,神北区的扎子沟以北,新庙的切概沟与柬会川之间	
			直罗组 J₂z		0~137.54 / 49.06	211.13				灰绿色、局部紫色的杂色细砂岩,粉砂岩、泥岩和砂质泥岩不等厚互层。泥岩多水平层理,含铁质结核。底部为巨厚层状灰白色中粗粒含砾长石砂岩和砂砾岩,含大量炭屑或泥砾,砾石的分选性磨圆度极差,板状斜层理发育。局部地段发育一层砾岩。该地层广布于梁峁之上,处于安定组之下	
		中统	延安组 安组	第五段	0~2.92 / 1.16;0~4.24 / 1.90;0~11.27 / 5.55	252.52	4.56~24.39 / 15.39;7.45~42.06 / 20.97	1⁻¹;1⁻²上;1⁻²		本段岩性以浅色、砂泥岩、颗粒粗的长石砂岩、石英砂岩为主体,含1煤组。1⁻²煤层为矿区局部可采煤层,分布于矿区北部巴图塔、前石圪台、补连沟、石灰沟、活鸡兔、朱盖沟一带。1⁻²煤层是本区主要可采煤层,活鸡兔区出露较浅,受成煤后期剥蚀影响,在淖尔塔、布爷壕、朱盖沟等处缺失。该煤层有两个富集集中区,一是呼和乌素沟与扎子沟间,二是石圪台地区	
生界	罗系	下统 J₁₋₂		第四段	0~2.96 / 1.06;0.1~7.89 / 4.53	288.24	12.79~58.19 / 30.30	2⁻²煤层;2⁻²上		本段为单一沉积旋回的岩石组合,含2煤层。2⁻²上煤层为局部可采煤层,分布于神北区寨子梁、双沟一线以南,呼和乌素沟至考考赖沟一带。2⁻²煤层为矿区主采煤层,厚度大、分布广,柠条塔一带最为发育。两个集中区分别在补连塔与温家塔和朱尔盖沟以南地区,且本煤层在三不拉、敏盖兔、石卯塔及其以东被剥蚀成煤	
		下安组		第三段	0~5.00 / 2.65;0~2.67 / 1.45;0~3.48 / 1.81	330.02	0~67.71 / 39.09	3⁻¹;3⁻²;3⁻³		本段的3⁻¹煤层是矿区的主采煤层,结构单一,是全区唯一不分叉煤层,该煤层厚度在区域内稳定,属中厚煤层。相对富集区在补连区的中东部,神北区的石圪台、窑疙湾,新庙区的满米梁、温家塔和庙沟以南的广大地区。该煤层的两个不可采煤带为朱尔盖沟北侧的北东条带和准格尔召向西南延至巴图塔北侧构成的"S"形薄煤带	4⁻²煤合并厚度 1.20~3.85 / 3.10
		统组		第二段	0~1.51 / 0.42;0~2.34 / 0.63;0.10~2.40 / 0.48	388.81	1.10~26.74 / 13.67;12.70~75.12 / 43.91	4⁻²上;4⁻²;4⁻³;4⁻⁴		岩段多细碎屑岩,尤以4⁻⁴煤层泥岩最发育,含众多煤层及碳质泥岩。化石层位较多,叠锥泥灰岩是本段重要标志性特征。4⁻²煤层是矿区主要可采煤之一,是个区域广阔的分叉区。富集区位于考考乌素沟以南及新民区南部。4⁻³煤层属局部可采,厚度稳定、单一结构。可采部分集中在温家梁、石圪台、布袋壕和呼和乌素沟以北地区,另一处则在黑炭沟及活鸡兔区	5⁻²煤合并厚度 2.18~8.24 / 5.77
生界	系 J	J₁₋₂	J₁₋₂y	第一段	0~6.61 / 2.59;0~7.75 / 1.76;0~1.58 / 0.58	420.10	5.77~40.01 / 18.77	5⁻¹;5⁻²;6		下部为厚层状灰白色中粒长石砂岩、长石石英砂岩,向上过渡为细碎屑岩和煤,含5煤组。5⁻¹煤层分布于乌兰木太沟、敏盖兔至枣枝沟一线,煤层厚度变化大。5⁻²煤层是主采煤层,但在新庙等区有一个范围较人的无煤区。该煤层主要分布于矿区的东北及西南两大自然沉积区	
		下统 J₁	富县组 J₁s		0~37.17 / 6.73	425.83				紫红色、灰绿色杂色泥岩与石英砂岩互层,夹黑色泥岩、薄煤层及油页岩	
Mz	三叠系 T	上统 T₃	延长组 T₃y		不详					本段以巨厚层状中粒长石砂岩为主,砂岩内含大量黑云母及绿色泥岩,以楔形层理及板斜层理发育为特征。该煤系为煤层沉积基底,出露于矿区东缘和南缘	

图 1-2 神东矿区地层综合柱状图

石盒子组（P_1x）、乐平统上石盒子组（P_2s），新近系上新统保德组（N_2b）及第四系。保德井田地层综合柱状图如图 1-3 所示。

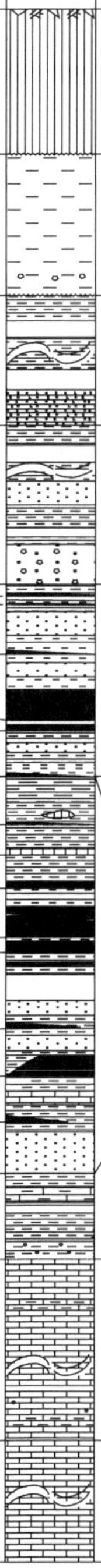

地层时代			代号	地层厚度/m（最大～最小）平均	地层厚度/m（最大～最小）平均	标志层代号及煤组编号	煤层编号	柱状（1:500）	岩性描述
界	系	统	组						
新生界 Kz	第四系	全新统 / 上更新统		Q_{2+3+4}	0～120.00 / 40.46				上部为砂、砾石层，残、坡积物，下部为土黄色砂土、亚砂土，质地均一，结构疏松，具垂直节理，底部有松散砾石层
	第三系	上新统		N_2	0～80.35 / 32.59				主要为橘红色粉砂质黏土，夹钙质结核，底部有砂砾石层。与下伏地层呈不整合接触，大部分区域该地层缺失
古生界 Pz	二叠系	下统	上石盒子组	P_2s	0～294.00 / 85.93		S_6		上部为灰色、灰绿色、中厚层状中细粒、长石、石英砂岩为主，夹薄层状泥岩；下部为细砂岩，含砾粗粒砂岩，具大型斜交层理，与下伏岩层呈整合接触。S_6：灰白色，巨厚层状，含砾、粗粒、长石、石英砂岩，局部有铁锰矿层，底部有冲刷现象
			下石盒子组	P_1x	0～169.80 / 91.94		S_5		顶部：紫红、灰黄、黄绿、浅灰色泥岩，夹1层3～5 m厚的灰绿色中-细粒砂岩，具板状斜层理。中部：灰绿色巨厚层中-粗粒长石、石英砂岩，含砾，底部有冲刷构造，上下斜层理发育，矿区的北部厚度大。下部：灰绿色中-细粒长石、石英砂岩，灰、灰黄色泥岩及砂质泥岩。S_5：灰白色厚层状含砾粗粒长石、石英砂岩，具楔状斜层理，与下伏地层呈整合接触
			山西组	P_1s	22.86～95.44 / 54.13	2.15～10.39 / 6.39；0.37～4.50 / 1.81	S_4 / S_3	3 / 4 / 8-1 / 8-2		上部为灰白色黏土岩、灰黑色泥岩、灰白色细砂岩，砂质泥岩与泥岩互层，其中砂岩多为钙质胶结，并含星点状、条带状菱铁矿；中下部为灰白色中粒长石、石英砂岩，钙、硅质胶结，灰黑色黏土、泥岩、砂质泥岩夹煤层，是区内主要的含煤层段之一。高岭石泥岩常见于煤层的顶底板。粉砂岩具水平、缓波状层理，砂质泥岩中含芦木化石及煤屑，黏土岩中含植物根、叶化石，含3#、4#、6#、8#煤，其中8#煤层为全区可采，在井田北部分岔为8-2、8#煤层。S_4：灰白色粗粒长石、石英砂岩，底部含砾，呈正粒序。层位比较稳定。S_3：（北岔沟砂岩）灰白色粗砂岩及含砾粗粒长石、石英砂岩，大型斜层理比较发育，与下伏地层呈整合接触
	石炭系	上统	太原组	C_3t	54.09～115.20 / 83.65	0.38～11.91 / 1.45；1.11～13.28 / 7.20；0～3.68 / 1.76；0～10.00 / 3.11	L_2 / L_0 / S_1	10 / 11-1 / 11-2 / 13		为主要含煤层段，上段岩性为生物碎屑灰岩、菱铁质泥岩、黑色泥岩和粉砂岩，与煤层呈互层。下段岩性为砂岩、泥岩、砂质泥岩、碳质泥岩、页岩，与煤层呈互层，偶见含不稳定的生物碎屑灰岩，砂岩厚度大，层位比较稳定，砂岩中含星散状黄铁矿细晶。含9#、10#、11#、13#、14#、15#、16#煤层，其中10#、11#、13#煤层为全区主要可采煤层，11#煤层在井田东部有分叉现象，13#煤层在井田西部缺失。L_2（保德灰岩）：层位较稳定，岩性以钙质泥岩和泥灰岩为主，含菱铁矿结核。11#煤层顶板、地层对比标志。S_1（晋祠砂岩）：灰白色中、粗粒石英砂岩，底部含砾，硅、铁质胶结，砂岩中含菱铁质结核，与下伏地层整合接触
		中统	本溪组	C_2b	6.74～52.37 / 20.45				上部为中粗粒长石、石英砂岩、粉砂岩，灰黑色泥岩，灰黑色泥质砂岩，灰岩中含动物化石碎片，中部为灰色黏土岩，顶部含植物根茎化石，含黄铁矿团块，底部为灰色致密状、鲕状铝土矿，与下伏奥陶系灰岩呈平行不整合接触
	奥陶系	中统	峰峰组	O_2f	94.09～125.75 / 106.87				岩性以白云质灰岩、碎屑灰岩为主，呈灰白色、棕灰色、深灰色，隐晶质结构，厚层状构造，垂向节理发育。局部有星点及团块状黄铁矿
			马家沟组	O_2m	>75.03				浅灰～黄灰色灰岩，隐晶质结构，中厚层状构造。局部有溶蚀现象，溶洞直径为5～7 mm，呈蜂窝状。最大揭露厚度为108.6 m，未见底

图 1-3　保德井田地层综合柱状图

第2章 千万吨矿井群规划及生产系统

2.1 开拓与采掘全煤巷布置

2.1.1 矿井平/斜硐开拓方式

井筒形式通常有平硐、立井、斜井三种基本类型。其中,平硐的井上下无须调车场,运输环节少、运输系统简单,是最优越的一种开拓方式。当平硐上山部分有足够的储量时,应优先采用。和斜井相比,立井由于其施工和装备以及配套设施复杂,从经济上考虑不适宜于浅埋深的井田开拓。神东矿区煤层埋深范围大多在 $30\sim80$ m,显然应排除立井开拓方式。因此,可行的只有平硐和斜井开拓方式。但斜井的辅助提升一般采用轨道串车提升(提矸、下料和上下人员等),井上下均需设置调车场,矿车至井下后要通过调车场进入大巷,提升运输能力低。特别是当矿井生产能力较大时,这一缺陷愈加明显,甚至不能满足辅助提升的需要,成为建设大型矿井的"瓶颈"。

神东矿区在多年的实践中认识到,要想充分发挥其自然优势,建设高产高效集约化生产的特大型矿井,必须从各方面冲破传统束缚。在开拓方面,通过对矿井系统的分析,明确了副斜井是制约建设高产高效矿井的主要因素之一。神东矿区结合矿井无轨胶轮车辅助运输新方式,首次提出了"斜硐"井筒形式(可行驶无轨胶轮车,具有平硐功能的缓斜井形式),从井上到井下直至采掘工作面实现了不间断辅助运输。斜硐开拓方式取消了多盘区布置,矿井井筒与主要大巷直接连接,在大巷两侧布置长壁工作面,加大了工作面长度和推进距离,从而使矿井系统得到最大限度的简化,矿井潜在生产能力也得以释放。

2.1.1.1 斜硐开拓的实质

斜硐开拓也称负坡度平硐开拓,即井口标高高于井底标高,从井口到井下为下坡。这里所讲的斜硐坡度基本上与煤层倾角相等(小于6°)。斜硐中的辅助运输不是采用斜井中的有轨绞车提升,而是采用无轨胶轮车运输,取消了井底车场和矿井轨道线路,井筒和大巷直接相连,矿井中的材料、设备和人员的运输像在平硐中运输一样,实现矿井无轨连续运输。斜硐开拓方式如图2-1所示。斜硐开拓方式为实现矿井辅助运输无轨胶轮化提供了先决条件,从而大大提高了矿井的辅助运输能力,并从理论上丰富了矿井井筒形式的内涵。

2.1.1.2 斜硐开拓方式的特点及优越性

(1)从斜硐形状及其参数看,它与斜井相同,即巷道是倾斜的并且有一定的角度。

(2)针对煤层赋存特征,将平硐开拓的优点融于斜井开拓中,斜硐可采用无轨胶轮车进行辅助运输。因此,斜硐运输具有平硐运输的优点。

(3)井筒的倾角可在适应无轨胶轮车运输的范围内变化,实现了从地面车库到井下工

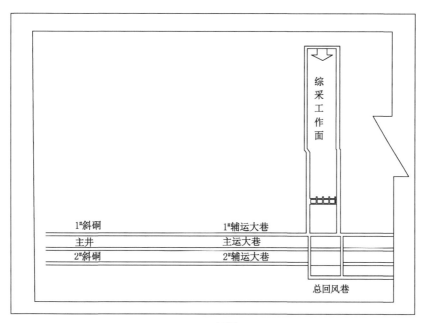

（a）平面图

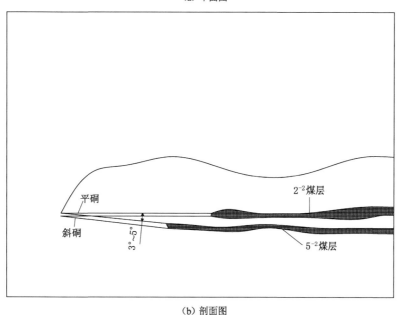

（b）剖面图

图 2-1　斜硐开拓示意图

作面的全矿井无轨连续运输,大大提高了井筒的辅助提升能力和大巷的辅助运输能力,有效地解决了矿井生产的"瓶颈"问题。

（4）在合适条件下,斜硐与大巷直接相连,大幅度地减少了开拓准备巷道的工程量,节约了建井投资,缩短了建井工期,同时为建设高产高效矿井创造了条件。

2.1.1.3 斜硐开拓方式的适应条件

斜硐开拓方式的适应条件与神东矿区自主研发的系列防爆低污染矿用无轨胶轮车和矿井设备配套有直接关系。根据在井下工业性试验以及在矿井中的实际应用,斜硐的倾角应在±6°以下,斜硐的长度由无轨胶轮车连续行驶的最大距离来确定,适用于煤层埋藏较浅的大型和特大型矿井。若井筒的倾角较大(大于±6°)、井筒较长,为了使无轨胶轮车能在井筒内正常行走,可在井筒长度范围内将斜硐与平巷交错布置,即从地面开始,先布置一定长度的斜硐,然后布置一段平巷作为无轨胶轮车行走的缓冲平台,再继续布置斜硐。这样,无轨胶轮车同样可在较长井筒内实现辅助运输。

2.1.1.4 补连塔煤矿斜硐开拓实例

以补连塔煤矿为例,该矿原设计生产能力为 3 Mt/a,开拓方式为斜井开拓,在煤层埋深为 40~100 m 的条件下施工 22°和 33°大倾角斜井,严重制约了矿井生产能力的进一步扩大。后期对矿井进行了一系列的技术改造,开拓方式由原来的双斜井开拓改为主斜井-副斜硐开拓,辅助运输变为无轨胶轮车运输方式。根据煤层赋存特点,借助改造后的高效快捷辅运系统,在矿井技术改造中,井田边界划分突破了原来人为划定的井田范围,工作面推进长度由 1 400 m 增加到 6 000 m。矿井生产组织方式为一井一面,生产能力从根本上得到了提高,矿井生产能力每年达千万吨。

2.1.2 无盘区划分全煤巷采掘布置

2.1.2.1 井田传统划分方式

1. 近水平煤层的井田内划分方式

当开采倾角很小的近水平煤层时,井田沿倾斜的高差较小,因此没必要将井田人为划分成多个阶段,每个阶段以一定标高为界。相反,可以直接将井田划分为盘区块段或条带进行开采。通常,依煤层的延展方向布置大巷,大巷可以是 T 形或 Y 形,在大巷两侧划分成若干盘区块段或条带。划分为盘区块段时,盘区内的布置可采用石门盘区、上下山盘区和大巷盘区等。划分为条带时,大巷一般都是沿煤层走向方向布置,在大巷的两侧沿煤层走向划分为若干个倾斜条带,每个条带布置一个采煤工作面。

2. 井田内传统划分方式的局限性

(1) 阶段煤层大巷或盘区大巷必须是水平的,并且沿煤层走向布置。运煤大巷的运输方式可以是电机车轨道运输,也可以是带式输送机运输,辅助运输大巷为轨道运输。因此,煤层大巷必须布置成水平,即水平大巷只有沿煤层走向方向布置。

(2) 条带长度(工作面推进长度)不宜太长。条带中的运输和回风巷均为斜巷,运煤平巷可采用带式输送机,长度不受太大的限制;而辅助运输平巷无论采用小绞车还是采用无极绳绞车,巷道长度都不宜过长,一般不超过 2 000 m。因此,井田内需划分成若干盘区,盘区再划分为条带或区段,巷道系统复杂,不利于高产综采工作面的布置。

2.1.2.2 神东矿区井田内无盘区划分全煤巷布置特点及优越性

1. 无盘区划分特点及优越性

神东矿区利用自身煤层赋存的有利条件,大幅度地简化矿井的生产环境,提高矿井的

集约化生产程度,井田内无盘区划分,采用从大巷两翼直接布置长条带的方式,如图 2-2 所示。其布置具有以下特点和优越性:

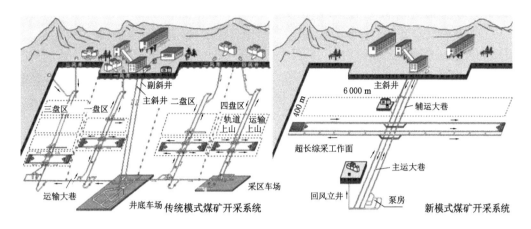

图 2-2　神东矿区井田内无盘区划分

(1) 无轨胶轮车的应用为大巷长条带布置创造了有利条件。无轨胶轮车可以在有一定坡度的巷道内行驶,因此井田内煤层大巷的布置方向不再受煤层走向的限制。可以根据开采划分的要求布置,实现全井田的大巷条带式布置,彻底改变了传统的盘区式布置,简化了生产系统,节省了挑顶卧底的井巷工程量。无轨胶轮车辅助运输的成功应用,促进了井田划分的重大改革。井田划分由过去的走向大巷盘区划分变为无盘区,煤层大巷可以沿走向或倾向布置。无轨胶轮车的应用,解决了长距离推进的采煤工作面随煤层起伏变化的巷道辅助运输问题,使工作面推进长度大幅度增加,同时增强了对巷道坡度变化的适应性。

(2) 高效的连续采煤机采掘及其配套的运输设备,使条带的几何尺寸有了根本性的增大。条带中辅助运输巷应用无轨胶轮车之后,不但对巷道坡度有很强的适应性,而且扩大了巷道长度,为加大工作面推进长度创造了条件,彻底解决了过去辅助运输平巷的长度主要受辅助运输设备能力和巷道坡度限制的问题。神东矿区引进先进的综采设备并将连采设备运用于煤巷掘进中,使综采工作面的推进速度和掘进工作面的掘进速度大幅度提高。工作面推进速度达 612 m/月,掘进速度一般为 2 200 m/月,最高达 4 656 m/月。因此,神东矿区将条带工作面推进长度由过去的 1 000~2 000 m 加大到 3 000~6 000 m。这个指标为中国第一,世界先进。

(3) 工作面推进长度加大,大大减少了工作面搬家次数。与过去相比,因推进长度增加 1 倍,综采工作面搬家次数大致可减少一半,同时采煤工作面的连续快速推进,为工作面年产量超 1 000 万 t 提供了保障,使矿井生产效率大幅度提高。

(4) 系统简单,工程量少,费用低。大巷条带式布置方式使矿井减少了生产环节和井巷工程量,从而降低了吨煤投资,提高了建井速度。并且生产系统简单,降低了生产经营费用,提高了矿井效益。

2. 全煤巷布置特点及效果分析

神东矿区各矿井均为大型、特大型矿井,矿井服务年限较长。按传统的理念,为降低巷道维护费用,大巷理应布置在岩层中,但由于神东矿区具有得天独厚的煤层赋存条件,以及在技术创新、高技术设备的引进、矿区建设速度方面的要求,因此尽管大断面煤巷快速掘进费用较高,但是因为便于无轨胶轮车的行驶和设备布置,且可以早出煤、快出煤,产生的效益远远大于大断面掘进增加的费用。归纳起来主要有以下几个方面:

(1) 有利的自然条件。神东矿区煤质坚硬,围岩稳定,煤层为近水平,倾角变化小,适宜布置煤层巷道且易维护。

(2) 无轨胶轮车适宜在一定坡度上运行。由于应用了辅助运输能力较强的无轨胶轮车进行辅助运输,当煤层有一定起伏时,巷道照样可按煤层的起伏变化布置无轨胶轮车,它不像有轨矿车那样不能适应较大坡度。

(3) 将连续采煤机应用于煤巷掘进中,大大提高了成巷速度。由于矿区的快速发展,综采工作面中强力采煤机的快速推进要求掘进速度与之相适应。神东矿区将连续采煤机应用于煤巷掘进中,使煤巷的掘进速度大大提高。这样不仅满足了采煤工作面快速推进的要求,同时由于掘进断面大,锚杆支护安全可靠,仅掘进出煤量就占矿井总产量的 20% 左右。2003 年,大柳塔井产煤 1 050 万 t,其中综采工作面产煤 850 万 t,掘进出煤 200 万 t。

(4) 由于快速回采,巷道维护时间短,降低了巷道维护费用。

(5) 与岩石大巷相比,煤层大巷不出矸石,省去了排矸占地,消除了排矸所造成的污染。

另外,神东矿区各矿井将巷道全部布置在煤层中,设计断面大,适合高效掘进设备使用。高速度的掘进节省了时间,缩短了建井工期,减少了建设期的投资利息。并且早投产所带来的效益早已将建设期巷道断面大而增加的掘进费和设备的投入收回。加之井田实现无盘区划分,工作面沿大巷条带式布置,工作面推进长度在条件允许的情况下直达井田开采边界,省去了大量的岩石开拓巷道和采区准备巷道,简化了矿井井下及地面生产系统,加快了矿井建设速度。如榆家梁煤矿设计生产能力为 800 万 t/a,投资 4.3 亿元,建井工期仅 10 个月。

2.1.3　应用实例

2.1.3.1　大柳塔井的井田划分及全煤巷布置

矿井开拓方式为平硐-斜井综合开拓分煤层建井,上组煤用平硐开拓,下组煤用斜井开拓。

矿井平硐开拓原设计的 2^{-2} 煤层大巷布置为南北两组大巷,沿大巷再布置南北集中巷,将井田划分为 7 个盘区。通过优化后,矿井以一组(三条)平硐及四条大巷开拓上组煤,开采 1^{-2}、2^{-2} 煤层。其中,主平硐及大巷铺设大运量、高带速的钢丝绳芯带式输送机,承担大巷及平硐的运煤任务;两条辅助运输平硐用于行走无轨胶轮车进行辅助运输(一进一出)。所有大巷均布置在煤层中。井田划分改为无盘区大巷两侧条带式布置。矿井生产组织模式为"一井一面",生产布局为"一综两连",即装备一个高产高效综采工作面,装备两个连续采煤机掘进工作面。改造前与改造后的大柳塔井开拓系统布置如图 2-3 所示。

通过改造,减少了生产环节和井巷工程量,加大了综采工作面参数,大柳塔井的综采工作面优化推进长度为 5 890 m,工作面长度为 300 m,综采工作面储量由原来的 123 万 t 增加到了 730 万 t,大大地增加了综采工作面的可采储量,延长了工作面连续生产的时间,减少了搬家次数,为工作面稳产高产创造了条件。

2.1.3.2　活鸡兔井的井田划分方式

活鸡兔井原初步设计有 6 个盘区,盘区巷道长度为 20 000 m。通过设计优化,矿井实

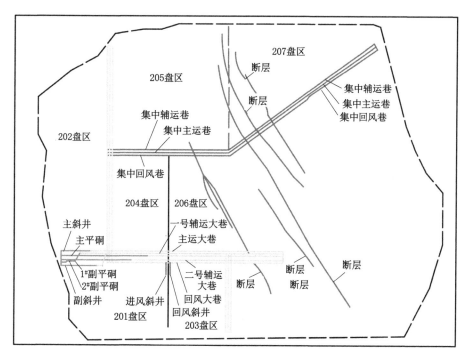

（a）改造前

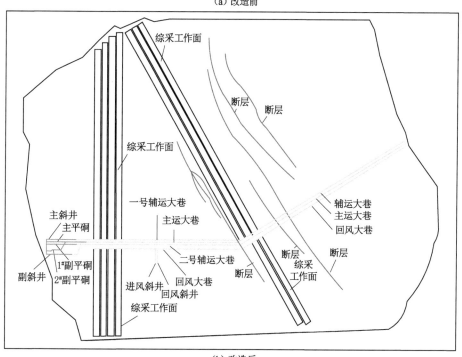

（b）改造后

图 2-3　大柳塔井技术改造前后开拓系统布置图

现无盘区布置,采煤工作面沿大巷两侧条带式布置,减少了 20 000 m 的盘区巷道,工作面切眼直接布置到井田边界,加大了工作面推进长度,进一步提高了集约化生产水平。同时,优化了矿井开拓布局,加快了矿井建设速度,减少了基建投资。活鸡兔井技术改造前后的开拓系统布置如图 2-4 所示。

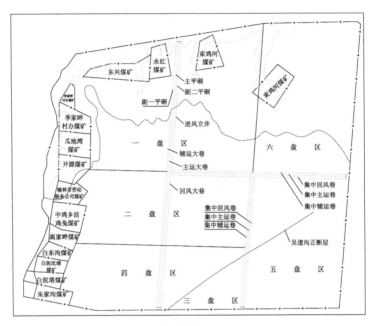

(a) 改造前

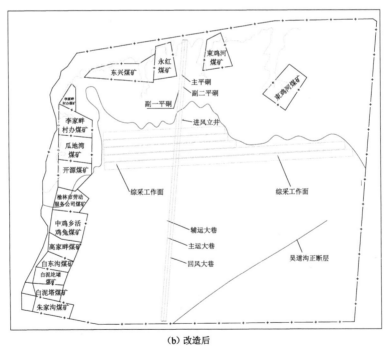

(b) 改造后

图 2-4　活鸡兔井技术改造前后的开拓系统布置图

2.2　无人值守长距离主运输系统

2.2.1　无人值守技术

带式输送机无人值守是建立在控制系统的自动化完善和保护系统的可靠性基础之上的。经过不断的研究和技术积累,神东矿区所属矿井主运输带式输送机均已实现远程启停与集中控制,带式输送机运行状态、设备故障及保护等相关信息均已上传至调度室,已经具备实施无人值守的基础条件。为实现矿井运输系统"机械化换人、自动化减人"的总体目标,2017 年在柳塔煤矿通过对主运输系统进行技术升级改造并试运行无人值守技术,此后无人值守技术逐渐在大柳塔煤矿、寸草塔二矿、锦界煤矿等矿井实现推广应用。

通过安装和完善各类传感器、输送带钢丝绳芯监测系统、带面纵向撕裂识别系统、智能除铁系统、智能音视频识别系统、巡检机器人等装置或系统,将采集数据最终传输到主运综合控制系统进行统一管理。数据分析软件对数据进行综合分析判断,对异常运行状况推送报警或停机命令,并提供手持终端访问功能,且以组态画面形式呈现给工作人员。工作人员可根据报警信息进行具体操作与控制,最终实现带式输送机远程监控、无人值守。具体关键环节包括:

（1）智能监测

智能监测系统由振动和温度传感器、数据采集箱、交换机等组成。通过传感器采集设备的温度和振动信号并传输到主运综合控制系统服务器,数据分析软件以图表、曲线、实时报警、历史数据查询等方式展现分析结果,最终实现电机、减速机、滚筒等设备状态的实时监测、在线分析、故障诊断和全寿命周期的智能管理。不同部位传感器的设置方式如下:

电机:驱动侧端盖水平和垂直方向加设振动和温度传感器,驱动侧和非驱动侧轴承端盖加设温度传感器(只考虑带式输送机、刮板输送机、破碎机等长时间运转电机,其他小型电机不考虑,电机有自带温度传感器时不再单独设置传感器)。

减速器:输入轴驱动端轴承径向和输出轴负载端轴承径向加设振动和温度传感器,驱动侧轴承附近和负载侧轴承附近加设温度传感器。

滚筒:驱动滚筒两端轴承水平和垂直方向加设振动和温度传感器,轴承端盖附近加设温度传感器,其他滚筒两端轴承盖附近加设温度传感器。

刮板输送机链轮轴承座:机头、机尾链轮两端轴承座加设温度传感器。

破碎机齿辊轴承座:轴承座两端加设温度传感器。

经网络传输层将现场传感器采集数据上传至主运综合监控中心主机,并开发相应智能分析软件;上位机软件可做到对所采集数据进行智能分析、曲线趋势判断,实时分级报警并出具诊断报告,实现设备全寿命周期的故障诊断和智能管理。

（2）钢丝绳芯监测

系统由 X 射线发射箱、X 射线防护箱、X 射线接收箱、电路控制箱及控制主机等组成,通过对输送带实时动态扫描获得数据,经环网交换机最终接入主运综合控制系统统一管理。该装置主要利用 X 射线的穿透能力,基于 X 射线的特性并结合图像识别、高速图像抓拍、图像跟踪等技术实现了对强力输送带内钢丝绳芯断绳、锈蚀、接头抽动、表皮破损、异物插入、边缘损伤、宽度变化、输送带跑偏等状况的在线监测。系统主要有以下两个功能：

第一，现场扫描数据经计算机分析处理后，自动将本次监测结果的概略信息和详细信息在报告中直观、准确地呈现给输送机管理和操作人员。概略信息中包含本次监测到的输送带接头数量、抽动数量、严重损伤数量等，并给出处理建议；详细信息中包含识别到的损伤图片、损伤位置、损伤大小、基础接头和检测接头的对比图及对比结果和断头分布图等。

第二，动态数据库软件自动将监测结果存储在一个动态数据库中，钢丝绳损伤（断头、劈丝、爆丝、锈蚀、钢丝绳间距变化等）、表皮损伤（边缘损伤、胶皮厚度变化、胶皮磨损、刮伤、穿孔、空洞、插入异物、材料堆聚等）、接头抽动、胶带跑偏、胶带宽度变化、胶带速度变化等信息可全部展示，将整条胶带的内部透视图直观显示，可以方便、快捷地查看所有监测结果，放大每一个损伤的细节，确定精准的维修方案。

（3）防纵撕识别

带面纵向撕裂识别系统由大角度扇形光源激光发生器、光感摄像机、除尘装置、控制主机、电源箱等组成，其安装位置位于受料点前方5～10 m处的上下带面之间。应用大角度扇形激光光源扫描上带面，激光光束在上带面形成一条与带面轮廓线完全相符的反射线，通过特种光感摄像机对激光反射线进行拍摄，利用图像实时算法对拍摄图像中的轮廓线变化进行判断。该系统主要功能包括两点：

第一，可连续、实时、动态监测输送带完好情况，自动识别输送带脱胶、划伤、撕裂等损伤，根据损伤程度不同，作出识别判断，给出报警、停机等不同处理。输送带损伤长度、宽度、深度均小于设定值时，现场和控制室同时声光报警；损伤长度、宽度、深度大于任一设定值时进行报警，并停止带式输送机运行；报警的同时屏幕上会呈现损伤部位的局部放大图和位置信息，存储损伤部位的图像等相关数据，故障处理后可人工清除，并更新接头编号及原始图样。系统具备自动区分输送带新、旧损伤功能，对无变化的旧伤可选择是否报警。

第二，输送带带面纵向撕裂识别系统可实时存储监测图像，流畅观看输送带表面图像，实现图像回放、放大和处理；损伤报警后的图片和视频等数据自动存储并能够提取回放，其回放速度可调，损伤部位可查询，位置可精确对应。

相关技术参数为：可容监测胶带速度为0～20 m/s；可容监测胶带宽度无限制；算法延时小于0.2 ms。

（4）智能除铁

智能除铁系统的核心设备为金属探测仪，金属探测仪由发射线圈、接收线圈、支撑结构、控制单元、操作界面以及卡子探测器等组成。线圈固定在一个不导电的支撑结构上，双线圈金属探测器的发射线圈以摆动式固定在带式输送机上部，以保护线圈和支架免受大块物料的冲击，接收线圈固定在带式输送机的下部。发射线圈将电脉冲能量传送到带式输送机的负载上，接收线圈从带式输送机的负载上接收电信号，当有金属碎屑出现时，该信号以涡流形式存在。

系统功能为：智能除铁系统可对煤流中的铁器进行自动识别，发现铁器时可实时与设备进行联动和闭锁。根据实际生产情况，金属探测仪探测到小块铁器时报警但不闭锁带式输送机，通过金属探测仪与智能除铁器联动剔除；当探测到大块、长杆铁器时报警并闭锁带式输送机，同时将信息实时上传并实时推送至巡检人员手持终端，巡检人员收到信息后人工剔除大件金属。

（5）智能音视频识别

智能音视频识别系统主要由视频摄像仪、音视频二合一摄像仪、光端机、交换机、平台管理服务器、智能分析服务器、专业调度工业电视系统等组成。

卸载点视频监视：视频摄像仪安装在上部带式输送机落煤点上方，通过上位机软件在视频图像上设置"红线"位置，当堆煤发生并超过"红线"后，系统将自动报警，报警超过一定时间后发送停机命令。

受料点视频监视：视频摄像仪安装在下部带式输送机受料点两侧，当出现胶带跑偏撒煤、挡煤皮掉落或外翻撒煤、挡煤板掉落等异常情况时，系统将自动报警，报警超过一定时间后发送停机命令。

除铁器安装点视频监视：视频摄像仪安装在除铁器后方，当除铁器上出现大块、长杆铁器时系统将自动报警，并发送停机命令。

机尾视频监视：机尾安装音视频二合一摄像仪，当出现胶带跑偏、滚筒和托辊异响时，系统将自动报警，报警超过一定时间后发送停机命令。

（6）机器人巡检

带式输送机机头安装自充电的巡检机器人，该机器人集音频、视频及温度、烟雾等传感器于一体。巡检机器人随轨道自移动，可实现电机、减速器、滚筒、托辊等传动设备异常音频分析报警，跑偏、撕裂、带面异物、清扫器掉落、撒煤等异常视频分析报警，以及托辊、电机、滚筒、减速机、巷道电缆等设备的温度趋势异常预警功能，并对异常部位进行自动视频锁定。

2.2.2　6 000 m 单点驱动长距离可伸缩带式输送机

神东矿区新型带式输送机研究应用在行业内处于领先水平，自主研发了运输距离达6 000 m 的单点驱动长距离可伸缩带式输送机，并在上湾煤矿 4 个工作面生产中得到了成功应用，单工作面实际安装长度为 5 000～5 500 m，累计过煤量 3 500 万 t。

以往在长距离运输中的传统做法是：当运输距离超过 4 000 m 时，采用两部 3 000 m 带式输送机搭接安装或使用加中间驱动的方式实现长距离运输，但这两种方式会造成工程量大、成本高、控制复杂、维护量大等问题。鉴于此，提出以整机降阻和整机稳态控制两大关键技术为突破口，使带式输送机满足在低带强条件下（PVC 2 500 kN/m）实现长距离运输，并保证其运力满足生产需求。

1. 带式输送机整机降阻技术

6 000 m 运输巷带式输送机若按传统思路设计，胶带强度需达到 3 600 kN/m 以上，成本是两部带式输送机搭接方式的 1.8 倍，为此采取带式输送机整机降阻技术：

（1）轻型低阻不锈钢托辊代替传统托辊，托辊平均旋转阻力低至 1.1 N，较传统托辊阻力降低 50% 以上，使用寿命从现有托辊的 3 万 h 提高到 5 万 h；

（2）适当提高带速，在相同运力条件下，可有效降低货载单位面积重量，降阻 4.2%；

（3）开发黏弹系数较小的 PVC 带面替代 PVG 带面，折算压陷阻力降低了 6.7%。

2. 超长距离集中驱动带式输送机稳态控制技术

采用图 2-5 所示的负载感知张紧控制技术，建立智能张紧控制自动计算模型，根据带式输送机相关数据,张紧系统自动计算出所需张紧力并加以控制;采用电磁制动张紧绞车替代液压制动器,响应时间缩短到 0.3 s,是原液压制动响应时间的 25%,绞车速度提高了 2.5 倍。在硬件和程序上,优化张紧控制能力,可有效解决长距离带式输送机启动打滑及停机张力冲击大的技术难题。

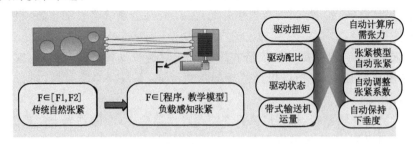

图 2-5　负载感知张紧控制技术示意图

(1) 利用不间断电源(UPS)及防抱死制动系统(ABS),在带式输送机断电或故障情况下提供持续控制能力(图 2-6),解决长距离带式输送机非正常停机张力冲击的问题。

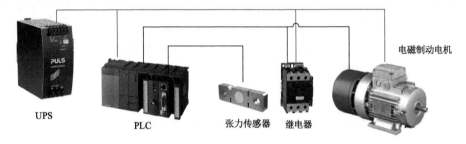

图 2-6　UPS 断电持续控制原理图

(2) 应用带式输送机"服从控制"技术,通过对控制方式分析,建立驱动、张紧、液压系统三者之间的控制服从关系,实现了整机系统的稳态控制,确保 6 000 m 带式输送机在各种工况下安全运行。

3. 芳纶织物芯输送带

钢丝绳芯输送带因其重量大、能耗高、接头工艺复杂一直为使用单位所诟病,近年来随着工业水平的进步和国家提倡低碳经济节能减排的大背景下,具有低能耗、高强力的芳纶织物芯高性能输送带逐步得到了应用。

矿用芳纶织物芯阻燃输送带由上下覆盖胶、带芯、边胶组成,其骨架材料带芯由经向伸直排列的芳纶纤维和来回穿插的成型纺纱、纬向上下两层尼龙帘线组成。直经直纬结构输送带稳定性好,具有良好的抗冲击和耐撕裂性能,与传统钢丝绳芯输送带相比,由于没有钢丝绳芯,一方面提升了耐腐蚀的性能,另一方面在保持带体强度不下降的情况下,重量也减轻了 30%～60%。且由于采用了有机纤维,带芯也不再受电磁干扰,并具备耐磨、阻燃、耐火等特性。不过芳纶织物芯输送带也有其自身的不足之处,因暂无检测芳纶层的仪器和手段,出现芳纶层破裂、离层等问题不能及时发现,存在一定隐患。芳纶织物芯输送带在运行时伸长率大于钢丝绳芯输送带(钢丝绳芯输送带为 1‰,芳纶织物芯输送带为 4.5‰),对带式输送机的张紧要求较高。

神东矿区经过系统调研与实践研究,于 2017 年 7 月在上湾煤矿将集运一部带式输送机更换了 11 200 m 的 DPP2500-1600(8+8)芳纶织物芯输送带,2018 年 7 月在大柳塔煤矿六盘区新建集运带式输送机使用 5 200 m 的 DPP2500-1600(12+10)芳纶织物芯输送带,2018 年 10 月在榆家梁煤矿 43 煤东翼集运带式输送机更换了 5 800 m 的 DPP2500-1200(12+10)芳纶织物芯输送带。上湾煤矿集运一部带式输送机原来使用的 ST2500-1600(8+8+8)钢丝绳芯输送带面每米质量为 64.8 kg,现使用的 DPP2500-1600(8+8)芳纶织物芯输送带在上下覆盖层不变的情况下每米质量减少 19.8 kg,降幅达 30.0%;原集运一部钢丝绳芯输送带经翻转后再使用,寿命为 5.5 a,通过对芳纶织物芯输送带的分析论证,预计寿命可达 7.5 a,较钢丝绳芯输送带至少延长使用寿命 2 a 以上。经统计分析:更换芳纶织物芯输送后集运一部带式输送机各电机的平均电流都较换带前有所下降,空载时运行电流较换带前下降了 6.9%,重载运行电流较换带前下降了 19.83 A,降幅达 5.61%;集运一部带式输送机有 8 台主驱动电机,按照单台电机日运行 21 h 计算,每日可节约电量 2 198 kW·h(1 kW·h=1 度)、节约电费 1 124 元,每年可节约电费为 41 万元。

2.2.3　无基础带式输送机研制

目前,国内外长距离、大功率平巷带式输送机基础普遍采用混凝土施工,基础开挖量达 950 m³,岩石需运往地面排放,浇筑混凝土约 820 m³,起底量及混凝土运输工程量大,施工工期长。神东公司研发的可快速安装回撤的机头集中驱动智能变频可伸缩带式输送机,运输能力达 3 000 t/h,能够满足 200~6 000 m 不同长度工作面的生产需求,达到简化平巷运输系统、减少采矿事务工程量和安装回撤工作量、降低劳动强度和使用成本、提高煤炭生产效率的目的。

2.2.3.1　核心技术要点

1. 以液压支撑单元结构替代现有水泥基础的技术手段

神东千万吨级矿井生产任务紧,工作面接续时间短,因此采煤装备需要快速安装、回撤,而现有带式输送机的拆装需要进行基础起底、预埋地脚螺、做模具、浇灌、磨平、等凝固期、拆模具等(图 2-7),搬家周期近 30 天,工程量大,时间长,严重影响矿井的生产接续。因此,在带式输送机的主要受力点位置布置了 5 组液压支撑单元,通过对巷道顶底板的支撑,实现带式输送机的整机固定(见图 2-8),并研发了安全保障、智能监控、模块化设计等技术,最终实现了煤矿平巷带式输送机的快速无基础安装。

2. 一体化底座设计提高稳定性

无基础带式输送机的主要受力点(驱动部、储带仓、张紧部等位置)均采用了一体化底座设计(图 2-9),其底座都与纵梁、相邻底座进行一体化可快拆装的连接,这样有效提高了部件的稳定性,提高了水平方向的受力等级。

3. 可快速拆装的模块化设计

结构采用模块化设计,如图 2-10 所示。每一组液压支撑单元都可以通过辅助油缸进行收缩和舒展,便于运输和安装,且模块化的结构使其扩展性更强,安装更便捷,模块间对接效率十分高。

图 2-7　现有技术基础施工工艺图

图 2-8　无基础带式输送机 3D 图

图 2-9　一体化底座示意图

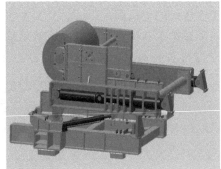

图 2-10　模块化快拆装设计

4. 液压机械锁设计

在每个液压支撑单元上安装了机械锁(图 2-11),解决了液压系统故障导致支撑力不足的风险,从硬件上保证了系统的安全性。

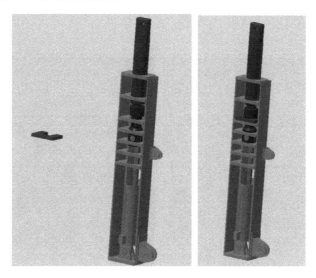

图 2-11　液压机械锁设计

5. 控制系统设计

分别在每组支撑单元上安装了压力传感器和液压传感器,实时监测支撑力和液压压力,如图 2-12 所示,实现自动补液和故障判断的功能,保障支撑单元工作在安全压力范围内,利用双传感器检测的技术研发了顶底板环境和设备状态的智能判断方法,实现了包括顶板下沉、压力超限、传感器失准、系统泄液的设备状态识别,可在不同的工况下提供不同的控制策略,控制系统与机械锁的互相补充解决了液压支撑安全性的问题。

图 2-12　无基础带式输送机控制界面

2.2.3.2 现场应用效果

2017 年 3 月在大柳塔煤矿进行了无基础卸载部的工业性试验(图 2-13),该带式输送机长度为 3 200 m,带宽为 1.4 m,运量为 3 000 t/h,过煤量达 600 万 t,与传统机型的工况相同,圆满完成了一个工作面的运输工作,验证了带式输送机可以通过液压支撑单元替代水泥基础的可行性。

图 2-13　无基础带式输送机现场照片

2018 年 3 月,神东公司又突破性地开发了整机免浇灌快拆装设计,在乌兰木伦煤矿 12502 工作面安装使用,2018 年 7 月搬到 12503 工作面运行,经过 15 个月时间的运行,该带式输送机运行稳定,各项指标参数正常。

无基础带式输送机是业内首部依靠机、电、液集成控制实现的无基础安装的带式输送机,有效节约了时间、物资、人员成本,一个开采周期节约资金约 167 万元。神东公司每年平巷带式输送机需安装 60 余部,全面推广每年可节约资金达 1 亿元。同时在研制中形成的设计理念、核心技术和相关标准将促进带式输送机行业的技术革新,提高竞争力。

2.3　新型辅助运输成套装备

2.3.1　电柴混合双动力运输车辆

长期以来,神东矿区井下辅助运输普遍采用柴油无轨胶轮车;该设备运输能力大、运输速度快且装卸灵活,能在坡度 14° 以下的起伏巷道内通畅行驶,极大保证了运输效率和经济效益。然而,现场实践也发现,在井下长距离大坡度巷道中运行时,使用柴油无轨胶轮车难以满足上坡动力持续输出和下坡长时制动等要求,同时还存在噪声、尾气排放污染等问题。因此,神东公司在综合研究防爆柴油机无轨胶轮车和蓄电池无轨胶轮车技术特点的基础上,深入研究无轨架线电车在煤矿井下使用的可行性,最终创新性提出并形成了"矿井电柴混合双动力辅助运输成套装备",并在补连塔煤矿 2# 辅运平硐成功运行,为千万吨矿井井下长距离安全、经济、高效辅助运输提供了重要保障。

该辅助运输系统主要包括:1 座地面牵引变电所(A 所)、2.8 km 辅运平硐接触网、5 台 20 座双动力运人车等。研制的 20 座双动力运人车具有防爆电机驱动和防爆电喷柴油机驱动两种模式,分时驱动。在架线巷道内运行时,车辆采用电机驱动模式,柴油机不工作。由地面牵引变电所(A 所)供电,输出电压 DC 1 500 V,电能传输至悬挂于巷道顶板的专用接触网,再由车载集电器传输到车辆,驱动车辆行驶。架线电牵引驱动方式可长时间恒功率运行,车辆上坡动力充足;下坡时通过电机反拖对车辆实施制动,并将下坡重力势能转化为电能,回馈给接触网吸收再利用。由此实现了架线巷道内胶轮车辆的零排放和低噪声,解决了现有车辆坡道运行效率低、行车制动器使用寿命短的问题。在非架线巷道内运行时,通过车载动力切换箱完成动力的切换,使用排放性能优良的防爆电喷柴油机动力源驱动车辆行驶。该项目的成功实施,充分发挥了架线机车无污染、动力足和无轨柴油机车辆机动灵活的特点,实现了矿井辅助运输环节的节能减排,改善了井下人员的作业环境,显著提升了井下运输的效率和安全性。

项目整体运行试验表明,车辆下行低速稳定可控,制动能量有回馈,上行能够高挡起步、无级变速、运行平稳,且运行过程中能耗低的技术优势带来的经济效益同样十分显著,电驱上行同比柴驱上行能耗经济指标接近 4∶1,运行期间综合能耗经济指标接近 5∶1。相对于柴油发动机的其他运营工作成本,如运行中的油耗、水耗,日常维护保养,防爆结构带来的发动机效率逐年下降,以及耗能逐年增加等问题,这种新装备的经济效益更为显著。

2.3.1.1 井下大巷高等级、大负荷架空线供电电网技术

煤矿井下多年来一直使用的架线式电机车,其牵引供电系统多采用可控硅桥式整流,输出电压小于 DC 600 V,最大容量小于 500 kV·A,无法满足千万吨级矿井高效辅助运输的要求。因此,采用在地面轨道交通行业成熟应用的 DC 1 500 V 架线供电系统,可有效解决双动力架线车辆电牵引驱动时的车辆能量供给、制动能量回收和巷道低压照明等供配电、电力监控及继电保护等问题,确保双动力架线车辆安全、可靠运行。

1. 牵引供电系统设计

牵引供电系统由两回 10 kV 电源供电,单母线分段。10 kV 高压柜采用 KYN28A-12 系列开关柜;380 V 低压柜采用 GCS 系列柜体;直流开关柜采用 KEM-1500 成套直流开关设备;回馈柜采用由大功率 IGBT 模组并联组成的双向变流装置;整流柜采用地铁专用 12 脉波整流结构,采用 2 台 12 脉波整流并联组成等效 24 脉波整流。地面牵引变电所实地照片如图 2-14 所示。

考虑到目前矿井使用的架线牵引整流系统电压等级均为 DC 600 V 以下,电压等级低、容量小,整个行业都没有 DC 1 500 V 相对应的产品;虽然地铁、轻轨行业具有成熟的 DC 1 500 V 产品,但均属于地面设备,不满足煤矿相关标准。因此,专门针对煤矿井下潮湿、粉尘多等具体特点研制了相关配套设备,详见表 2-1 和表 2-2。

图 2-14　地面牵引变电所实地照片

表 2-1　牵引变电所设备明细

序号	设备名称	规格/型号	数量	单位
1	10 kV 避雷器及电压互感器柜	KYN28A-12/10kV/0.5/3P	2	台
2	10 kV 母联柜	KYN28A-12/630A/25kA	1	台
3	10 kV 母线隔离柜	KYN28A-12/630A	1	台
4	10 kV 进线柜	KYN28A-12/630A/25kA	2	台
5	10 kV 出线柜	KYN28A-12/630A/25kA	5	台
6	所用变压器柜	KYN28A-12/80kV·A	1	台
7	树脂浇注干式牵引变压器	ZOSCB-2000/10/1.18/1.18	2	台
8	树脂浇注干式能馈变压器	SCB10-800/10/0.9	1	台
9	12 脉波整流柜	YGZ2Q41A45	2	台
10	再生能量回馈装置	ZBL200-2000-BLP	1	台
11	再生能量回馈装置(隔离开关柜)	ZBL200-2000-GLP	1	台
12	能馈直流馈线柜	KEM-1500	1	台
13	直流进线开关柜	KEM-1500	2	台
14	直流馈线开关柜	KEM-1500	4	台
15	上网隔离开关柜	KEM-1500	12	台
16	负极柜	KEM-1500	1	台
17	端子接线柜	KEM-1500	1	台
18	直流电源屏	PZ61-ZK	1	台

表 2-1(续)

序号	设备名称	规格/型号	数量	单位
19	蓄电池屏	PZ61-D	1	台
20	树脂绝缘干式电力变压器	SCB10-200/10	2	台
21	低压母联柜	GCS-0.4kV/630A	1	台
22	低压进线柜	GCS-0.4kV/630A	2	台
23	低压出线柜	GCS	2	台
小计			49	台

表 2-2　电力监控系统设备明细

序号	设备名称	规格/型号	数量	单位
1	电力调度	调度工作站	1	套
		通信工作站/服务器		
		UPS		
		语音报警装置		
		总站监控软件		
		工作台(含 2 台工控机)		
2	电力监控分站-通信屏	GTX008	1	台
3	远方控制柜	GGB602A-101	1	台
小计			3	台(套)

2. 供配电网安全管理技术

采用 BENDER 公司的 iso685 型绝缘监视仪进行直流系统的漏电监测,其基于低频小信号检测法原理,利用 AMP(Adaptive Measuring Principle)专利技术保证了监测的准确性。牵引变电所继电保护借鉴地面轨道交通的保护方式,但与其不同之处是,本系统正负极悬浮,正常供电时,正负极对地电压均为 750 V,因此无法采用框架保护,使用绝缘监测保护可以实时检测正负极对地的绝缘阻值。

煤矿井下空气中富含导电粉尘且环境潮湿,变电所内牵引供电设备绝缘安装后很容易失效,地面轨道交通使用的直流框架保护方式不适合使用。因此,采用接地保护来保障人员、设备的安全。在变电所附近的水沟内设置 1 个局部接地极和 1 个辅助接地极。所有电气设备的保护接地端、电缆的铠装、电缆的接地芯线都同主接地极连接成一个总接地网,网上任何一个保护接地点的接地电阻值不超过 2 Ω。

3. 供配电网远程计算机监控技术

对原 CBZ-8000 变电站监控系统进行升级设计,在地面调度中心设置电力调度系统(图 2-15),每个牵引变电所设置电力监控分站,在 A、B、C 三个 10 kV 牵引变电所分别安装子站自动化监控系统，并在地面调度中心设置电力调度系统，由两台调度工作站和一台通信工作站/服务器组成。

图 2-15　高压室、直流室、监控室、变压器室

系统监控范围为 A、B、C 三个 10 kV 牵引变电所。各牵引变电所综合自动化系统采用集中管理，分层、分布式系统结构，集中和分散布置相结合的模式。由设置在牵引变电所控制室的子站自动化监控系统、所内通信网络及各个开关柜内的微机测控保护设备等组成一个站内综合自动化系统，完成变电所供电设备的控制、保护、监视及运行数据的测量及传输。系统具备"三遥"功能，能够实时对三个变电所内参数及状态、动作进行遥测、遥信及遥控。电力监控系统的软硬件具有可靠性、先进性、可维护性、开放性和可扩展性，留有与全矿井综合自动化系统的网络接口。

2.3.1.2　巷道顶板悬挂接触网布设

1. 三轨式刚性悬挂接触网

针对煤矿井下特殊环境，设计采用新型三轨式刚性悬挂接触网系统，如图 2-16 所示。三轨接触网采用上下行整体安装的形式，分为上部锚固悬吊装置以及导轨悬挂装置两部分。上部锚固悬吊装置由化学锚栓、悬吊底座、T 型螺栓和悬挂横梁组成。它通过可调节的部件锚固于巷道顶并安装悬挂横梁，使横梁在保证跨距基本恒定的情况下，调整并适应巷道现场，使安装可调、可靠；导轨悬挂装置安装于悬挂横梁下，由导轨定位座、接地轨吊夹、支撑悬挂绝缘子、汇流轨、导向接地轨、导轨接头组成。正极、负极和接地轨通过支撑悬挂绝缘子安装固定并形成一个稳定的倒三角形结构,与特型集电小车装置相互配合,形成结构可靠、受流稳定弓网结构。通过模拟计算架线车运营工况,确定采用 80 mm×40 mm×5 mm 刚性接触轨作为导流的正极轨、负极轨,导线载流量超过 1 000 A。

图 2-16　巷道顶板三轨式刚性悬挂接触网系统

2. 三极滑触式集电小车

配套三轨式刚性悬挂接触网而特定研发了新型集电小车装置(图 2-17～图 2-20)。由于使用环境是煤矿井下巷道中的无轨运输系统,为了正常受流需考虑正、负极双极滑触,另外由于供电电压为 DC 1 500 V,为了保证人身安全,还需要考虑接地轨经集电小车时刻与车身本体金属框架通过滑触实现可靠接地,这就使集电小车必须实现三极接触,要求集电小车弓头结构必须简洁紧凑。三极滑触式的集电小车装置研发在国内外尚属首次。集电小车装置通过结构系统、液压系统、电控系统配合实现各功能,其主要性能如下:

集电小车装置具备自动升降和自动捕网功能,其碳刷对接触网的压力不大于 120 N。快速上网、脱网集电小车装置的设置,使车辆可以会车、超车。在车速不低于 5 km/h 的情况下,能保证车辆纵向中心偏移触线网中心左、右各 2.2 m 行驶。当车辆纵向中心偏移触线网中心左、右距离大于 2.2 m 时,集电小车装置能自动脱网。集电小车装置脱网后举升腕臂能够自动下降并回中,回中过程安全可靠,以防破坏线网及周围设施。接触网在标准高度时,集电小车装置弓头对接触网的压力能在 40～200 N 范围内调节,行驶中在接触网上滑行不产生火花。经分并线装置切换线路时不产生严重火花。除碳刷外电气防爆设计,含控制器、执行元件和检测元件,有 CAN 总线接口,并取得防爆证与安标证。集电小车装置升降和左右摆动有电动操纵能力,实现了集电小车装置驾驶室操作,以及自动升降和

图 2-17　集电小车装置自然状态

图 2-18　集电小车装置升弓

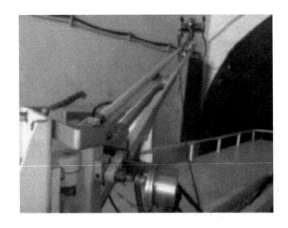

图 2-19　集电小车装置偏转

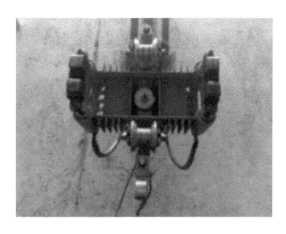

图 2-20　集电小车装置弓头

摆动。

3. 接触网性能

接触网系统能在煤矿井下巷道特殊环境条件和线路及行车条件下安全可靠地向特种车提供电能,保证电流的稳定传输。接触网系统安全、可靠接地,并满足架线车最高行驶速度的要求。该系统的绝缘设计满足矿井相对湿度 95% 的环境要求。弓网系统在遇到地面凹凸 10 cm 的障碍下,能保证弓网稳定受流,集电小车装置不脱网。此外,弓网系统在分岔路口通过无电区线岔装置实现分并线功能。

与三轨接触网配合的集电小车装置,其结构设置保证车辆偏转接触网中心线在 1.8 m 的范围内,保证弓网稳定受流,集电小车装置不脱网。集电小车装置杆长能满足:前车降弓后,后车超车;在无电区实现自动、安全的升降弓。具有紧急降弓功能,在遇到车辆偏移过大,车辆遇到深坑等特殊事故时,集电装置紧急降弓脱离,保证安全。

2.3.1.3　电柴混合 20 座运人车研制

1. 油电双动力防爆运人车总体技术研究

依照防爆柴油机和变频电机的输出特性,构建了双动力运人车的传动系统,确定了整车结构形式,通过对全车载荷分布进行优化和车架结构进行动力学分析,研制出高强度整体弹性悬架式车体,并对两种动力的驾驶操纵进行了统筹设计,研制出动力装置前置的油电双动力运人车,如图 2-21 所示。

2. 动力匹配及控制装置相互闭锁研究

依据整车总体性能要求,在有限的车体空间内,对柴油机、电机、变速箱和离合器特性参数进行匹配计算,使得系统液压泵、制动泵、发电机、变速箱、离合器等关联共用件与两种动力均匹配合理。通过电控系统实现柴驱和电驱模式的启动操作;通过手动换挡和机械离合结构来完成两种动力源的切换,并实现机械闭锁。电控系统中采用位置监测和机械离合结构来实现电驱和柴驱的双重闭锁。

3. 车辆电牵引系统研究

通过系统分析研究,开发了一套适合双动力运人车用防爆、高效、节能、安全、模拟柴油

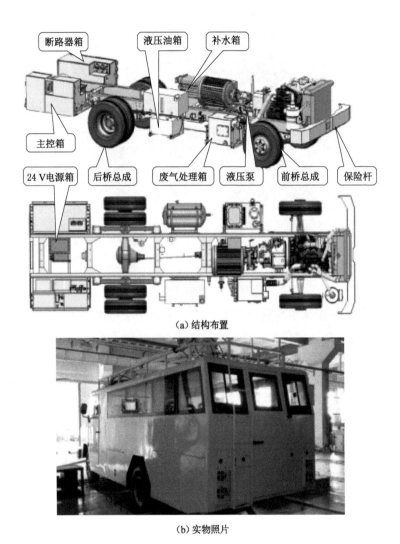

（a）结构布置

（b）实物照片

图 2-21　电柴混合 20 座运人车

机特性的矿用逆变交流变频调速控制系统。该系统主要包括电控箱、交流变频电机、电机飞轮、离合器、变速箱等。该系统启动后，具有怠速功能，在整车起步、运行、停止工作中，电机飞轮与离合器有机离合，同时充分利用变频调速系统较宽的调速范围和交流电机特性，满足煤矿井下恶劣复杂的运行工况。经过现场试验，车辆离合分离彻底，变速箱换挡换向运用自如，整车操纵灵活可靠。

4.75 kW 新型增压中冷电喷防爆柴油机研制

以增压中冷四气门电喷柴油机为基础机型，首次将电控单体泵喷射技术及增压中冷技术同时有机集成进行设计研究。电控单体泵喷射技术将对柴油机的转速扭矩进行精准控制，达到预期动力目标，而增压中冷技术在增加动力的同时，再进一步降低有害气体的排放，使得 75 kW 新型增压中冷电喷柴油机尾气污染物限值达到排放要求，其排放指标满足 CO 浓度 $\leqslant 4 \times 10^{-4}$，$NO_x$ 浓度 $\leqslant 6 \times 10^{-4}$；试验数据和运营试验表明，新型发动机的运行噪声小、排放量小、效率高。

2.3.1.4　经济效益

以试验实施地点补连塔煤矿 2# 辅运平硐和 2# 辅运大巷的架线区域为例(图 2-22),其中,2# 辅运平硐全长 2.8 km,坡度约 5.8°,以往返 10 km 架线路段,坡道路面约占 50%,每台车每班两趟,每天按两班,每年工作 300 d 计,进行经济效益分析。双动力人车架线电驱段每千米耗电约 4 kW·h,其中下坡路段双动力运人车牵引电机以发电状态运行,不消耗电能,往返一趟耗电量约为 20 kW·h,单台车每年耗电约 24 000 kW·h,每度电以 1 元计,5 台车全年消耗电费约为 12 万元,配件消耗 3 万~4 万元,全年费用总计 15 万~16 万元。与同规格的 10 t 防爆柴油机运人车相对比,柴油机车百公里燃油平均消耗约 70 L,考虑到车辆多数时间处于停止状态,柴油机并未熄火,往返一趟消耗约 10 L,单台车每年耗油约 12 000 L,每升油以 7 元计,5 台车全年消耗油费约为 42 万元,配件消耗 13 万~15 万元,全年费用总计约 55 万~57 万元。由于运营效率提高,设备采购成本降低,按原来柴油机 100% 使用频率计算,使用架线车可减少 90%。故障率降低,配件采购量减少,柴油消耗量减少。双动力运人车电驱状态能源动力及配件消耗费用约为同吨位柴油机车的 20%,并未考虑因电牵引车故障率低而减少的人工费,尾气"零排放",可降低矿井通风的压力,降低通风成本。以神东矿区 150 台运人车计,每年可节约井下人员运输费用约 6 000 万元。

图 2-22　井下带电运行试验

2.3.2　矿用新能源辅助运输车辆

神东矿区自建设投产以来就打破了以往矿井的生产模式,成功使用了柴油无轨胶轮车进行运输。柴油无轨胶轮车以其灵活、机动、快速、安全、高效的运输特点,实现了矿井高产高效的开采。但随着煤炭工业的不断发展,节能减排和降本提效已成为煤炭企业发展的核心内容。柴油车存在燃油(柴油)消耗巨大,尾气排放严重的缺点。排放出的一氧化碳(CO)、碳氢化合物、氮氧化合物(NO_x)和其他颗粒混合物等污染物,严重危害矿工的身心健康,这已成为矿井亟待解决的重要难题。针对柴油车存在的这些弊端,大柳塔煤矿积极探索,为打造节能减排、零排放、降本提效的绿色开采模式,从国内知名厂家引进了一种新型电动车进行工业测试。在测试过程中,发现电动车具有零排放、无污染、低噪声、轻便灵活且动力强劲的特点,在满足矿务工程用车条件的同时能够完全取代柴油车运输生产材料。

作为一种新型动力防爆无轨胶轮车,井工矿防爆电动无轨胶轮车能够有效解决目前井工矿柴油无轨胶轮车高污染、高噪声、高油耗、低寿命的问题,为煤矿提供高效的辅助运输装备,有效满足煤矿的生产和运输需求,提高矿井安全生产效率,降低矿井生产费用和劳动强度,改善井下环境。经过近两年的技术攻关,国内首台井工矿防爆电动无轨胶轮车研制成功。产品的成功研制,彻底解决了传统井下运输装备"高污染、高噪声、高油耗、低寿命"等长期困扰井工矿企业的难题,在通过相关认证后,将成为国家在井工矿领域推行的安全、节能、环保新标准。产品研制成功后,将逐步代替目前主流防爆柴油机无轨胶轮车,具有良好的经济效益和社会效益。防爆电动无轨胶轮车见图2-23。

图 2-23　防爆电动无轨胶轮车

2.3.2.1　防爆电动无轨胶轮车技术特点

防爆电动无轨胶轮车整车采用铰接式车架、两轴设计形式(图2-24),主要由一体化设计的铰接式车架、整体式货厢、封闭式驾驶室、独立油气前悬、刚性后悬、液压系统(含转向子系统、举升子系统、制动子系统、散热子系统)、电气系统(含电驱子系统、电控子系统、电源子系统和辅助子系统)及附属系统组成。使用4块防爆动力锂电池箱作为能量源,防爆电动机与轮边减速机连接作为动力输出,可以做到适时的四轮驱动;4个轮边减速机内均集成有湿式制动器,行车制动和驻车制动能够独立执行;在正向驾驶过程中能够实现全液压转向;使用防爆电子系统进行监控;采用一个小功率液压泵电动机为液压系统和散热系统提供动力。

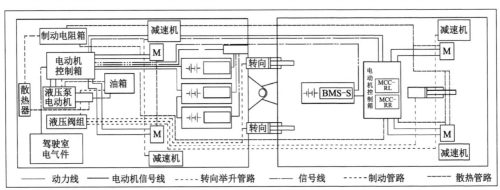

图 2-24　防爆电动无轨胶轮车整车布置示意

由于防爆电动无轨胶轮车整车在结构组成方面进行了优化设计,在强度、承载能力、轻量化、系统功率等方面都有了长足的进步。防爆电动无轨胶轮车整车技术参数见表2-3。

表 2-3 防爆电动无轨胶轮车整车技术参数

序号	产品型号	WLL-5A	WLL-8A	WLL-10A
1	额定载重/kg	5 000	8 000	10 000
2	整车质量/kg	9 200	9 400	9 500
3	连接形式	铰接式	铰接式	铰接式
4	驱动形式	四轮适时四驱	四轮适时四驱	四轮适时四驱
5	爬坡角度/(°)	16	16	16
6	最小离地间隙/mm	230	230	230
7	最小转弯内外半径/mm	3 700/6 200	3 700/6 200	3 700/6 200
8	最高车速/(km/h)	40	40	40
9	综合续航能力/km	90	75	65
10	尺寸(长×宽×高)/mm	7 050×1 960×2 000	7 050×1 960×2 200	7 050×1 960×2 200
11	智能监控功能	有	有	有

（1）一体式铰接车架。电动车车架由前、后机架通过中央铰接构成。前、后机架纵梁截面采用箱形结构，由高强度钢板整体焊接而成，焊接依照美国焊接学会 AWS Dl.1 标准执行，达到行业领先水平。机架通过调整转向油缸的伸缩实现转向，前机架是各主要元部件的安装基础，同时保证正向驾驶室的封闭性。后机架主要起到支撑整体式车厢的作用，车厢可通过自卸油缸的工作实现翻举自卸。4 块防爆动力锂电池箱对称布置在前、后机架，使得整车重心保持平稳。

（2）独立前悬＋刚性后悬。电动车使用单纵臂油气独立前悬，有助于车体的轻量化设计，车体非簧载质量更轻，能够大幅度提高整车的平顺性。同时电动车采用刚性后悬，不仅结构简单，而且承载能力强，能够有效降低货厢高度和整车质心。

（3）电动轮驱动。电动车搭载 4 台开关磁阻电动机，配套高度集成轮边减速机构进行独立驱动。动力系统启动转矩大，调速范围广，系统效率高。从低速、中速到高速，系统传动效率达到 95％。与传统整体桥式机械传动方式相比，不仅质量降低了 20％，而且控制更灵活，布局更方便。

2.3.2.2 防爆电动无轨胶轮车应用实践

2015 年 7 月 18 日，首台防爆电动无轨胶轮车进行第 1 次空载下井运行，随后重载拉运石子和喷浆料，一趟可运送 3 m³ 石子(4.3 t)或 4 m³(4.8 t)喷浆料。2016 年 9 月 27 日，防爆电动无轨胶轮车已在大柳塔煤矿圆满完成工业测试任务。

防爆电动无轨胶轮车测试累计运行约 39 000 km，耗电量 46 117 kW·h，井下综合工况满载续航里程大于 90 km，出勤率高达 94％。电动车每百千米能耗费用仅为同类型柴油车的 13％。截至目前，仍有 5 台电动车在井下运行，运行状态良好。

防爆电动无轨胶轮车凭借"零排放、低能耗、低噪声、高寿命"的强大优势，解决了现有矿用防爆柴油无轨胶轮车"高污染、高油耗、高噪声、低寿命"的短板，其零排放、低成本、高出勤率、续航里程长的优势，在实际试用中到了充分验证和考核，特别是因其"零排放"优势被誉为"具有里程碑意义的现代绿色矿井环保智能辅助运输装备"。

2.4　地面箱式变电站垂直供电技术

神东矿区是我国首个亿吨级大型矿区,拥有多个千万吨级的生产矿井。随着现代化采煤技术的不断发展,越来越多的大型机电采掘设备在矿区广泛应用,这对矿井电网的供电质量提出了更高的要求。煤矿供电质量不仅关系到企业的产量和效益,而且直接影响到矿井的安全生产,因此配备安全、可靠的供电系统显得尤为必要。

神东各矿井采煤机械化程度高、装机容量大、回采速度快且工作面长,采用固定的传统供电方式不能满足安全供电的要求;随着工作面的移动,供电距离不断增大,当采掘工作面机电设备启动时,配电系统中的电压损失较大,用电设备端的电压往往较低,不能满足设备正常启动的要求,也会引起整个负荷电网电压波动造成用电设备频繁跳闸。因此,采用传统的地面变电所到井下中央变电所,再到采区变电所,再到采掘工作面的移动配电的供电方式已不能满足现代化矿井大容量高效率采掘供电的需求,亟须更为高效、便捷的供电技术模式。

针对神东矿区煤层埋藏浅、地质构造简单、赋存稳定和良好的开采条件的实际情况,研究形成了中央变电所与采区变电所分区独立供电和 10 kV 下井供电技术,较好地解决了高产高效矿井采掘工作面供电质量问题,保证了采掘工作面供电的安全可靠性。在井下采区变电所位置利用地面钻孔将 35 kV/10 kV 箱式移动变电站馈出的 10 kV 电源通过电缆直接输送下来,由采区变电所向采掘工作面移动配电点供电,很好地解决了采掘工作面供电质量和供电安全问题,保证了高产高效矿井大功率采掘设备的供电需求。

目前神东矿区各矿井广泛采用 35 kV/10 kV 箱式移动变电站,中央变电所与采区变电所分区域独立供电输送容量大、距离短、电压损失小,提高了供电电压等级、减小了用电设备体积、降低了负荷电缆的截面积,在允许的电压损失范围增大了供电距离;地面 35 kV/10 kV 箱式移动变电站移动方便、占地少、安装方便、时间短,效果非常显著。分区独立供电和 10 kV 下井供电技术在神东矿区得到了广泛的实践应用,改善了整个矿井供电系统的可靠性,保证了矿井供电安全,取得了较好的社会效益和经济效益。

2.4.1　10 kV 直接下井分区供电技术

传统的供电方式已不适应神东矿区高产高效矿井的发展,神东公司根据煤层赋存条件打破传统的供电模式,采用分区域独立供电技术,中央变电所只负责中央排水、固定机电运输设备的供电。采区变电所电源取至采区变电所上方地面 35 kV/10 kV 箱式移动变电站馈出的 10 kV 电压,从地面钻孔用 MYJV42-8.7/10kV-3×240 电缆直接入井,并进入采区变电所,采区变电所用 PBG50Y 矿用隔爆型永磁机构高压真空配电装置,将 10 kV 电压用 MYPTJ-8.7/10kV-3×185 电缆送至采掘工作面、排水设备和输送带运输设备配电点,在配电点用 KBSGZY 矿用隔爆型移动变电站将 10 kV 电压降至设备所需电压,很好地解决了供电质量问题,保证了设备的供电质量和安全。

2.4.1.1　35 kV/10 kV 箱式移动变电站的结构及安装

(1) 35 kV/10 kV 箱式移动变电站的结构组成。35 kV 箱式变电站结构采用的是简化型预装式变电站,变压器露天布置;高、低压配电设备布置于箱体内,分体式结构,并实现无油化,配有微机自动化监控系统,具有"遥控、遥测、遥调、遥信"四遥功能,达到无人值守条件。35 kV 配电装置采用国产的 XGN17A-40.5 箱型固定式金属封闭开关柜。10 kV 配电装置采用 ZGN-12 固定式开关柜。各箱体内装设空调、照明设施,方便巡视和维护。

（2）35 kV/10 kV 移动变电站的安装。生产厂家按使用单位提出的要求,进行设计;将高、低压设备在工厂安装、调试完成,实现了工厂化生产;土建工程只做箱体和主变电器基础,有 15 d 左右就能完成移动变电站的整体施工安装,与常规变电所相比大大缩短了建设和施工周期,完全能满足井下采掘设备对供电的需求。

2.4.1.2　10 kV 直接下井分区供电技术的优点

（1）因井下中央变电所不向采区变电所供电,地面固定 35 kV/10 kV 变电所设计可小型化,节省了投资,减小了建筑面积,提高了供电可靠性。

（2）采用分区供电 10 kV 直接下井到采区,缩短了去采掘工作面电缆的长度,减少了末端压降和线路损耗,保证了采掘工作面的供电质量;提高了供电系统的输电能力,输电能力的提升可以增加井下供电网络的系统稳定性;提高了电网的供电距离、供电质量和经济可靠性。地面 35 kV/10 kV 箱式移动变电站安装简单、移动方便、供电迅速;占地少、投资省、维护简单、防护性能好,采用国产移变,综合效益大。10 kV 箱体开关柜工厂化生产,地面工作环境好,抗干扰能力强,检修方便,系统运行稳定。箱体具有防水、防火、防冻、防腐、防风沙等特点,机械强度好,耐机械外力冲击。

2.4.2　35 kV/10 kV 箱式移动变电站的实际应用

分区供电和 10 kV 直接下井分区供电技术经过多年实践,形成了成熟的具有代表性的神东千万吨矿井供电技术(图 2-25)。如活鸡兔煤矿年产原煤 1 000 万 t,综采工作面最多的时候布置 3 个,每个综采工作面总装机容量在 6 500 kW 以上,一个掘进工作面装机总容量在 1 500 kW 以上,传统供电方式已无法满足采掘工作面安全高效生产的需求,采用 10 kV 直接下井分区供电技术很好地实现了建设高产高效矿井的目标。

地面箱式移动变电站的变压器容量为 10 000 kV·A,有载调压,所有一、二次开关柜都放置在两个封闭箱体内,选用真空断路器和整体密集型补偿电容,采用先进的微机保护装置,各种保护齐全,软件运行速度快,故障信号报警简单明了,属免维护系统。箱式移动变电站不设运行值班人员,由 5 km 以外的大柳塔工业广场 35 kV 变电站实施监测和控制。该箱式移动变电站投资仅为 254 万元,建设周期很短,可实现整体移动搬迁,完全适应神东矿区回采速度快、工作面搬迁的需要。

采用这种供电技术后,取得了良好的经济效益。以上面为例,采用箱式移动变电站钻孔电缆入井 10 kV 直接下井供电,比采用原 6 kV 供电可节约 3×185 mm² 的电缆 15 km(3 根电缆并行入井),由此节约资金约 450 万元;年节约线路电能损耗 30 GW·h,折合电费约 15.1 万元。

2.4.3　35 kV 新型智能箱式变电站

随着国家对绿色环保、节能减排的提倡以及通信技术的发展,电力设备正在往智慧运行、智能运维以及云平台综合能效管控等方面转型,有必要研制形成新规格的智能化 35 kV 配电站,并具备一体化设计、模块化生产、集成智能开关设备以及智能化云平台系统,以满足煤矿供

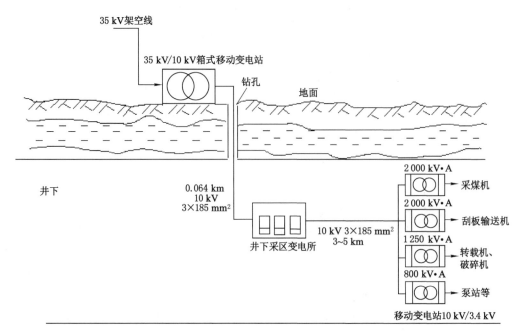

（a）示意图

（b）地面变电站照片

图 2-25　采区供电

电系统在智能供电、智能运维及能效管控方面的需求，达到模块化组合、快速建站的目的。

在乌兰木伦煤矿开展了 35 kV 新型智能箱式变电站应用。按照"无人值守、远程调控"运行管理模式，贯彻"一体设计、接口标准、远方控制、智能联动、方便运维"等设计理念，落实"防火耐爆、免（少）维护、标准设备、绿色环保、本质安全"等设备选型要求，实现"站内设备自动巡检、设备状态全面感知、设备异常主动预警、倒闸操作一键顺控、人员行为智能管控、主辅设备智能联动、资产全寿命周期管理"等智能应用，建设状态全面感知、信息互联共享、人机友好交互、设备诊断高度智能、运检效率大幅提升的智能变电站。整站采用预制舱建站模式,全工厂生产线预制、高度集成,可根据现场需求进行布置,实现快速建站的目的,同时减少占地,缩短建站周期,节约成本。

2.4.3.1　35 kV 智能预装式变电站

1. 设备状态在线监测系统

通过对设备智能传感器和视频单元的研究,实现 35 kV 充气柜、10 kV 开关柜、35 kV 主变及预制舱等设备的温升、开关位置等状态信号和容性设备绝缘状态信号的在线采集,并结合算法模型及本站设备的使用情况,收集专业设备运行原始数据、设备状态、设备故障、预警等原始数据和数据说明,形成设备健康度分析模型的建立与算法设计,在本站和供电中心已建设的调度一体化平台对设备评估进行预警、展示等。

2. 音频远程运维监测技术

基于声呐技术的声音及超声波联合检测技术,采用先进的音频识别算法,可监测电气设备的运行情况,定性判别相关设备的运行状态并提前预警。

3. 传感器设计及植入技术

采用多物理量传感器集群技术及其植入技术,研制易安装、寿命长的特性监测传感器和温度传感器、霍尔电流传感器等,实现线圈的分/合闸电流、动触头运动特性、重要节点温度变化状态感知。基于开关设备的电场分布、温度场分布及动力学特性,建立集成开关设备主回路绝缘、主回路连接及传动机构状况的健康状态综合诊断分析模型,优化传感器的设计结构、植入方式及安装位置。

4. 支持边缘计算多合一智能化终端

基于嵌入式操作系统,轻量化开关运行状态模型和控制算法;形成集测量、控制、监测、通信功能于一体的智能化终端。

5. 开关柜的一键顺控功能

开关柜具备远程遥控能力,位置双确认的信号可通过干接点接入就地下方的保护测控装置。由主控系统完成一键顺控、远程遥控的功能。

6. 预制舱无人值守消防系统技术

采用七氟丙烷探火管式灭火装置,能实现快速、准确、有效地探测及扑灭火源。系统集报警和灭火、舱体灭火气体浓度监测于一体,将火灾扑灭在初级萌芽阶段,既可大幅度降低消防工程的造价,又可降低每次灭火的费用,并且不会对人员造成任何伤害。

7. 新能源一体化箱体及电源系统

基于太阳能电源和外部电源一体化热备用电源系统,形成交直流电源的无缝切合技术。通过将整站辅控设备两路电源优化为直流屏＋光伏系统组合方式,增加供电可靠性,同时有效降低舱内运行温度。

2.4.3.2　变电站综合管理运维平台

建设变电站综合管理运维平台,平台集成全站设备智能诊断子系统、视频识别子系统、三维建模子系统、能效管理子系统、变电站环境监测子系统、消防安全子系统、音频远程运维监测子系统,如图 2-26 所示。打通现有系统中数据壁垒,实现各子系统间真正意义上的互联互通,共享共商。

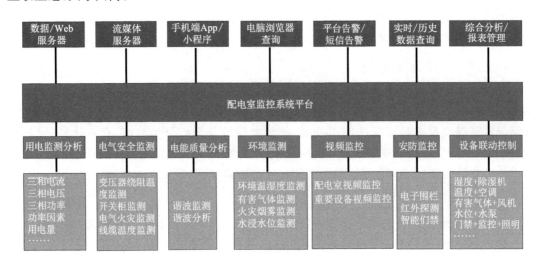

图 2-26　配电室监控系统平台

1. 设备健康状态的评估

通过变电站电气设备多物理量融合状态感知、综合诊断,建立设备自身载流、机械、绝缘等状态的自我评估模型,实现设备自身状态的全面感知。

2. 运维数据库及诊断分析模型的搭建

根据设备的故障特性,搭建设备的诊断分析模型、确定设备运行的理论数据库,通过历史故障数据及运行环境数据修正理论参数;通过现场的运行参数,实例化实际设备运行的寿命曲线和运行数据库,在供电中心已建设的调度一体化平台对设备评估进行预警、展示。

3. 三维变电站模型的搭建

利用安装在变电站内的各类智能设备,建立具备视觉(视频)、听觉(音频)、触觉(各类传感器)及嗅觉(环境监测)等多维度态势感知能力的透明变电站模型;同时依托平台内的其他子系统,实现变电站的透明分析、透明运维、透明管理。

4. 平台各子系统间的联动

建立变电站综合管理运维平台内各子系统间的联动策略,包括设备智能诊断子系统、全站视频识别子系统、全站三维建模子系统、能效管理子系统、变电站环境监测子系统、门禁及智能消防安全子系统、音频远程运维监测子系统等,达到变电站透明化、数字化、智能化管理,使变电站的运维管控形成闭环,效率呈指数增加。

5. 高压电网的在线智能运行管理

与供电中心已建设的调度一体化平台无缝对接,调度中心与变电站后台系统各自独立运行,系统建设采用统一规范,依托神东信息网实现调度中心、变电站后台图形、模型自上而下的方式统一维护,实现一体化运维。建成煤矿高压电网在线智能运行管理系统,该系统能够依据高压供电设计图的整体结构,按照级别的不同,动态设置不同的保护时限,并提供瞬时速断、定时过流和过负荷保护等多种保护,保障煤矿高压供电系统正常、稳定运行。

2.4.3.3　变电站智能辅控系统

(1)通过全站视频系统建设在线巡检系统Ⅳ区组网(图 2-27),完成巡检任务管理、视频及机器人巡检点位配置;实现联合巡检、集成图像识别算法;实现Ⅳ区巡检主机识别结果回传及反向联动。

联合巡检过程实时立体感知

"点哪到哪"实景导航特巡

图 2-27　变电站在线智能巡检系统

(2)在设备舱体布局环境监测感知设备,及时掌握舱体内环境温湿度、SF_6 监测浓度、氧气浓度,同时把采集数据通过网络层汇聚至主辅主机,并联动风机、空调对舱体环境进行改善,达到供电要求的标准环境。

(3)通过对整站门禁及智慧消防系统布设(图 2-28),实现变电站智能锁控系统的监视、远程授权等功能;智慧消防配置多种联动策略,当烟感探测器检测到配电房起火,联动声光报警器报警并联动门禁,将门禁设置为常开状态,摄像机将现场画面视频传回管理中心,同时启动气体灭火设备自动灭火。

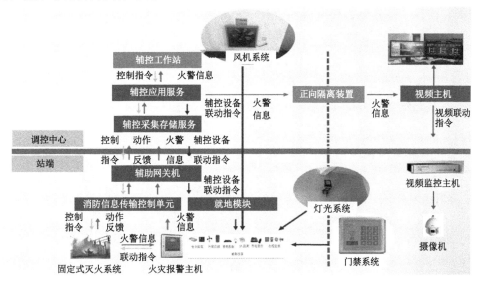

图 2-28　整站门禁及智慧消防系统

第3章　千万吨矿井高效开采技术

3.1　超大采高成套综采装备与关键技术

十多年以来,神东矿区千万吨矿井群一次采全高综采技术实现跳跃式发展,补连塔煤矿先后于 2007 年实现 22301 综采工作面的 6.3 m 一次采全高,2010 年开展了 22303 综采工作面 7.0 m 大采高试验,2016 年 12511 综采工作面成功实现了 8.0 m 特大采高试验;2018 年上湾煤矿 12401 综采面开展了 8.8 m 超大采高开采实践。在此期间,神东公司大规模研制并应用了国产装备,为我国 7.0～10.0 m 特厚煤层超大采高综采提供参考,为晋陕蒙宁甘乃至新疆等区域的厚及特厚煤层一次采全高提供了示范标准。

3.1.1　8.8 m 综采工作面国产化成套装备

神东矿区煤层厚度为 8～10 m 的煤炭地质储量约为 20 亿 t,如何实现其安全高效开采是亟须解决的关键问题。8.8 m 超大采高综采工作面的采场空间大、开采强度高、围岩控制难度大,急需研发 8.8 m 超大采高关键技术与成套装备。通过产学研协同攻关,研发了适应 8～10 m 煤层超大采高综采关键技术和成套技术装备,形成了一套包括 8.8 m 工作面围岩控制、关键生产装备与安装回撤装备的研发、工作面设备群组智能协同控制等在内的成套技术,并在上湾煤矿 12401、12402 工作面进行了工业性应用(图 3-1),取得了良好的经济效益。

图 3-1　8.8 m 超大采高工作面

3.1.1.1　8.8 m 超大采高采煤机

神东公司与天地科技股份有限公司上海分公司研制了首台 8.8 m 采高特厚煤层 MG1100/2925-WD 型交流电牵引采煤机(图 3-2)。该采煤机机身高度为 4 145 mm,机身长度为 9 717 mm,整机质量约为 220 t,采高达 8.8 m,年产煤能力超过 1 600 万 t。该采煤机理论一次采全高厚度达 8.8 m,创造了采煤机割煤高度的世界纪录。

图 3-2　8.8 m 超大采高采煤机

神东公司同步研制了 1 100 kW 轻量化、大长度、高可靠性截割部。通过计算机辅助分析及铸造过程可视化技术对关键壳体的铸造过程进行模拟,优化了壳体结构,提升了铸造工艺性和铸造质量,为壳体整体强度提供了保障。通过有限元分析,优化了滚筒结构,改进了滚筒材料和焊接工艺,在保证 $\phi 4\,300$ mm 滚筒强度和耐磨性的同时,首次将 $\phi 4\,300$ mm 滚筒质量控制在 16.3 t 以内,减轻了摇臂壳体与调高油缸的负载,提高了可靠性。

此外,还开发了与 8.8 m 一次采全高配套的高速高可靠性重载采煤机行走系统。在国内首次利用 3D 打印技术,辅以实物模拟试验、精密数铣等方法,优化了链轮齿形及结构,提高了行走轮的加工精度、承载能力和可靠性,为整机生产能力的发挥提供了保障。

3.1.1.2　8.8 m 超大采高液压支架

神东公司参与研发设计的超大采高 8.8 m 液压支架(图 3-3),支护范围为 4.0～8.8 m,工作阻力为 26 000 kN,中心距为 2.4 m,支护强度为 1.71～1.83 MPa,支架使用高强度双伸缩立柱。该套 8.8 m 液压支架支护高度、工作阻力、支护中心距均创世界之最。

通过优化设计,解决了超大采高工作面顶板控制、煤壁稳定性、支架稳定性、抗冲击性及疲劳寿命方面的难题。研制了超长、超高可靠性、超大缸径立柱,立柱采用自主开发的高强度、高韧性、耐腐蚀新材料。配备超大采高工作面智能化监测与控制系统,实现支架姿态监测与自动控制、设备干涉预测、故障预警、生产系统负载平衡速度匹配。采用更先进抗疲劳设计理念,可靠性高,设计寿命＞8万次,单架循环时间＜10 s,设计年产量达到 2 000 万 t。

图 3-3　8.8 m 液压支架

该支架采用三级护帮结构,最大护帮高度为 4.38 m,支架在支护强度选型、结构件抗冲击、支架主动支撑能力等方面有了大幅度提升。研究了大流量液压系统匹配性技术,在选取管径、缓解冲击、提高支撑能力等方面进行匹配性设计,满足 8.8 m 液压支架快速移架的要求。液压支架主要技术特征见表 3-1。

表 3-1　液压支架主要技术特征

支架类型	中部支架	端头支架	大侧护过渡支架	过渡支架
型号	ZY26000/40/88D	ZYT26000/30/55D	ZYG26000/40/88DA、ZYG26000/40/88DB	ZYG26000/40/88D
最小支撑高度/mm	4 000	3 000	4 000	4 000
最大支撑高度/mm	8 800	5 500	8 800	8 800
液压调整高度/mm	4 800	2 500	4 800	4 800
工作阻力/kN	26 000	26 000	26 000	26 000
支护强度/MPa	1.71～1.83	1.31～1.54	1.18～1.25	1.18～1.25
初撑力/kN	19 782	19 782	19 782	19 782

3.1.1.3　高强度大运量刮板输送机

神东公司研发了包括 SGZ1388/3×1600 型刮板输送机、SZZ1588/700 型转载机和 PLM7000 型破碎机的成套设备。该成套设备总装机功率为 6 470 kW,总质量超 2 370 t,其中刮板输送机铺设长度为 361 m、整机长度超 400 m、最大过煤量可达 6 000 t/h(具体参数见表 3-2)。系统具备变频自动调速、在线智能监测、在线故障诊断、断链自动检测、煤流量实时监测等智能化功能,是大型煤矿千万吨矿井超长工作面实现高产高效开采的主流重型装备。

表 3-2　SGZ1388/3×1600 型刮板输送机技术参数

项目	参数值
输送量/(t/h)	6 000
电机电压等级/V	3 300
刮板链型式	中双链
链速/(m/s)	1.67
电动机功率/kW	3×1 600
圆环链规格/mm	60×181/197
双链中心距/mm	330

新开发的自动张紧系统具有手动/自动功能及张紧异常检测功能,系统功能稳定可靠,使刮板输送机整个链条系统张力处于一个合理的范围,减缓了各刚性部件的冲击,延长了链轮、链条、刮板等主要部件的使用寿命。同时配套研发了智能调速系统,该系统通过检测刮板输送机上的负载情况及采煤机反馈的相关参数,进行相应的速度调整,以最优的能耗比进行运转,实现了节能降耗,年节约资金可达 300 万元以上。此外,还研发了控制系统,该系统可以通过显示屏实时显示电流、电压、功率、瞬时煤量、累计输送煤量、报警、故障等信息,能够存储 1 年以上的历史数据,并且具备在线故障诊断功能。

3.1.1.4　大流量乳化液泵站

神东公司自主研发的 HDP-1000-90 型乳化液泵站(图 3-4)在上湾煤矿 8.8 m 超大采高综采工作面投入使用。该乳化液泵站首次应用了超大容量蓄能站,蓄能站由 12 组 60 L 蓄能器组成,总容积达到 720 L,较传统蓄能站容积提升了 3 倍,有效缓解工作面瞬时大量用液响应慢的问题;创新应用了超大流量电磁卸载阀,卸载阀的额定流量达到 1 350 L/min,使超大流量泵站加卸载更加平稳,减小管路振动,延长了使用寿命;首次加装了乳化液浓度精确配比和在线监测系统,应用了乳化液泵智能保护系统,能够监测曲轴箱油温和油位、润滑系统油压和流量、乳化液浓度、温度和液位、系统压力、冷却水通断、管路阀门的开闭等状态,做到系统智能联动和实时监测;配置了双润滑系统,两个系统并联且相互独立、互为补充,能够监测到滑块和曲轴每一路润滑油的油压和流量,润滑系统更加可靠。HDP-1000-90 型乳化液泵技术参数如表 3-3 所示。

图 3-4　大流量乳化液泵站

表 3-3　HDP-1000-90 型乳化液泵技术参数

项目	参数值
额定电压/V	3 300
额定电流/A	220
最大流量/(L/min)	1 350
乳化液箱总容积/L	10 000
电机功率/kW	1 000
额定转速/(r/min)	1 490
最大压力/MPa	37.5

通过开发超大流量泵站蓄能系统、供回液系统、润滑冷却系统、在线故障诊断系统、高压大流量卸载阀及其配套元器件,满足了移架、推移刮板输送机及支护要求,支架完成一个移架循环时长仅 9 s。

3.1.1.5　安装回撤配套装备

神东公司首创了百吨级支架搬运车(图 3-5)、自支撑 80 t 级回撤专用绞车、工作阻力为 25 000 kN 的辅巷专用回撤支架和回撤专用掩护支架,有效解决了百吨级液压支架、采煤机整体搬运和回撤巷道安全支护技术难题,显著提高了工作面安装回撤效率和安全性,引领了行业高端特种装备发展。

神东公司还首创了集实时控制、大数据分析、数据挖掘、故障诊断和专家辅助决策于一体的综采工作面智能协同控制平台,研制了统一的矿山机电设备通信规约及异构子系统的数据集成接口,实现工作面采煤机、支架、刮板输送机、泵站等设备的集中控制和协同作业。

图 3-5　支架搬运车

2018 年 3 月 20 日,8.8 m 超大采高综采成套装备在神东公司上湾煤矿投入生产,创造了多项世界第一:装机功率世界第一(15 842 kW)、一次采全高综采工作面采高世界第一(8.8 m)、回采工效世界第一(1 050 t/工),特别是创造了最高日产 6.32 万 t,最高月产 150.6 万 t 的世界新纪录。与同煤层 7 m 大采高相比,可多回收煤炭 498.62 万 t,回收率提高了 20.2%;回采工效提升了 128 t/工,提高了 14.3%。

3.1.1.6　大断面回采巷道支护关键技术

1. 工作面采掘巷道优化设计

为了解决综采工作面大型设备的安装、回撤等运输问题,同时避免平巷因断面大、顶板及两帮维护困难、成本增加等缺点,上湾煤矿对矿井 1^{-2} 煤四盘区系统布置形式(图 3-6)进行了创新。该布置在中部开掘支架专用巷,使得综采大型设备从 2# 辅运平硐入井后经支架专用巷可以直达综采面切眼,实现了一条巷道可以为 1^{-2} 煤四盘区 12 个综采工作面的安装、回撤服务;支架专用巷的布置使综采工作面的辅助运输形成环线,提高辅助运输效率;待盘区进行最后一个面(12412)回采时还可以作为回风平巷使用,实现了一条巷道多次使用;工作面辅助运输巷道不再作为综采工作面安装、回撤时的运输通道,其断面尺寸(宽×高)从原设计的 6 m×5.1 m 缩小为 5.4 m×4.7 m,巷道断面变小,顶帮围岩稳定性好、易维护,降低了后期锚杆、锚索、网片以及混凝土底板等材料消耗量。同时,增加了一个安全出口,提高了采场发生灾变时的抗灾能力。

2. 工作面巷道支护设计

上湾煤矿 12401 综采工作面为 1^{-2} 煤四盘区首采面(图 3-7),宽度为 299.2 m,推进长度为 5 254.8 m,煤层倾角为 1°～3°,煤层厚度为 7.56～10.79 m,平均厚度为 9.16 m,埋深为 124～244 m,回采面积为 1.572 km²,地质储量为 2 059.4 万 t,可采储量为 1 930 万 t,采用倾斜长壁后退式一次采全高全部垮落法处理采空区的综合机械化采煤法。

根据神东矿区高产高效工作面巷道布置经验,超大采高综采工作面回采巷道(图 3-8)、回撤通道和切眼均采用矩形断面(图 3-9),以便连采机掘进和锚杆机支护。巷道主要参数:胶运平巷设计宽度为 6.0 m,高度为 4.7 m;辅运及回风平巷设计宽度为 5.4 m,高度为 4.7 m;辅回撤通道设计宽度为 6 m,高度为 5.1 m;主回撤通道设计宽度为 7.5 m,高度为 6.3 m;切眼设计宽度为 11.4 m(机窝及支架窝为 14.4 m),高度为 6.3 m;平巷煤柱宽度为 25 m。其

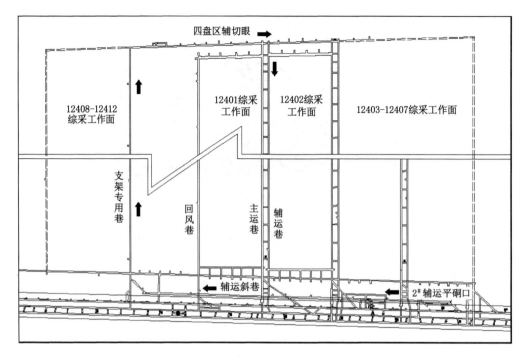

图 3-6　1^{-2} 煤四盘区生产系统布置形式

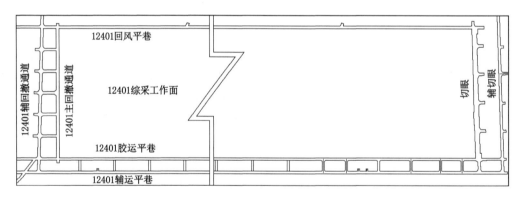

图 3-7　工作面布置示意图

中,由于主回撤通道及切眼断面大,现有掘进设备无法满足一次掘进成巷要求,切眼和主回撤通道掘进工艺采用一次掘进高度为 4.7 m、二次拉底为 1.6 m,保证巷道高度达到设计要求。

3. 主回撤通道支护设计

为了解决主回撤通道安装垛式支架时挤压损坏顶板锚索锁具导致锚索失效的问题,并保证原顶板锚索支护强度,提出了"锚杆+网片+锚索+钢带+隐形托盘"联合支护技术,使得回采贯通时锚索支护与垛式支架共同对顶板起到支撑作用,提高顶板的支护强度,增加顶板的稳定性。主回撤通道顶板锚索采用"井"字形布置,提高了顶板的支护强度,贯通回撤期间顶板垮落效果良好。主回撤通道具体设计支护参数如下。

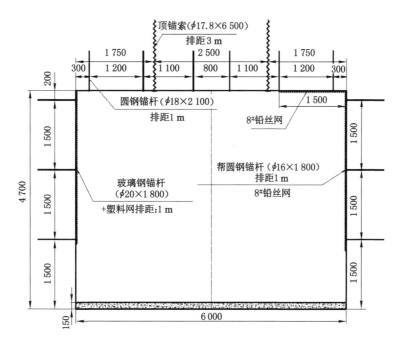

（a）胶运平巷

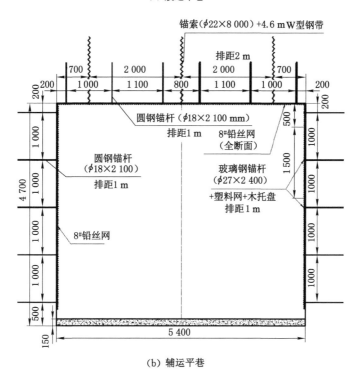

（b）辅运平巷

图 3-8 超大采高综采工作面胶运平巷和辅运平巷支护断面图

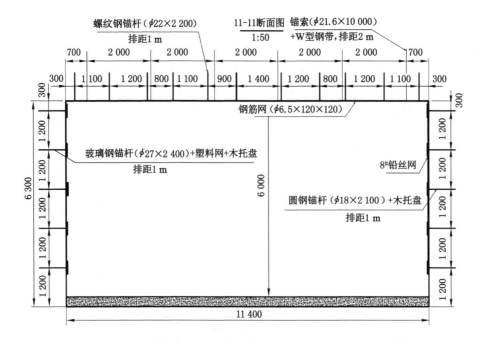

图 3-9 超大采高综采工作面切眼支护及成巷效果图

（1）锚杆支护

顶板采用 ϕ22 mm×2 200 mm 圆钢锚杆,间距从左到右依次为 0.9 m、1.2 m、1.1 m、1.2 m、1.1 m、0.8 m、0.8 m,排距为 1.0 m,加挂 8# 铅丝网;副帮采用 ϕ18 mm×2 100 mm 圆钢锚杆,由顶到底间距依次为 0.3 m、1.0 m、1.0 m、1.0 m、1.0 m、1.2 m,排距为 1.0 m,加挂 8# 铅丝网;正帮采用 ϕ27×2 400 mm 玻璃钢锚杆,间排距为 1.0 m×1.0 m,加挂木托盘以及塑料网。

（2）锚索支护

顶板锚索采用 $\phi 21.6$ mm×8 000 mm 锚索,横向锚索为 4 套/排,间排距为 2.3 m×1.0 m,配套通用托盘,并加挂 W 型钢带;纵向锚索为 3 套/排,间排距为 2.3 m×1.0 m,配套隐形托盘,并加挂 W 型钢带。垛式支架为 5.6 m×1.8 m(长×宽),宽度小于 2.3 m,避免了垛式支架损坏通用托盘锁具而导致锚索失效。副帮锚索采用 $\phi 21.6$ mm×6 500 mm 锚索,纵向锚索为 3 套/排,间距为 2.5 m,排距为 0.8 m,加挂 Ⅱ 型钢带;横向锚索为 4 套/排,从左到右间距依次为 1.0 m、1.6 m、1.0 m,排距为 0.8 m,加挂 Ⅱ 型钢带。

4. 辅回撤通道支护设计

综采工作面贯通回撤期间,辅回撤通道矿压显现不明显。辅回撤通道支护设计参数如下。

（1）锚杆支护

顶板采用 $\phi 18$ mm×2 100 mm 圆钢锚杆,间排距为 1.2 m×1.0 m,中间两排锚杆间距为 0.8 m,加挂钢筋网;两帮采用 $\phi 18$ mm×2 100 mm 圆钢锚杆,间排距为 1.0 m×1.0 m,加挂钢筋网。

（2）锚索支护

顶板锚索采用 $\phi 21.6$ mm×8 000 mm 锚索,横向锚索为 3 套/排,间距为 2 m,排距为 1 m,配套通用托盘,并加挂 W 型钢带;两帮采用 $\phi 21.6$ mm×6 500 mm 锚索,纵向锚索为 3 套/排,间距为 2 m,排距为 2 m,加挂 Ⅱ 型钢带。

5. 联巷支护设计

综采工作面回采贯通回撤期间,联巷顶、帮基本无变形量,矿压显现程度不明显。联巷支护设计参数如下。

（1）锚杆支护

顶板采用 $\phi 22$ mm×2 200 mm 圆钢锚杆,从左到右间距为 1.2 m、1.1 m、1.1 m、1.2 m,排距为 1.0 m,加挂 8# 铅丝网;两帮采用 $\phi 18$ mm×2 100 mm 圆钢锚杆,由顶到底间距为 1.3 m、1.0 m、1.0 m、1.0 m、1.0 m,排距为 0.8 m,加挂 8# 铅丝网。

（2）锚索支护

顶板锚索采用 $\phi 21.6$ mm×8 000 mm 锚索,横向锚索为 4 套/排,从左到右间距为 2.3 m、1.0 m、2.3 m,排距为 1 m,配套通用托盘,并加挂 W 型钢带;纵向锚索为 4 套/排,从左到右间距为 0.9 m、2.6 m、0.9 m,排距为 1.0 m,配套隐形托盘,并加挂 W 型钢带。垛式支架为 5.6 m×1.8 m(长×宽),宽度小于 2.3 m,避免了垛式支架损坏通用托盘锁具而导致锚索失效。两帮采用 $\phi 21.6$ mm×6 500 mm 锚索,纵向锚索为 4 套/排,由顶到底间距分别为 1.2 m、2.0 m、2.0 mm,排距为 0.8 m,加挂 Ⅱ 型钢带;横向锚索为 5 套/排,由顶到底间距分别为 1.15 m、0.8 m、1.2 m、0.8 m,排距为 0.8 m,加挂 Ⅱ 型钢带。

3.1.1.7　超大采高工作面末采贯通工艺

1. 末采贯通工艺

8.8 m 超大采高综采工作面末采贯通采用挂整卷高强纤维聚酯柔性网的方法,该方法工艺成熟,确保了超大采高工作面安全、高效、快速贯通。工作面末采贯通挂网工序如表 3-4 所示。

表 3-4 工作面末采贯通挂网工序

序号	末采贯通工序		注意事项
1	柔性网入井		提前入井,放至回风平巷副帮,距主回正帮 10 m
2	指定位置停机		顶刀割至 16.5 m,确保机头、机尾推进度相同,不得出现中部滞后或超前,留煤台 2 m,拉架后煤机停机头
3	安装抱箍、绞盘、滑轮		每架 2 套,提前 1 d
4	挂网锚索施工	打眼、支护	分 8 组,4 组张拉;综采队配合接液管
5		张拉	
6	穿钢丝绳		1 人负责中部→机头、1 人负责中部→机尾
7	运网		从回风平巷通过运输机运网
8	起网	翻网	电工操作绞车
9		上 U 型连接环	
10		挂绞盘钢丝绳	
11		端头紧固钢丝绳	
12	压第一茬网		上网后,再撩网,起机割底刀→推刮板输送机→割顶刀→放网拉架,直至支架压住第一茬网
13	正常割煤		每班需外派 10 人撩网,每班 5 刀 4 m
14	连网、压网		打出护帮板,利用垛式支架和护帮板登高
15	扫底		参照平视滚筒、回撤通道标识,指导扫底
16	挑梁		
17	清煤		
18	清理现场		回收物料,验收工作面

　　首先要提前将柔性网入井,并放置在回风平巷副帮,距主回正帮 10 m 位置处;然后采煤机要在指定位置停机,确保机头、机尾推进度相同;要注意提前 1 d 安装抱箍、绞盘、滑轮等装置。在工作面末采贯通时,首先挂网、打锚杆,然后进行施工,穿好钢丝绳,将柔性网从回风平巷通过运输机进行运输,使用绞车进行起网操作,依次翻网、上 U 型连接环、挂绞盘钢丝绳、加端头紧固钢丝绳。起网之后需要压第一茬网,先撩网,然后起机割底刀→推刮板输送机→割顶刀→放网拉架,直至支架压住第一茬网,之后就可以正常割煤,接着继续进行连网、压网、扫底、挑梁、清煤等操作,最后清理好现场。

　　根据柔性网贯通工艺及工作面采高较大的特点可知,停机挂网、连网、底板控制是末采贯通的重点和难点,挂网打锚索采用了三级护帮板支撑锚索钻机的方式,相比架设登高平台,降低了劳动强度,节省了时间,连网时留设煤台,并打出护帮板,人员利用垛式支架和护帮板之间的空隙作为登高平台,操作安全、效率较高。

　　2. 柔性网选型

　　柔性网的宽度以能包含支架从顶梁到尾梁处的底板,并能进入采空区 2 m 为准,长度以工作面加两平巷宽度为准。

　　柔性网选型方法:如 12401 工作面支架顶梁 5.655 m,掩护梁 5.290 m,后尾梁距底板

4.13 m,支架周围总长度 15.075 m,加上贯通时连网的长度 0.5 m 和采空区压网 2 m,柔性网总宽度为 17.575 m,长度等同于工作面长度(300 m)加平巷长度(12 m)。

由于首次在 8.8 m 综采工作面使用柔性网贯通,为保证强度,柔性网采用 800 kN(前 5 m)和 1 200 kN(后 12.5 m)混编,共使用 11 根 ϕ15.5 mm 钢丝绳。柔性网结构如图 3-10 所示。

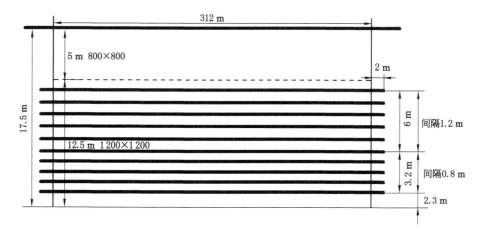

图 3-10　工作面贯通柔性网结构

柔性网结构技术要求如下:

(1)钢丝绳位置见图 3-10,距最里侧(通道贯通侧)网边 2.3 m 编第一根涂油钢丝绳。除网边钢丝绳外,共编 10 根 ϕ15.5 mm 涂油钢丝绳,外露 2 m。钢丝绳绑丝间距加密。

(2)面向工作面机尾在右手侧,机尾进网,网卷右进,按正常方式进网。

(3)框架底部加钢板,厚度为 30 mm,框架底部用 11# 工字钢,框架采用双重拉筋,边框两侧纵梁与框底焊接处加固,最大尺寸为 12 m×3 m×3 m。

(4)采用加宽后的 2 600 lb(1 lb≈0.45 kg)绞盘,工作面支架 128 架,立柱直径为 706 mm,螺栓采用高强度螺栓。

3. 绞盘钢丝绳强度校验

根据柔性网的参数,800 kN 网重量为 4.57 kg/m²,1 200 kN 网重量为 5.36 kg/m²,16# 钢丝绳的重量为 0.885 kg/m²,每架质量为 216 kg;选用 ϕ10 mm 规格的绞盘钢丝绳最大承受质量为 5 t,可至少承受 23 架网片重量。鉴于网与支架宽度较以前支架尺寸大,前期摇网困难,所以每台支架安装 2 套绞盘,上下布置,防止相互影响操作。

起吊钢丝绳选用 ϕ22 mm 规格,最大承受质量为 27.6 t,按起吊角 179° 计算,选用 ϕ22 mm 规格可以满足起网要求。

4. 8.8 m 综采工作面贯通工程质量控制

8.8 m 综采工作面根据主回撤通道层位情况,留顶煤贯通,贯通后采高控制在 6.5 m,底板整体上需沿底,局部需割底。为控制好贯通层位,采取了底板测量标高比较、导向孔控制以及探底煤的方法。同时,对固定顶、底刀司机提前反复培训,使采煤机司机能够熟练掌握层位关系和控制方法,实现工作面优质贯通。

(1)层位调整

综采工作面距主回撤通道 100 m 时,工作面回采方式从沿顶留底回采逐渐调整为沿底留顶回采,距主回撤通道 40 m 时采高调整为 7 m,预计留 1~2 m 的顶煤;从剩余 40 m 推至 20 m 时,根据地测人员提供的主回撤通道与综采工作面高程数据对综采工作面进行调整。

(2)底板控制

8.8 m 综采工作面从剩余 80 m 开始,每天测量工作面底板标高,根据工作面底板标高与主回撤通道底板标高对比(图 3-11),指导采煤机司机割煤。此方法以整体上指导控制工作面底板为主,辅助指导工作面探底煤。

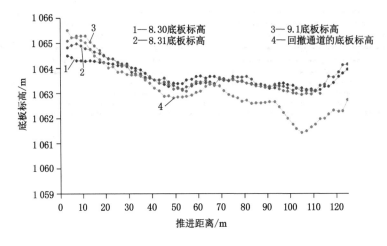

图 3-11   12401 工作面测量底板标高与撤通道底板标高对比图

挂网后,以导向孔进行底板控制指导,即采用溜槽高度、导向孔高度、摇臂平刀标识高度三点一线;局部贯通后以回撤通道标识进行控制,即贯通扫底时采用回撤通道 4.3 m 标志、滚筒顶部、眼睛三点一线。由于标识较高,有时需要站在支架上平视标识进行指导(图 3-12)。

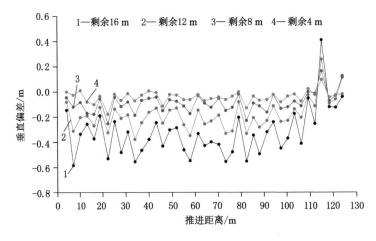

图 3-12   导向孔开孔与指定位置垂直偏差图

在摇臂行星头设置平刀位置标识,并在上、下各 100 mm 位置设置标识,便于参考煤机提卧量。以滚筒直径 4.3 m、溜槽高度 2.3 m 为标识位置,并在主回撤通道制作扫底标识。

为保证导向孔参考效果,在回撤通道内每隔 7.2 m(每隔 3 架)水平布设一个导向孔,孔深为 17 m,孔口中心距底板高度为 2.25 m(孔径 100 mm,最低 2.2 m,最高 2.3 m)。作为贯通标识,孔内充填白灰,PVC 管上贴反光纸。同时为减少偏差影响,采用测孔斜的方法对孔偏差进行提前探测。

（3）采高控制

在 8.8 m 综采工作面剩余 100 m 时开始降采高,以 90# 架为界,机头部分比回撤通道低,机尾部分比回撤通道高(图 3-13)。由于工作面仍沿顶回采,根据标高对比,在后续调整过程中分两步进行,即先由 8 m 调整为 7.5 m,再调整为 7 m;在工作面压力快过后,每刀降100～200 mm,并利用煤层走势进行降采高和留顶煤,其中机尾段根据工作面煤层上坡的条件直接平推和提底,机头段由于先下坡后上坡,采取留底煤缓留顶煤的方式降采高。

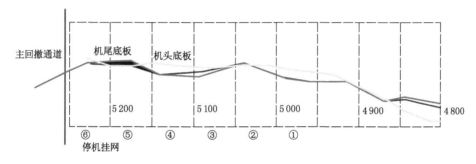

图 3-13　工作面平巷底板走势图

工作面留顶煤后,根据每天探测底煤和测采高来判断顶煤留设情况,直到工作面23#～115# 支架范围基本沿底为止。实际在剩余 40 m 处即完成采高 7 m 的调整,顶煤正常留设,未出现漏顶的情况,如图 3-14 所示,确保了末采贯通安全。

图 3-14　工作面贯通现场

3.1.2　8.0 m 综采工作面国产化成套装备

2016 年,在补连塔煤矿 12511 工作面开展了 8.0 m 一次采全高综采试验,设计采高为

8.0 m,为综合机械化采煤,工作面按两班半组织生产,早班割煤 2 刀,中夜班割煤 7 刀,日割煤 16 刀,日产量 4.3 万 t,月产量 105.4 万 t。

工作面液压支架选用郑煤机集团生产的 ZY21000/36.5/80D 型掩护式液压支架,共 149 台;端头支架,共 6 台;过渡架选 ZYG21000/36.5/80D 型支架,共 2 台;回风平巷超前支架选用 4 台郑煤机集团生产的 ZY12000/25/50D 型掩护式液压支架。刮板输送机型号为 SGZ 1400/4800,转载机型号为 SZZ 1600/700,破碎机型号为 PCM 700。工作面布置 5 台乳化泵和 3 台喷雾泵,选用由浙江中煤公司生产的泵站,乳化泵型号为 BRW630/37.5,喷雾泵型号为 BRW800/16,高压乳化泵型号为 BRW200/45。

工作面采用液压支架支护,支架初撑力为 35 MPa,支架额定工作阻力为 47.6 MPa,支护强度为 1.67 MPa,技术参数详见表 3-5,工作面开采实况如图 3-15 所示。

表 3-5 ZY21000/36.5/80D 型液压支架技术特征表

序 号	技术指标	技术参数
1	支架种类	双柱掩护式
2	支护范围/mm	3 650~8 000
3	支架中心距/mm	2 050
4	护帮板长度/mm	1 198+1 750+1 000
5	顶梁长度/mm	5 050
6	支架宽度/mm	2 190(1 950)
7	工作阻力/kN	21 000(47.6 MPa)
8	初撑力/kN	15 443(35 MPa)
9	移架步距/mm	865
10	支护强度(摩擦系数 $f=0.2$)/MPa	＞1.67
11	掩护梁与水平面夹角/(°)	8.4~55.2
12	推移千斤顶行程/mm	1 000
13	质量/t	约 79

图 3-15 12511 工作面开采实况

3.1.3　7.0 m 综采工作面国产化成套装备

神东矿区先后在补连塔煤矿、上湾煤矿以及大柳塔煤矿实施开展了 7.0 m 支架综采的开采试验。大柳塔煤矿 52304 工作面开采 5^{-2} 煤层三盘区，工作面宽度为 301 m，走向推进长度为 4 548 m。煤层厚度为 6.6～7.3 m，平均厚度为 6.94 m，倾角为 1°～3°。工作面配备大功率、重型、高效设备，选用郑煤机集团生产的 ZY16800/32/70D 型支撑掩护式液压支架，支架额定工作阻力为 16 800 kN，工作面正常推进速度为 13～15 m/d，平均日产量约为3.4 万 t，最高日产量为 4.6 万 t，最高月产量可达 105 万 t，回采工效达 422.7 t/工。

由于采高的大幅度加大，导致采空区顶板垮落高度明显增大，对工作面矿压显现产生影响的覆岩范围增大，从而造成工作面矿压显现强烈，顶板压力和支架载荷明显增加。在支护高度达到 7.0 m 以上的情况下，超大工作阻力对液压支架护顶、护帮机构的可靠性和支架的适应性都提出了更高的要求，这也使得支架的结构更为复杂，因此专门研发了两柱掩护式液压支架。神东公司与郑煤机集团合作研发的 7.0 m 大采高综采设备(图 3-16)，是大采高综采设备中重点使用的液压支架，该支架整体顶梁含内伸缩梁、三级护帮机构、双活侧护板、全开挡底座、整体长推杆，配置抬底和调底机构。该套大采高强力、高可靠性液压支架在 2010 年是当时世界上支护高度最高、工作阻力最大的两柱掩护式液压支架，立柱缸径为 500 mm，架间距为 2 050 mm，工作阻力为 16 800 kN；7.0 m 样机从研发到试制成功先后攻克了设计、选材、工艺、加工、总装调试、检验手段等多项技术难关，并获得了多项专利技术。ZY16800/32/70D 型液压支架技术参数如表 3-6 所示。

图 3-16　ZY16800/32/70D 型液压支架

表 3-6　ZY16800/32/70D 型液压支架技术参数

序号	技术指标	技术参数
1	支架高度/mm	3 200～7 000
2	支架宽度/mm	1 950～2 200
3	中心距/mm	2 050
4	初撑力/kN	12 370
5	工作阻力/kN	16 800
6	支护强度/MPa	1.43～1.47

表 3-6(续)

序号	技术指标	技术参数
7	前端比压/MPa	2.77～5.15
8	泵站压力/MPa	31.5
9	操纵方式	电液控制
10	运输尺寸(长×宽×高)/mm	9 335×1 950×3 200
11	立柱缸径/mm	500

研发人员通过对四连杆参数的优化,减小了支架内力,合理匹配结构件及连接件的安全系数,提高支架整体的可靠性。同时,对关键部件或结构件的薄弱环节进行分析,优化结构,提高了可靠性。7.0 m液压支架的稳定性能否适应大采高,是大采高工作面能否成功开采的技术关键。神东公司通过建立液压支架的虚拟样机平台,研究开发整架及关键承载部件的力学和运动学特性分析专用软件,对立柱和支架的主要结构件进行分析计算和试验,确保了大采高液压支架的稳定性和高可靠性。液压支架技术标准对标国际先进标准,耐久性试验总次数不低于5万次;支架满足7 m煤层一次采全高的要求,单架的移架循环速度能控制在10 s以内。

3.2 采准煤巷快速掘进装备与全断面盾构施工关键技术

3.2.1 双巷快速掘进关键技术

随着神东矿区综采技术装备与矿井配套设施的快速发展,综采工作面的开采强度成倍增加,产量不断增大,工作面的回采速度不断被刷新,使煤矿井下巷道掘进工程量剧增,"采掘失衡、采掘接续"的矛盾日益突出。掘进效率低、采掘比例失调,成为制约神东矿区高产高效的瓶颈。因此,神东矿区综采工作面采用诸多大功率设备,提高了工作面推进速度,同时为了满足矿井通风、排水、连续采煤机快速掘进、无轨胶轮车辅助运输和工作面快速搬迁等需要,综采工作面进、回风巷均采用双巷布置方式,为工作面安全生产提供了备用脱险通道。

3.2.1.1 连续采煤机掘进技术

在大断面煤巷快速掘进技术中,连续采煤机掘进工作设备包括连续采煤机、运煤车、顶板锚杆机、铲车、给料破碎机等,如表3-7所示。

表 3-7 连续采煤机及配套设备

序号	名称	型号	数量	功率
1	连续采煤机	12CM 18-10D	1	425 kW
2	连续运煤系统	2000	1	674 kW
3	运煤车	848	2	1 200 A·h
4	顶板锚杆机	TD2-43(XR 臂)	1	60 kW
5	顶板锚杆机	ARO-40-RELMB-CWT4	1	90 kW
6	给料破碎机	1030	1	131 kW

表 3-7（续）

序号	名称	型号	数量	功率
7	带式输送机	DSP-1090y1000	2	90 kW
8	铲车	488	1	450 A·h
9	移动变电站	KBSGZY 系列	2	
10	运煤车充电机	XP-SR-12	2	
11	铲车充电机	XP-SR-12	2	
12	局部通风机	2BKJ-N0516t/2	2	

连续采煤机具有成巷速度快、掘进工效高、巷道成型好、开口方便、爬坡能力强等优点，适合于开口抹角较多的双煤巷或三煤巷掘进。该设备的局限性在于对煤巷顶底板条件要求较高，要求顶底板强度较大。在实际使用中发现，连续采煤机还有以下两点需要进一步改进和完善：

（1）连续采煤机及其配套设备体积大、吨位高，解体困难，不容易下井或者处理故障，如能改进设备装配方式，会更好地适应井下条件。

（2）连续采煤机缺乏支护、清道、除尘等的配套设备，若在连续采煤机上安装支护、清道、除尘装置，可实现巷道高效、安全掘进。

3.2.1.2　连续采煤机连续运输掘进技术

随着煤炭行业的科技进步，煤巷快速掘进技术也不断创新和完善。神东公司在煤巷快速掘进过程中，用 10 单元连续运输系统替换了梭车（运煤车），通过给料破碎机进行给料、破碎、运煤，使采煤与运输相配套，解决了采煤和运煤不连续的难题，达到了快速掘进，月进尺最高达到 4 654 m。连续式运煤系统与连续采煤机和带式输送机配套实现落煤、装煤、运煤连续化，为我国煤矿综合机械化快速掘进做出了新的尝试。

3.2.2　掘锚一体化关键技术

为了提高掘进效率，提升矿井安全管理水平，达到减人提效的目的，神东公司在高产、高效采掘模式的基础上，突破传统，通过技术和工艺创新，研发出了高效快速掘进系统。2013 年 2 月 6 日世界首套快速掘进系统在大柳塔煤矿开始正式使用，该系统以实现"掘支平行作业"和"煤流连续运输"为主要指导思想，单班最高进尺 78.5 m，日最高进尺 132 m，月最高进尺达到 3 088 m，创造了煤巷大断面单巷掘进的世界纪录。

快速掘进系统的主要配套设备包括十臂锚杆钻机、可弯曲带式输送机、迈步式自移机尾和自移动力站等。快速掘进系统的设备布置如图 3-17 所示。

3.2.2.1　掘支平行作业关键技术

传统的连续采煤机和综掘机掘进都必须经过退机后才可以进行顶帮支护，掘锚机掘进虽然可以实现掘支平行作业，但支护效率较低，支护制约了掘进，这就大大降低了巷道的掘进效率，而且顶板支护不及时还可能造成顶板事故。快速掘进系统通过一系列改进、创新，实现了掘支的平行作业。

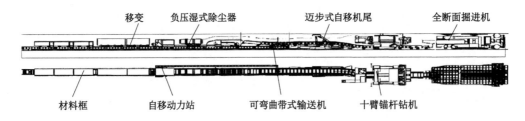

移变　　负压湿式除尘器　　迈步式自移机尾　　全断面掘进机

材料框　　自移动力站　　可弯曲带式输送机　　十臂锚杆钻机

图 3-17　快速掘进系统设备布置平面图

1. 掘支设备配套

在快速掘进系统的设备配套中,十臂锚杆钻机跟在掘锚机后方,骑跨在可弯曲带式输送机上,掘锚机前移后,十臂锚杆钻机紧跟着进行顶帮支护,从而实现了掘支的平行作业。十臂锚杆钻机结构如图 3-18(a)所示,其钻架主要包括前顶锚钻架、后顶锚钻架和侧锚钻架。

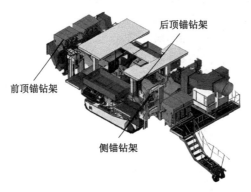

后顶锚钻架

前顶锚钻架

侧锚钻架

(a) 十臂锚杆钻机结构示意图

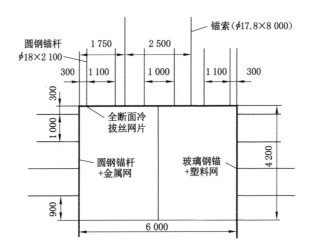

(b) 快速掘进工作面巷道支护断面图

图 3-18　掘支平行作业关键技术

2. 支护作业方式

支护作业时,十臂锚杆钻机前端的 4 个钻臂完成顶板 6 根锚杆的支护,两帮钻臂完成两帮上部 2 根锚杆的支护,锚索支护和两帮下部 2 根锚杆的支护由两臂锚杆锚索钻机配合完成。相较于四臂锚杆机,十臂锚杆钻机的掘进效率提高了约 1 倍。快速掘进工作面巷道支护断面如图 3-18(b)所示。

3.2.2.2　煤流连续运输关键技术

快速掘进系统同样实现了煤流的连续运输,经掘锚机截割后的煤进入破碎转载机进行破碎,经破碎后落入可弯曲带式输送机,可弯曲带式输送机上的煤流再转载到下部刚性架与运输巷带式架组成的带式输送机上,然后经矿井主运系统运出。煤流方向为:掘锚机截割下的煤→破碎转载机破碎→可弯曲带式输送机→刚性架与胶带架组成的运输巷带式输送机→矿井主运系统。

1. 连续运输的主要配套设备

(1)破碎转载机。破碎转载机由铲板式料斗、破碎部、刮板运输部、履带式底盘、泵站和带式输送机前驱动组成。掘锚机截割下的煤直接进入破碎转载机内进行破碎。破碎转载机示意图如图 3-19(a)所示。

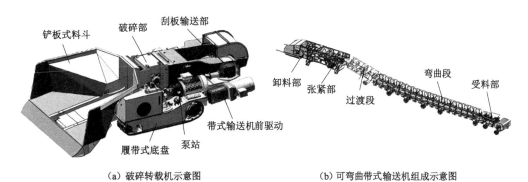

(a)破碎转载机示意图　　　　　　(b)可弯曲带式输送机组成示意图

图 3-19　煤流连续运输关键技术

(2)可弯曲带式输送机。可弯曲带式输送机由受料部、弯曲段、过渡段、张紧部和卸料部等组成。可弯曲带式输送机与刚性架重叠的一段骑跨在刚性架上,煤流由破碎转载机转载到可弯曲带式输送机上,可弯曲带式输送机再转载到刚性架带式输送机上。由于可弯曲带式输送机具有一定的弯曲能力,这进一步提升了带式输送机的适应性。可弯曲带式输送机组成示意图如图 3-19(b)所示。

(3)刚性架与普通架组成的带式输送机。可弯曲带式输送机的煤流经过卸料部落在刚性架与普通架的带式输送机上,然后进入矿井主运系统。

2. 带式输送机的延伸

迈步式自移机尾是快速掘进系统实现连续运输的关键设备,通过迈步式自移机尾(图 3-20)的动作牵引刚性架前移,可弯曲带式输送机滑动至刚性架上,刚性架前移后,后部带式输送机会继续延伸直至完成。快速掘进系统通过迈步式自移机尾简化了生产环节,保证了运输的连续性,提高了生产效率。

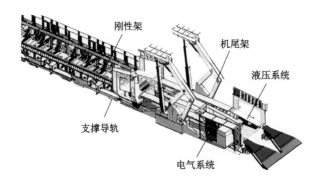

图 3-20 迈步式自移机尾示意图

3.2.2.3 长压短抽通风关键技术

针对快速掘进工作面存在的粉尘问题,为了降低粉尘浓度,采用了"长压短抽"的通风方式,即除了一台压入式局部通风机保证工作面正常供风,另外安装一台抽出式湿式除尘风机来抽出掘进工作面产生的大量粉尘,从而达到降低工作面粉尘浓度的目的。快速掘进工作面改进后的"长压短抽"通风除尘系统如图 3-21 所示。

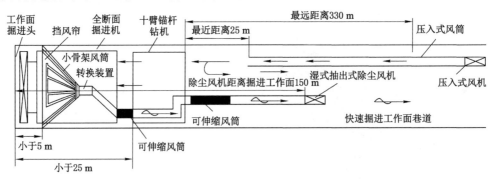

图 3-21 快速掘进工作面改进后的"长压短抽"通风除尘系统示意图

3.2.2.4 全断面高效快速智能掘进技术

神东公司结合生产实际,不断研究和探索煤巷快速掘进新工艺,研制了世界首套全断面高效快速智能掘进技术工艺系统(图 3-22),由快速掘进机和配套的八臂以上锚杆钻机组成,实现了采掘、支护、运输平行作业,大断面巷道一次成型,从根本上提高了掘进效率,解决了采掘平衡矛盾,满足了矿井规模化、集约化生产需要,为我国煤巷连采快速掘进提供了一种新模式。该技术在神东矿区创造了单巷掘进日进尺 132 m,月进尺 3 088 m 的最高纪录,比原有掘进工艺工效提高了 3 倍以上。

改进之后的掘锚机掘进循环进度小,能够及时支护,做到短掘快支,有利于复合顶板管理。掘锚机可以同时完成顶锚杆、顶锚索、帮锚杆的永久支护。掘锚机根据巷道要求,有标准型、低采高型及小机型,从而满足不同的巷道尺寸,可以实现巷道一次成型,巷道工程质量优良率高。但掘锚机机身较长,转弯半径大,开联巷或硐室时,抹角尺寸大,不适合在顶板破碎地段掘进联巷或硐室,且开口抹角用时较长。

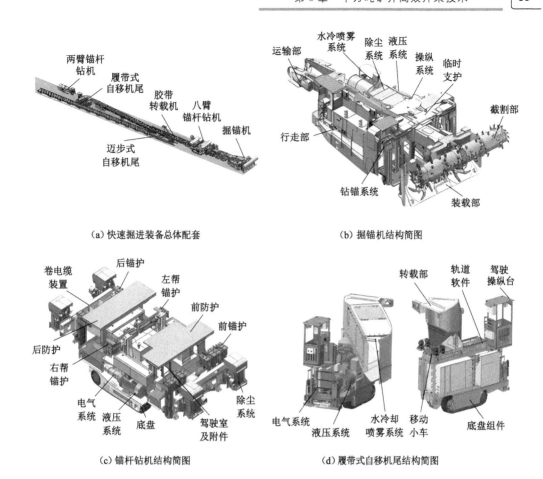

（a）快速掘进装备总体配套　　　　　　　　（b）掘锚机结构简图

（c）锚杆钻机结构简图　　　　　　　　（d）履带式自移机尾结构简图

图 3-22　快速掘进装备总体配套及各设备结构简图

全断面高效快速掘进系统与其他掘进工艺相比有显著优势，对比结果如表 3-8 所示。

表 3-8　快速掘进系统与其他掘进方式对比

对比项目	普通掘锚机或连续采煤机掘进	快速掘进系统
支护作业方式	掘支不能平行作业，并且支护设备钻臂多为 2 臂，最多为 4 臂	掘支可以平行作业，锚杆钻机钻臂为 10 臂，效率大大提高
成巷工艺	大断面掘进需多次成巷	6 m 大断面巷道可实现一次成型，提高了掘进效率
除尘效果	根据日常观测，连续采煤机处粉尘浓度平均约为 98.4 mg/m³，粉尘浓度较大	快掘系统采用"长压短抽"通风方式，粉尘浓度平均为 10 mg/m³
运输效果	无法实现连续运输	实现了破碎、转载、运输的连续化
安全性	移动设备多，存在移动设备伤人的安全隐患	设备、人员岗位相对固定，避免了传统掘进设备来回调机时带来的安全隐患
掘进效率	月进尺 1 300~1 400 m	改进前月最高进尺达到 3 088 m，全断面高效掘进机投入使用后，月进尺预计达到 4 000 m

3.2.3 全断面盾构施工长距离斜井关键技术

在神东公司大力发展高产高效矿区的背景下,高效全断面掘进技术和相关设备的研发也是其中至关重要的一部分。神东公司首次将盾构施工成套技术与装备应用到煤炭领域,创新了煤矿施工工艺,变革了中深部矿井开拓方式,提升了煤矿建设水平,实现了煤矿安全、优质、快速、高效建设,促进了煤矿建井技术的发展,在国内外煤炭行业起到了引领和示范作用。

1. 煤矿双模式盾构成套装备

为使得装备能适应煤矿深埋超长、连续下坡、富水高压、地层多变的特点,神东公司研究了双模式盾构设备系统快速模式转换的结构与技术,研制了煤矿盾构设备及配套设施,如图 3-23 所示。

(a) 盾构整机   (b) 运输管片

(c) 盾构现场组装   (d) 盾构始发

图 3-23 盾构设备及配套设施

双模式盾构主要部件设计包括刀盘、主驱动、推进系统设计,双模式盾构配套设备布局等。煤矿斜井双模式盾构主要技术特征如表 3-9 所示。

表 3-9 煤矿斜井双模式盾构主要技术特征

项目	参数值
刀盘开挖直径/mm	7 620
整机长度/m	238
整机质量/t	1 200
总装机功率/kW	4 800

表 3-9(续)

项目	参数值
额定推力/kN	42 500
刀盘驱动扭矩/(kN·m)	8 300
刀盘转速/(r/min)	0~6.4
掘进速度/(mm/min)	闭式模式:80 开式模式:120
螺旋输送机出渣能力/(m³/h)	450
带式输送机出渣能力/(t/h)	800
主机排污能力/(m³/h)	300
渣土改良功能	有
壁后填充	豆砾石/细石混凝土/双液浆/水玻璃/粉煤灰

2. 盾构施工煤矿新型组合式管片支护结构技术

通过研究高水压环境下衬砌外水压力特性及泄水降压机理,研发了适应 600 m 深埋富水地层的泄水降压式管片结构。该结构与管片共同作用形成管片＋锚索(杆)新型支护结构,可以主动控制软岩变形。同时,提出了适应深部高地应力的让压支护理念及支护形式,研发可抵御管片连接缝两侧差异变形的新型接头,如图 3-24 所示。

(a) 新型管片拼装示意　　　　　　　(b) 管片实图

图 3-24　新型组合式管片

3. 超前钻机进行超前地质预报关键技术

超前钻机进行超前地质预报关键技术实现了盾构施工煤矿斜井过程中钻探与超前预处理的结合,给出了不良地质中盾构模式转换的判据。同时,选用工程地质与超前钻探相结合的方法进行盾构施工超前地质预报工作。盾构前盾设有 15 个超前钻探预留孔,超前钻机安装在管片拼装机上,可在 360°范围内钻孔,外插角为 8°,最大钻孔深度为 30 m,钻孔直径为 64 mm。超前钻探每次完成钻探深度 30 m 之后,进行盾构推进 25 m,依次循环。盾构配置了钻进记录系统,并安置了专门的感应器,与超前钻探的钻杆相结合(如同钻杆连接套),可以接收钻孔过程中的压力、钻孔速度、转速、扭矩、钻杆波动、钻孔水量、温度等数据,再通过专业系统软件分析,对盾构前方的地质条件与水文条件进行预测,有效评估掘进前方地层的涌水量和水压,并有针对性地采用合理的超前预排水及预卸压措施。超前地质预报在盾构施工隧道中的作业环境示意图如图 3-25 所示。

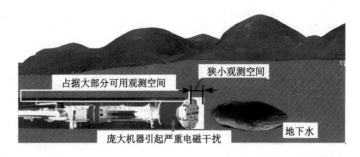

图 3-25　超前地质预报在盾构施工隧道中的作业环境示意图

4. 盾构法安全快速施工技术

通过研究煤矿斜井施工的盾构斜向始发关键技术、煤矿长距离斜井盾构连续下坡快速施工综合技术、盾构地下可拆解结构、盾构拆解区域地层加固技术、盾构拆解段管片受荷特性及处置技术等,形成了盾构地下拆解成套技术,如图 3-26 所示。

（a）盾构主机步进　　　　　　　　　（b）盾构主机斜向始发

图 3-26　盾构法安全快速施工

5. 长距离斜井软岩变形地段处置关键技术

盾构施工时,盾壳和管片对围岩变形非常敏感,为应对泥岩、煤层等软弱地层,提出了应对软岩变形的分级处置技术方案,确定了两个方面的软岩变形地段处置方式。

（1）盾构采用前大后小阶梯递减的设计,如补连塔斜井盾体由前盾、中盾、尾盾三部分组成,三者直径相差 15 mm,有利于防止卡盾。

（2）设计有盾构掘进扩挖系统,通过刀具垫块厚度的改变可以实现斜井巷道的扩挖,最大扩挖量为 50 mm,加上超挖值 160 mm,盾壳外围岩间隙最大可达 210 mm,适应了一定程度的软岩变形,降低了卡机风险,确保了盾构及管片砌衬结构的安全。

为应对盾构施工中软岩较大程度的收敛变形,首次提出了锚杆加管片的组合支护体系,锚杆可将开挖面形变压力传至壁后深层围岩,管片在锚杆的支撑下可更好地发挥对地层变形的约束作用,并改善受力达到更好的稳定性。组合体系可有效控制盾构施工软岩变形地段面临的风险和困难。盾构施工煤矿斜井软岩变形地段处置技术已在埋深为 280 m 的神东补连塔煤矿斜井工程中得到了成功应用,支护方案如表 3-10 所示。

表 3-10　软岩变形段支护方案

围岩级别	锚索布置	锚索直径/mm	锚索长/m	同步注浆层厚度/cm
Ⅲ	拱墙部 270°范围系统布置	25	8	16
Ⅳ	拱墙部 270°范围系统布置	25	10	18
Ⅴ	拱墙部 270°范围系统布置	25	10	20

6. 穿越高水压地段处置关键技术

针对盾构施工深埋斜井穿越高水压地段所面临的难题,研发了泄水降压式管片结构支护体系,并首次在盾构施工煤矿斜井中应用,形成了盾构施工高水压地段泄水降压技术,可应对深埋斜井高水压问题,大大拓展了盾构施工的地层应用范围。泄水现场施工如图 3-27 所示。

(a) 泄水降压　　　　　　　　　(b) 施工完成

图 3-27　泄水现场施工图

7. 盾构施工煤矿长距离斜井防水处置关键技术

针对盾构施工穿越富水地层的问题,首次提出了盾构法长距离斜井壁后分段隔水的设计技术。该技术确定了倾斜状态的壁后回填方法、化学浆环向封堵施工方法及其技术参数;采取优化弹性密封垫加管片壁后纵向分段隔水的处置方法,满足了防水性能要求,且采用的防水密封垫具有较适中的装配应力,有利于管片的精确拼装;采用了分段隔水设计,通过每隔 30 环以双液浆壁后填充分区隔离壁后水力,阻断了管片壁后水压力沿斜井贯通,避免了高压水通过接缝渗进井筒;对弹性密封垫的防水性能进行了试验验证,得到了满足煤矿斜井运营期 70 a 防水要求的弹性密封垫性能指标要求。埋深为 280 m 的补连塔斜井工程已顺利贯通,经全井检测未见明显渗漏水情况,达到了二级防水标准。盾构分段止水设计如图 3-28 所示。

8. 盾构施工煤矿长距离斜井有害气体处置关键技术

神东公司首次提出了盾构施工煤矿斜井有害气体监测预警系统选型配置标准并进行了系统集成,分别设计了盾构施工有害气体监测预警系统和通风系统对有害气体进行处置。系统可根据不同气体的不同浓度值,按照预定的技术措施做出报警、断电等联动动作,确保施工安全。在补连塔斜井盾构掘进施工中,采用了有害气体监测预警系统与盾构主机联动控制以及有害气体通风抽排的处置技术。该系统会监测周围环境中的有害气体浓度,并与盾构主机进行联动控制。当有害气体浓度超出设定标准时,有害气体监测报警系统会

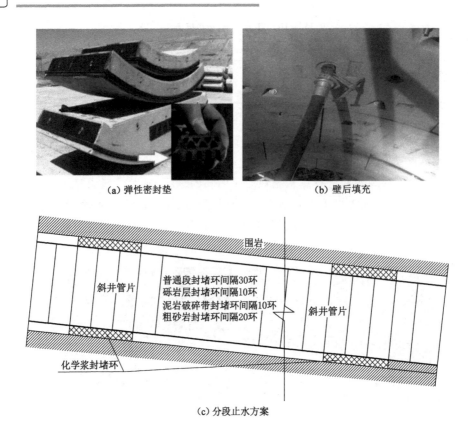

（a）弹性密封垫　　　　　　　　（b）壁后填充

（c）分段止水方案

图 3-28　盾构分段止水设计图

发出报警信号，并且触发断电信号，从而断开相应的电气设备。另外，还配置了增压风机、除尘风机，通过加强通风，稀释有害气体浓度。应用以上有害气体处置技术，从 2015 年 7 月 10 日正式掘进到 2015 年 12 月 22 日顺利贯通，其间的有害气体监测报警系统始终工作正常，各种气体监测数据能准确显示，斜井内空气流动正常，在安全方面完全满足盾构煤矿斜井施工要求。气体监测设备安装如图 3-29 所示。

（a）气体监测传感器　　　　（b）有害气体监测报警系统控制箱

图 3-29　气体监测设备安装

9. 盾构施工煤矿实时监测与安全评估技术

通过研究盾构施工煤矿斜井实时综合监测软硬件系统开发与集成技术，开发了斜井盾构施工安全评估指标体系，基于刚度等效的盾构斜井管片衬砌结构研究了安全评估方法，研发了盾构施工煤矿斜井安全评估试验平台,从而探究煤层开采对盾构施工斜井安全的影响规律。实时监测与安全评估技术如图 3-30 所示。

（a）监测系统显示界面

（b）埋入式传感器安装

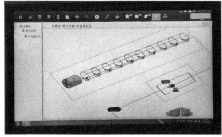

（c）斜井监测组网示意图

（d）刀盘实时数据监测

图 3-30　实时监测与安全评估技术

神东补连塔煤矿斜井示范工程的成功,充分体现了盾构施工技术机械化程度高(机械化率达 100%)、安全可靠,及优质、高效、环保的特点。施工期间实现了安全零事故,对围岩扰动小,作业环境安全健康,连续 4 个月的月平均进度达到 546.4 m,最高月进尺达 639 m。建成后的斜井硐口及井筒成型如图 3-31 所示。

（a）井筒成型

（b）斜井硐口成型

图 3-31　工程示范效果

10. 原位盾构拆解硐室围岩加固技术

神东公司利用盾壳和拆解影响段特殊管片锚杆预留孔,进行盾构掘进工作面超前锚杆加固、盾壳和拆解影响段管片径向锚杆围岩加固,以及盾壳和拆解影响段管片背后注浆加固,形成了原位盾构拆解硐室围岩加固技术。在补连塔煤矿斜井工程中,通过强化注浆控制纵向位移,2016年2月28日开始现场监测,测得纵向位移量为4.2 mm;采用锚索锚杆+钢拱架喷锚支护对拆解区地层进行加固,现场监测得到的围岩收敛变形量小于0.2 mm/d。拆解硐室区域地层加固如图3-32所示。

图3-32 拆解硐室区域地层加固图

11. 斜井硐内盾构拆解施工成套技术

神东公司编制了煤矿斜井扩大硐室盾构拆解操作规程,并成功应用于补连塔煤矿斜井示范工程。从2016年3月10日开始,在埋深超过276 m、倾角为5.5°的补连塔煤矿斜井工程中,完成总长度超过165 m、总质量为1 150 t的盾构拆解外运工作,拆机整体完好率为89%,核心部件完好率达到100%,盾构拆解后刀盘中心块尺寸为4.789 m×4.3 m,主驱动尺寸为4.42 m×3.56 m,刀盘中心块质量为50 t,主驱动总质量为80 t,实际盾构拆解时间共42 d。硐内盾构拆解施工现场如图3-33所示。

图3-33 硐内盾构拆解施工现场

3.2.4 全断面矩形巷道快速掘进设备与技术

以神东公司为代表的千万吨矿井为了保障采掘平衡,在掘进工艺方面进行了长期的实践探索,从建矿初期的炮掘工艺、半机械化掘进工艺发展为以连续采煤机为主体的适应不同地质条件的多种掘进工艺系统。目前巷道掘进工艺主要采用连续采煤机、掘锚一体机和综掘机掘进方式。综掘机月平均进尺为300 m,掘锚机月平均进尺为550 m,连续采煤机月平均进尺为 1 300 m。但是,随着矿区规模的持续扩大,掘进与支护的矛盾仍然比较突出。

3.2.4.1　全断面矩形巷道快速掘进机装备

在此背景下,神东公司提出了全断面高效快速掘进系统的设计构想、技术路线和关键技术指标,确定了"巷道断面一次成型、掘进与支护同步、远距离遥控作业、激光智能导向和巷道长压短抽通风除尘方式"技术目标,研制了全断面矩形快速掘进机。

MJJ3800×5800 型全断面矩形快速掘进机集机、电、液、激光陀螺惯导系统等多种高新技术为一体,具有快速、连续、一次全断面矩形成型和采、掘、运、支一体化的功能与特点。该掘进机适用于中等稳定顶板以上条件,整机采用远程有线控制、遥控器控制和近控有线控制,三种控制方式满足调试及使用要求。远程有线控制、近控有线控制又分为正常联动模式、检修模式、单动模式等多种使用方式。截割部由 1 大 4 小共计 5 个刀盘组成,可实现矩形全断面一次成型;截割部与支架平台主梁采用柔性连接,掘进机配备 4 臂顶锚杆(固定)、2 臂帮锚杆钻臂,可实现割煤与支护同步进行,互不干涉。该掘进机适用于截割断面尺寸(宽×高)为 5.8 m×3.8 m、6.0 m×4.0 m 和 6.2 m×4.0 m 三种掘进工作面,掘进速度可达到月进尺为 3 000 m。全断面矩形快速掘进机如图 3-34 所示。

(a)　　　　　　　　　　　　　　　　(b)

(c)　　　　　　　　　　　　　　　　(d)

图 3-34　全断面矩形快速掘进机

3.2.4.2　全断面矩形巷道快速掘进关键技术

快速掘进关键技术创造性地采用了全新的截割方式。全断面快速掘进机利用 5 个截割刀盘错次对称布置,结合 6 个盲区铲齿完成一次性全断面矩形巷道截割成型,前部大刀盘完成截割提前形成自由面,同时起定位稳定作用,上部两个小刀盘具有截割、修形的功能,下部两个小刀盘具有截割、修形、装载功能,小刀盘截割的形状为矩形。

推进方式为利用掘进机的左右撑靴、上下顶梁底座撑住左右侧帮和顶底板产生摩擦力提供推进反推力。通过掘进机的 4 个主推油缸推进截割部,在推进的同时截割部刀盘旋转,完成截割。截割部朝前截割完一个步距后,利用截割部的摩擦力,通过主推油缸回缩将后平台拉过一个步距,完成一个步距的迈步前进,每个工作顺序循环往复,实现连续推进截割。

刀盘将煤割下后,掘进机上部两个后小刀盘在截割的同时通过刀板将煤拨至中间顶部然后沿自由面自由掉落至刮板输送机槽中,下部两个后小刀盘在截割的同时将煤从两侧拨至刮板输送机槽,煤沿着主梁内刮板输送机转运到联运头车,完成装煤、运煤工序。

截割推进的同时,机载锚杆机布置于后平台上,截割部与后平台之间柔性连接,截割部的振动对后平台影响较小,后平台处于稳定静止状态,锚杆机司机可在稳定的后平台上同步进行锚杆支护作业。掘进机后部两侧各布置 1 台帮锚杆机,通过升降机构可实现由上而下每个工位的帮锚支护。

掘进机采用改进的鞍架方向调整机构与主梁、运输机结构一体化设计以及新增的截割部抬底系统,可以有效、及时地调整掘进机行进的轴线偏差,确保掘进机的轴线偏差满足作业规程的要求。图 3-35 所示为全断面高效掘进机集中控制界面。

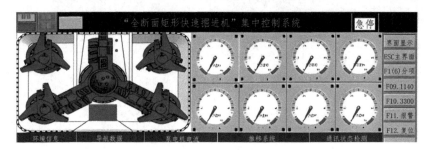

图 3-35　全断面高效掘进机集中控制界面

3.2.4.3　技术应用及实施效果

神东公司采用 MJJ3800×5800 型全断面矩形快速掘进机在哈拉沟煤矿 22524 运输平巷进行了工业性试验,掘进效果如图 3-36 所示。

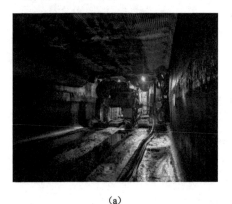
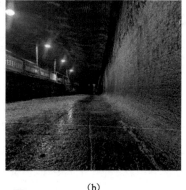

(a)　　　　　　　　　　　　　　(b)

图 3-36　全断面快速掘进机掘进效果图

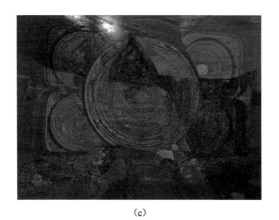

(c)

图 3-36(续)

巷道掘通后,经过哈拉沟煤矿、生产服务中心等相关单位多次讨论,制定了多套拆解回撤方案。考虑到采用别的设备来专门开挖拆解硐室需耗费较大的人力、物力,工程量较大,最终制定采用全断面矩形快速掘进机自掘拆解硐室的方案。这样既减小了工程量、节省了成本,又探索出全断面自掘拆解硐室的新途径,完善了全断面矩形快速掘进机装拆、掘进的完整工艺。在自掘拆解硐室方式中,采用全断面矩形快速掘进机提前起坡,放平、平掘硐室顶部,然后掘进机回退至起坡点,朝下掘进拉底至掘进机拆解高度。

根据安装过程的经验,显著优化了拆解硐室,硐室尺寸(长×宽×高)由 25 m×8.8 m×5.8 m 减小为 20 m×5.8 m×5.3 m,起吊吊点由 52 个吊点、110 根起吊锚索减少为 23 个吊点、80 根起吊锚索,工程量大幅度减小。全断面矩形快速掘进机解决了自掘拆解硐室的难题,拆解硐室如图 3-37 所示。

(a)

(b)

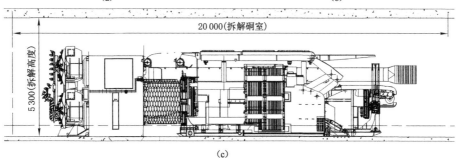
(c)

图 3-37　自掘拆解硐室

全断面矩形快速掘进机在国内乃至国际煤炭生产行业处于领先技术水平。其在巷道掘进领域具有极大的科技创新,解决了国内外普遍存在的巷道掘进效率低、安全性差、掘进工作面粉尘大、作业环境差和劳动强度大等问题。这种技术为煤矿掘进及生产带来了革命性意义的变革,提高了煤矿生产的机械化、自动化和智能化水平,带动了相关产业发展。全断面矩形快速掘进设备从安全、高效等方面进行了全面提升,减少了操作人员并大幅度降低了工人的劳动强度,提高了掘进工作面的科技水平。此外,它也提高了掘进效率,有效解决了采掘失衡问题,提高了掘进工作面除尘效果和改善作业环境,显著提升了巷道质量和安全性。该技术响应国家安全生产"机械化换人、自动化减人"要求,在工程实施之后,操作人员数量减少了一半,支护效率、掘进速度和掘进综合效率提高了一倍,为煤炭企业带来了巨大的经济效益。

全断面矩形快速掘进机的研究和应用,弥补了我国煤巷全断面矩形掘进机技术上的空白,提高了煤矿掘进生产的机械化和自动化水平,推动快掘技术装备制造业技术创新、科技进步和整个行业实现跨越式发展。

3.3　快速准备与回撤搬家装备及关键技术

3.3.1　回撤"辅巷多通道"工艺

3.3.1.1　回撤"辅巷多通道"工艺的提出背景

神东矿区建矿初期,大柳塔煤矿1209综采工作面作为矿区首采工作面回撤时,80%以上工作面支架被压死,部分支架立柱折断、顶梁开缝、立柱洞穿顶梁,工作面架前煤壁垮落,顶板开裂,工作面设备无法撤出。

3.3.1.2　回撤"辅巷多通道"工艺

回撤"辅巷多通道"工艺设计内容包括辅巷多通道的布置与巷道支护方式、方法。在综采工作面回采停采线前预先掘出两条平行于采煤工作面的辅助巷道,在两条辅巷之间,掘出若干条联络巷道,即构成了"辅巷多通道"系统。靠综采工作面停采线一侧的巷道作为采煤工作面液压支架和其他设备回撤时的调向通道,称为主回撤通道。

主回撤通道作为回撤工作面设备使用的主要通道,除采取锚杆、菱形金属网联合支护外,还配以单体液压支柱、矿用工字钢梁、垛式液压支架等进行补强支护。通常将垛式液压支架纵向支设在主回撤通道中,回撤通道顶板采用锚杆＋菱形金属网联合支护,靠近综采工作面采通侧铺设双层金属网支护,金属网错茬200 mm搭接,连接扣按间距不大于200 mm、每扣不少于3圈拧扣,锚杆间排距按照1 m×1 m支设。金属网下按照间距865 mm支设11#工字钢梁进行支护,保证每台液压支架挑梁时能够挑住两根工字钢梁,钢梁下采用垛式支架与单体液压支柱联合支护。

通道支护采用一种更为简捷的快速支护方式,即在回撤通道内采用锚索、槽钢或W型钢带及双排垛式支架进行顶板支护,如图3-38所示。采用上述改进的回撤通道支护工艺后,回撤通道支护工艺变得更加简单。

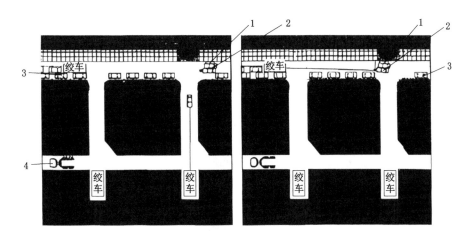

1—三角区支架；2—掩护支架；3—垛式支架；4—液压支架搬运车。

图 3-38　回撤工艺过程

3.3.1.3　快速回撤工艺

神东矿区综采工作面设备快速回撤的技术特点是：采用专用的无轨重型支架搬运车搬运工作面液压支架、采煤机、刮板输送机、破碎机、转载机，利用辅助巷道多通道进行多头平行作业，实现工作面快速回撤。

3.3.2　回撤通道支护及末采挂网工艺

主回撤通道一般采用锚网支护，并配以单体液压支护、矿用工字钢梁、专用垛式支架补强支护。专用垛式支架纵向支设在主回撤通道中，一方面用于支护顶板，另一方面作为工作面支架回撤时的掩护支架。综采工作面"辅巷多通道"巷道布置如图 3-39 所示。

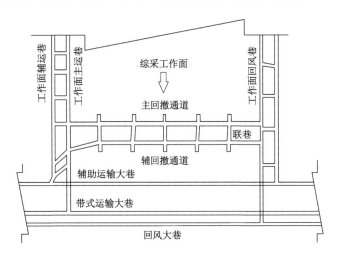

图 3-39　综采工作面"辅巷多通道"巷道布置

新型挂网工艺流程如下：

（1）撩网：割煤前，安排专人在采煤机行进方向 10~15 台支架前收起护帮板，同时配合撩网的操作人员摇动绞盘将网吊起,确保采煤机能够顺利通过[图 3-40(a)]。

(2) 割煤:正常割煤过程中,安排专人在采煤机行进的反方向作业。

(3) 放网:在滞后采煤机 5~10 台支架后开始放网,要注意确保放网的长度能够拉移一个支架步距。跟机放网后,要及时打出支架护帮板[图 3-40(b)]。

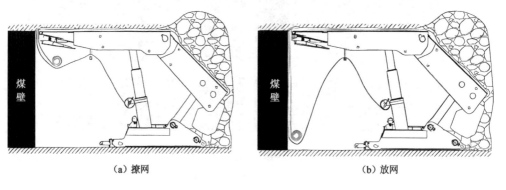

(a) 撩网   (b) 放网

图 3-40 撩网、放网示意图

(4) 贯通且全部连网完毕后,实施锚索托盘压网操作,确保锚索预紧力符合要求。工作面实际挂网效果如图 3-41 所示。

图 3-41 工作面实际挂网效果图

3.3.3 多掩护支架回撤工艺

目前 5.0 m、5.5 m、6.3 m 液压支架回撤普遍采用的工艺为三掩护支架回撤工艺,7.0 m 液压支架回撤采用四掩护支架回撤工艺,但这种工艺已不能满足 5.0 m 及以上采高工作面液压支架的安全、有效、快速回撤。大柳塔煤矿 52302 综采面 7.0 m 大采高液压支架采用五掩护支架回撤技术,实现了安全高效回撤并节约了成本。具体是采用辅巷多通道的支架回撤方式,支架从联巷分开分两头向两平巷回撤,这样可以加快回撤速度,撤架方法采用五掩护顺序撤架法。通过回撤方式以及液压支架回撤工艺的改进,有效地控制顶板与三角区网包的垮落,缩小了三角区空顶面积,保障了人员安全。随着空顶面积的减少,道木支护量也随之下降,不但降低了员工的劳动强度,而且减少了道木消耗,控制住了生产成本。

3.3.4　支架远程回撤操作系统

3.3.4.1　支架电液控制系统

支架电液控制系统主要由电源、主控制台（井下主控计算机）、PM31 支架控制器（SCU）、液电信号转换元件（压力、位移传感器等）、电液控制阀组和液压系统等组成。

3.3.4.2　回撤支架遥控系统的设计

回撤支架遥控系统就是将 PM31 控制器安装在回撤支架上，并配以遥控装置实现其功能。回撤支架经常成对出现，遥控系统安装在这两个支架上，主要由 PM31 控制器、STU 驱动器、储能器、遥控器和无线接收模块等组成。

3.3.4.3　遥控系统的具体操作

拔掉遥控器上面的电源锁，遥控器上的电源灯（红）亮。首先按"选择"键，按一次后，与无线接收模块连接的 PM31 控制器的蜂鸣器发出连续的鸣叫声，表示该 PM31 控制器被选中，后续的按键将会对其进行操作；当连续两次按下"选择"键后，相邻支架的控制器蜂鸣器发出连续的鸣叫声，表示已选中该支架控制器，后续按键就可以对其进行操作。不管选中哪个支架控制器，如果 10 s 之内没有后续按键操作，则本次选择将失效，蜂鸣器就会停止鸣叫，再次操作必须重新按下"选择"键。

3.3.5　变频牵引绞车

目前煤矿综采工作面搬家用支架牵引绞车为整体纵向框架式结构，一般只能使用液压单体支柱，按照"四压两戗"的方式进行固定。目前新设计开发了一种集自支撑、变频调速、遥控、保护等多功能于一体的自支撑变频牵引绞车（图 3-42），主要用于中大采高液压支架回撤。

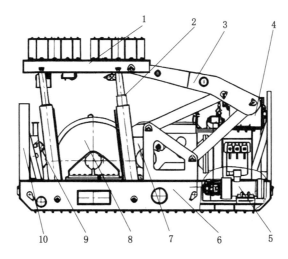

1—顶梁；2—立柱油缸；3—掩护梁及四连杆；4—电控箱及智能控制系统；5—液压泵站；6—底盘及液压油箱；
7—动力及传动系统；8—卷筒主轴；9—排绳器；10—防撞梁。

图 3-42　变频牵引绞车总体布置

该绞车于 2017 年 3 月至 2019 年 3 月先后在神东公司补连塔煤矿 12510 综采工作面、大柳塔煤矿 52505 综采工作面以及补连塔煤矿 12512 综采工作面完成了回撤任务,前两个工作面均为 7.0 m 以上大采高工作面,液压支架自重 69 t;补连塔煤矿 12512 综采工作面为 8.0 m 采高综采工作面,液压支架自重 79 t。实践表明自支撑变频牵引绞车总体使用效果良好。

3.4　短壁机械化采煤装备与关键技术

调查显示,我国煤矿的采出率平均约为 32%,小煤矿的资源采出率更低,平均只有 15%,与国际上其他产煤国家的煤矿采出率(一般都在 60% 以上,高的可达到 70%~80%)相比,资源浪费十分严重。因此,整合煤炭资源、提高煤炭采出率是我国急需解决的一项重要任务。

据估计,我国现有煤炭资源中 60% 适合布置长壁综采工作面,23% 属于"三下"压煤,其他则是不能布置长壁工作面的采区。按目前我国综采采区的资源采出率计算,开采后约形成 20% 的残采煤区和残留煤柱,如神东这样优良赋存条件的特大型矿区,其规划范围内存在不规则边角块段及部分小型井田的可采储量就达 5.3 亿 t,占矿区可采总量的 17.24%,可见开采边角煤炭资源对神东矿区的发展具有十分重要的现实意义。这些边角煤炭资源由于块段小、形状不规则、储量分散、煤层赋存不稳定及地质条件复杂等原因,只能采用短壁机械化开采技术。

3.4.1　短壁采煤关键装备

3.4.1.1　连续采煤机

2007 年初国内首台 EML340-13/25 型连续采煤机(图 3-43)研制成功。目前,神东矿区所采用的连续采煤机型号主要有 EML340、EML340A 及 EML300Y。EML340 型连续采煤机自研制成功以来,短壁开采工作面月均产量达到 4.6 万 t;日最高纪录达到支巷掘进 70 m,掘进进尺 50 m、采硐 8 个。

图 3-43　EML340-13/25 型连续采煤机

3.4.1.2　连续运输系统

连续运输系统是短壁机械化采煤作业的关键装备,它可以与连续采煤机和带式输送机配套实现落煤、装煤、运煤机械化。2003 年国内首套 LY2000/980-10 型连续运输系统(图 3-44)研制成功,并在神东矿区各矿推广应用,短壁采煤工作面商品煤年产量超过 220 万 t,最高月产量超过 21 万 t。

图 3-44　LY2000/980-10 型连续运输系统

3.4.1.3　梭车

梭车是连续采煤机短壁开采的转运设备,其功能是在连续采煤机和给料破碎机之间往返进行煤炭的短距离运输。目前,电缆式梭车因可靠性高、低运行成本和开机率高等特点而得到广泛应用,国外主要生产商有小松 JOY、Phillips、Sandvik 等公司,其中小松 JOY 梭车产品系列最为全面,涵盖 8～30 t 轻重机型。

2007 年,在山西省科技创新项目支持下,中国企业成功研制了国内首台 SC10/182 型梭车,并相继研制了 SC15/185、SC15/185F(图 3-45)等机型,载重量为 10 t 或 15 t,装机功率为 182 kW,适用于薄煤层乃至大采高开采,系列化产品运行稳定、可靠性高,广泛应用于陕蒙地区,单机最长服役近 5 a,其间无升井大修。

图 3-45　SC15/185F 型梭车

3.4.1.4　锚杆钻车

通过对国内外锚钻技术的消化吸收,并根据我国地质条件的多样性,成功研制了 CMM2-25 型锚杆钻机(图 3-46),该机型日最高锚护纪录为 384 根,班最高 140 根,相比手工单体液压钻机支护效率提高了 4～5 倍。后续又研制出适应不同巷道断面、配备不同钻臂数目的系列机型,如 CMM4-20、CMM8-25 等。

3.4.1.5　履带行走式液压支架

自新型 XZ7000/25.5/50 履带行走式液压支架(图 3-47)的试制生产以来,已有近 20 台在神东矿区陆续投入使用。应用该设备后回采工艺改为完全垮落采煤法,多台行走支架同时配合使用,使用效果良好,煤炭采出率比原先提高了 8%,同时降低了回采成本,进一步完善了短壁机械化开采的工艺及装备。

图 3-46　CMM2-25 型锚杆钻机

图 3-47　ZX7000/25.5/50 型履带行走式液压支架

3.4.1.6　防爆胶轮铲车

矿用防爆胶轮铲车是短壁开采的辅助运输设备,其主要作用是清理浮煤、运输煤炭、搬运机电设备和物料、拖拽机车及其他设备等,其中清理浮煤可提高连续采煤机的生产效率,降低工人劳动强度。铲车主要分为蓄电池式和内燃机式,近年来,随着充电技术及蓄电池装置性能的提高,蓄电池铲车应用较广泛。2007 年,国内首台 CLX3 型防爆胶轮铲车投入使用,该产品采用前后车架铰接式、防爆特殊型铅酸蓄电池装置供电、行走 IGBT 直流调速等技术,铲斗容量为 3.28 m^3,转弯半径为 7.18 m,其性能指标均超过进口的 482、488 机型,部分指标接近或达到 488GLBC 型铲车。随后,在 CLX3 型防爆胶轮铲车的基础上,WJX-10FB 防爆铅酸蓄电池铲运机(图 3-48)研制成功,其后驱动桥通过摆架结构实现机架与地面的适应性,通过直交逆变交流变频调速,实现铲车无级连续调速。

3.4.1.7　柔性连续运输系统

柔性连续运输系统是短壁开采的连续运输设备,与传统的连续运输系统采用刮板式、多跨骑转载不同之处在于,该系统采用可弯曲带式输送机运输、重叠胶带搭接,具有转载点少、运距长、移动灵活等特点。

2013 年,神东公司与中国煤炭科工集团太原研究院有限公司从带式输送机搭接、输

图 3-48　WJX-10FB 防爆铅酸蓄电池铲运机

送、延伸三个方面进行攻关,突破带式输送机长距离往复搭接、小半径转弯输送、回采巷道胶带主动延伸等关键技术,创新研制了 DZY100/160/135 型柔性连续运输系统(图 3-49)。该系统由移动式柔性带式输送机、迈步式自移机尾、穿梭动力站构成,胶带宽度为 1 m,运输能力为 1 600 t/h,驱动滚筒功率为 3×45 kW。该系统跟随连续采煤机进行连续运输作业,也可由给料破碎机牵引实现破煤、运煤一体化;通过位姿锁定的蛇形关节架体,可水平和竖直方向摆动,实现 8 m 半径 90°重载输送;输送机采用胶轮被动牵引行走,穿梭动力站实现退机,通过偏置摆动式油气悬挂自动调平机身,实现转弯时平稳运输物料,适应巷道起伏;采用重叠胶带搭接技术,电缆通过自动拖缆机构实现自动往复运动,机尾通过迈步式自移,最大搭接长度为 150 m。2019 年,胶带宽度为 0.8 m 的 DZY80/120/90 型柔性连续运输系统顺利下线。柔性连续运输系统已在国能、陕煤、阳煤等集团应用 7 套,实现了煤炭高效、连续运输,社会、经济效益显著。

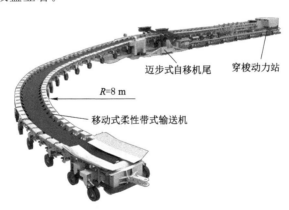

图 3-49　DZY100/160/135 型柔性连续运输系统

3.4.2　短壁高效开采技术

连续采煤机的大量应用使短壁采煤进入了机械化高效开采阶段,经过多年工艺演变,形成了以旺格维利采煤法、块段式采煤法为主的两类代表性短壁开采工艺,上述两类开采工艺对比如表 3-11 所示。

表 3-11　连续采煤机短壁机械化采煤工艺对比

采煤工艺	旺格维利采煤法	块段式采煤法
回采方式	单翼后退式、双翼对拉式、双翼折返式	单翼后退式
巷道布置方式	上下双巷、中间双巷、中间三巷	多巷布置、上下回采巷道双巷
进刀方式	双翼进刀、单翼进刀	双翼进刀、单翼进刀
回采通风方式	全风压、局部通风机压入式通风	全风压
顶板管理方式	煤柱支撑法、全部垮落法	全部垮落法
防灭火措施	密闭墙	密闭墙
采出率/%	50～85	65～85

3.4.2.1　旺格维利采煤法

该工艺由房柱式采煤工艺演变而来,其利用顶板压力拱免压圈原理,将回采点置于免压圈内,免压圈内留设窄煤柱(主要为刀间煤柱),将隔离保护煤柱或未回采区(宽煤柱或连续煤柱)作为主压力拱的主要承载区,提高了采出率。该工艺在澳大利亚、南非应用较普遍,其中澳大利亚井工开采中有 45% 的煤炭产量来源于该工艺,特点是工作面布置灵活。2016 年之前,我国普遍应用双翼布置的旺格维利采煤法(图 3-50)。但双翼对拉布置导致万吨掘进率低,可通过优化支巷与回采巷道成 90°夹角,降低二者锐角处垮帮隐患,同时增加回采宽度,提高工作面产量。另一种布置方式是双翼折返式布置,即左、右翼分别为前进式和后退式回采,将准备支巷置于压力显现区之外,防止超前压力对采场影响,但双翼布置因不能形成全风压通风,2016 年后不允许使用。目前主要采用单翼布置,工作面布置如图 3-51 所示。

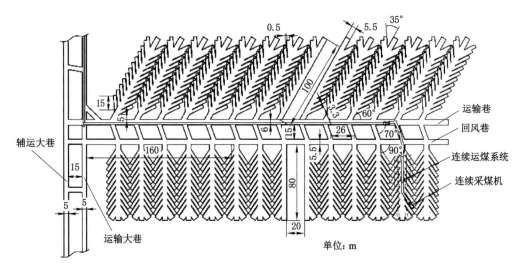

图 3-50　旺格维利采煤法双翼工作面布置

3.4.2.2　块段式采煤法

该工艺是旺格维利采煤法在我国不断优化而来的,是短壁开采技术的高级阶段,通过将开采区域划分为若干矩形块段,形成完整的全风压通风系统,并实现全部垮落法管理顶

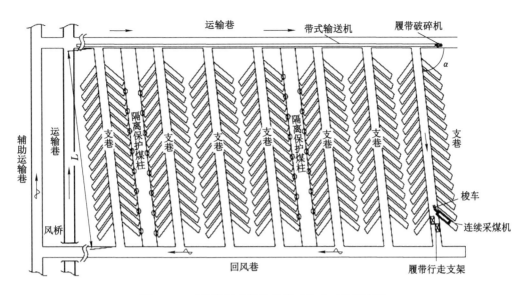

图 3-51 旺格维利采煤法单翼对拉式工作面布置

板,实现工作面安全生产。该工艺在神东矿区上湾、乌兰木伦、榆家梁等煤矿得到了成功应用,平均采出率达 80%。该工艺工作面布置如图 3-52 所示,图中字母代表开采煤柱顺序,顺序依次为 A、B、C、D。该工艺特点是:① 可通过短块段设计和多台履带式行走支架支护顶板来提高采出率,实现无煤柱完全垮落法管理顶板;② 对围岩条件、煤层埋深要求较高,为实现全风压通风,需要支巷回采完毕后顶板方可垮落;③ 支巷长度受自然发火周期制约性大。

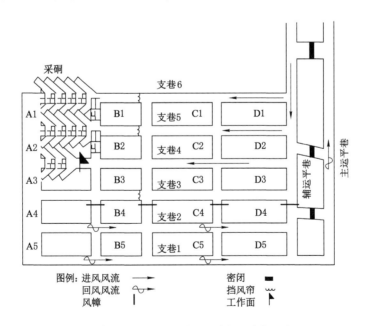

支护掘进顺序:支巷 1、支巷 2、支巷 3、支巷 4、支巷 5、支巷 6;

回采顺序:A1、A2、A3、A4、A5、B1、B2、B3、B4、B5、C1、C2、C3、C4、C5、D1、D2、D3、D4、D5。

图 3-52 块段式采煤法工作面布置

3.4.3　短壁通风与防灭火技术

3.4.3.1　连续采煤机短壁开采及其通风系统

神东矿区自 1995 年开始使用连续采煤机进行短壁开采,主要经历了传统房式开采、单翼开采、双翼斜切进刀开采及双翼斜切进刀顶板全部垮落法开采 4 个阶段。在这上述 4 种短壁开采工艺中,前 3 种巷道掘进及煤柱回采期间均采用局部通风机压入式通风。而在双翼斜切进刀顶板全部垮落法开采过程中,巷道掘进时采用全风压与局部通风机压入式通风相结合的方式。在这种方式下,靠近工作面的联巷挡风墙以外为系统风流,而靠近工作面挡风墙至工作面为局部通风机通风;煤柱回采时采用"三进两回"全风压通风,各支巷间风流采用挡风帘控风,将新风调整到连续采煤机回采的巷道内,供生产作业需要。

3.4.3.2　通风系统稳定性分析与优化

（1）通风系统稳定性分析

连续采煤机短壁开采工艺采取的通风方式可分为两种:一种是支巷掘进和采硐回采期间均为局部通风机压入式通风;另一种是支巷掘进为局部通风机压入式通风,采硐回采为通过构建的风障、风帘等大量通风设施利用矿井全风压进行通风。对于支巷掘进过程的通风,与通常巷道掘进过程通风相同,可采取的方式主要有局部通风机通风、导风帘通风和引射器通风等。由于导风帘利用矿井全风压进行通风,其导风距离较短,不能保证足够的掘进距离,而引射器引射风量较小,因此,局部通风机压入式通风不失为一种合适的通风方式,且经过多年应用,其稳定性亦基本得到了保证。

对于采硐回采通风方式,由于采硐回采期间出煤量大,瓦斯等有毒有害气体产生较多,而局部通风机供风量有限且巷道风流分布不均,极易导致有毒有害气体积聚超标形成安全隐患。因此,利用局部通风机进行通风可靠性较差。为了解决这个问题,必须构建完整的通风回路,利用矿井全风压进行通风。受开采条件限制,生产中一般通过悬挂挡风帘、风障等设施实现利用矿井全风压通风。由于存在大量通风设施,风流调控复杂,通风管理困难,因此系统可靠性和稳定性受到很大影响。另外,双翼斜切进刀顶板全部垮落法开采过程中,支巷间都需要掘进大量联巷来保证全风压通风风路的畅通。以神东矿区为例,两支巷间每隔 30 m 左右开掘 1 条联络巷,不仅加大了回采掘进量,增加了回采成本,同时大量的联巷也导致通风管理趋于复杂。

（2）通风系统优化

通过对通风系统进行分析可知,系统优化的重点在于对采硐回采期间的通风方式、系统进行改进。当然,优化的出发点是利用矿井全风压进行通风。

① 构建边界回风通道。在回采区域条件允许的情况下,开掘区域边界回风通道,工作面回采时支巷与回风通道贯通,从而形成通风系统,利用全风压进行通风。为保证回风风流畅通,支巷回采初期采硐深度应逐步扩大,防止形成涡流区;支巷回采时要求采硐间不留设煤柱,同时合理确定采硐深度,确保回采期间顶板不垮落。支巷回采完毕后,立即封闭支巷两端,防止回采下一条支巷时向后方采空区漏风。

② 双支巷布置回采。对于受地质条件所限无法构建回风通道的回采区域,区域主巷采

用双巷布置。主巷同翼支巷掘进采用双巷掘进,首先回采的支巷开掘到位后端头与同时掘进的支巷贯通,支巷进入回采后,回采支巷进风,另一条支巷作回风通道;回采过程中最后一条支巷仅作回风通道,不进行回采。对于已采支巷顶板要合理控制垮落,对于不能正常垮落的,每回采一定数量的支巷,对已采区域顶板实行强制放顶。优化后的通风系统虽然需要独立布置 1 条回风支巷,但完全实现了利用全风压通风,工作面风流更加稳定可靠。在实际生产中,可利用支巷掘进期间装设的局部通风机进行辅助通风,保证工作面供风的稳定性。同时,巷道掘进量也得到了控制,回采成本降低。

③ 增压通风防邻近采空区有毒有害气体溢出。由于连续采煤机短壁开采多用于边角煤回采,常受邻近采空区有毒有害气体涌出影响,为此可对工作面增压,利用压力平衡原理,防止采空区有毒有害气体向工作面溢出。在工作面回风巷道内加装调节风门对工作面进行增压,同时在进风巷道装设局部通风机辅助通风保证工作面供风量足够。利用全风压实现工作面供风后,工作面配风量应满足使回采支巷已采区域风速符合《煤矿安全规程》要求且保证工作面有毒有害气体浓度不超限。

3.5　450 m 超长工作面开采成套装备与关键技术

3.5.1　哈拉沟煤矿 450 m 超长工作面布置与成套装备

采用超长工作面布置的优势在于减少了区段煤柱数量、巷道掘进及维护费用、万吨掘进率以及综采工作面的搬家次数,提高了资源回收率和生产效率,适应千万吨矿井高产高效发展的需要。

为了提高煤炭开采效率和资源采出率,神东公司哈拉沟煤矿 $12^{\pm}101$ 工作面曾开展了较薄煤层超长工作面综采试验,该工作面是国内最长的综采工作面,长度达 450 m。$12^{\pm}101$ 工作面位于 1^{-2} 煤层一盘区,为 1^{-2} 煤层首采工作面。该工作面为刀把子面,其中 $12^{\pm}101$-1 工作面长为 168.6 m,推进长度为 246.7 m;$12^{\pm}101$-2 工作面长为 450 m,推进长度为 857.5 m。煤层平均采高为 2.0 m,赋存稳定,工作面巷道布置情况如图 3-53 所示。

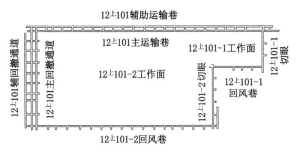

图 3-53　$12^{\pm}101$ 工作面巷道布置图

$12^{\pm}101$-2 工作面选用久益(JOY)公司生产的 JOY7LS1A 型 LWS667 系列双滚筒采煤机;选用波兰 TAGOR10660/11.3/22.3POZ 型两柱掩护式液压支架 238 台,平煤 ZY9200/12.3/22.3D 型液压支架 24 台;配备 JOY 公司生产的 2×1 000 kW 型刮板输送机及配套的

375 kW/1 140 V 型转载机、375 kW/1 140 V 型破碎机各 1 台。超长工作面所用设备如图 3-54 所示,设备参数见表 3-12。

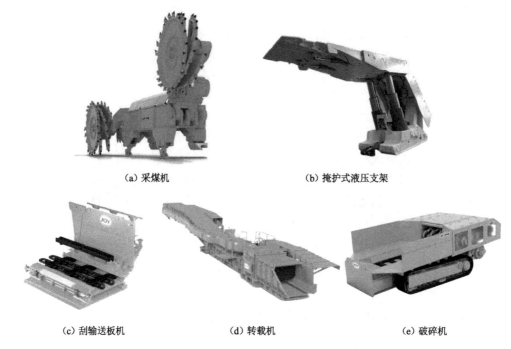

(a) 采煤机　　　　　　　　　　　(b) 掩护式液压支架

(c) 刮输送板机　　　(d) 转载机　　　(e) 破碎机

图 3-54　超长工作面所用设备

表 3-12　超长工作面所用设备参数

设备名称	设备型号	设备参数
采煤机	JOY 公司生产的 JOY7LS1A 型 LWS667 系列双滚筒采煤机	采高 1.7~3.3 m;过煤高度 700 mm;供电电压 3 300 V;总装机功率 1 162 kW;滚筒直径 1 700 mm;滚筒截深 1 000 mm;生产能力 2 000 t/h;牵引速度 0~20 m/min;机身尺寸(长×宽×高)13 620 mm×1 254 mm×1 026 mm;整机质量 61.5 t
液压支架	TAGOR 10660/11.3/22.3POZ 型液压支架	工作阻力 2×5 330 kN;支撑高度 1.13~2.23 m;支架中心距 1 750 mm;推移行程 1 000 mm;拉架力 229 kN;推溜力 556 kN;初撑力 7 140 kN;适应倾角±15°
	平煤 ZY9200/12.3/22.3D 型液压支架	工作阻力 2×4 600 kN;支撑高度 1.23~2.23 m;支架中心距 1 750 mm;推移行程 900 mm;拉架力 229.5 kN;推溜力 556.7 kN;初撑力 6 412 kN;适应倾角±15°
刮板输送机	JOY 公司生产的 2×1 000 kW 型刮板输送机	链速 1.72 m/s;输送量 2 000 t/h;电机功率 2×1 000 kW;电机电压等级 3 300 V;圆环链规格 ϕ48 mm×152 mm;刮板链形式为中双链;工作面倾角≥5°;中部槽尺寸(长×宽×高)1 812 mm×1 680 mm×525 mm
转载机	375 kW/1 140 V 型转载机	运输长度 25.75 m;链速 2.18 m/s;圆环链规格 ϕ38 mm×126 mm;刮板间距 756 mm;电机功率 375 kW;电机转速 1 489 r/min;电压 1 140 V;运输能力 2 500 t/h;上倾角度+9°

表 3-12(续)

设备名称	设备型号	设备参数
破碎机	375 kW/1 140 V 型破碎机	破碎能力 2 500 t/h;电机转速 1 489 r/min;出料粒度 300 mm;电机功率 375 kW;入料粒度 1 200 mm;破碎粒度 150～300 mm;外形尺寸(长×宽×高)4 954 mm×3 706 mm×1 500 mm;最大破碎硬度 140 MPa;电压 1 140 V

3.5.2　覆岩运移与矿压控制技术

（1）对采煤机割煤速度进行分段控制。在靠工作面机头侧 1～100 号支架区域,割煤速度控制在 5～7 m/min;100～150 号支架区域,割煤速度控制在 4～6 m/min;150～200 号支架区域,割煤速度控制在 3～5 m/min;200～260 号支架区域,割煤速度控制在 2～3 m/min。应避免刮板输送机上煤量过大,否则将导致刮板输送机过载压死。

（2）采用合理的工作面支架工作阻力。目前工作面所用波兰塔高(TAGOR)的两柱掩护式液压支架的工作阻力为 10 660 kN,能够满足顶板支护要求;所用平煤的两柱掩护式液压支架工作阻力为 9 200 kN,工作阻力偏小,但由于该类型支架布置在机尾端头侧,矿压显现相对较弱,生产期间并未发生压架事故,因此现所采用的支架能够满足支护要求。

（3）工作面存在大小周期来压现象,如图 3-55 所示。每间隔 2 个小周期来压间隔 24 m 左右发生一次大周期来压,且大周期来压期间支架工作阻力明显增大,来压强度增加,来压范围广。周期来压期间沿工作面倾向压力分布呈现"三峰值 W 形"特征,大周期来压时这三个区域基本同步来压。

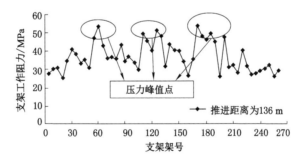

图 3-55　周期来压期间沿工作面倾向压力分布特征图

3.6　薄煤层等高式采煤成套装备与关键技术

薄煤层(1.3 m 以下)开采一直是困扰采矿行业的一个难题。薄煤层开采主要采用传统的滚筒式采煤机或者刨煤机,但这两种设备在神东矿区使用都存在不足:一方面传统的滚筒式采煤机将截割机构、牵引机构、泵系统与电控系统等集中在一起,导致机身较长,但因薄煤层空间有限,遇到煤层起伏变化时会引起操作不畅;另一方面机身高度难以降低,整机装机功率受限,直接影响了煤层开采的适应性与开采效率。刨煤机对软质煤层有着较好的适应性,但对于神东矿区普遍存在 f 值大于 3 的煤层硬度及夹矸适用度较差。

神东矿区薄煤层可采储量约为 9.57 亿 t,石圪台煤矿 $0.8\sim1.7$ m 煤层可采储量为 17 302.4 万 t。研究薄煤层智能化开采工艺,有助于提高煤炭回收率,有助于推动采煤技术革新。2019 年神东公司与平煤机煤矿机械装备有限公司、波兰法穆尔公司合作,从波兰引进国内首套等高式采煤装备,与国产 1.5 m 液压支架配套,在石圪台煤矿 22上303-1 工作面首次应用,该工作面改变了传统长壁式斜切进刀采煤方式,由智能控制中心对支架、采煤机、自移机尾等设备的状态进行综合处理后,实现了采煤机在机头和机尾垂直进刀,借助智能巡检程序,工作面可实现自动跟机拉架、自动推刮板输送机等无人自动化生产。

3.6.1 薄煤层开采成套装备及主要参数

3.6.1.1 装备组成

薄煤层成套装备由 GUL-500 型截割装载头、RYFAMA S-850 型长壁工作面铠装式刮板输送机、PPZ-850 型转载机、UKU-1600 型破碎机、UPZP 型自移机尾、SNG(截割装煤头主控站)和 SNP(截割装煤头辅助控制站)、液压支架、集中控制系统等八部分组成。

3.6.1.2 主要机械参数

(1) GUL-500 型截割装载头。整机外形尺寸为 3 784 mm×2 817 mm×960 mm;总质量为 21.3 t;采高范围为 $1.2\sim1.7$ m;切割滚筒转速为 43.3 r/min、50.4 r/min、58.9 r/min、65.3 r/min;截深 630 mm;总装机功率为 640 kW;供电电压为 3 300 V;切割电机功率为 500 kW;牵引链条规格为 42 mm×137 mm;牵引电机功率为 2×60 kW;最大牵引力为 2×320 kN;拖缆装置电机功率为 20 kW;切割头牵引方式为链条牵引;最大满载牵引速度为 11.3 m/min;最大空载牵引速度为 27 m/min。

(2) RYFAMA S-850 型长壁工作面铠装式刮板输送机。运输能力为 1 000 t/h;安装功率为 2×450 kW;供电电压为 3 300 V;铺设长度为 260 m;链条规格为 34 mm×126 mm;输送速度为 $0\sim1.55$ m/s;卸载方式为端卸式;槽内宽为 840 mm;槽体长度为 1 500 mm;中板厚度为 35 mm;底板厚度为 20 mm。

(3) PPZ-850 型转载机。运输能力为 1 500 t/h;安装功率为 450 kW;供电电压为 3 300 V;铺设长度为 60 m;链条规格为 30 mm×108 mm;输送速度为 $0\sim1.52$ m/s;卸载方式为端卸式;槽内宽为 860 mm;槽体长度为 1 500 mm;中板厚度为 40 mm;底板厚度为 25 mm。

(4) UKU-1600 型破碎机。破碎能力为 1 500 t/h;安装功率为 200 kW;供电电压为 3 300 V。

(5) UPZP 型自移机尾。铺设长度为 35.13 m;伸缩量为 20 m;胶带宽度为 1 000~1 200 mm;滚筒直径为 500 mm。

(6) 液压支架。支护高度为 $0.75\sim1.5$ m;支护强度为 0.75 MPa;工作阻力为 6 800 kN;支架宽度为 1 430~1 600 mm;推移步距为 630 mm;控制方式为电液控制;支架质量为 15.5 t。

3.6.2 薄煤层等高采煤技术创新

薄煤层等高采煤智能综采工作面采用了液压支架机器人群、采煤机器人、自移机尾机器人、自动拖缆机器人与工作面巡检机器人,集成了惯性导航、激光扫描和三维建模等先进技术,实现了工作面的机器人群协同作业智能化无人开采。

（1）为解决传统采煤机机身过长的问题，创新薄煤层设备布置形式，将电气、牵引等系统与机身分离设置，实现了电控、液压和驱动等系统在平巷集中控制，最大限度降低机身高度，提高了采煤机的灵活度，适应了薄煤层综合机械化开采，减少了狭小空间内维修作业的时间，降低了员工劳动强度。

（2）为解决采煤机功率受限的问题，创新采用单电机驱动双滚筒技术，实现大功率截割。首创端头垂直进刀工艺，由传统的端头斜切进刀变为端头垂直进刀，煤机进刀后可直接割煤，省去了割三角煤的往返工序，节约了时间，使自动化控制简单可靠，提高了生产效率。

（3）完成了液压支架机器人群协同采煤，实现全工作面自动跟机作业。采用支架采高、推移行程、红外监测与油缸压力等传感器，实现工作面支架群的有序动作。通过协同控制工艺，支架机器人群自主完成自动跟机拉架、自动推刮板输送机和自动补压等动作，端头支架机器人成组推刮板输送机协助采煤机器人完成垂直进刀，实现了液压支架机器人群与采煤机器人智能化协同作业。

（4）自移机尾机器人采用超长搭接技术，实现自动化无人推进。转载机与自移机尾搭接长度为 20 m，可实现生产班不拆胶带架；采煤机器人垂直进刀时，端头支架机器人组配合自移机尾机器人拉移转载机，完成转载机的自动前移。

（5）自动拖缆机器人，实现了电缆拖曳小车与采煤机割煤方向、速度的智能控制，避免了电缆的多层折叠，节省了空间，并且有效地减少了煤机电缆由于频繁折叠而引起的损伤。

（6）智能综采工作面采用本安型巡检、惯导与三维扫描轨道机器人。自动化生产过程中巡检机器人在轨道上对设备运行、工作面情况进行跟踪监视。惯导机器人在轨道上监测刮板运输机弯曲度，并将数据传送给支架机器人，控制支架进行自动调直。三维扫描机器人采用 3D-SLAM 算法，建立工作面的三维数据模型，并将模型发送至采煤机器人和支架机器人，指导自动割煤和工作面调整。

（7）液压支架机器人群配套人员接近安全防护系统。安全防护系统采用超宽带（UWB）定位技术，精确识别工作面人员位置，精度达到 0.5 m。人员接近自动化运行区域时，会对附近的支架进行闭锁，防止支架误动作而导致人员受伤，保证安全生产。

（8）工作面安装视频监控系统，实现工作面视频全覆盖和视频跟机随动。在工作面平巷建立集中控制系统平台，实现工作面设备一键启停和实时监控，远程控制工作面机器人群协同作业，实现工作面的智能化无人开采。

3.6.3　薄煤层开采技术应用及效果

石圪台煤矿 22^{上}303-1 综采工作面长度为 253.41 m，推进长度为 603.25 m，煤层倾角为 1°～3°，厚度为 0.9～1.8 m，可采储量为 24.85 万 t。工作面配备的等高式采煤设备（图 3-56）集刨煤机和传统滚筒采煤机优点于一身，刨煤机链牵引系统配采煤机截割滚筒，机身无行走装置和电控系统，单电机驱动两个截割滚筒，截割功率大，机身短小。采煤时不斜切进刀，没有割三角煤流程，煤机垂直进入煤壁，在平巷整体推进一个截深，只要 2 min 就能完成两端头进刀，单班生产突破 15 刀割煤纪录。该工作面采用随机电缆自动拖拽装置，配套智能巡检机器人及三维激光扫描、惯导和视频监控系统，无须采煤机司机和巡视工跟机操作，可实现在距离工作面 400 m 外的平巷内远程操控，现在只要配备集控台司机 2 人、巡视岗位工 3 人就能完成生产任务。等高式采煤设备在石圪台煤矿成功投入生产运行,不仅填补了国内薄煤层等高无人全自动化生产领域的空白,更为神东公司可采储量达 9.57 亿 t 的薄煤层自动化高效开采积累了重要经验,提供了有益借鉴。

图 3-56　神东公司石圪台煤矿 22上303-1 工作面等高式采煤设备

第4章 千万吨矿井安全开采技术

4.1 特大采高综采工作面围岩控制技术

4.1.1 特大采高综采工作面支架选型

特大采高综采工作面覆岩垮落带高度较大,在一般采高中能形成铰接平衡结构的关键层,在特大采高情况下将会因较大的回转量而无法形成稳定的"砌体梁"结构,取而代之的是以"悬臂梁"结构形态直接垮落运动,而处于更高层位的关键层才能铰接形成稳定的"砌体梁"结构。如图 4-1 所示物理模拟不同采高对应的顶板关键层垮落状态可见,当煤层采高为 3 m 时,亚关键层 1 形成了稳定的"砌体梁"结构;而当煤层采高为 7 m 时,亚关键层 1 形成了"悬臂梁"结构,而处于较高层位的亚关键层 2 则形成了稳定的"砌体梁"结构。

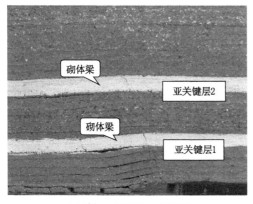
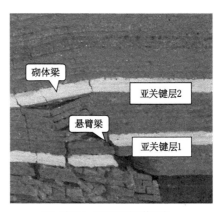

(a) 采高3 m时关键层结构形态　　　　　　(b) 采高7 m时关键层结构形态

图 4-1　不同采高覆岩关键层结构形态

综采工作面支架选型中最关键的因素是支架额定工作阻力的确定。结合特大采高顶板关键层所形成的结构形态计算支架的工作阻力,其结果才能满足实际开采时顶板控制要求。

4.1.1.1 关键层"砌体梁"结构形态支架工作阻力确定

当关键层所处层位距离煤层较远时,一般可形成"砌体梁"结构,此时关键层的回转空间相对较小,工作面矿压显现与一般采高工作面类似,因此,可以按照 4～8 倍采高岩石容重法或者"砌体梁"结构平衡关系的理论公式来估算支架的工作阻力。但由于特大采高综采工作面采高较大,4～8 倍采高估算值的上、下限范围较大,不易确定其合理值,但可将其作为其他计算方法的参考值。按"砌体梁"结构的平衡关系进行计算时,支架工作阻力 P 的计算公式为：

$$P = Bl_k \sum h_i \gamma + \left[2 - \frac{l\tan(\varphi - \theta)}{2(h - \delta)} \right] Q_0 B \tag{4-1}$$

式中：B 为支架宽度，m；l_k 为支架控顶距，m；γ 为岩层容重，N/m^3；φ、θ 分别为岩块间摩擦角和岩块破断角，(°)；δ 为破断岩块下沉量，m；Q_0 为关键层破断岩块自身及其上部控制岩层的载荷，MPa。

4.1.1.2 关键层"悬臂梁"结构形态支架工作阻力确定

当关键层距离煤层较近且处于覆岩垮落带内时，将以"悬臂梁"结构形式破断。由于其上覆岩层的回转量越来越小，因此，裂隙带铰接岩层将可能在亚关键层2之间的某个位置出现，此时支架工作阻力的计算模型如图4-2所示。

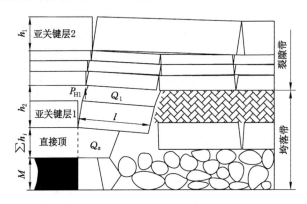

图 4-2 关键层"悬臂梁"结构状态支架工作阻力计算模型

由于亚关键层1破断回转过程中始终无法形成稳定的结构，此时的支架阻力应能保证其不发生滑落失稳，避免垮落带岩层和裂隙带岩层产生离层，同时要给裂隙带下位铰接岩层以作用力，用以平衡其部分载荷，保证此结构的稳定。因此，关键层形成"悬臂梁"结构形态时，支架阻力应从两个部分进行计算，一部分为垮落带岩层的重量，另一部分则为平衡裂隙带下位铰接岩层的平衡力。其中，垮落带岩层的重量也应分成两个部分进行计算：亚关键层1下部直接顶载荷 Q_z 按照支架控顶距长度计算，而亚关键层1及其上部直至垮落带顶界面岩层的重量 Q_1 则以亚关键层1的破断长度进行计算。裂隙带下位铰接岩层所需支架给予的平衡力 P_{H1} 则可按照"砌体梁"结构理论计算公式进行计算。支架工作阻力计算公式为：

$$P = Q_z + Q_1 + P_{H1} \tag{4-2}$$

其中：

$$Q_z = Bl_k \sum h_i \psi \gamma, \quad Q_1 = Blh_2 \gamma, \quad P_{H1} = \left[2 - \frac{l\tan(\varphi - \alpha)}{2(h - \delta_r)} \right] Q_r B \tag{4-3}$$

式中：h_2 为亚关键层1及其上方垮落带内岩层的厚度，m；δ_r 为裂隙带底界面铰接岩块的下沉量，m；Q_r 为裂隙带底界面铰接岩块自身及其上部控制岩层的载荷，MPa。

4.1.1.3 亚关键层2对矿压产生影响时支架工作阻力确定

一般情况下，由于特大采高采场覆岩垮落带高度较大，处于下位的第1层亚关键层会进入垮落带中,而上位邻近的第 2 层亚关键层则一般会处于裂隙带中。若上下位亚关键层之间相互位置满足一定条件时,上部第 2 层亚关键层的破断运动将会对第 1 层亚关键层的破断产生影响,进而影响到工作面的矿压显现。若亚关键层 2 的破断对下部亚关键层 1 的破断及采场的矿压产生影响时,工作面支架工作阻力的计算则需考虑亚关键层 2 的作用,计算时按亚关键层 1 为"悬臂梁"结构这种危险的情况进行,其支架工作阻力计算模型如图 4-3 所示。

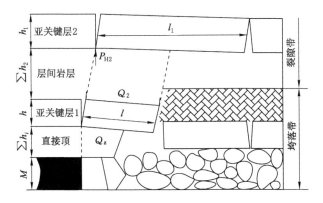

图 4-3　亚关键层 2 对矿压影响时支架工作阻力计算模型

当亚关键层 2 的破断对亚关键层 1 的破断产生影响时,将迫使两个关键层之间的岩层载荷都施加到亚关键层 1 破断块体上,此时支架的载荷将由三部分组成:亚关键层 1 下方直接顶的重量 Q_z,亚关键层 1 及其与亚关键层 2 之间岩层在破断距内的岩重 Q_2,以及平衡亚关键层 2 铰接结构所需的平衡力 P_{H2}。因此,上部邻近亚关键层 2 破断对矿压产生影响时,支架工作阻力计算公式为:

$$P_3 = Q_z + Q_2 + P_{H2} \tag{4-4}$$

其中:

$$Q_z = Bl_k \sum h_i \gamma, Q_2 = Bl\gamma\left(h + \sum h_2\right), P_{H2} = \left[2 - \frac{l_1 \tan(\varphi - \alpha)}{2(h_1 - \delta_1)}\right]Q_3 B \tag{4-5}$$

式中:$\sum h_2$ 为两个亚关键层之间岩层的厚度,m;h_1 为亚关键层 2 的厚度,m;δ_1 为亚关键层 2 铰接岩块的下沉量,m;Q_3 为亚关键层 2 铰接岩块自身及其上部控制岩层的载荷,MPa。

上述综采工作面液压支架合理工作阻力计算公式,为神东矿区特大采高综采工作面在不同覆岩结构类型下的支架选型提供了行之有效的确定方法。

4.1.2　端面漏冒控制技术

综采工作面的端面漏冒是煤矿生产中较为常见的事故,它不仅直接影响到工作面的产量和安全生产,而且会增加煤炭的含矸率,对生产的危害较大;尤其是在采高较大的开采条件下,这一问题更为突出,严重影响着工作面的安全高效生产。

端面顶板的漏冒除了与直接顶的力学特性、工作面推进速度、支架架型及其运行特性有关外,还与覆岩第 1 层关键层(基本顶)的破断运动密切相关,它将促使直接顶在关键层断裂处及工作面煤壁附近分别产生一定区域的拉断区和压缩变形区(以下简称"两区"),端面的漏冒即是由煤壁附近的压缩变形区导致；且"两区"将随工作面的推进及关键层破断块体的进一步回转而逐渐加大，当"两区"出现贯通时，则可能出现最危险的一种状态——贯穿式端面冒顶。采高增大易造成煤壁片帮加剧并引起端面空顶空间的增大，是导致大采高综采工作面端面漏冒严重的原因（图4-4）。

图 4-4　端面漏冒示意图

　　研究表明，端面距和支架工作阻力对工作面端部冒顶产生一定的影响。实测发现：支架工作阻力、端面距与端面冒顶、片帮之间存在必然联系，工作面端部冒落高度、煤壁片帮深度与端面距呈线性正相关，与支架工作阻力为倒幂函数相关；而工作面端部冒落高度与片帮深度呈对数函数相关。一般情况下，快速通过即可解决工作面端部冒落问题，但在端部冒落严重区域，神东矿区经过数十年的经验总结，形成一套行之有效并能快速处理端部冒顶的技术手段，主要通过往顶板漏冒区域灌注马丽散。

　　马丽散是一种低黏度、双组分合成高分子——聚亚胺胶脂材料，在封堵裂隙、加固煤岩层时若不含水产品膨胀倍数为2～4倍；在遇水或掺水后十几秒内会发生反应，产生膨胀，能迅速封堵水流，形成的泡沫不溶于水，具有良好的抗压性能，在膨胀压力的作用下产生二次渗压（膨胀倍数可达到20～25倍），高压推力与二次渗压将马丽散压入并充满所有缝隙，从而达到止漏目的，此时其抗压强度介于25～38 MPa，为后续工作面的安全开采创造了有利条件。

4.2　坚硬顶板弱化改性围岩控制技术

　　神东矿区煤层赋存具有埋藏浅、基岩薄、基本顶为单一关键层结构的特点，属典型浅埋煤层。综采工作面初采时，顶板坚硬难以及时垮落，容易在采空区形成大面积悬顶，一旦突然来压，顶板大面积垮落，会产生飓风，对工作面的人员造成伤害，对设备造成损坏，影响工作面的安全生产。随着矿井开采范围和深度的增加，巷道围岩控制问题越来越突出，综采工作面回风平巷由于受二次采动的影响，矿压显现强烈，出现了巷道底板底鼓、顶板下沉、两帮变形严重等问题，特别是在工作面超前支护段，巷道断面无法满足行人、通车及通风等要求,严重影响工作面推进速度和正常生产。常规做法是采用矿用乳胶炸药在工作面切眼进行深孔预裂爆破或动压巷道进行爆破卸压,但存在炮眼较长、装药困难、工艺复杂等问题,需采取瓦斯或煤尘爆炸防治措施;爆炸后会产生大量的 CO 等有毒有害气体,严重污染井下空气,威胁工人的生命安全。

针对上述问题,仅仅依靠加固围岩、增加支护强度和不断提高设备的支护能力有时无法从根本上解决因高应力叠加导致的巷道维护难题。为此,国家能源集团联合高校、科研院所开展了顶板水力压裂技术研究。

水力压裂是将高压水注入目标岩层,从而产生裂缝或使天然裂缝重启的过程,通过改造岩层结构,形成裂缝网络系统,水力裂缝扩展是弱化岩层整体性、强度、吸收围岩弹性能和削弱或转移高应力的过程,水力压裂能够改变围岩的应力状态,降低围岩应力集中程度。

4.2.1　顶板直孔水压致裂技术

水力压裂系统主要由压水进水管路、高压注水泵、水泵压力表、蓄存压裂介质水和油的储能器、手动泵、手动泵压力表、快速连接的高压供水胶管、封孔器、横向切槽钻头等几部分组成(图 4-5)。高压注水泵型号为 JC3090 型,泵压最大为 62 MPa,流量为 80 L/min;横向切槽钻头型号为 KZ54,直径为 54 mm,为高性能、耐磨材料,能在单轴抗压强度 50～150 MPa 的坚硬岩石中形成横向锐槽,解决了刀片易磨损、断裂及过度切削的难题;封孔器由特制钢丝缠绕胶筒、高压树脂管、高强钢管等组成,孔径为 56～75 mm,封孔压力达到 60 MPa,解决了高压封孔及单孔多次压裂的难题。

（a）高压注水泵

（b）KZ54横向切槽钻头

（c）刀片

图 4-5　水力压裂相关装备

水力压裂顶板卸压工艺过程如图 4-6 所示。采用横向切槽的特殊钻头,预制横向切槽,如图 4-6(a)所示;利用手动泵为封隔器加压使胶筒膨胀,达到封孔的目的,如图 4-6(b)所示;连接高压泵实施单孔多次压裂,如图 4-6(c)所示。

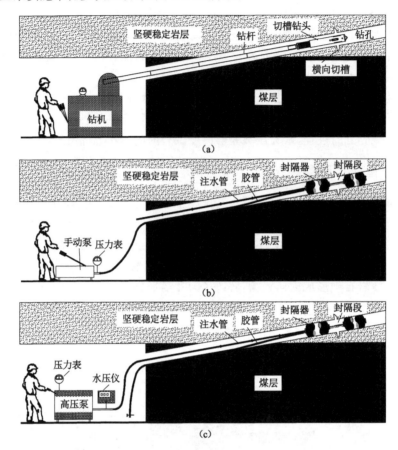

图 4-6　水力压裂顶板卸压工艺过程

锦界煤矿 31405 工作面位于四盘区 3⁻¹ 煤辅运大巷东侧,北邻已经形成的 31406 工作面,南为正在回采的 31404 工作面。工作面宽度为 266 m,煤层厚度稳定,平均厚度为 3.23 m,煤层倾角为 1°。31405 工作面切眼基岩总厚度为 25 m 左右,属于薄基岩。煤层伪顶是 0.5 m 厚的泥岩,含水平层理;直接顶为 5.45 m 厚的粉砂岩,基本顶为 9.89 m 的中砂岩或粉细砂岩。

钻孔布置及参数如图 4-7(a)所示:① 高位压裂钻孔 S 孔,钻孔长度为 25 m,倾角为 40°,如图 4-7(b)所示;② 低位压裂钻孔 L 孔,钻孔长度为 34 m,倾角为 15°,如图 4-7(c)所示;③ 备用压裂钻孔 B 孔,钻孔长度为 30 m,倾角为 30°,如图 4-7(d)所示。

图 4-8 为锦界煤矿 31405 切眼顶板压裂压力与流量监测数据。高位钻孔 S 孔的扩展压力约为 12 MPa,如图 4-8(a);低位钻孔 L 孔的扩展压力约为 22 MPa,如图 4-8(b)。由图 4-8 可以看出:压裂过程中,流量基本保持不变,为 80 L/min,压力最大约为 22 MPa,最小约为 8 MPa。在裂缝扩展过程中,压力变化较小,裂缝基本以恒定压力向前扩展,说明压裂钻孔附近顶板岩层原始裂隙不发育,岩层较为稳定,裂缝可以实现大范围扩展。压裂过程中也会出现压力突变的情况,如图 4-8(c)所示,这是由于水力裂缝扩展过程中遇到天然裂隙或弱化带。

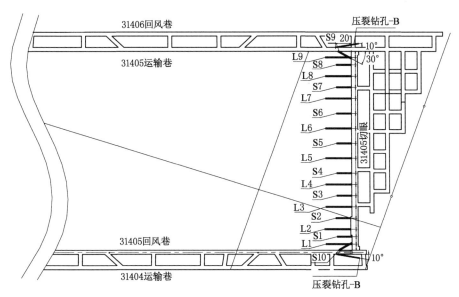

（a）钻孔布置图

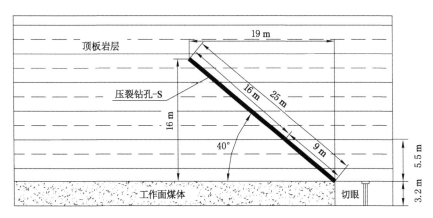

（b）高位压裂钻孔S孔

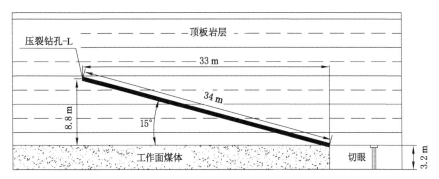

（c）低位压裂钻孔L孔

图 4-7　压裂钻孔布置及参数

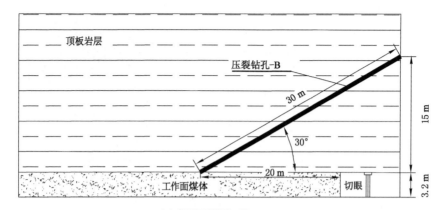

（d）备用压裂钻孔B孔

图 4-7（续）

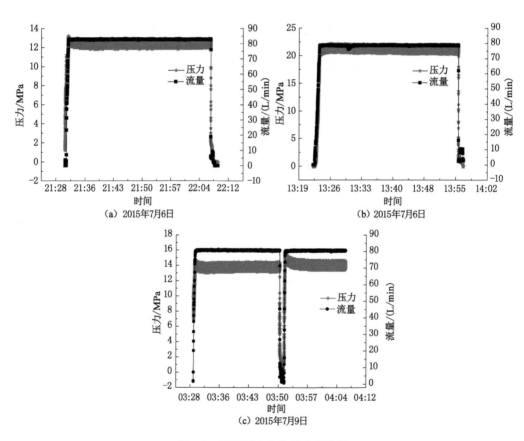

图 4-8　压裂压力与流量监测数据

通过观察顶板、锚杆锚索出水情况，判断水力裂缝扩展情况。在压裂 L1 过程中，在 S2 钻孔中观察到有水流出，随着压裂位置向孔口移近，S1 和 B 孔都有水流出，说明裂缝的扩展范围至少可达 30 m。在 S 孔压裂过程中，相邻钻孔基本都有水流出，说明水力裂缝扩展半径至少可达 20 m。

31405 工作面推进约 10 m 时,直接顶完全垮落;推进至 40 m 时,基本顶初次来压垮落,均未产生大面积悬顶和飓风。水力压裂初次放顶技术有效破坏了工作面顶板坚硬岩层的完整性,让顶板能够分层分次逐步垮落,满足初次放顶要求,保证工作面的初采安全。

4.2.2　顶板定向钻孔水压致裂技术

近年来,神东公司布尔台煤矿始终存在采场强矿压显现难题。现有防治技术均存在不同程度问题,如短钻压裂钻探施工精度低,有效治理范围小,存在盲区、盲段;井下爆破技术施工工程量大,成本高,产生 CO 等有毒气体污染井下环境,且政府对火工品监管力度越来越大,申请困难。为解决这些问题,神东公司提出了煤矿井下顶板定向钻孔水压致裂技术(图 4-9),对工作面顶板高应力集中区(包括厚硬顶板大面积悬顶区、上覆采空区遗留煤柱区、工作面冲刷异常地质体及煤层厚硬夹矸层区等)开展主动防治,有效减弱上覆岩层的动载效应,促使厚硬顶板岩层在采动作用下小步距周期性垮落。

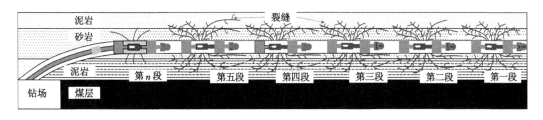

图 4-9　顶板定向钻孔水压致裂示意图

顶板定向钻孔水压致裂技术具有时间上超前回采施工、空间上定向精准控制的特点。通过单孔多段压裂施工,达到有效弱化厚硬顶板,降低回采过程中悬顶面积和来压强度,促使上覆遗留煤柱高应力集中区发生能量提前释放、应力转移及均布化,实现强矿压灾害的超前解危的目的。目前该技术已经在神东矿区大范围推广应用。

顶板定向钻孔水压致裂技术在以下三个方面有较好的创新性:

(1) 首创研发了煤矿井下定向长钻孔裸眼分段压裂成套装备。项目研发了由裸眼密封、定压压裂、可控安全分离和裸眼孔清洗等适用于坚硬顶板分段水力压裂的关键装置,并集成开发了远程智能、自动监测、多挡位高压压裂泵组,形成了适合煤矿井下定向长钻孔裸眼分段压裂成套装备。装备可实现单孔 1 000 m 以上分 15 段的压裂,裸眼密封能力达 70 MPa 以上,装备输出压力为 65 MPa,泵组排量为 87.5 m³/h,根据施工需要可实现 5 个挡位的控制调整,以及 2 km 以上距离的控制监测。

(2) 开发了煤矿井下坚硬顶板强矿压动力灾害分段压裂超前区域防治技术。坚硬顶板强矿压动力灾害亟须提高控制效果、精度,实现区域超前的防治解危,国内外防治技术主要集中于工作面两平巷的点式弱化治理方面,成孔精度低,目标层位选择精度差,无法实现工作面区域化治理。针对以上问题,提出了煤矿井下坚硬顶板的定向长钻孔超前区域防治模式,建立压裂目标层位判识方法,定量识别治理目标层位;精确设计裸眼分段压裂参数,区域治理后,工作面巷道煤壁底鼓和变形由 1.8 m 降低至 0.3 m,降幅在 80% 以上,开辟了井下坚硬顶板强矿压灾害超前区域防治新模式。

(3) 创建了井下裸眼分段压裂效果综合评价方法体系。压裂裂缝扩展特征展示和压裂防治效果评价直接关系到如何指导坚硬顶板强矿压矿井安全生产，优化压裂施工参数，实现准确、经济、有效的超前防治。发明了煤层坚硬顶板分段水力压裂综合监测方法体系，开展了数值模拟、多方法联合的物探、井下实测等精细探测。该方法体系实现了时间上压裂前、中、后监测，空间上平巷、孔内及生产过程动态分析。揭示了压裂裂缝展布形态和规模，裂缝延伸形态为椭球体；透明化展示了压裂裂缝的展布方向，其展布方向（北偏东 53°～68°）与研究区最大水平主应力方向（55°～77°）近平行；单个钻场 3 个钻孔压裂影响范围走向达 300 m、倾向为 230 m、垂向为 29 m；工作面压裂与未压裂区域来压步距由 24～30 m 降低至 17～21 m，来压范围由平均 110 架缩小至 20～40 架，来压期间支架阻力由平均 48.2 MPa 降至 38.1 MPa；平巷围岩应力降幅为 22.22%～32.05%。

项目研究成果在布尔台煤矿多个工作面开展了工程示范应用，布尔台煤矿 4^{-2} 煤层综放工作面强矿压显现比较严重，实践表明距离 4^{-2} 煤层 22.64 m 处厚度为 22.41 m 的粉砂岩是影响 42107 工作面矿压显现的主要岩层，对地面钻孔 E19 柱状进行关键层位置判别结果表明此层粉砂岩为 KS2，经研究决定采用顶板定向钻孔水力压裂方法对 KS2 开展弱化改性。

施工钻场设在工作面两平巷内，从顶板向上打了 3 个钻孔，分别编号为 K1、SF1 和 SF2。按设计倾角向上打孔至 KS2 中部后调整为沿水平方向钻进 150 m 左右，定向钻孔长度及钻场位置如表 4-1 所示，钻孔坐标和角度参数见表 4-2。上述 3 个钻孔全长 1 132 m，钻孔施工位置和参数如图 4-10 所示。

表 4-1　定向钻孔长度及钻场位置

钻孔编号	钻孔长度/m	水平致裂长度/m	钻场位置
SF1	360	140	42107 回风巷道距离切眼 1 204 m 的联巷内
SF2	364	216	42107 回风巷道距离切眼 1 204 m 的联巷内
K1	408	198	42107 辅运巷道距离切眼 968 m 处

表 4-2　钻孔坐标和角度参数

钻孔编号	坐标		开孔方位角/(°)	开孔倾角/(°)	钻孔结构/mm	磁偏角/(°)
	X(43—)	Y(374—)				
SF1	7 1406.29	12 391.19	245	9	ϕ193/ϕ120	
SF2	7 1404.36	12 394.69	229	8	ϕ193/ϕ120	−4
K1	7 1405.32	12 392.94	237	8	ϕ193/ϕ96	

为了评价定向钻孔水压致裂层间关键层对工作面过煤柱的控制效果，特对比研究工作面进入煤柱前后的矿压显现和支架阻力数据，选取推进度为 300～500 m 和 560～950 m 的两个开采范围进行对比。取工作面内第 20、30、40、50、60、70、80、90、100、110、120 号支架的工作阻力曲线进行周期来压步距分析，结果如图 4-11 所示。

相较于未采取层间坚硬岩层致裂措施时的矿压显现，采取措施后的支架阻力、周期来压步距和持续长度都有明显减小。支架平均工作阻力由 22 333 kN 减小至 19 616 kN，周期来压步距由 20.9 m 减小至 16.7 m，来压持续距离由 7.4 m 减小至 4.8 m。以上矿压显现

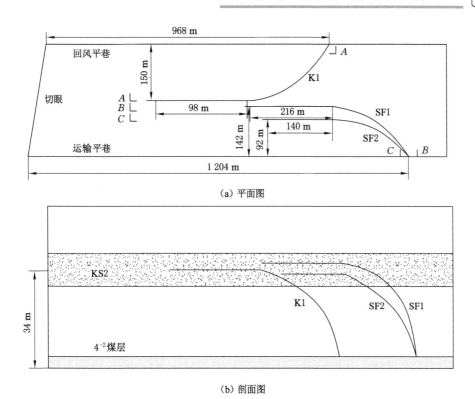

图 4-10　钻孔施工位置和参数

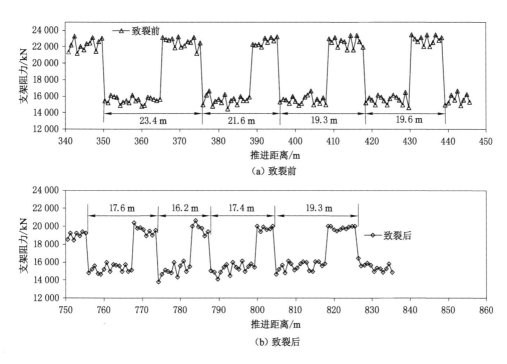

图 4-11　采取防治措施前后的周期来压步距对比图

监测结果表明,定向钻孔水压致裂层间坚硬岩层有效控制了工作面强矿压,确保了该工作面的安全开采。

项目研究成果在神东公司布尔台煤矿开展了整体应用,截至 2020 年 12 月,已在榆家梁、石圪台、柳塔、上湾等 9 个矿井 24 个大型综采工作面进行了推广应用,其中施工分段压裂钻孔 140 个,累计压裂 1 500 余段,治理区域超过 10 000 m,取得了显著的社会效益和经济效益。

4.3 无煤柱开采围岩控制技术

4.3.1 巷旁柔模混凝土支护沿空留巷技术

沿空留巷工艺能明显提高煤炭资源采出率,增加矿井服务年限;减少巷道掘进量,节约掘进费用,缓解接续紧张。但传统的沿空留巷技术受留巷速度的制约(一般不超过 6 m/d),难以满足综采工作面全速推进的要求。因此上湾煤矿从 2015 年 1 月开始研究应用柔模混凝土沿空留巷工艺。

巷旁柔模混凝土支护沿空留巷技术是在采煤工作面后方沿采空区边缘,采用柔模混凝土墙作为巷旁支护将该工作面的平巷保留下来,给相邻工作面使用,如图 4-12 所示。目前已经使面长为 300.1 m,采高为 3.8 m 的综采工作面,最高推进速度达到 15 m/d,形成了厚煤层柔模快速沿空留巷工艺,该技术已在上湾、榆家梁和乌兰木伦先后推广应用,曾获得国家科学技术进步二等奖。

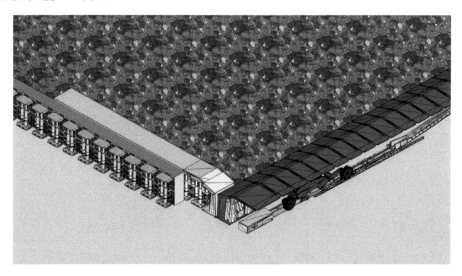

图 4-12 柔模浇筑空间三维示意图

由于沿空留巷多次采动的强烈影响,巷道围岩活动剧烈,巷道维护难度大,除了合理设置巷内支护外,提高巷旁墙体的支护性能也十分关键。同时,为保证巷旁支护墙体能紧随工作面及时快速构筑,必须采用机械化程度高的快速巷旁充填工艺系统。

快速留巷柔模混凝土制备输送系统包括地面柔模混凝土制备混合系统、柔模混凝土干混料运输系统、井下柔模混凝土干混料上料系统、井下柔模混凝土制备系统、井下柔模混凝土泵送系统，如图 4-13 所示。

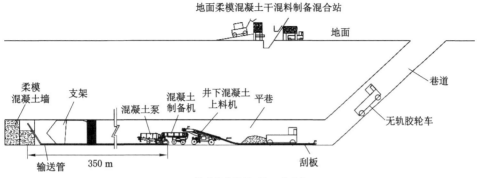

（a）快速留巷巷旁泵注工艺系统

（b）地面柔模混凝土制备混合系统

（d）无轨胶轮车运输

（c）井下柔模混凝土上料系统

（e）门式支架

图 4-13　快速留巷柔模混凝土制备输送系统

其主要泵注工艺过程为：由地面专门生产线按设计配比生产出柔模混凝土干混料，以无轨胶轮车运至井下泵站；用井下柔模混凝土上料机将干混料送至井下柔模混凝土制备系统的搅拌槽；在搅拌槽内加水搅拌均匀后流入井下柔模混凝土泵送系统的料斗内，再经充填管路泵送至柔模内；新拌混合料在柔模内自流平密实，自然养护，一次性使用，不需拆模。

该系统具有以下特点：

（1）柔模混凝土密闭施工工艺满足神东矿区地质工程条件，工艺简单，满足密闭施工要求。

（2）柔模混凝土密闭施工速度快，一个班可施工2道密闭，比传统密闭施工方法效率提高了5倍。

（3）采用柔模混凝土制备输送机组进行混凝土施工，大大降低了工人的劳动强度，减少了劳动量。

（4）采用自密实免振捣混凝土，不需振捣，提高了混凝土的早期与后期强度。

（5）柔模混凝土密闭可满足封闭采空区要求。

整体工艺流程示意图如图4-14所示。

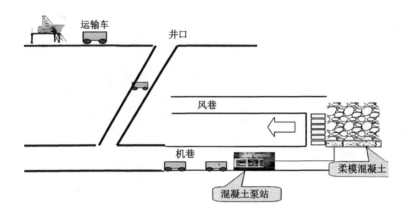

图4-14　整体工艺流程示意图

该技术首次在榆家梁煤矿40～150 m埋深条件下成功实施了沿空留巷（如图4-15），为浅埋深沿空留巷提供了理论及实践基础。

(a) 留巷效果　　　　　　　　　　(b) 柔模混凝土密闭井下照片

图4-15　榆家梁柔模混凝土支护沿空留巷试验场景

在榆家梁煤矿44308工作面试验多回收了7万t煤，实现效益总计约1 400万元。采用柔模泵注混凝土沿空留巷技术，既回收了煤柱，节约了资源，减少了浪费；又少掘一条巷道，缓解了采掘紧张关系；同时可以有效地降低工人的劳动强度，改善作业环境，提高了机械化程度。

在沿空留巷过程中,工作面滞后段将受采动影响,为防止回采过程中矿压显现对预留巷道的破坏,滞后临时支护采用单元支架支护方式,目前首个沿空留巷单元支架滞后支护工艺在柳塔煤矿得到了应用。

采用的单元支架尺寸为 2.06 m×1.4 m×0.9 m、顶梁尺寸为 1.6 m×1.0 m。单元支架的型号为 ZQ4000/20.6/45,靠柔模混凝土墙侧安设,顶梁中心线距离巷道中心线 600 mm。沿空留巷内单元支架中心距间隔 2.0 m,共计 60 台。回采初期总支护长度达到 120 m 后再开始依次回撤末端单元支架。倒车硐口/联巷口采用 2 台单元支架滞后临时支护,待推至倒车硐口再回撤单元支架,随着工作面推进一定距离,采动影响也逐渐减弱,因此仅需对受剧烈采动影响区域进行滞后支护,考虑安全系数以及结合沿空留巷的实践经验,工作面临时支护长度为 120 m。单元支架及留设效果如图 4-16 所示;单元支架安装与操作示意如图 4-17 所示。

图 4-16　单元支架及留设效果图

图 4-17　单元支架安装与操作示意图

该工艺彻底代替了沿空留巷传统"一梁四柱"支护工艺,极大地降低了员工劳动作业强度,提高了现场施工效率,更加保障了现场作业人员安全,高效配合了综采工作面顺利完成回撤推进工作。之前,柳塔矿 22103 运输平巷沿空留巷滞后支护采用的是"一梁四柱"支护工艺,存在单体钢梁使用量大、长距离人工搬运劳动强度大等问题,而现在,员工只需一台特种车和配合使用移溜器就可实现安全高效搬运支架且支护到位。

通过支护技术革新,该矿沿空留巷支护工由每班 4 人减少至 2 人,一天两班生产一个月可节约人工成本近 6 万元,按柳塔矿 22104 工作面可采储量和服务年限计算,回撤该工作面可节约人工成本近 50 万元,减员增效效果明显。同时,该工艺的实践应用助推沿空留巷工艺不断走向成熟,实现更加安全高效开采。

4.3.2 巷旁柔模混凝土支护沿空掘巷技术

榆家梁煤矿 52401 综采工作面胶带平巷采用超前工作面浇筑柔模混凝土墙体的沿空掘巷方式。超前 52401 工作面 200～300 m,在运输巷沿副帮浇筑一道连续的柔模混凝土墙体,52401 工作面回采结束后混凝土墙体埋进采空区。采空区岩层垮落活动稳定后,紧贴柔模混凝土连续墙掘进 52402 工作面轨道巷,实现无煤柱开采。沿墙掘巷无煤柱开采技术原理如图 4-18 所示。

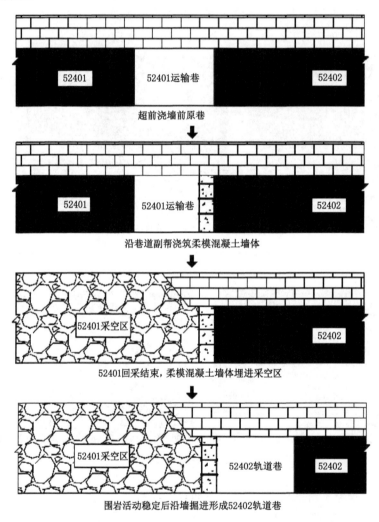

图 4-18　沿墙掘巷无煤柱开采技术原理

掘进采用连续采煤机及其配套设备施工,选用 12CM15-10D 型连续采煤机来完成割煤和装煤工序,选用 10SC32-48C-5 型梭车完成煤炭运输,利用 GP460/150 型破碎机完成煤炭的转载和破碎工作,破碎机运出的煤炭通过平巷带式输送机运出工作面,经 5^{-2} 煤主运输系统运出地面进入原煤仓;选用中国煤炭科工集团太原研究院生产制造的 CMM25-4 型锚杆机完成巷道顶板锚杆支护工作;使用 M.R.S-17 型单体锚索机来完成巷道顶板锚索支护工作;选用一台 FBZL16 型防爆装载机完成工作面物料、设备的搬运及巷道浮煤的清理工作;选用 G4CL068519 型送人车运送工人,LWLNKRHG3C 型下料车运送物料。从而形成连续采煤机掘进工作面割煤、装煤、运煤、清煤、支护等工序全部机械化作业的施工方法。

4.3.2.1　52401 运输巷断面及支护参数

52401 运输巷形状为矩形,巷宽为 5.5 m、高为 3.6 m,断面积为 19.8 m²;采用钢筋网片＋螺纹钢锚杆＋II 型钢带＋锚索联合支护,锚杆为 5 根/排,排距为 1 m;副帮侧第二根锚杆为单轨吊锚杆,采用螺纹钢锚杆,锚杆外露段长度为 50～80 mm;锚索采用矩形布置方式,排距为 2 套/4 m,间距为 2.1 m。52401 运输巷断面支护及支护平面分别如图 4-19、图 4-20 所示。

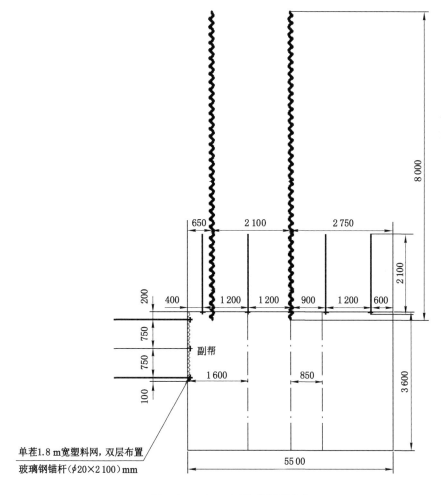

图 4-19　52401 运输巷断面支护

4.3.2.2　52401 工作面沿空留墙支护参数

52401 运输巷超前工作面浇筑柔模混凝土墙体总体支护方案:巷道整体采用锚网索支

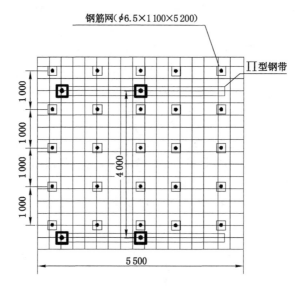

图 4-20　52401 运输巷支护平面

护,超前工作面 200～300 m 浇筑 C30 柔模混凝土墙体,墙厚 1 m,紧贴副帮浇筑。

柔模混凝土墙体宽度为 1 000 mm、高度为 3 400 mm,混凝土强度为 C30,墙体内预安装横向锚栓提高墙体结构强度并限制横向变形。柔性模板参数:柔性模板为三维纺织预成型体,透水不透浆,阻燃防静电,尺寸(长×宽×高)为 3 000 mm×1 000 mm×3 500 mm。锚栓规格为 $\phi22$ mm×1 100 mm 螺纹钢,间排距为 900 mm×750 mm;杆体两端都设有丝扣,每端丝扣长度为 100 mm;杆体两端各配一套高强度托板、调心球形垫和尼龙垫圈,托板采用 200 mm×200 mm×15 mm 的钢托盘。沿空留墙墙体参数如图 4-21 所示。

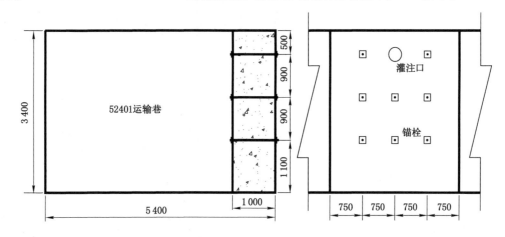

图 4-21　沿空留墙墙体参数

柔模泵注混凝土沿空留墙整体工序主要包括地面干混料的制备、干混料的运输、柔模挂设、井下上料、搅拌、泵送和浇筑等关键施工环节,如图 4-22 所示。总体来看,在距离工作面 300 m 内时,墙体压力变化较为明显,表明围岩活动剧烈程度较为明显,墙体没有明显结构破坏,表明围岩活动强度不是很大。52401 沿空掘巷效果如图 4-23 所示。

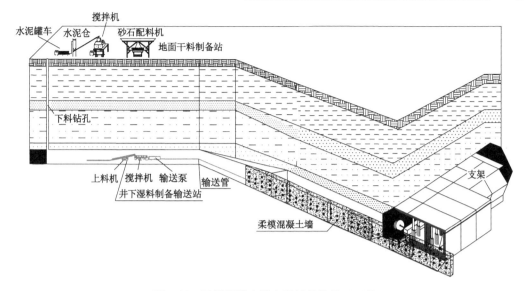

图 4-22　柔模混凝土沿空留墙整体施工工艺

图 4-23　52401 沿空掘巷效果

在榆家梁煤矿首次实现了柔模混凝土沿空掘巷技术,采用 1 m 厚的柔模混凝土墙体替代了 15 m 的护巷煤柱,可大大减少遗留在采空区的煤炭,多回收了煤炭资源,延长了矿井的服务年限;不仅有利于采空区进行防灭火管理,还可以减少掘进队伍,降低万吨掘进率。

4.3.3 切顶卸压自动成巷技术

切顶卸压自动成巷技术模型如图 4-24 所示,在回采巷道将要形成的采空区侧定向预裂,切断顶板的应力传递路径,缩短顶板悬臂梁的长度,减少采空区侧煤体受到回采压的影响,数学力学模型如图 4-25 所示。工作面回采后,顶板沿预裂位置滑落形成巷帮,该巷道作为下工作面的运输巷,且其受顶板作用力大大减小,能保证巷道使用期间的稳定性。

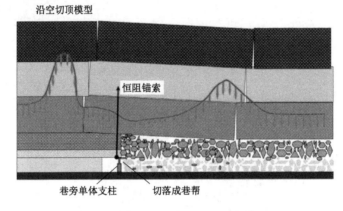

图 4-24　切顶卸压自动成巷技术模型

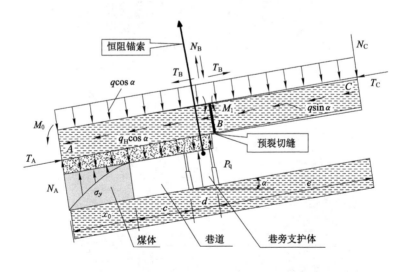

图 4-25　切顶卸压自动成巷技术数学力学模型

切顶卸压自动成巷技术能够将顶板按设计位置切落,切断了顶板的应力传递;能够使回采巷道自动成巷,作为下一工作面巷道,并使其处于卸压区,解除了高应力环境的威胁。该技术具有以下优点:

（1）消除了临近工作面煤体上方应力集中。切顶卸压自动成巷技术通过定向聚能爆破技术对巷道顶板及上覆岩层进行定向切割，采空区顶板与巷道顶板分离，切断两者之间应力传播途径，使两者有独立的变形特征。

（2）控制了采空区顶板垮落。改变以往顶板自然无序垮落状态，使采空区顶板按照设定轨迹有序垮落，形成巷道一帮，变害为利。

（3）减小采掘比，提高生产效率。变传统"一面两巷"采掘方式为"一面一巷"，利用切落岩体作为巷道一帮，无须留设护巷煤柱或充填高强材料支护巷道，造价低廉，操作简单。

（4）无煤柱开采。切顶卸压自动成巷技术能完全实现无煤柱开采，避免留设煤柱引发的冲击地压、瓦斯突出、自燃等灾害，从而大大降低工作面灾害发生概率。切顶卸压沿空自动成巷技术避免了留设煤柱造成的资源浪费，提高了资源回收率，减小了采掘比；减小了巷道掘进及返修工程量，简化了工作面端头维护工作量，降低了劳动强度，能取得显著的社会效益和经济效益。切顶卸压自动成巷技术在消除临近工作面煤体上方应力集中的同时，避免了瓦斯突出、冲击地压隐患，具有明显的安全效益。

在切顶卸压自动成巷技术中有两项关键技术：恒阻锚索支护机理及复合顶板恒阻支护关键技术和顶板预裂爆破切缝机理及爆破关键参数设计。

恒阻大变形锚杆（索）的主要特点是，其具有"让中有抗，抗中有让，防断恒阻"的特性，具有这个特性的核心部件是一种新的恒阻器，将该恒阻器加到传统预应力锚索上，就可以实现恒阻大变形的功能，如图 4-26 所示。该技术解决了传统预应力锚固体系存在的延伸率低、不能满足围岩大变形需要的问题。

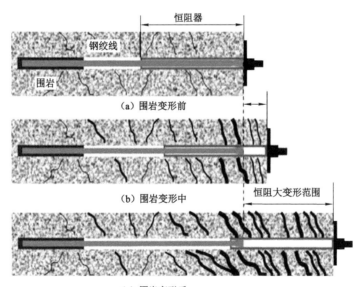

图 4-26　恒阻大变形锚杆（索）支护原理

双向聚能张拉成型爆破技术是一种新型岩体聚能控制爆破专利技术（图 4-27），是指将药包放入在两个设定方向有聚能效应的聚能装置，炸药起爆后，炮孔围岩在非设定方向上均匀受压，而在设定方向上集中受拉，从而实现被爆破体按照设定方向张拉断裂成型。该爆破技术是在对比研究多种聚能爆破和定向控制爆破方法的基础上发展起来的一种新型聚能爆破技术,可以达到实现预裂的同时又可以保护巷道顶板的目的。

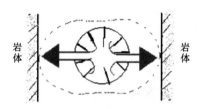

(a) XOY平面聚能受压模型

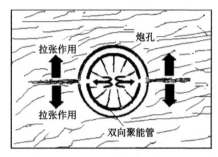

(b) XOY平面聚能张拉模型

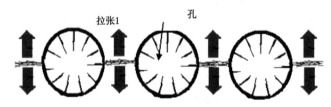

(c) XOZ平面聚能拉张模型

图 4-27　双向聚能张拉成型爆破受力模型

哈拉沟煤矿 12201 工作面运输平巷实施开展了切顶卸压自动成巷技术,在靠近工作面侧顶板,采用双向聚能爆破沿平巷走向预裂切顶,随工作面回采,顶板来压,使煤层顶板沿预裂切缝自动垮落形成平巷另一帮,极大地减小了来自采空区的压力,使在下一个工作面开采时可重复使用,实现无煤柱开采,如图 4-28 和图 4-29 所示。

哈拉沟煤矿 12201 工作面回风平巷(580 m)采用切顶卸压自动成巷技术后,与留煤柱护巷开采相比,节约成本 112.8 万元。与留煤柱护巷相比,按照 10 m 宽的护巷煤柱计算,按照试验及推广采区工程计算,可以多采出 13 041 t 煤炭,按照吨煤市场价格 380 元计算,可创收 495.6 万元。

4.3.4　无煤柱开采关键技术装备

神东公司作为国内高产高效现代化矿区的代表,在无煤柱开采关键技术装备研发方面不断突破,研发特制支架及专用搬运装备,应用新型无机薄喷等材料,变革了传统劳动密集型、低效、高风险的沿空留巷工艺,实现了采高 4.5 m 以下无严重灾害工作面的宜留则留、应留尽留。

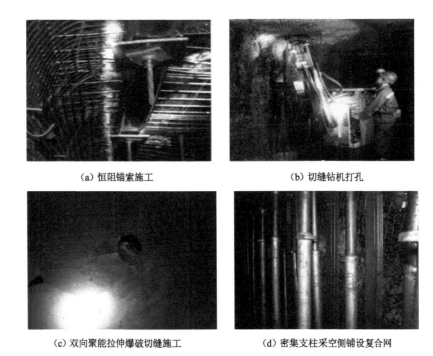

(a) 恒阻锚索施工　　　　　　　　　　(b) 切缝钻机打孔

(c) 双向聚能拉伸爆破切缝施工　　　　(d) 密集支柱采空侧铺设复合网

图 4-28　现场施工图

图 4-29　切顶卸压自动成巷效果图

4.3.4.1　单元式支架及专用搬运车

传统的沿空留巷平巷滞后支护采用单体支护,存在单体使用量大、长距离人工搬运劳动强度大等问题。为此,神东公司研发单元式支架用于架后沿空留巷顶板支护,替换传统的"一梁四柱"支护,超前支护效果良好,极大地提高了工作效率,降低了员工劳动强度,保证了现场作业人员的安全。

单元式支架采用伸缩立柱,有 4.5 m、3.0 m 两种支护高度的单元式支架,支护高度分别为 2.06~4.5 m、1.6~3.0 m,能够满足支护要求。同时单元支架的支护强度大幅度提高,传统单体支柱支护力为 30 t,平均支护强度为 0.27 MPa(巷宽按 4.4 m 计);采用单元式支架后,根据顶板的锚索排距,2 m 布置一台工作阻力为 4 000 kN 的单元支架,平均支护强度为 0.45 MPa(巷宽按 4.4 m 计)。

神东首套 4.5 m 高度的 ZQ4000/20.6/45 型单元式支架在锦界煤矿安设使用(图 4-30)。单台支架质量为 5 500 kg,底座尺寸为 1.4 m×0.9 m,顶梁尺寸为 1.6 m×1.0 m,工作阻力为 4 000 kN,支护强度为 0.41 MPa,支护高度为 2.06~4.5 m。采取"40—1"周而复始的方式进行循环支护,利用综采液压泵站进行供回液,在综采机头端头架后距副帮、混凝土墙之间距离依次为 2 900 mm/600 mm 并排摆放,中心距为 3 m,留巷支护总距离为 120 m,每台单元架采用快速插装自封式接头,实现快接快拆、快速搬移。

(a) ZQ4000/20.6/45型单元式支架　　　　(b) 锦界煤矿现场

图 4-30　单元式支架模型及试验现场

单元式支架配套防爆柴油履带式单元支架专用搬运车(图 4-31),单元支架供回液利用支架搬运车车载泵站进行控制,采用快速插装自封式接头,在工作面向前推进时能够安全高效地搬移支架。立柱安装有电子压力表,可记录压力数据。支架搬运车额定承载能力为 8.0 t,整车质量为 16.0 t;满载最大速度为 50 m/min,空载最大速度为 58 m/min;整车外形尺寸(长×宽×高)为 7 690 mm×1 400 mm×1 850 mm;爬坡角度为 ±18°。

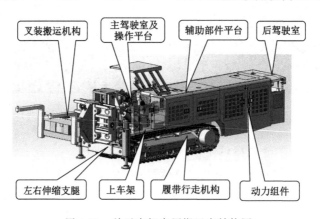

图 4-31　单元支架专用搬运车结构图

单元式超前支架的使用能大幅度减少劳动用工,原来每班需要 4 人同时作业搬移单体 24 根、钢梁 6 根的工作任务,现在 2 人搬移 2 台支架即可完成,每班作业人员也从 7 人减至 5 人,减少了工人数目,降低了劳动强度,也消除了员工频繁进行登高作业存在的安全隐患,支护强度也由原来约 2 160 kN 提升至 4 000 kN,较好地保证了现场作业安全,提高了工作效率。

4.3.4.2　门式支架设备研发

门式支架是神东公司继单元式支架后,在沿空留巷顶板支护工艺上的又一次大胆创新。它具有安全性能好、工作效率高、工人劳动强度低等特点,能大大提高支护质量,并缩短支护作业的时间。

门式支架采用双伸缩内进液立柱,有 4.2 m、3.5 m 两种支护高度的门式支架,工作阻力为 3 200 kN。2022 年 5 月,神东首套沿空留巷门式支架在大柳塔煤矿投入使用(图 4-32),该套 ZLQ3200/20.5/42 型沿空留巷门式支架共 80 台,工作阻力为 3 200 kN,支护强度为 0.35 MPa,支护高度为 2.05～4.2 m,单台支架质量为 3 350 kg;采用两柱支撑式整体横梁结构,包含横梁、立柱、柱靴、铰接件、减压阀、胶管、管路接头及附件,每根立柱安装有安全阀、液控单向阀、自锁式球形截止阀、底阀、机械双针抗震压力表和电子压力表,电子压力表可记录压力数据。门式支架连续纵向布置在巷道顶板两排锚杆之间,避免支撑时破坏顶板锚杆、锚索。横梁两侧各布置两条圆环链条,在支护过程中可与前后相邻的支架相连。后架变前架采用防爆柴油履带式门式支架搬运车搬运,支架升降利用车载乳化液供液系统进行控制。

图 4-32　大柳塔煤矿门式支架试验现场

4.3.4.3　混凝土墙封堵薄喷技术

目前煤矿巷道多采用无机脆性材料(混凝土或砂浆)喷涂来解决围岩风化及锚杆金属网锈蚀问题。但随着煤矿开采强度的增大,混凝土或砂浆封闭围岩的方法缺陷越来越明显:一是施工工艺复杂,工人劳动强度大,喷射速度慢;二是喷射混凝土回弹率高,浪费材料;三是粉尘浓度大,施工现场环境差;四是喷射混凝土受动压、气温变化影响,容易掉皮、脱落而影响安全。

为解决这一问题,神东公司以薄喷无机材料替代了喷浆支护(图 4-33),提高了堵漏效果,改善了作业环境,实现了工艺、装备升级换代。薄喷封闭技术采用无机柔性巷道喷涂材料,降低漏风封堵成本,消除喷射混凝土带来的安全隐患,改善作业环境。全面推广后每队可减少喷浆作业人员 4 人。

图 4-33　薄喷封闭技术施工现场

无机柔性巷道喷涂材料具有费用低、人工消耗小、车辆及司机消耗小、环境污染小、延展性较好、不存在安全风险的优点。该材料喷射厚度为 3 mm,仅为混凝土或砂浆材料喷射厚度(100 mm)的 3%,剩余残料量在 5% 以下。每平方米材料费用由 64.3 元降低到 31 元。凝固时间仅 2 h 且与巷道黏结效果好,不会产生粉尘等造成环境污染。

4.3.4.4　柔模混凝土墙支模工艺改进

采用巷旁柔模混凝土支护沿空留巷技术时,原工作面每个柔模需要打设 3~4 根单体以起到固定柔模和控制混凝土墙成型的作用。神东公司自制柔模混凝土墙支模装置投入使用。该装置制作简单,安装、拆卸方便,可实现单人作业,彻底告别使用单体支护的传统工艺,减少多人在拆卸和支护单体过程中存在的不安全因素。

该套工艺主要有"顶托梁＋花篮螺栓"和"飞刀"挂模装置两种。其中,"顶托梁＋花篮螺栓"挂模装置通过在顶部增加托梁、中下部增加花篮螺栓取消了柔模单体[图 4-34(a)]。"飞刀"挂模装置是通过在顶部增加旧胶带托盘、中下部增加鹅颈杆而做成的[图 4-34(b)]。与传统的单体支设柔模工艺相比较,该工艺既能节省搬运单体消耗的时间和人力,也能有效避免打设单体时的安全隐患,而且安装方便、使用可靠。

(a)"顶托梁+花篮螺栓"挂模装置　　　　(b)"飞刀"挂模装置

图 4-34　柔模混凝土墙支模工艺

4.3.5 "支卸组合-泵充混凝土柱"快速沿空留巷技术

神东公司不断进行沿空留巷技术的迭代。从 2012 年至今,神东公司已在榆家梁、上湾、锦界等多座矿井应用推广了沿空留巷技术,实现了无煤柱开采。2022 年沿空留巷约 16 000 m,显著提高了煤炭资源回收率,有效解决了矿井采掘接续进展、上覆煤柱集中应力影响、灾害治理等问题,技术经济效益显著。但目前仍存在以下问题:留巷工作人员投入多,存在安全风险;矿压显现强烈,矿井复用巷道切顶、底鼓现象严重;混凝土用量大,辅助运输压力大,综合成本高等。

为实现"减人、降本、提效、增安"的目标,神东公司目前正在进行"支卸组合-泵充支柱"快速沿空留巷技术的试验推广。这一方法从"基础研究—工艺设计—工程示范"三个方面深入探讨沿空留巷覆岩运移与支护系统的适应性关系,为有效解决沿空留巷存在的问题构建一种新思路、新方法。将支护与卸压有机结合,以柱代墙,实现了"支-卸"平行作业,挡矸支架长距离护顶、单元支架及时高阻支护、云端无线矿压系统实时监测等系列技术、装备、工艺与材料成功配套,系统保障了工作面的安全快速推进。

该技术主要具有以下优势:

(1)高稳定性。水力压裂弱化沿空巷道顶板与采场基本顶联系,实现应力转移和卸压,降低巷道顶板载荷,减少补强支护,提高留巷速度,保障留巷效果。

(2)高经济性。高强混凝土柱巷旁支护,连续泵送一体化施工工艺,同等支护强度下巷旁支护材料用量降低 50% 以上,辅助运输量大大减少。

(3)高适应性。卸压强度及混凝土柱布置可根据巷道地质条件设计,精细化调控压裂强度及混凝土柱参数,灵活应用。

目前神东公司拟在哈拉沟煤矿 22523 工作面建立示范工作面。其总体技术方案包括长孔水力压裂卸压+巷道超前补强支护+挡矸支架切顶挡矸+自移式单元支架及时支护+强力墩柱巷旁支护+采空区高韧性喷浆材料密闭隔绝。"支卸组合-泵充混凝土柱"快速沿空留巷总体技术方案流程图如图 4-35 所示。

其中长孔水力压裂卸压是利用定向钻机施工长钻孔,然后对拟压裂段封孔,注入高压水,利用高压水在钻孔产生的集中拉应力使裂隙在顶板岩层中扩展,从而将完整坚硬顶板分割成多层,达到联通裂隙和有序垮落的目的,保证沿空巷道安全,如图 4-36 所示。拟在哈拉沟煤矿 22523 工作面自切眼始 500 m 沿巷道采空侧布置 2 个长钻孔,分段压裂,对采空侧顶板进行预裂弱化。

强力墩柱巷旁支护将混凝土连续墙升级为框架结构混凝土柱(图 4-37)。通过设计混凝土柱内部结构,提高受力集中点的局部强度,进而提高整体强度。通过主动接顶设计,提高混凝土柱的稳定性。同时研发井下卷筒设备、立柱台车,实现立柱工序机械化,有效降低人员投入和劳动强度。内置模袋与加强筋固定入套筒后,由立柱台车一次运送到位。为有效封堵采空区,防止漏风和有毒有害气体泄漏,采用高韧性、强抗裂性柱间喷涂材料和安全快速密闭施工工艺,用双层网布置,墩柱巷道侧"风筒布+经纬网+密闭喷浆"强力封隔采空区,提升留巷密闭性与安全性。

该技术具有较高的经济效益及社会效益,符合国家发展战略需要,引领煤炭行业无煤柱技术发展。示范工作面留巷长度为 3 500 m,按哈拉沟煤矿采高 5.3 m 计算,可回收煤柱

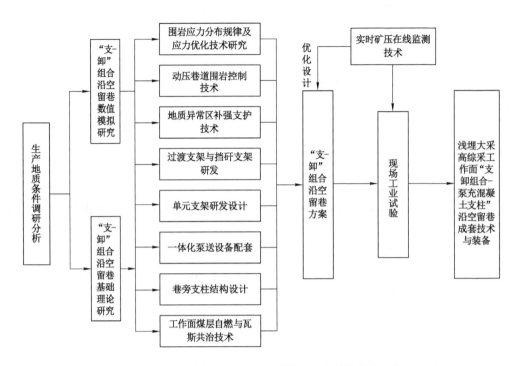

图 4-35　"支卸组合-泵充混凝土柱"快速沿空留巷总体技术方案流程图

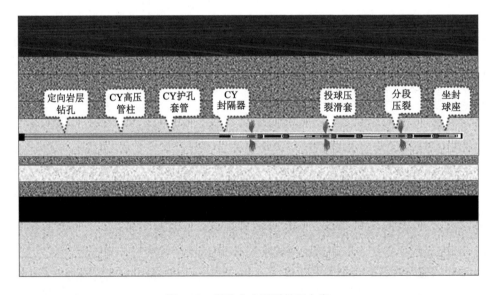

图 4-36　长孔水力压裂卸压方案

资源达 36.19 万 t,产生经济效益 10 854 万元;对比当前留巷,作业人员人数降幅为 15%,商品混凝土用量降低 55% 以上,综合成本降低 15%。该技术还实现了无煤柱开采,使得煤炭完全回收;有效解决了巷道矿压、遗留煤柱自然发火等问题;从长远上解决了采掘接续紧张、采掘布局不合理等问题;降低了劳动强度,改善了作业环境,消除了高危作业。

(a) 框架结构混凝土柱

(b) 立柱台车

(c) 卷筒设备

图 4-37　强力墩柱巷旁支护技术及设备

4.4　近距离煤层群安全开采技术

4.4.1　特近距离煤层群巷道布置技术

近十年以来,神东矿区多个矿井部分盘区的第 1 层主采煤层相继开采完毕,开始进行下位第 2 层主采煤层的开采。例如:大柳塔煤矿活鸡兔回采 $1^{-2上}$ 煤层下部的 1^{-2} 煤层,煤层间距为 0.5～27 m;石圪台煤矿回采下煤层工作面的层间距为 0～17 m。两层煤间距较小,属于极近距离煤层开采条件。极近距离煤层开采难度大、成本高、工效低,制约了矿井的高产高效。目前,国内有关近距离煤层开采方面的研究主要涉及工作面采场矿压及巷道布置的问题,且近距离煤层开采时,原则上下煤层工作面的回采巷道都布置在上煤层老采空区下,即下煤层巷道内错布置,避免下煤层回采巷道受上煤层遗留煤柱的集中应力影响;对于极近距离煤层的巷道布置,总体也是布置在上煤层的老采空区下方,此时,巷道支护形式主要为锚杆、锚网及架棚支护。

神东矿区在极近距离煤层开采时,若将下煤层回采巷道布置在上煤层老采空区下,巷道将无法采取锚网索联合支护方式,甚至只能采用架棚支护,这势必影响神东矿区巷道的快速掘进与工作面的高产高效。针对大柳塔煤矿活鸡兔井三盘区极近距离条件下上、下煤层工作面同采以及工作面采掘接续紧张的局面,急需提前确定层间距仅为 0.8～2.0 m 煤柱下的双巷布置形式。最后,联合高校开展了宽煤柱下双巷布置的可行性研究与试验。

活鸡兔井 12314 工作面位于 1^{-2} 煤层三盘区集中大巷南翼。工作面走向长 4 656.5 m,倾斜宽 288.35 m,支架型号为 ZY12000/24/50D。煤层平均厚度为 5.3 m,倾角为 1°～3°,

结构简单。工作面对应地表主要由沙、土覆盖，无基岩出露，上覆基岩厚度为 60～110 m，平均厚度为 80 m；松散层厚度为 5～10 m，平均厚度为 6 m。初采期 0～1 500 m 范围内的 $1^{-2上}$ 煤层与 1^{-2} 煤层间距为 0.8～12 m，尤其是在 12314 回风平巷和邻近 12315 运输平巷对应位置，煤层间距仅为 1 m 左右，如图 4-38。

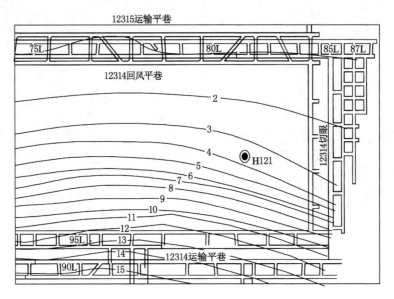

图 4-38　12314 工作面层间距等厚线图

通过图 4-39 所示的多组模型研究，确定层间距为 2 m、上煤层区段煤柱宽度为 20 m 时，三次采动影响下双巷布置的埋深应小于 133 m；层间距为 2 m、上煤层区段煤柱宽度为 35 m 且两侧采空的条件下，煤柱下双巷布置的合理埋深应小于 217 m。

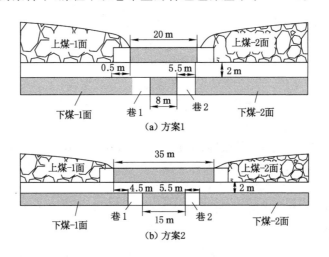

图 4-39　双巷均位于上煤层区段煤柱下

结合活鸡兔井三盘区 $1^{-2上}$ 煤层和 1^{-2} 煤层浅埋极近距离煤层的实际赋存条件，考虑到 1^{-2} 煤层埋深为 107 m，最终现场直接采用了宽煤柱下布置双巷方案，即上覆 $1^{-2上}$ 煤层留设

35 m 宽区段煤柱,下部 1^{-2} 煤双巷布置,如图 4-40 所示。12314 回风平巷和 12315 运输平巷提前掘出,其先后经受上煤层 $12^{上}312$、$12^{上}313$ 工作面的开采影响,实测巷道顶底板及两帮变形最大仅为 38 mm。

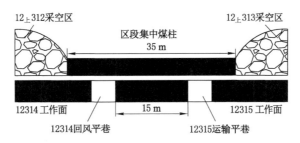

图 4-40　12314 和 12315 工作面间剖面图

可见,在活鸡兔井 1^{-2} 煤三盘区的开采条件下,将下煤层工作面双巷布置在上覆遗留的 35 m 宽区段煤柱下是可行的,实际巷道变形较小,确保了上、下煤层工作面安全同采,并解决了工作面接续困难的局面。

4.4.2　沟谷地形下强矿压控制技术

神东浅埋煤层开采实践表明,地面沟谷地形对工作面的矿压显现有一定影响,如活鸡兔 12304 工作面在回采期间就多次出现冒顶压架的问题,因此,需掌握沟谷地形下工作面强矿压的发生机理及控制技术。

活鸡兔井三盘区 1^{-2} 煤层地表受冲沟影响形成了明显的沟谷地形,如图 4-41 所示。

图 4-41　活鸡兔井三盘区地面沟谷地形

活鸡兔井三盘区地表有 1 条主沟贯穿整个盘区,5 条支沟侵蚀了三盘区地表,在 12304 工作面走向形成了 3 个沟谷,在 12305 工作面走向形成了 4 个沟谷,在 12306 工作面走向形成了 2 个沟谷。沟谷落差为 53.0~70.8 m,沿走向坡面倾角总体为 24°~38°。通过对三盘区内所有钻孔中的主关键层位置与对应区域的沟谷地形图对比分析发现,三盘区内的主关键层位置大都处于谷底标高之上,表明活鸡兔井三盘区沟谷地形区域的主关键层因受冲刷侵蚀而缺失。

三盘区覆岩关键层结构的分析结果表明,在非沟谷地形的平直段开采 $1^{-2上}$ 煤层时,覆岩有 2 层关键层,覆岩关键层破断后一般能形成稳定的"砌体梁"结构。在平直段开采 1^{-2} 煤层时，覆岩为上煤层已采单一关键层结构，只要上部已采的 $1^{-2\pm}$ 煤层开采覆岩关键层形成了稳定的结构，则一般也能形成稳定的"砌体梁"结构。在沟谷地形下坡段与上坡段，由于主关键层结构回转方向的侧向水平力限制作用的差异，前者一般能形成稳定结构，而后者一般难以形成稳定结构。图 4-42、图 4-43 分别为在沟谷地形主关键层缺失条件下，下坡段与上坡段主关键层破断块体运动与结构稳定性分析图。

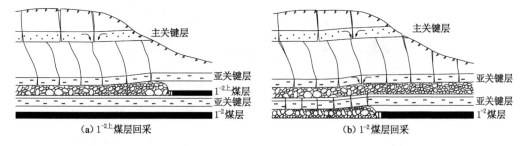

图 4-42　过沟谷地形下坡段时关键层破断块体运动与结构稳定性分析图

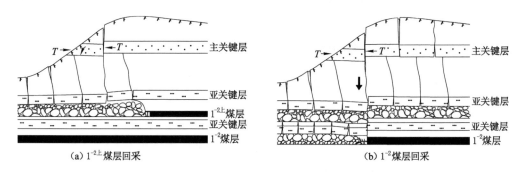

图 4-43　过沟谷地形上坡段时关键层破断块体运动与结构稳定性分析图

如图 4-42 所示，在下坡段，由于工作面推进方向面向沟谷，主关键层回转下沉时能够受到后方破断块体的侧向限制作用，有一定的侧向水平压力限制，有利于块体结构的稳定。因此，过沟谷地形下坡段时工作面矿压显现总体正常，不易发生动载矿压现象。

如图 4-43 所示，在上坡段，由于工作面推进方向背向沟谷，主关键层破断块体缺少侧向水平挤压力作用，导致 $1^{-2\pm}$ 煤层采后其破断块体形不成稳定结构而失稳，在沟谷地形上坡段地面易出现张开裂缝甚至台阶下沉。煤层开采至沟谷地形上坡段时，由于失稳的主关键层破断块体结构将其承载载荷传递于下部单一关键层结构之上，易导致关键层破断块体出现滑落失稳。这是造成浅埋煤层过沟谷地形上坡段时工作面易发生动载矿压的根本原因。

上述现象可以根据"砌体梁"结构平衡条件得到进一步的说明。防止关键层破断块体间出现滑落失稳时的结构平衡要求为：

$$T\tan(\varphi-\theta) > (R)_{0-0} \tag{4-6}$$

式中　T——结构块体的水平推力，kN；

φ——岩块间的摩擦角，($°$)；

θ——破断面与垂直面的夹角，($°$)；

$(R)_{0-0}$——下位岩层对上位岩层的阻力及块间的剪切力，kN。

如图 4-44 所示，由于过沟谷地形上坡段的主关键层缺失侧向水平挤压力，式(4-4)中的

水平推力 T 为 0,显然式(4-4)无法满足,表明主关键层结构易出现滑落失稳。此时,滑落失稳的主关键层将作为下部单一关键层的载荷,导致下部单一关键层因承担载荷太大而不能满足"砌体梁"结构的"S-R"稳定判据,而易出现滑落失稳。

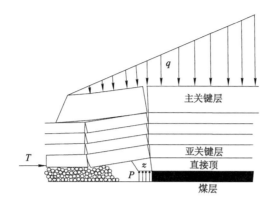

图 4-44　沟谷地形下支架工作阻力计算模型

为此,研究确定了神东矿区沟谷地形下支架工作阻力的计算方法。建立的沟谷地形下支架工作阻力计算模型如图 4-45 所示,确定过沟谷地形时下支架合理工作阻力计算方法如下:

$$P = \sum \gamma_1 h_1 + R_{23} \tag{4-7}$$

$$R_{23} = \frac{Q_{23}}{2} + \frac{1}{3}R_{i2} + \frac{(h - \Delta S_3)\left(\frac{1}{2}Q_{25} + \frac{2}{3}R_{i2}\right)}{L_{25}\left[\frac{(h - \Delta S_3)}{L_{25}} + 2\frac{\Delta S_2}{L_{22}}\right]} \tag{4-8}$$

$$R_{i2} = \frac{1}{3}\tan\theta L_{11}^2\gamma + \frac{1}{3}\tan\theta L_{12}^2\gamma + \tan\theta L_{11}L_{12}\gamma + Q_{12} \tag{4-9}$$

式中　P——支架所需的工作阻力,kN;

　　　γ_1——直接顶岩体容重,kN/m³;

　　　h_1——直接顶的厚度,m;

　　　R_{23}——亚关键层对支架的支撑力,kN;

　　　Q_{23}——亚关键层自身载荷及其上覆载荷,kN;

　　　Q_{12}——主关键层自身载荷,kN;

　　　R_{i2}——主关键层受下部岩层的支撑力,kN;

　　　γ——主关键层上部岩体容重,kN/m³;

　　　ΔH_n——主关键层第 n 个块体的下沉量,m;

　　　ΔS_n——亚关键层第 n 个块体的下沉量,m;

　　　h——下层亚关键层的厚度,m;

　　　θ——沟谷坡角,(°);

　　　L_{mn}——第 m 层关键层第 n 个块体的长度,m;

　　　Q_{mn}——第 m 层关键层第 n 个块体自身载荷,kN;

　　　R_{mn}——第 m 层关键层第 n 个铰接点处的力,kN;

　　　ΔS_n——亚关键层第 n 个块体的相对下沉量,m。

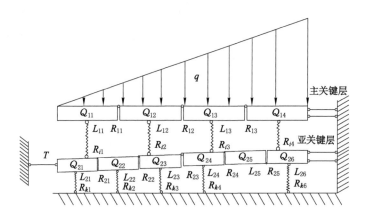

图 4-45　沟谷地形下主关键层缺失时的结构受力分析

除此之外,还建立了工作面过沟谷地形动载矿压危险区域预测和来压位置动态预测方法。针对活鸡兔井三盘区 1^{-2} 煤层过沟谷地形开采,事先对地面裂缝进行勘察;如果在工作面正上方过沟谷地形上坡段发现地面台阶,表明上煤层采后在该处的主关键层临近失稳状态,采用GPS进行定位,在井上下对照图上进行危险区域标识。只有在对动载矿压危险区域进行预测的基础上,详细分析周期来压规律,对周期来压位置进行动态预测,才能提前做好防范工作。

4.4.3　采空区集中煤柱下动载矿压控制技术

神东矿区煤层群开采实践表明,受上煤层开采遗留煤柱的影响,下煤层工作面在推出上覆煤柱边界前后5 m左右的开采范围内,易出现支架活柱短时间急剧大幅度下缩的压架现象,导致采煤机无法通过,支架被压死、爆缸、损坏等现象。神东矿区自2007年以来,已累计发生类似案例11起,直接经济损失近4亿元,严重影响着矿井的安全高效生产。因此,如何揭示此类压架灾害的发生机理以确保煤柱下安全开采,是神东矿区亟待解决的重大技术问题。

传统的观点认为,上煤层遗留煤柱上分布的集中应力向下传递,是造成下煤层工作面通过煤柱区域矿压显现增大的原因。然而,该观点却无法解释上述支架活柱急剧下缩的压架现象,也无法解释为什么压架仅发生在出煤柱阶段,而进煤柱阶段却没有。同时,已有的开采实践表明,同是浅埋近距离煤层的开采,部分矿井工作面出煤柱开采时却未曾发生类似的压架,而仅呈现出煤壁片帮严重、端面冒顶等现象。显然,此类压架灾害需满足一定的条件才会发生,它会受到诸多因素的控制和影响,而探究这些因素的影响规律必然会对出煤柱开采压架灾害的防治产生积极的指导意义。

4.4.3.1　煤柱上方关键层结构失稳致灾机制

从大量的实测结果可以看出,浅埋近距离煤层工作面在通过上覆煤柱的过程中,压架事故往往仅发生在出煤柱阶段,而进煤柱阶段和煤柱区下的开采阶段工作面矿压显现均不强烈。这显然与出煤柱阶段上覆岩层的活动规律密切相关。由于煤柱的存在,其上覆关键层会在煤柱边界破断形成"砌体梁"式的铰接结构,并承担着其所控制的那部分岩层的载荷。在下煤层工作面推出煤柱边界的过程中,此结构的断裂岩块必然会产生进一步的回转运动;当这种结构不能维持其自身稳定性时,就可能会对下煤层工作面产生冲击作用,最终造成压架事故的发生。

随着工作面逐渐向煤柱边界推进,煤柱上方关键层将逐步发生周期性破断回转运动,岩块之间相互铰接,最终会在出煤柱边界形成如图 4-46(a)所示的三铰式拱形铰接结构。显然,此结构两侧的 C、D 块体便是控制工作面出煤柱时矿压显现的关键块体,因此,分析两关键块体三铰式结构的稳定性是寻求出煤柱阶段工作面压架机理的关键所在。

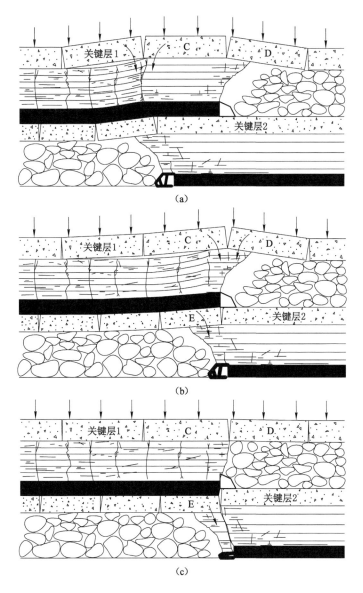

图 4-46　工作面出煤柱阶段关键块体运动示意图

根据铰接岩块假说,工作面上方铰接岩块可看作相互咬合而成的多环节铰链,而块体则可简化为一个杆体。因此,图 4-46(b)中关键块体的拱形铰接结构即可简化为由两个杆体组成的铰接结构,如图 4-47(a)所示。结构两端铰接点 M、N 外侧是受约束的,即 M、N 点可以向内移动,但是难以往外侧移动。根据库兹涅佐夫的铰接岩块假说,铰接岩块间的三铰结构必须满足中间节点高于两端节点时,结构才能够保持稳定。而对于出煤柱阶段关键块体形成的拱形铰接结构,其中间节点却是低于两端节点的。所以,此结构是不稳定的,它只有靠下部未离层岩层的支撑作用才能保持平衡,即图 4-47 中的 Q_1、Q_2。

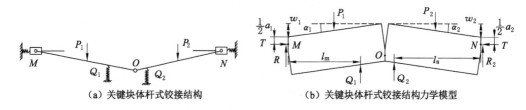

（a）关键块体杆式铰接结构　　　　　　（b）关键块体杆式铰接结构力学模型

图 4-47　关键块体杆式铰接结构及其力学模型

对于上述关键块体的铰接结构,可建立如图 4-47(b)所示的力学模型进行分析。分别设两侧块体的接触面高度为 $a_1 = \frac{1}{2}(h_1 - l_1 \sin \alpha_1)$、$a_2 = \frac{1}{2}(h_1 - l_1 \sin \alpha_2)$。根据力矩平衡和几何关系最终可计算出关键块体结构下部支撑力 Q_1、Q_2 的表达式为:

$$k_1 Q_1 \frac{i_1 - \sin \alpha_2}{i_1 - \sin \alpha_1} - k_2 Q_2 = \frac{i_1 - \sin \alpha_2}{2(i_1 - \sin \alpha_1)} P_1 - \frac{1}{2} P_2 + \frac{2i_1 - \sin \alpha_1 - \sin \alpha_2}{i_1 - \sin \alpha_1} R_0 \quad (4\text{-}10)$$

式中　P_1,P_2——两关键块体承受的载荷;

　　　α_1,α_2——两关键块体的回转角;

　　　i_1——关键块体的断裂度,$i_1 = h_1 / l_1$,h_1 为关键块体厚度,l_1 为关键块体长度;

　　　R_0——中心节点 O 处的剪切力;

　　　k_1,k_2——系数,$k_1 = l_m / l$,$k_2 = l_n / l$(l_m,l_n 分别为力 Q_1、Q_2 对应于两侧铰接点 M、N 的力矩),$k_1 < 1$,$k_2 < 1$。

由于 Q_2 作用力处于煤柱边界附近,而该区域由于塑性变形的影响,下部煤岩体的支撑能力较弱,因此 Q_2 的值较小。若视其为 0,同时令 $\alpha_1 = \alpha_2$,$P_1 = P_2$,则式(4-10)可简化为:

$$Q_1 = \frac{2}{k_1} R_0 \quad (4\text{-}11)$$

由于两关键块体形成的拱形结构是不稳定的,所以,随着工作面向前推进,两关键块体会随结构下部岩层的下沉而逐渐向下发生相对回转运动,即两块体的转角 α_1、α_2 会随之逐渐减小;由"砌体梁"结构理论可知,节点 O 处的剪切力 R_0 是随块体转角的减小而增大的。因此,由式(4-11)可以看出,要想保证结构的稳定,其下部岩层的支撑力必然会在此过程中逐渐增大,从而导致两煤层间关键层 2 断裂块体 E 所形成的铰接结构承受的载荷也会随之增大。由此可得,断裂块体 E 铰接结构承受的关键层 1 关键块体运动所传递的载荷为:

$$P_s = \frac{Q_1 + (h_2 + h_{12}) \gamma l_2}{l_2} \quad (4\text{-}12)$$

由于 $R_0 = \frac{4i_1 - 3\sin \alpha_2}{2(2i_1 - \sin \alpha_2)} \gamma H' l_1$,且 $k_1 < 1$,则式(4-12)可简化为:

$$p_s > \left[\frac{4i_1 - 3\sin \alpha_2}{2(2i_1 - \sin \alpha_2)} \cdot \frac{l_1}{l_2} H' + h_2 + h_{12} \right] \gamma \quad (4\text{-}13)$$

式中　l_2,h_2——煤层间关键层 2 断裂块体 E 的长度和厚度,m;

　　　h_{12}——关键层 1 与关键层 2 之间岩层的厚度,m;

　　　H'——关键层 1 的埋深,m;

γ——岩层容重，kN/m^3。

若取 i_1 为 0.3，α_2 为 8°，同时令上、下关键层 1、2 的破断长度相同，则式(4-13)可进一步简化为：

$$p_s > (1.7H' + h_2 + h_{12})\gamma \tag{4-14}$$

而根据"砌体梁"结构的"S-R"稳定理论，要保证断裂块体 E 的铰接结构保持稳定而不致发生滑落失稳，其自重及上覆载荷之和的极限值载荷 P_j 为：

$$P_j = \frac{\sigma_c}{30}\left(\tan\varphi + \frac{3}{4}\sin\theta_2\right)^2 \tag{4-15}$$

式中　σ_c——关键层 2 的抗压强度，MPa；

$\quad\quad\theta_2$——关键层 2 破断块体的回转角，(°)；

$\quad\quad\tan\varphi$——关键层 2 破断块体间的摩擦系数，一般可取值 0.3。

若将 $\sigma_c = 80$ MPa、$\theta_2 = 8°$ 代入上式中，则断裂块体 E 铰接结构所能承受的极限载荷为 0.44 MPa。若以 25 kN/m^3 的岩层容重计算，关键层 2 及其载荷层厚度之和的极限值仅为 17.6 m，即 $P_j = 17.6\gamma$。

结合式(4-14)可知，$1.7H' + h_2 + h_{12}$ 的值需在 17.6 m 之内才能保证关键层 2 断裂块体 E 铰接结构不发生滑落失稳，这在实际情况中显然是无法满足的。因此，工作面在推出上覆两侧采空煤柱边界时，煤层间关键层 2 破断块体结构的滑落失稳是必然的。正是由于煤柱上方关键块体相对回转运动传递的载荷过大，才造成了块体 E "砌体梁"结构的滑落失稳，从而导致工作面顶板直接沿断裂线切落，造成如图 4-46(c)所示压架灾害的发生。

4.4.3.2　推出上覆遗留煤柱动载矿压灾害的控制对策

结合上述近距离煤层采出上覆煤柱动载矿压灾害机理的分析可知，在我国当前液压支架的制造水平条件下，支架的工作阻力难以抵挡上覆全部载荷的作用，其仅能在一定程度上减缓顶板的下沉。因此，试图通过提高支架工作阻力的方法来防治类似神东矿区近距离煤层出煤柱开采的动载矿压灾害是难以实现的，需考虑从其他角度采取措施以控制此类动载矿压灾害的发生。

1. 回采工艺设计

工作面开采设计时首先应探明上覆煤柱的分布情况，其次根据这些煤柱的分布情况优化下煤层工作面的布置设计，使其尽量避免发生出煤柱的开采情形。

(1) 优化工作面推进方向，将工作面推进方向与煤柱走向平行或呈一定夹角，如图 4-48(a)所示。

(2) 优化工作面切眼与终采线的布置，使得出煤柱边界处于工作面开采范围之外，如图 4-48(b)所示。

对于煤层间距较近而使得下煤层工作面切眼不得不布置在上覆煤柱下方时，此时下煤层工作面将面临采出上覆一侧采空煤柱的开采情形，这种情况下最便利、最有效的防治方法就是合理布置下煤层切眼的位置。即应使得下煤层切眼距上覆煤柱边界的距离处于上煤层基本顶的周期破断距之内。按照神东矿区的矿压规律实测结果，此距离一般控制在 10~15 m 为宜。

如活鸡兔井 12315 工作面，与上覆 $1^{-2上}$ 煤层间距较小，切眼不得不布置在上覆 $12^{上}313$ 切眼保护煤柱下方。已知 12315 工作面切眼宽 8.5 m，上煤层周期来压步距为 10~15 m，据此计算得出 12315 工作面切眼应布置在距离上覆一侧采空煤柱边界 6.5 m 以内,如图 4-49 所示。

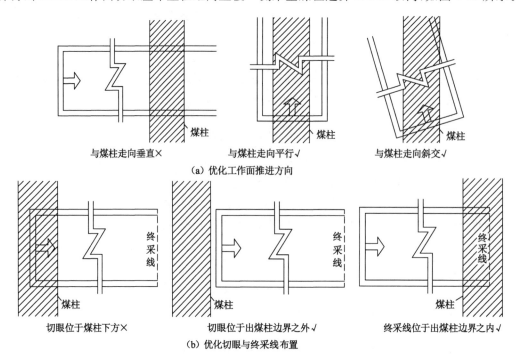

（a）优化工作面推进方向

（b）优化切眼与终采线布置

图 4-48 避免工作面出煤柱开采的优化设计示意图

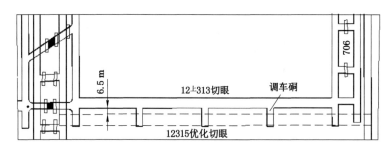

图 4-49 12315 切眼优化布置图

2. 工作面回采前的工程防治措施

若工作面的布置设计无法避免出煤柱开采时,而工作面出煤柱时又存在动载矿压的危险,则应在工作面开采前就采取相关措施进行预先的防治。如利用前述煤柱边界超前失稳对动载矿压的抑制效果等,对处于下煤层工作面出煤柱一侧边界实施人工预爆破,用以减弱煤柱边界的承载能力,并促使其在工作面临近出煤柱时能发生超前失稳,从而达到防治动载矿压灾害的目的。具体实施方法如下:

若出煤柱边界对应上煤层开采时的切眼位置,由于初采阶段工作面一般都需要进行顶板爆破强放措施,此时,煤柱边界的预裂爆破可与之同时进行。若出煤柱边界对应上煤层开采时的终采线位置,则可在支架回撤前预先施工好爆破钻孔,装填药卷、封孔,待工作面设备完全撤出后再行实施爆破。其中,爆破钻孔的垂深可依照上煤层开采时的实测周期来压步距而定,即爆破影响深度应能保证煤柱上方关键层发生预先破断回转。

如活鸡兔井 12314 工作面在临近回撤的开采阶段存在过上覆两侧采空煤柱的开采情形,可利用对煤柱边界预爆破方法进行动载矿压的防治,如图 4-50 所示。钻孔施工时沿工作面倾向进行,并呈"一"字形布置,共布置 4 个钻孔;钻孔仰角为 30°,垂深为 25 m,垂直投影与倾向呈 30°夹角。爆破措施实施后,可根据上覆煤柱对应地表是否出现新裂缝来判断爆破的实施效果。

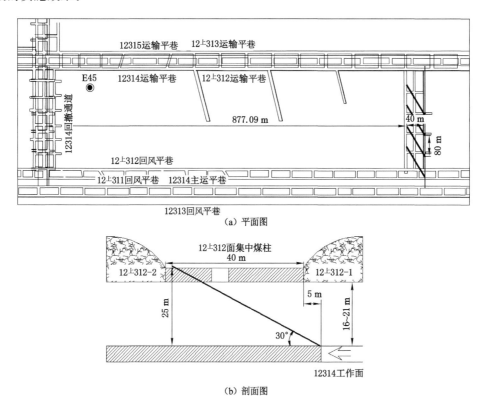

图 4-50　12314 工作面末采阶段上覆集中煤柱分布及爆破钻孔布置设计图

除此之外,遇到这类工程问题时,还可采用水压致裂技术进行防治。目前常用的水压致裂技术主要包含顶板直孔水压致裂技术和定向长钻孔分段水力压裂技术两种。顶板直孔水压致裂技术可以有效破坏工作面顶板坚硬岩层的完整性,压裂过程中,流量基本保持不变,在裂缝扩展过程中,压力变化较小,裂缝基本以恒定压力向前扩展,让顶板能够分层分次逐步垮落,保证工作面的安全开采。定向长钻孔分段水力压裂技术具有时间上超前回采施工、空间上定向精准控制的特点。通过单孔多段压裂施工,达到有效弱化厚硬顶板,降低回采过程中悬顶面积和来压强度,促使上覆遗留煤柱高应力集中区发生能量提前释放、应力转移及均布化,实现强矿压灾害的超前解危。目前水压致裂技术已经广泛应用于顶板治理方面,可以有效防治动载矿压灾害。

3. 防治动载矿压的措施

关于神东矿区综采工作面出煤柱开采动载矿压灾害的防治,可以按照"优化开采设计"→"采前预先防治"→"采时实时防范"这样的"三步骤"防治思路进行,如图 4-51 所示。

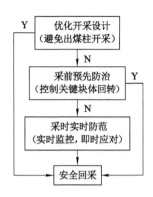

图 4-51　浅埋近距离煤层出煤柱开采动载矿压灾害的防治思路

可采取的具体措施总结如下：

（1）下煤层巷道布置时提前掌握上覆煤柱的赋存情况，优化工作面推进方向，使工作面推进方向与煤柱走向平行或呈一定夹角，尽量避免工作面与煤柱走向处于垂直分布状态。

（2）将下煤层切眼距上覆煤柱边界的距离处于上煤层基本顶的周期破断距之内。按照神东矿区的矿压规律实测结果，此距离一般控制在 10～15 m。

（3）当制定工作面作业规程时，如果下煤层工作面存在推出上覆煤柱这种类型，工作面支架选型不仅考虑要满足 8 倍采高的岩石容重法，而且尽可能选择此煤层采高对应的最高额定工作阻力支架。

（4）采前判别层间柱状有无关键层，如果层间只有 1 层关键层，是最危险状态。此时，最好通过对上覆煤柱进行致裂，让其上方的关键块体结构提前回转，以减小出煤柱危险。如果层间距大于 5 倍采高，且有 2 层及以上的关键层，此时可以通过工作面调斜、让压等手段进行防治。

（5）对工作面出煤柱开采过程中动载矿压发生的危险区域进行预计，在过煤柱期间，在对应煤柱段加强巷道支护措施，在进入煤柱前 15 m、出煤柱之后 15 m，以及整个煤柱区域进一步进行加强支护。

（6）在进出煤柱外 20 m、煤柱内 10 m 范围内提高警惕，严格保障支护质量的"三到位"，合理调控工作面推采速度，根据工作面来压预测和动载矿压危险区域预测结果，协调检修班与生产班的工作任务，在保证支护工程质量的前提下，在危险影响区域加快推进速度，禁止因故长时间停留，同时要保证一定的采高，防止活柱下缩严重后支架被压死。

（7）确保工作面支架立柱有足够的行程。在过煤柱期间，应该尽量保持正常采高而不是降低采高开采，要充分利用上覆岩层破断结构的自调节功能，通常出煤柱阶段支架立柱一般下缩 0.8～1.2 m 就形成新的稳定，因此，要确保立柱行程达到 1.2 m 以上，在三机配套时优选小机身采煤机或者在过煤柱阶段减少留设顶底煤的厚度。

（8）减小工作面宽度将大幅度减小动载矿压强度，有利于下煤层工作面安全推过上覆煤柱。

4.4.4　房采煤柱群下动载矿压控制技术

房式采煤法是一种可以有效控制地表沉陷、实现保水开采的简单采煤方法。在神东矿区近距离煤层条件下,由于早期小窑在浅部煤层开采过程中遗留了大量的保护煤柱和房采煤柱,矿井改扩建或整改后,特大型矿井进行下部煤层回采时不可避免地遇到上煤层遗留煤柱。当回采这些煤柱下方的煤炭资源时,若这些煤柱突然破坏,极易导致工作面发生冲击灾害(图 4-52)。这给下部煤层的开采带来了极大的安全隐患。因此,对于神东矿区而言,研究房采煤柱群下动载矿压控制技术也是十分必要的。

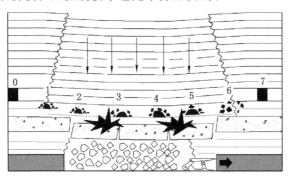

图 4-52　房采煤柱群下开采

房采煤柱群下发生动载矿压时,会引起支架活柱急剧大幅度下缩,给工作面的安全高效生产带来严重影响。2013 年,石圪台煤矿 31201 夜班发生的压架事故是较为严重的动载矿压事故,如图 4-53、图 4-54 所示。来压前工作面采高整体处于 3.8~4.1 m,刚割第 1 刀煤时,工作面便出现强烈动载矿压,在 20 s 内 23~135 号支架整体下沉,活柱行程由原来 1.3~1.5 m 下沉到 0~0.2 m,并导致采煤机被压死,对应地表有明显的塌陷裂缝和台阶。这次事故导致压力表、安全阀等众多设备损坏,仅用于维修和处理压死支架就花费近 60 d,直接经济损失近亿元。

图 4-53　现场压架照片

工作面发生动载矿压的可能性和煤柱的状态密切相关,故应在工作面开采前探测上煤层房采煤柱和集中煤柱是否稳定,进而提出以下几点防治对策:

(1)提前对房采煤柱进行爆破处理(图 4-55)。由于工作面发生动载矿压的原因是煤柱的突然失稳诱发岩层传递冲击性载荷,若将载荷提前释放,将有效防止工作面出现动载矿压。因此这种举措是最直接有效的防治对策。

(2)减缓工作面推进速度,使煤柱在超前支承压力的作用下缓慢失稳。由于失稳的位置处于工作面前方实体煤,因此对工作面的影响将大大减弱。

图 4-54　地表塌陷情况

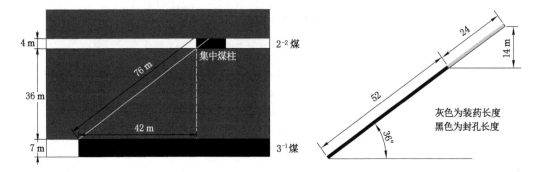

图 4-55　煤柱爆破示意图

（3）对房采煤柱区进行注浆充填，阻止煤柱发生失稳。通过对上煤层房采煤柱区间隔充填，保证在下煤层开采过程中煤柱不发生失稳破坏，即可保证工作面的安全开采。

（4）通过微震监测、钻孔窥视以及覆岩多点内部岩移原位监测等（图 4-56、图 4-57），将采集到的岩体声发射与微震信号进行处理和分析，并对可以反映岩体稳定状况的参数进行统计，可作为评价岩体稳定状况的依据，进而对动载矿压进行预测。

图 4-56　GD3Q-A/B 型彩色钻孔电视

石圪台煤矿曾在 31201 工作面开展了微震监测，在该工作面推进近 1 100 m 期间，微震监测动压预警有 9 次，成功实现了该工作面的安全生产。除去微震监测初期的指标分析研究期间的一次动压预警，微震监测成功预警率为 90%。图 4-58 为 3 月 5 日 31201 工作面微

图 4-57　多点位移传感器现场安装实物图

震事件分布情况,微震事件数量达到了 31 个,能量达到了 8.0×10^5 J,工作面支架于 3 月 5 日中班和 3 月 6 日夜班来压,达到了预警目的。

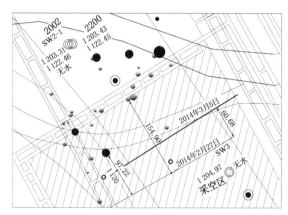
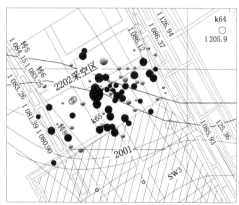

图 4-58　31201 工作面微震事件分布图

31201 工作面采用爆破措施后在房采煤柱下的微震事件指标连续下降,微震事件分布表现为超前工作面正常分布,此时工作面整体来压情况远小于以往煤柱群下的微震事件能量值和能量个数,说明此次爆破预裂大大降低了煤柱下的矿压显现强度,工作面支架状态始终保持良好,如图 4-59 所示。

图 4-59　治理后的支架效果图

通过对房采煤柱提前进行爆破失稳处理,大大降低了工作面过房柱式采空区煤柱的动载矿压强度,解除了工作面压架风险,不仅确保了工作面的安全生产,避免了人员伤亡和经济损失,而且为整个西北地区类似条件下的安全开采提供了重要参考。

4.5　复合区煤层安全开采技术

4.5.1　下分层综放工作面布置与开采工艺

神东公司活鸡兔井 1^{-2} 煤层复合区二盘区煤层总厚度为 9.63～10.35 m,平均厚度为 10.0 m,倾角为 1°～3°,埋深为 76～106 m,煤层普氏系数约为 3,且节理裂隙不发育、韧性较好。2001 年 3 月—2005 年 5 月对该盘区上分层两翼共 9 个综采工作面已经进行了回采。为了更加合理、安全地开采此盘区下分层,提高煤炭资源回收率,在上分层已采的条件下对 6 m 厚的下分层采用综放开采方法,采高为 4 m,放顶煤厚度为 2 m。这 2 m 厚的煤层作为综放的顶板,不需要铺网,到了架后作为放顶煤进行回收,既保证了顶板安全,又回收了煤炭资源。

$12^{F}206$ 综放工作面由于受到火烧区的影响,为了尽可能提高资源回收率,采取了刀把型工作面布置,即 $12^{F}206-1$ 面推采结束后需要在上分层采空区下实施缩面作业。在上分层采空区的条件下进行缩面作业是一种新的、特殊的、复杂的情况,这种特殊情况在我国尚属首次。2018 年 6 月 24 日—7 月 5 日,活鸡兔井 $12^{F}206-1$ 综放工作面实施了缩工作面作业,下面将该面作业过程进行总结。

4.5.1.1　下分层刀把型综放工作面缩面的巷道设计

特厚硬煤上分层综采后下分层刀把型综放工作面的缩面回撤通道采用 2 条辅巷以及平巷局部采用双巷并加 3 条联巷的设计方法,巷道设计如图 4-60 所示。其中用于缩面的主要巷道包括回撤辅巷 1、回撤辅巷 2、平巷局部双巷和多条联巷等。

4.5.1.2　下分层综放工作面的缩面工艺

为了保证下分层综放面缩面作业的顺利完成,将缩面作业分为以下几个阶段进行。

(1)综放工作面与缩面回撤通道高质量贯通,具备缩面作业条件。

下分层综放工作面与缩面的回撤通道顺利贯通,保证顶底板贯通平整、质量良好,之后便可以开始进行缩面作业,此时工作面设备位置示意如图 4-61 所示。

(2)将前后部刮板输送机的驱动部拆除,然后撤走缩面区域的前后部刮板输送机链条和刮板输送机槽设备,之后再重新安装好缩面后的前部刮板运输机机尾驱动部,使缩面后的综放工作面前部刮板运输机具备运转条件,此时工作面设备位置示意如图 4-62 所示。

(3)将端头液压支架撤出,临时存放在附近巷道等待继续安装时使用,将靠近回撤通道正帮侧的液压支架撤出,缩面段的中间架和靠近回撤通道负帮的一排垛架暂时不回撤,在新的综放工作面机尾三角区放置掩护支架,加强机尾三角区的支护。然后继续向前推采工作面,推采过程中对机尾 15 台支架范围的顶板挂柔性网,从而对顶板起到防护的作用,为更换端头支架和安装后部刮板输送机驱动部创造条件。当工作面推过回撤通道三角区域后,开始回撤缩面段的所有支架。

(4)当工作面液压支架顶梁前端推进到距离回撤辅巷 1 的中心线位置 5～10 m 时,开

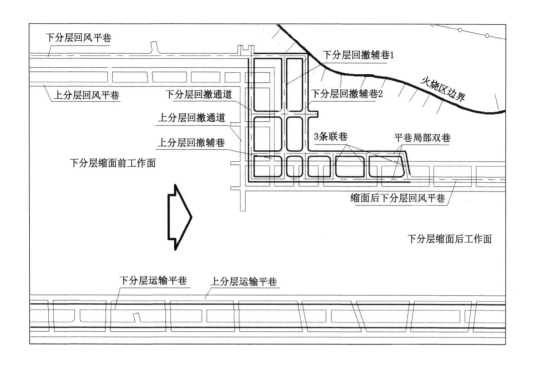

图 4-60　下分层回采综放工作面缩面巷道布置示意图

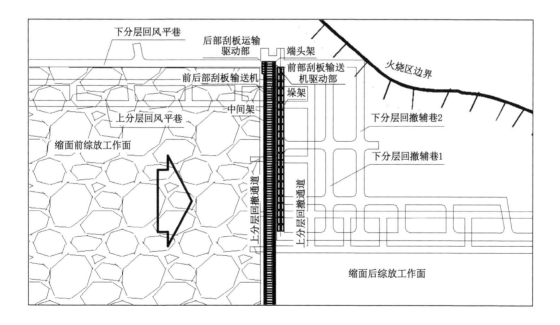

图 4-61　下分层综放工作面贯通

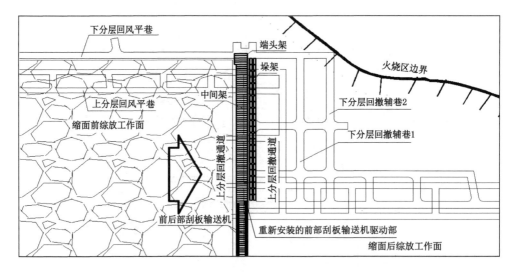

图 4-62　撤走缩面区域的刮板输送机设备并重新安装前部刮板输送机驱动部

始将工作面端头位置的 5 台中间架更换为端头架。

（5）继续推进工作面,当后部刮板输送机机尾驱动部对准回撤辅巷 1 时,安装后部刮板输送机机尾驱动部。

至此,下分层综放工作面缩面作业顺利完成。如果回撤辅巷 1 的位置顶板条件不好,可以继续推进工作面,在回撤辅巷 2 的位置再进行端头支架的更换和后部刮板输送机驱动部的安装。机尾端头支架和后部刮板输送机驱动部全部更换完毕后,可以进行缩面后的正常生产。

4.5.2　下分层缩面作业实施措施

（1）对缩面区域的煤体和顶板提前采用锚索和马丽散进行加固,保证煤柱和顶板的整体性,为缩面作业创造良好的条件,特别是靠近上分层采空区侧的煤柱要作为重点进行加固。

（2）缩面前提前做好矿压观测,掌握来压步距和来压强度,结合规律总结,通过调整推进速度,在贯通时和缩面更换端头架及后部刮板输送机驱动部时尽可能避开周期来压。

（3）为了减弱顶板运动程度,避免顶板放空产生动载矿压,对缩面区域从贯通前 30 m 开始不能放顶煤,从而尽量保持顶板的完整性和铰接结构。

（4）工作面挂网贯通期间,加强设备检修,保证工程质量,确保快速推进。

下分层刀把型综放工作面缩面技术自 12^{F}206 工作面使用以来,其应用取得了实质性的成果。目前已经成功回采了 3 个工作面,回收煤炭资源 900 多万 t,综放工作面回采率达到 92.6%,取得了很好的回采效果。

4.6　矿压预警平台安全保障技术

神东矿区矿压数据源集成信息多、技术指标复杂、预警阈值迥异,以往矿压监测软件主要面向矿方个别综采工作面开发,缺乏实时响应决策和预警管理体系。在此背景下,基于异构数据融合、微服务应用架构、云边协同计算等技术,构建了企业级"生产数据仓库",研发了集多源数据实时辨识、动态安全风险智能评估和分级高效预警的防控平台,实现了隐患早判别、早排查、早防控,有效提升了企业管理的应急解危能力。该成果搭建多源数据库高效动态预警云平台,制定了一整套矿压数据标准编码体系,集成了 5 级矿压评判指标,实现了集矿压实时云图展示、来压分级管理、步距分析和快速响应预警等 30 余项功能于一体,及时下达支架管控反馈指标,切实提升了支架初撑力监控和来压预警的准确性,有效指导了矿井综采工作面的安全开采。该预警平台的主要功能包括:

(1)公司级矿压实时监测功能。早期神东公司主要是通过综采控制台主机上专门安装防爆计算机或综采工作面控制台电脑或调度室"复制"的主机监测矿压数据,因矿压控制台主机采用的是不太普及的 Linux 操作系统,查看实时或短期历史数据时给现场业务人员操作带来不便,数据查询困难。该系统从神东公司的角度出发,实现各矿实时矿压监测功能,如图 4-63 所示,根据压力情况分为来压剧烈、强来压、轻微来压、初撑力不足、正常和异常几个维度,来压剧烈时需要重点关注,通过点击综采工作面可以查看当前的实时支架压力情况。随着 Web 应用和手机 App 的推广,可以随时掌握神东公司各个综采工作面的压力实时情况,为领导决策和相关技术人员的分析提供了便捷。

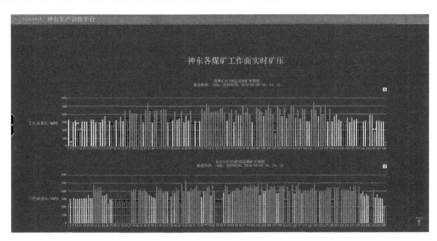

图 4-63　公司级矿压实时监测页面

(2)矿级矿压实时监测功能。矿级矿压实时监测页面如图 4-64 所示,集实时矿压、实时推移、实时来压预测图、实时来压预测详细信息、循环作业图、综采工作面采煤机截割电流曲线于一体,对综采工作面的实时生产情况及顶板压力情况进行监测。形成根据神东公司、矿授权的矿级矿压监测页面,可以查看全公司所有矿所有综采工作面监测页面数据,而矿级用户只能看到各自矿的综采工作面监测页面数据。

(3)采场顶板运动的初撑力管控功能。初撑力日报是对上述三种数据的综合展示,初撑力不足页面对所有矿存在初撑力不足的综采工作面支架全部进行了详细的记录和时长累计,无数据时长页面对无计划的矿压主机停电时长进行监测,该指标间接反映综采工作面的停机时间。传感器异常页面对坏的支架传感器进行统计。实时监测日报提供综采工作面实时矿压情况,并提供打印功能。

(4)生成基于时间和推进距离的矿压热力图功能。传统的矿压热力图以时间为横轴,只能反映顶板的运动情况;与基于时间的矿压热力图(图 4-65)相比,基于推进距离的矿压热力图(图 4-66)更能结合空间推进关系,进一步反映顶板的运动情况。

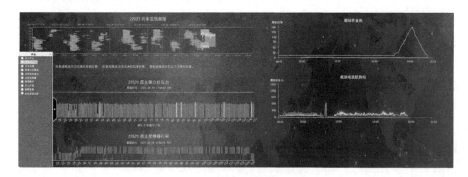

图 4-64 矿级压实时监测页面

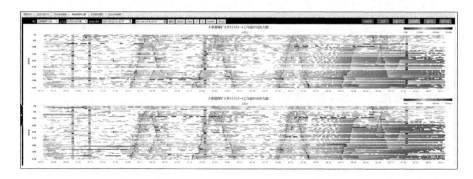

图 4-65 基于时间的矿压热力图

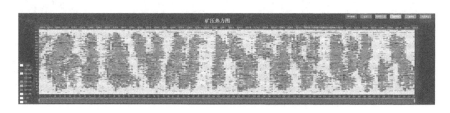

图 4-66 基于推进距离的矿压热力图

（5）支架工作阻力频率分析功能。支架工作阻力频率分析页面如图 4-67 所示,能够分析综采工作面任意时间段、任意推进距离范围内工作阻力的频率分布情况,为支架合理选型提供了依据。

（6）矿压来压智能化预测预警功能。系统在周期性来压云图展示的基础上,对每次周期性来压情况进行了分析;把每次周期性来压的来压强度做了定义,量化了来压强度、来压面积;通过建立复杂的模型,分析出每次周期性来压的开始和结束时间,计算出来压步距。综合分析已来压综采工作面的来压范围及来压强度情况,分析未来压综采工作面的下次来压预计时间、预计来压范围、预计来压强度等信息,最终给出了预警的推送信息,形成的矿井分布来压统计如图 4-68 所示。该图采用区块图形式,在展示矿井总体分布以及井田形状尺寸基础上,依据预警等级分别关联了颜色显示:颜色①代表预警等级最高,为来压剧烈综采工作面;颜色②表示预警等级次之,为一般来压综采工作面;颜色③是默认色,为未来压综采工作面。鼠标悬浮在具体区块上时,该区块会显示来压统计相关信息。

矿压预警平台通过搭建生产数据仓库、制定矿压数据标准编码体系及基于异构数据库

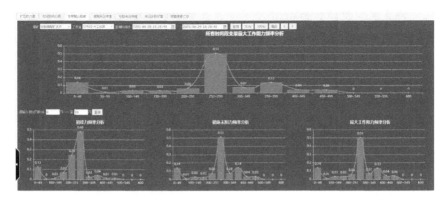

图 4-67　支架工作阻力频率分析页面

图 4-68　基于矿井分布的来压统计图

融合、微服务应用架构、云边协同计算等技术,结合图像处理边缘检测算法,实现了基于推进距离的矿压云图展示、来压信息及步距预判、区域关键层岩石工程力学参数智能反演、岩层运动动态实时仿真等 30 多项功能,切实提升了支架初撑力的预判和来压预警的准确性,有效指导了矿井综采工作面的治理,对建成神东矿区矿压智能化安全开采预警与防控体系起到了突破性作用。

自该系统运行以来,已经采集全公司 7 568 个支架的压力数据,共采集数据 5 100 亿条,数据容量达到 4.28 TB,系统查询速度达 60 万条记录/s,综采面来压预警准确度达 90% 以上。

4.7　富水顶板下安全开采技术

4.7.1　富水顶板下涌水量预测

4.7.1.1　涌水量预计方法

矿井涌水量预计常用的方法有水文地质比拟法、稳定流解析法、水均衡法、相关分析法和数值法等。神东矿区采用数值模拟方法对锦界井田矿井涌水量进行预测预报。数值法是指用离散化方法求解数学模型的方法,其解为近似解,该方法是求解大型地下水流问题的主要方法之一。它把整个渗流区分割成若干个形状规则的小单元,每个小单元近似处理成均质的,然后建立每个单元地下水流动的关系式,把形状不规则的、非均质的问题转化为形状规则的均质问题,并根据需要,确定单元划分数量,此外对于非稳定流还要进行时段划分。数值法无疑是研究各种矿坑涌水问题比较有效的方法之一,它在处理复杂非均质、复杂边界条件方面弥补了稳定流解析法的不足。

4.7.1.2　自然状态下待采工作面涌水量预测

根据锦界煤矿2015—2024年采掘接续计划安排,预测10年内待采工作面涌水量大小。按照锦界煤矿2015—2024年采掘接续计划安排,采用Visual MODFLOW软件建立数值模型(图4-69),分别计算未来10年内二盘区待采工作面自然状态下预测涌水量如表4-3所示,为矿井防排水系统的规划建设提供依据。

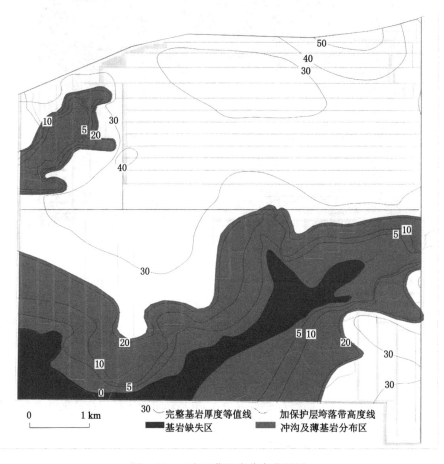

图 4-69　二盘区薄基岩分布范围图

根据锦界煤矿 3^{-1} 煤层采掘接续计划,未来10年内将要开采的工作面分别为一盘区31111～31122共计12个工作面;二盘区31205～31207、31211～31223共计16个工作面;四盘区31405～31416共计12个工作面。

表 4-3　未来 10 年内二盘区待采工作面自然状态下涌水量预测表

盘区	工作面	疏干高度/m	开采面积/km²	设计开采量/(m³/d)	预测涌水量/(m³/h)
二盘区	31205	64	1.09	24 100	1 005
	31206	62	1.04	22 700	946
	31207	63	1.04	23 050	962
	31211	61	1.03	22 350	931
	31212	60	1.08	22 600	942
	31213	58	1.08	21 850	911
	31214	63	1.22	23 050	962
	31215	61	1.10	22 350	931
	31216	60	1.19	22 600	942
	31217	58	0.08	21 850	911
	31218	63	0.10	23 050	962
	31219	61	0.10	22 350	931
二盘区	31220	60	0.10	22 600	942
	31221	58	0.60	21 850	911
	31222	60	0.59	22 350	931
	31223	60	0.59	22 600	942

4.7.1.3　人工改造状态下待采工作面涌水量预测

　　根据预测结果可见,自然状态下矿区未来 10 年内各待采工作面的涌水量较大,在当前开采计划安排下,未来几年内采掘工作面逐步进入顶板充水含水层富水区,可以预见整个矿区内涌水量还会呈现逐步增加的趋势。在这种情况下,吨煤成本可能会进一步增加,同时大量的疏排地下水不仅造成排水费用增加,对周边的水资源环境也十分不利,在国家日益重视环境保护和水资源安全的形势下,为实现煤炭资源的安全高效开采,同时维持和保护周边生态环境,必须采取合理的措施来减小矿井涌水量。

　　目前广泛采用的减小工作面顶板涌水量的方法是预先疏放排水和改造顶板含水层。疏放排水是指在工作面开采之前,借助于专门的工程(如疏水巷道、放水钻孔等)有计划、有步骤地使影响采掘安全的煤层上覆或者下伏含水层中地下水降低水位(水压)或使其局部疏干的技术。对于大水矿山,一般采取预先疏放,可以一次性达到矿山最终开采要求也可以分段进行;改造含水层一般采用的手段就是注浆改造技术,该技术是用适当的方法将某些能固化的浆液注入岩土地基(含水层)的裂缝或孔隙中,通过置换、充填、挤压等方式改善其物理力学性质的方法。对顶板充水含水层改造的主要原理即为对其进行注浆,有效降低含水层渗透系数,起到一定的阻水作用,从而减小矿井涌水量。

　　同样根据识别验证后的模型对待采工作面涌水量进行预测,在截流注浆等人工改造条件下,将锦界井田范围内含水层渗透性降低 1/3 左右,疏干时间不变(仍为 2 个月),使水位降至 3^{-1} 煤层顶板。据此,通过调整布设的抽水井预测井田范围内待采工作面涌水量。利用模型计算得到人工改造状态下井田内各工作面正常涌水量如表 4-4 所示。

表 4-4　未来 10 年内二盘区待采工作面人工改造状态下井田内各工作面正常涌水量预测

盘区	工作面	疏干高度/m	开采面积/km²	设计开采量/(m³/d)	预测涌水量/(m³/h)
二盘区	31205	64	1.09	12 050	503
	31206	62	1.04	11 350	473
	31207	63	1.04	11 525	481
	31211	61	1.03	11 175	466
	31212	60	1.08	11 300	471
	31213	58	1.08	10 925	456
	31214	63	1.22	11 525	481
	31215	61	1.10	11 175	466
二盘区	31216	60	1.19	11 300	471
	31217	58	0.08	10 925	456
	31218	63	0.10	11 525	481
	31219	61	0.10	11 175	466
	31220	60	0.10	11 300	471
	31221	58	0.60	10 925	456
	31222	60	0.59	11 175	466
	31223	60	0.59	11 300	471

4.7.2　富水顶板防治水技术

锦界煤矿是著名的大水矿床,综合防治水技术措施必须坚持"预测预报、有疑必探、先探后掘、先治后采"的原则,针对矿区实际条件,应深入开展水文地质监测网的优化布局研究,研究矿区老采积水、地下水、河流地表水的"三水"赋存转化关系,确定河流地表水渗漏能力,研究地表塌陷裂缝与地下水及工作面的联通状况,查明原来地质勘探钻孔的止水状况,深入研究工作面涌水与地表水、地下水的关系,提出锦界矿水害防治对策措施。

4.7.2.1　掘进工作面防治水措施

在巷道掘进过程中,利用直流电法对掘进头前方、巷道顶板及侧帮进行探测。要求超前探测的有效距离为:掘进工作面前方 40～50 m,顶板 20 m,侧帮 10 m。若经探测分析认为无异常,则应保留 20 m 的超前距继续掘进;若探测认为有异常,要及时分析产生异常的原因,判别异常可能对应的地质构造形式,并超前打钻确定地质构造的含、导水性,结合地质分析进一步确定该导水构造对首采工作面的危害程度。探水孔必须安装与探水段水压相适应的孔口控水装置。若探放水量较大(大于 10 m³/h),可利用该孔进行简易放水试验,并注浆封堵,然后再继续掘进;若探放水量较小(小于 10 m³/h),可继续掘进,并利用该孔作为水压、水量的监测孔。如果水压水量逐渐增大,应停止掘进并立刻进行注浆,注浆效果经探查合格后再继续掘进,直至上、下巷全部掘进结束为止。

4.7.2.2　工作面防治水措施

据已采工作面涌水量统计，顶板水经过一段时间疏放后，有的工作面最大涌水量仍然达到了 501 m^3/h，后期开采工作面预计的最大涌水量为 689 m^3/h，钻孔初始预疏放水量为 800 m^3/h。因此，除了开采前在工作面必要的地段进行物探勘查外，还须在采前、采后采取一定的防治水措施，主要措施是：采前采取钻孔疏水，降低含水层水位；采后采取强排措施。

1. 采前疏放水

采前钻孔疏放水可分两种方法，一种是井下放水，一种是地面抽排水。3⁻¹ 煤层顶板含水层距地面较浅，在条件许可的情况下，可选择地面抽放；若是地面不具备抽放水条件，可选择井下疏放水；在局部强富水地段，如地表有现代冲沟、地下发育古冲沟等情况，可将两种疏放水方式结合起来使用，通过"上吐下泄"的疏放水方式疏干或降低含水层水位，降低开采工作面的涌水强度，减轻排水负担，实现工作面的安全开采。

2. 采后疏排水

由于煤层为水平煤层，平巷高低不平，靠水沟自然流水坡度排水是不可能的，为了涌水能顺利泄出，可在联络巷内布设集水仓。若没有联络巷，可采用低位泄水巷的方法，在回风平巷的外侧底板开掘一条泄水巷，泄水巷长度只要保证在最大涌水期间够用即可，在泄水巷的另一头设置一个集水仓，水仓中安设排水泵。

3⁻¹ 煤层上覆岩层埋藏特点是基岩较薄、松散层较厚，根据矿井涌水特征分析，工作面最大涌水量出现的位置差异较大，根据后期工作面的特征，初步推断工作面最大涌水量出现在 20～800 m 范围内，因此集水仓的位置应设置在距切眼 650 m 以外，考虑到最大涌水期有一个时间过程，把集水仓设置在距切眼 800 m 处。水仓容积按照容纳最大涌水期 4 h 的涌水量设计。

根据涌水量预计结果，建立矿井、盘区及工作面可靠的排水系统，并编制专门的矿井防治水预案。

3. 加强工作面水质指标的实时监测工作

在二盘区古冲沟、薄基岩区，实时监测工作面涌水量的水质状况，测试指标为电导率、温度、pH 值，以便于对矿区充水水源的变化作出预警。

4.7.2.3　突水溃砂区域防治水措施

根据现有资料分析，锦界井田范围内存在 6 处天窗区，这些天窗区、薄基岩区存在突水溃砂的可能性。对可能存在突水溃砂区域的防治技术路线是：首先补充探测正常基岩的厚度，计算导水裂隙带的发育高度；然后查明土层的厚度变化情况和"天窗"地带，在土层厚度小于 10 m 和"天窗"地带增加探放水钻孔的布置密度，延长疏放水钻孔的疏放时间。条件许可时，应采用"上吐下泻"的排水方式对矿井进行突水溃砂的防治。

从生态环境及河道径流保护的角度出发，对于二盘区河则沟流域溃水溃砂工作面的建议是调整工作面宽度，采用充填法采煤。突水溃砂区域防治水措施如图 4-70 所示。

4.7.2.4　工作面相邻采空区积水防治途径

对相邻采空区积水的防治途径主要是留设适当宽度的安全防水煤岩柱，必要时可对采空区积水进行疏放。在留设防水煤岩柱时，必须遵循如下原则：

图 4-70　突水溃砂区域防治水措施

（1）留设防水煤岩柱必须考虑地质构造、水文地质条件、煤层赋存条件、煤体物理力学性质等多种因素，同时还应与顶板管理方法等多种因素相协调。

（2）防水煤岩柱的留设计算一定要按照具体充水条件，综合分析并考虑影响煤岩柱稳定性的各种因素，给出煤岩柱合理的宽度组成，以免使整个煤岩柱丧失其功能。

（3）煤岩柱留设计算一般只能按照均质煤体考虑，有时根据煤体受构造作用破碎情况在强度参数的取值上予以折减，但对于煤体中存在垂向导水通道或者其他不明含水体的情况，应当通过具体充水条件的探查来解决，这一部分内容已超出煤岩柱留设计算的范畴，但又是生产必须充分加以考虑的一个重要方面。

对于防水煤岩柱的宽度设计必须考虑两个方面的问题：

（1）设计的煤岩柱要有足够的弹性核区，用以抵御采空区内的侧向静水压力。

（2）防水煤岩柱宽度的大小，应能保证其两侧的最大导水裂隙高度不能互相贯通。

4.7.2.5　4 000 m³/h 大涌水量排水技术

锦界煤矿含水层为松散层孔隙潜水和直罗组孔隙裂隙承压含水层，前者包括河谷冲积层潜水和萨拉乌苏组潜水，局部区域存在烧变岩孔洞裂隙潜水。目前锦界矿井涌水量为 5 800 m³/h，其中清水 4 200 m³/h，污水 1 600 m³/h。矿井的防排水工作压力极大，潜在威胁较多。锦界煤矿采取了一系列的综合防治水手段，不断总结、探索并借鉴国内外防治水工作好的做法，创建了"高产高效"模式压力下的大涌水量排水技术。

矿井设有 6 个主排水泵房,其中 2 个中央水泵房、4 个盘区水泵房,共由 60 台水泵和 25 趟管路组成,综合排水能力为 10 900 m³/h,锦界煤矿供排水系统示意图和实物图分别如图 4-71 和图 4-72 所示。

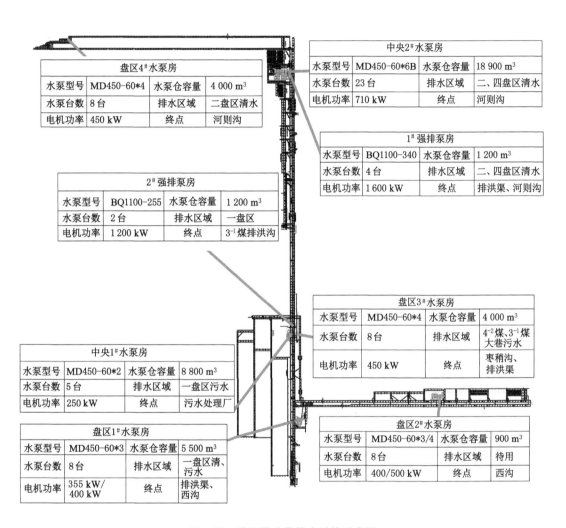

盘区4#水泵房			
水泵型号	MD450-60*4	水泵仓容量	4 000 m³
水泵台数	8 台	排水区域	二盘区清水
电机功率	450 kW	终点	河则沟

中央2#水泵房			
水泵型号	MD450-60*6B	水泵仓容量	18 900 m³
水泵台数	23 台	排水区域	二、四盘区清水
电机功率	710 kW	终点	河则沟

1#强排泵房			
水泵型号	BQ1100-340	水泵仓容量	1 200 m³
水泵台数	4 台	排水区域	二、四盘区清水
电机功率	1 600 kW	终点	排洪渠、河则沟

2#强排泵房			
水泵型号	BQ1100-255	水泵仓容量	1 200 m³
水泵台数	2 台	排水区域	一盘区
电机功率	1 200 kW	终点	3⁻¹煤排洪沟

盘区3#水泵房			
水泵型号	MD450-60*4	水泵仓容量	4 000 m³
水泵台数	8 台	排水区域	4⁻²煤、3⁻¹煤大巷污水
电机功率	450 kW	终点	枣稍沟、排洪渠

中央1#水泵房			
水泵型号	MD450-60*2	水泵仓容量	8 800 m³
水泵台数	5 台	排水区域	一盘区污水
电机功率	250 kW	终点	污水处理厂

盘区1#水泵房			
水泵型号	MD450-60*3	水泵仓容量	5 500 m³
水泵台数	8 台	排水区域	一盘区清、污水
电机功率	355 kW/400 kW	终点	排洪渠、西沟

盘区2#水泵房			
水泵型号	MD450-60*3/4	水泵仓容量	900 m³
水泵台数	8 台	排水区域	待用
电机功率	400/500 kW	终点	西沟

图 4-71 锦界煤矿供排水系统示意图

(a) 井水泵房下　　　　　　　　　(b) 井下排水管路

图 4-72 锦界煤矿供排水系统实物图

（1）中央 1# 水泵房为污水泵房，来自 3^{-1} 煤、4^{-2} 煤大巷及各井筒污水，水泵仓容量为 8 800 m^3，安装 5 台 MD450-60*2 型离心泵，按照 3 趟 DN300 排水管路，可以外排量为 700 m^3/h。排至 1 号污水处理厂，处理后排至井下注入 31104 采空区。

（2）中央 2# 水泵房为清污分离水泵房，清水来自二盘区、四盘区，水泵仓容量为 18 900 m^3，安装 23 台 MD450-60*6B 型离心泵，清水使用 12 台离心泵，污水使用 11 台离心泵，清水通过 31201 泄水巷的 3 趟 DN400 排水管路直接强排至河则沟，可以外排量为 2 400 m^3/h。污水通过 3^{-1} 煤胶带运输巷两趟 DN400 排水管路与主井 DN500 排水管路对接去主井新建污水处理厂，可以外排量为 1 600 m^3/h。

（3）盘区 1# 水泵房为清水泵房，来自一盘区污水经过 31104 采空区过滤后排至盘区 1# 水泵房，水仓容量为 5 500 m^3，安装 8 台 MD450-60×3 型离心泵，3 趟 DN300 出水管路，从强排钻孔去地面与一趟 DN710 管路对接排至排洪渠、西沟，可以外排量为 1 200 m^3/h。

（4）盘区 2# 水泵房为清水泵房，水泵仓容量为 900 m^3，安装 8 台 MD450-60×6B 离心泵，两趟 DN400 排水管路将清水排至地面西沟。

（5）盘区 3# 水泵房为清水泵房，来自 31208～31210 采空区，水泵仓容量为 4 000 m^3，安装 8 台 MD450-60×4 型离心泵，3 趟 DN400 出水管路与地面两趟 DN710 管路对接去枣稍沟、排洪渠，可以外排量为 2 400 m^3/h。

（6）盘区 4# 水泵房为清水泵房，来自 31201～31214 采空区，水泵仓容量为 4 000 m^3，安装 8 台 MD450-60×4 型离心泵，两趟 DN400 出水管路，通过河则沟两个 DN400 强排钻孔排至地面河则沟，可以外排能力为 1 600 m^3/h。

4.7.3 富水顶板清污分离技术

近年来，随着矿井开采范围和开采深度的逐渐增加，矿井涌水量逐步呈上升趋势。由于矿井污水浊度大，导致地面污水处理厂不能满足矿井水处理需求。为了解决地面污水厂处理压力，逐步取消井下采空区储水，实现井下采空区、探放水等清水和矿井污水的清污分流显得尤为重要。

神东公司所属 14 个煤矿地面矿井水排放总量为 25.89 万 m^3/d，其中清水量为 19.83 万 m^3/d，污水量为 6.06 万 m^3/d。地面排污水的矿井有大柳塔井、活鸡兔井、补连塔矿、上湾矿、石圪台矿、锦界矿、哈拉沟矿和布尔台矿 8 个矿井，其中大柳塔井污水量为 6 390 m^3/d，活鸡兔井污水量为 5 500 m^3/d，补连塔矿污水量为 4 500 m^3/d，上湾矿污水量为 7 000 m^3/d，石圪台矿污水量为 4 800 m^3/d、锦界矿污水量为 19 200 m^3/d，哈拉沟矿污水量为 840 m^3/d，布尔台矿污水量为 12 400 m^3/d。

神东公司通过统计分析 8 个矿井地面污水排放情况，综合考虑矿井防排水系统、排水路径、储水采空区过滤能力、井上下生产复用等因素，减少 8 个矿井地面污水排水量为 4.27 万 m^3/d。

4.7.3.1 大柳塔煤矿清污分流工程

1. 矿井涌水及排水情况

矿井涌水量为 1 069 m^3/h（含复用水量 300 m^3/h），其中清水量为 702 m^3/h，污水量为 367 m^3/h。2^{-2} 煤涌水量为 320 m^3/h，全部为清水，已经实现清水单独排水；4^{-3} 煤涌水量为

36 m³/h,全部为污水;5⁻²煤涌水量为 713 m³/h,其中清水量为 382 m³/h,污水量为 331 m³/h。

目前 22400～22402、22601 采空区清水通过水沟自流外排,22608～22610 采空区清水供井下生产复用,52600～52602 采空区清水一部分供井下生产复用,剩余部分排至污水处理厂。5⁻²煤产生的污水一部分注入 22608～22610 储水采空区,一部分注入 52600～52602 储水采空区,4⁻³煤产生的污水通过 5⁻²煤中央水泵房排至地面污水厂处理后外排至乌兰木伦河。

2. 2⁻²煤矿井水清污分流现状

大柳塔井 2⁻²煤清水涌水量 320 m³/h,已经全部实现清水单独排水,2⁻²煤清水出水点统计见表 4-5。

表 4-5　大柳塔井 2⁻²煤清水出水点统计表

序号	煤层	清水产生区域	清水出水地点	清水涌水量/(m³/h)	是否实现清污分流
1	2⁻²煤	22316 采空区	22316 回撤辅巷联巷口	24	是
2		22401 采空区	22401 回风平巷口	36	
3		22406 采空区	22406 回撤通道密闭	17	
4		22601 采空区	22601 回撤通道密闭	150	
5		22609～22613 采空区	22609～22613 回撤通道密闭	36	
6		22608 采空区	22406 回撤通道密闭	57	
合计				320	

4.7.3.2　乌兰木伦煤矿清污分流工程

1. 矿井涌水及排水情况

矿井涌水量为 680 m³/h(含复用水量 120 m³/h),其中清水量为 580 m³/h,污水量为 100 m³/h。1⁻²煤涌水量为 190 m³/h,其中清水量为 170 m³/h,污水量为 20 m³/h;3⁻¹煤涌水量为 490 m³/h,其中清水量为 410 m³/h,污水量为 80 m³/h。

目前 1⁻²煤二盘区采空区、1⁻²煤四盘区 12401～12404 采空区、1⁻²煤四盘区 12418～12420 采空区、3⁻¹煤四盘区 31401～31410 采空区清水通过反水管自流外排,31406～31407 采空区清水及 3⁻¹煤一盘区采空区清水一部分供井下生产复用,剩余部分注入 3⁻¹煤一盘区采空区通过地面直排系统及 5#泵房排至考考赖水厂。污水全部注入 3⁻¹煤一盘区储水采空区,通过地面直排系统及 5#泵房排至考考赖水厂。

2. 矿井水清污分流现状

乌兰木伦煤矿清水涌水量为 580 m³/h,其中 3¹煤四盘区 31401～31410 采空区清水涌水量为 410 m³/h,已经实现清水单独排水,3⁻¹煤清水出水点统计如表 4-6 所示。

表 4-6 乌兰木伦煤矿 3^{-1} 煤清水出水点统计表

序号	煤层	清水产生区域	清水出水地点	清水涌水量/(万 m³/h)	是否实现清污分流
1		3^{-1}煤一盘区采空区	地面直排系统、5#泵房	200	
2		31401~31405 采空区	31404 回撤通道 2 联巷	60	
3	3^{-1}煤	31406~31407 采空区	31407 回风平巷措施巷口部	90	是
4		31408 采空区	31408 运输平巷口部	30	
5		31409~31410 采空区	31410 回风平巷措施巷口部	30	
合计				410	

4.8 千万吨矿井通风关键技术

4.8.1 千万吨矿井高效通风系统

4.8.1.1 基本情况

神东公司各矿井通风系统具有"大断面、低负压、大风量"的特征。依据通风设计原则，要求矿井通风系统达到系统优化简单、路线短、设施全、通风阻力小等标准，以满足综采工作面安全高效长距离推进的需要。根据"通风系统优化、风流路线短、系统简单可靠、通风设施齐全、通风阻力小"等要求，尽量降低矿井负压，矿井通风方式尽量选用对角式、分区式，浅地表开采提倡多风井通风系统。合理分配风量，风速一般控制在 1.0~1.6 m/s，各矿井尽量杜绝串联通风和采空区通风。神东公司矿井通风状况见表 4-7。

表 4-7 神东公司矿井通风现状

矿井名称		通风方式	矿井排风 /(m³/min)	有效风量 /(m³/min)	有效风量率 /%	矿井负压/Pa	最大通风流程/m
大柳塔煤矿	大井五当沟	混合式	6 186	24 103	93.07	780	16 016
	大井白家渠		20 253			1 390	26 360
	活鸡兔井		22 400	19 988	90.04	1 220	10 969
补连塔煤矿	南风井	分区式	20 677	26 822	92.95	1 970	20 403
	北风井		9 618			790	13 499
榆家梁煤矿	5^{-2}煤	分区式	9 679	14 515	91.29	1 990	17 847
	4^{-3}煤		6 741			1 320	7 278
上湾煤矿	北风井	分区对角式	8 923	20 259	91.63	600	12 930
	南风井		13 991			630	18 709
乌兰木伦煤矿		混合式	13 415	12 521	98.75	1 350	11 800
哈拉沟煤矿		混合式	17 461	15 360	92.75	1 800	18 020

表 4-7(续)

矿井名称		通风方式	矿井排风 /(m³/min)	有效风量 /(m³/min)	有效风量率 /%	矿井负压/Pa	最大通风 流程/m
保德矿	刘家塔	分区式	17 162	22 070	87.07	1 960	15 735
	枣林		8 363			1 050	13 501
石圪台煤矿		混合式	21 493	19 996	95.81	1 620	13 950
锦界 煤矿	1# 回风井	混合式	14 454	26 182	87.24	1 590	17 508
	2# 回风井		17 431			2 100	16 260
布尔台 煤矿	松定霍洛	分区式	14 043	24 899	89.24	1 220	17 467
	明安木独		15 301			2 370	27 096
寸草塔煤矿		中央并列式	8 106	7 097	88.92	610	9 304
寸草塔二矿		中央并列式	10 421	9 921	96.80	1 360	9 073
柳塔煤矿		中央并列式	14 180	12 749	92.44	1 000	7 520

4.8.1.2　通风系统特征

根据近几年对各矿井的通风阻力测试、通风机性能测试和漏风测试等基础工作,神东公司各矿井通风系统的主要特征为:

(1)矿井通风总阻力小,受矿井自然季节性变化影响较大,在某些角联风路上风量有不稳定的现象,必须引起高度重视。

(2)工作面推进距离长,巷道断面大,通风阻力小,通风阻力的变化也小,易于满足综采工作面长距离推进的需要。

(3)各矿井主要进风巷道均有两条以上,且断面大,进风段阻力较小,而回风段阻力较大,随着矿井开采范围的扩大,矿井通风阻力必将增加,因此,应采取相应的措施降低矿井回风段的阻力。

(4)由于工作面采深浅,在回采过程中,采动裂隙易于形成井下与地表之间的漏风通道,因此,为了减少地表外部漏风、提高通风效率,必须降低和控制矿井通风的阻力。

(5)目前神东公司所选择的矿井主要通风机为 FBDZ 类型风机,该系列风机由集流器、一级风机、二级风机、电动机、消声器等部分组成,具有风压高、风量大、效率高、噪声小、送风距离远等特点。

4.8.1.3　通风系统运行效果

神东公司所属 13 座井工煤矿均具有独立完整的通风系统,矿井全部采用机械式通风。除活鸡兔井采用压入式通风外,其余矿井均采用抽出式通风。每个风井均配备 2 台主要通风机,采用双回路供电,一台运行,一台备用;风机直径大多为 3.8 m 以上,最大电机功率为 2×1 120 kW,风量满足矿井安全生产需要。根据神东矿区高效开采模式,矿井采用多井筒进风、分区域回风;创建了"大断面、大风量、多通道、低负压"的高效通风系统,降低了矿井通风阻力。矿井各水平、盘区、采掘工作面、硐室均实现了独立通风;坚决杜绝了无风作业、微风作业和不符合《煤矿安全规程》规定的串联通风作业;实现了矿井通风系统合理、通风网络简单、风量充足、风流稳定,从系统上实现降"压"减"漏",矿井通风能力得到进一步提升。多年来,矿井风压维持在 $400 \sim 2\,400$ Pa,矿井有效风量率达 87% 以上,矿井等积孔为 4 m^2 以上。根据矿井延伸和采掘接续的变化,及时做好掘进工作面贯通和综采工作面安装、回撤,以及采终封闭期间通风管理和系统调整工作;对不用或暂时不用的巷道、硐室及回采结束的盘区、煤层系统进行封闭,进一步简化通风系统,提高通风系统的稳定性和可靠性。采煤工作面通风系统简单;多采用两进一回、一进一回的"U"形或三进一回的偏"Y"形通风方式,系统简单可靠;工作面配风量为 $1\,000 \sim 2\,500$ m^3/min。

4.8.2 大断面超长距离掘进通风技术

4.8.2.1 技术背景

神东矿区具有优越的地质和开采技术条件,十分有利于实现矿井的安全高效开采。加大综采工作面的推进长度是实现这一目标的最佳途径,而长距离、大断面掘进通风技术则是影响长距离快速掘进的关键因素。为了实现千万吨级安全高效矿井规模,矿井回采巷道长度需达到 $5\,000$ m 以上,巷道断面积在 20 m^2 左右。但如何满足这一作业条件下掘进工作面合理的风量、风速,并确保掘进工作的安全、快速,通风技术是关键和难点。在总结国内外有关掘进通风技术的基础上,神东矿区进行了大胆的突破与创新,成功研究出适合神东矿区特点的掘进通风技术。

1. 神东矿区掘进通风特点及方式

神东矿区掘进通风与国内其他矿井相比,具有明显的特点:一是设计巷道断面积大(平均为 20 m^2 左右);二是通风距离长($6\,000$ m)。因此,解决掘进巷道通风问题是局部通风技术的关键和难点。

根据设计巷道的用途不同,神东矿区的巷道布置方式主要有两种:双巷布置和单巷布置。盘区大巷和工作面平巷多为双巷布置;井筒和综采工作面采后保留巷道多为单巷布置。由此形成了两种不同的局部通风技术,即全风压与局部通风结合的通风技术及局部通风机压入式通风技术。

局部通风机设置:淘汰了 JBT 系列局部通风机,全部装备了 FBDY 系列新型大功率高效节能对旋轴流式通风机(功率为 2×18.5 kW、2×22 kW、2×30 kW、2×45 kW、2×55 kW、2×75 kW、3×22 kW),最大供风距离达 $5\,000 \sim 5\,300$ m;掘进工作面局部通风机全部实现了"三专两闭锁"及"双风机、双电源",并能自动切换;每天进行一次正常工作的局部通风机与备用局部通风机自动切换试验,每 15 d 进行一次甲烷风电闭锁试验,有效降低了无计划停电停风事故率。

2. 全风压与局部通风结合的快速掘进通风技术

这种通风技术适用于使用引进设备(连续采煤机及其配套装备)的掘进工作面,为满足作业方式的工序工艺要求,使巷道掘进与顶板支护互不影响,作业采用双巷(或多巷,两巷间有联络巷)平行掘进。这种掘进方式充分发挥了引进设备的高强度连续生产能力,在客观上也为实现全风压通风创造了条件。通过每隔 $50 \sim 70$ m 封闭或未封闭的联络巷,可以形成一巷进风、另一巷回风的全风压通风系统(如图 4-73 所示),局部通风机安设于全风压风流进风巷中,随联络巷密闭的跟进而前移,最大限度地缩短局部通风的距离,适应大断面、长距离掘进的风量、风速要求。该通风技术对掘进两巷间的联络巷密闭要求高,既要求通风设施跟进及时,保证全风压通风系统的形成与稳定,又要求通风设施具有较高的施工质量,减少联络巷密闭的漏风,避免出现掘进巷道局部地点供风不足现象。

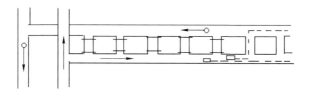

图 4-73 全风压与局部通风机结合通风系统示意图

该通风系统的关键在于能否解决两巷间的隔风问题,形成便于快速施工、拆除及复用的隔风设施。为了解决这一难题,神东公司成立了专门课题组进行技术攻关,经过充分的调研、论证和试验,形成了双巷掘进时低瓦斯矿井联巷执行"见三闭一"、高瓦斯矿联巷执行"见二闭一"的隔风原则,最大限度地缩短独头巷道供风距离。

3. 长距离大断面局部通风机压入式通风技术

掘进巷道采用全风压通风和局部通风机通风相结合的方式,配备大功率风机和大直径柔性风筒,攻克了掘进工作面长距离通风难题,单巷最长供风距离为 5 340 m。局部通风机多采用 FBDY 系列大功率新型高效节能对旋轴流式风机,全部实现了"三专两闭锁"和"双风机、双电源"自动切换。普遍选用 $\phi800$ mm、$\phi1\,000$ mm、$\phi1\,200$ mm 的大直径、高强度抗静电、阻燃胶质双反边风筒,推广使用风筒快速接口器,减少接头处的漏风,降低风筒脱节的风险。

局部通风技术主要包括局部通风机的合理选型、风筒的选型、局部通风管理等方面,在巷道开工前完成,由通风部门根据巷道设计进行局部通风的专门设计。

(1)局部通风机的合理选型

局部通风机的选型应根据掘进工作面所需风量在作业规程中明确规定,局部通风机选型方法如下:

① 局部通风机工作风量:

$$Q_{局} = 60\psi Q_{面} \tag{4-16}$$

式中 $Q_{面}$——掘进工作面实际需要风量,m³/s。

ψ——风筒漏风备用系数,$\psi=1/(1-nL_i)$。其中 n 为风筒接头数,按通风最长距离计算;L_i 为 1 个接头的漏风率,插接时取 0.01~0.02,罗圈反边连接时取 0.005。

② 局部通风机工作风压:

$$h_{局} = RQ_{局}Q_{面} \tag{4-17}$$

式中 R——风筒的总风阻,N·s/m⁵。

根据 $Q_{局}$ 和 $h_{局}$ 选择合适的局部通风机及配套风筒。

(2)风筒的选型

风筒的选型应遵循下述原则:必须采用抗静电、阻燃风筒;局部通风机供风距离高瓦斯矿井大于 50 m、低瓦斯矿井大于 500 m 时,风筒直径不小于 800 mm;遇低采高掘进工作面特殊情况下可使用 $\phi600$ mm 风筒,应确保工作面迎头风量、风速符合《煤矿安全规程》规定;

风筒过构筑物时,应安设硬质风筒。

（3）局部通风管理

局部通风管理主要是围绕风筒的降阻、减少漏风以及局部通风机管理进行的,主要措施如下:

① 使用局部通风机的作业地点,作业规程或安全技术措施中必须明确局部通风机的安装、使用及所需风量,并由矿通风部门审核、矿总工程师审批,没有经审批的不得随意安装和使用局部通风机。

② 局部通风机入井前,必须试运转,经机电、通风部门与使用单位进行检查,设备符合要求后,方可入井使用。

③ 使用局部通风机供风的地点,必须安装两套同等能力的局部通风机,其中低甲烷矿井主风机、高瓦斯矿井主备风机必须实现三专供电和风电、瓦斯电闭锁,并能与备风机自动切换。主风机因故停运,备用风机能够自动启动,保持工作面正常通风,同时立即停止该区域作业,排除故障;只有故障排除恢复到主风机通风后,方可恢复作业。每天进行 1 次自动切换试验,使用两台局部通风机同时供风的,两台局部通风机都必须同时实现风电闭锁和甲烷电闭锁。严禁使用 3 台及以上的局部通风机同时向 1 个掘进工作面供风,不得使用 1 台局部通风机同时向两个作业的掘进工作面供风。每 15 d 至少进行一次风电闭锁和甲烷电闭锁试验,试验期间不得影响局部通风,试验记录要存档备查。

④ 局部通风机安设、移设必须有措施,不具备双风机双电源供风条件的不得生产。双巷或多巷掘进工作面停止掘进时,应形成全风压系统,工作面不得留有超过 6 m 的独头巷。

⑤ 压入式局部通风机和启动装置,必须安装在全风压供风系统进风巷道中,距全风压回风口不小于 10 m;全风压供给该处的风量必须大于局部通风机的吸入风量,局部通风机安装地点到回风口间巷道的最低风速必须符合岩巷不小于 0.15 m/s、煤巷和半煤岩巷不小于 0.25 m/s。

⑥ 局部通风机实行挂牌管理,由指定人员上岗签字并进行切换试验,有记录,不发生循环风,不出现无计划停风。有计划停风前制定专项通风安全技术措施,由矿总工程师审批。

⑦ 局部通风机有消音装置,进气口有完整的防护网和集流器,高压部位有衬垫,各部件连接完好,不漏风。局部通风机应吊挂或垫高,离地高度大于 0.3 m,且 10 m 范围内巷道支护完好,无淋水、积水、淤泥和杂物。

⑧ 掘进工作面不得停风。因检修、停电、故障等原因停风时,必须切断电源,将人员全部撤至全风压进风流处,设置栅栏、警标。恢复通风前,必须检查瓦斯,只有停风区中最高甲烷浓度不超过 1.0% 和最高二氧化碳浓度不超过 1.5%,且在局部通风机及其开关附近 10 m 以内风流中的甲烷浓度都不超过 0.5% 时,方可人工开启局部通风机。

⑨ 风筒实行编号管理。风筒接口严密不漏风（手距接头 0.1 m 处感觉不到漏风）、无破口（末端 20 m 除外）、无反接头;软质风筒接头需双反边,应使用快速风筒接口器,硬质风筒接头应加垫、螺钉紧固。风筒吊挂平、直、稳,软质风筒逢环必挂,硬质风筒每节至少吊挂 2 处;风筒不被摩擦、挤压。自动切换的交叉风筒与使用的风筒筒径一致,交叉风筒不安设在巷道拐弯处且与 2 台局部通风机方位相一致,不漏风。风筒拐弯处用弯头或者骨架风筒缓慢拐弯,不拐死弯;异径风筒接头采用过渡节,先大后小,无花接。风筒不准随意拆开或开口,有破口要及时缝补。

⑩ 有计划停风必须制订安全措施,经矿总工程师批准后,报备通风管理部和总调度室。停风前必须切断电源,撤出人员,并设置栅栏、揭示警标。停风后,每班至少由瓦斯检查工在栅栏外检查有害气体浓度 1 次,当甲烷或二氧化碳浓度超过 3% 或其他有害气体浓度超过《煤矿安全规程》的相关规定不能立即处理时,必须在 24 h 内封闭。恢复通风前必须检查有害气体并严格执行排放瓦斯制度。

⑪ 对无计划停风实行登记和追查制度。出现局部通风机无计划停风后,瓦斯检查工或生产队组负责人必须立即将人员撤至全风压新鲜风流中,切断电源,设置栅栏、警标,禁止人员入内,同时报告矿调度室和通风队。调度室、通风队均应登记,登记项目应有停风地点、停风原因、恢复通风前瓦斯检查人员、恢复通风前瓦斯浓度、恢复通风下达命令人员、恢复通风时间等内容。

⑫ 风筒、局部通风机以及为其供电的移变、开关等设备设施必须编号,并按其用途进行标识。

4.8.2.2 应用效果

大柳塔矿通过采用全风压结合局部通风机掘进通风技术,巷道掘进速度达到 3 273 m/月,比过去提高了 1.8 倍,减缓了矿井采掘衔接的紧张局面,减少了掘进设备和人员,大大提高了矿井的经济效益。通过近几年的不断实践和完善,长距离局部通风机压入式通风技术评价在神东矿区的使用已较为成熟,结合目前的装备及管理手段,能够实现 5 000 m 以上的长距离单巷掘进的通风要求,在全国范围内同类矿井中有极为广泛的推广应用价值。

4.9 千万吨矿井瓦斯防治关键技术

保德煤矿是神东公司唯一的高瓦斯矿井,在神东矿区千万吨矿井群创建中,为适应高瓦斯矿井在低瓦斯状态下安全、高效生产的要求,经多年在瓦斯治理方面的探索、研究、总结,从地质条件分析、抽采区域规范划分、抽采钻孔设计、抽采钻进设备创新、抽采工艺管理等方面,提出了高瓦斯矿井"大区域-超大区域"瓦斯治理理念,形成了以煤矿"开采前"瓦斯超前预抽采技术、"开采中"煤与瓦斯共采技术、"开采后"老空区残余瓦斯抽采技术为特征的矿井全生命周期煤与瓦斯协同开采与利用技术体系。创造了井下顺层钻孔 3 353 m 的深孔钻进世界纪录,在瓦斯超前抽采治理中取得了良好效果,实现了高瓦斯矿井高产、高效和安全生产。

4.9.1 开采前瓦斯超前预抽采技术

结合保德煤矿自身瓦斯治理过程,对不同区域、不同瓦斯含量、不同地质条件的工作面进行了区域瓦斯治理分类研究,针对不同区域采用不同的瓦斯治理模式,形成了以下"开采前"瓦斯超前预抽采技术。

4.9.1.1 "大区域-超大区域"瓦斯超前预抽采技术

将 2 000 m≤走向长度＜3 000 m 的区域划成大区域,大区域瓦斯治理采用 ZDY-12000LD 型钻机施工顺层定向钻孔,采用区域单、双侧对打,布置扇形或半扇形钻孔,孔深平均为 2 000～2 300 m,最深 2 570 m。将走向长度≥3 000 m 的区域划成超大区域,超大区域瓦斯治理采用 ZDY-15000LD 型钻机施工顺层定向钻孔,采用区域单、双侧对打,定向钻孔贯穿盘区,孔深平均为 3 000～3 300 m,最深为 3 353 m。其中,大区域双侧对打钻孔布置示意图如图 4-74 所示。

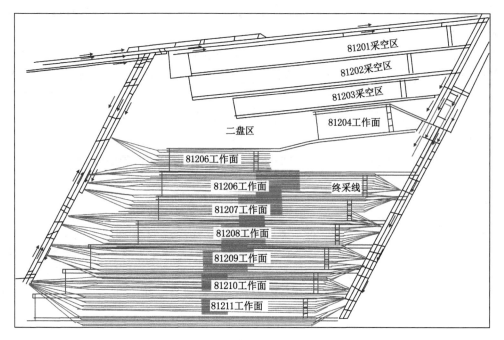

图 4-74　大区域双侧对打钻孔布置示意图

1. 顺层超长定向钻孔施工

结合大区域瓦斯治理技术理念,开展顺层超长定向钻孔一次性覆盖工作面,实现大盘区瓦斯超前高效治理。保德煤矿在二盘区开展大区域瓦斯治理工程实践,在 2017 年底创纪录完成单孔钻进 2 311 m 的基础上,2019 年继续在二盘区先后两次创纪录的完成单孔 2 570 m、3 353 m 超长定向钻孔施工。

(1) 2 311 m 超长定向钻孔

该钻孔位于 81210 工作面,钻进历时 20 d,钻孔深度为 2 311 m,总进尺 3 094 m,探顶开分支 15 次,平均日进尺 150 m 以上,复合钻进孔段占总进尺的 65%,钻孔实钻轨迹剖面如图 4-75 所示。

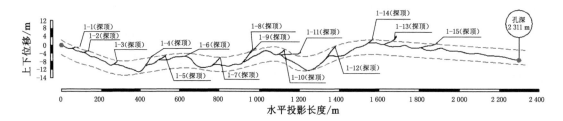

图 4-75　2 311 m 顺层超长定向钻孔实钻轨迹剖面图

（2）2 570 m 超长定向钻孔

该钻孔位于 81209 工作面,钻进历时 20 d,成功完成了主孔深度为 2 570 m 的顺层超长定向钻孔。单孔施工总进尺为 3 164 m,开分支 9 次,钻孔探顶 8 次、探底 4 次,煤层钻进率为 97%,孔径为 120 mm,正常钻进情况下日平均进尺达到 200 m 以上,钻孔实钻轨迹剖面如图 4-76 所示。

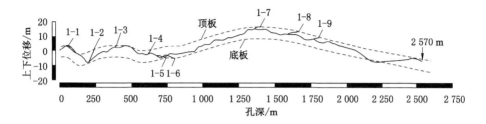

图 4-76　2 570 m 顺层超长定向钻孔实钻轨迹剖面图

（3）3 353 m 钻孔超长定向钻孔

该超长定向钻孔于 2019 年 8 月 19 日在五盘区一号大巷开孔开始钻进,历时 21 d,成功完成了主孔深度为 3 353 m 的顺层超长定向钻进。单孔施工总进尺 4 428 m,探顶、探底分支 13 次,主孔煤层钻进率为 100%,孔径为 120 mm,日平均进尺 210 m;该钻孔成功贯穿81210 工作面,与相邻三盘区二号回风大巷成功贯通,中靶坐标误差小于 0.15%,钻孔实钻轨迹如图 4-77 所示。

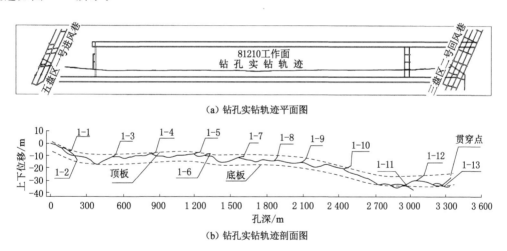

图 4-77　3 353 m 顺层超长定向钻孔实钻轨迹图

2. 顺层超长定向钻孔瓦斯抽采效果分析

（1）2 311 m 超长定向钻孔瓦斯抽采效果

超长定向钻孔施工完成后接入瓦斯抽采管路,单孔抽采瓦斯总量超过 223 万 m³,日均抽采量达到 3 284 m³,瓦斯抽采数据曲线如图 4-78 所示,抽采周期 42～600 d 之间受抽采管路改造影响瓦斯抽采浓度偏低,但抽采瓦斯纯量并没有受到影响,瓦斯抽采纯量和浓度在抽采过程中衰减缓慢,实现了超长定向钻孔对瓦斯的长时间、稳定高效抽采。

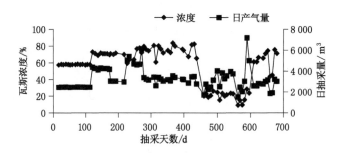

图 4-78　2 311 m 超长定向钻孔瓦斯抽采数据曲线

（2）2 570 m 超长定向钻孔瓦斯抽采效果

钻孔施工完成后接入瓦斯抽采管路，单孔抽采瓦斯总量超过 97 万 m³，日均瓦斯抽采量达到 2 981 m³，瓦斯抽采数据曲线如图 4-79 所示。

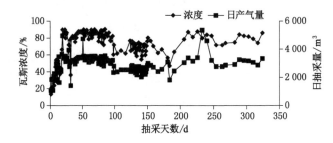

图 4-79　2 570 m 超长定向钻孔瓦斯抽采数据曲线

该钻孔接入瓦斯抽采管路后，抽采浓度、纯量稳定上升，抽采 20 d 时达到峰值，抽采到 100 d 时抽采浓度、纯量有所下降，但仍保持稳定抽采，未见明显衰减。

（3）3 353 m 超长定向钻孔瓦斯抽采效果

该钻孔贯穿整个二盘区，可分别于三盘区和五盘区两侧连接瓦斯抽采管路，先后开展五盘区单侧抽采、三盘区单侧抽采、三五盘区两侧同时抽采对比试验，瓦斯抽采效果对比曲线如图 4-80 所示。经抽采效果对比分析，两侧抽采效果明显优于单侧抽采，双侧抽采的纯瓦斯量是单侧抽采的 1.89～2.71 倍。因此，对于贯穿盘区的超长钻孔，应采用抽采效果更佳的两侧同时抽采的抽采方式。

3 353 m 超长定向长钻孔初始瓦斯涌出量大（最高达到 6.07 m³/min），平均抽采纯瓦斯量为 4.67 m³/min，平均抽采瓦斯浓度为 61.8%，百米钻孔瓦斯流量为 0.139 2 m³/(min·hm)，是常规钻孔[0.002 m³/(min·hm)]的 70 倍，是普通定向钻孔的[0.02 m³/(min·hm)]的 7 倍。该超长定向钻孔的钻孔流量衰减系数为 0.001 7 d⁻¹，衰减速率是定向钻孔的 1/3，是常规钻孔的 1/20。

4.9.1.2　中区域瓦斯超前预抽采技术

将 1 000 m≤走向长度<2 000 m 的区域划成中区域，中区域瓦斯治理实施地面 U 型水平井或采用 ZDY-12000LD 型钻机实施区域单、双侧对打，布置扇形或半扇形顺层定向长钻孔，孔深平均为 1 500～1 800 m。

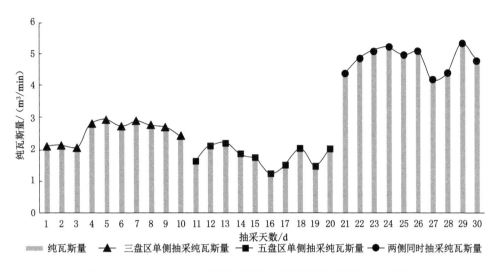

图 4-80　3 353 m 定向长钻孔前期单双侧瓦斯抽采效果对比曲线

1. U 型水平井瓦斯超前预抽采技术

（1）U 型水平井施工

为减少井下钻孔工程量、增加煤层瓦斯预抽时间和保障矿井工作面正常接替,保德煤矿创造性地在中区域实施双 U 型水平井瓦斯超前预抽采技术。该技术实施后,可在工作面开采前 10 年提前预抽煤层瓦斯,极大地缩短了煤层瓦斯预抽的时间。保德煤矿双 U 型井水平段工程布置在 81209 工作面（预计 2025 年 10 月开采）,其主要技术要求为:① 需要开展该矿区的瓦斯地质研究;② 井位部署在待掘设计巷道下方 50 m 范围,与设计巷道平行;③ 实施下煤层 11# 煤层定向钻进时,需要在上煤层 8# 煤层层段下入玻璃钢套管,避免后续煤矿掘进 8# 煤层采用钢套管的安全隐患;④ 双 U 型水平井分别穿过 8# 煤层和 11# 煤层的有效水平长度大于 800 m;⑤ 需要分别预抽 8# 煤层和 11# 煤层瓦斯,获取排采数据资料;⑥ 需要验证 8# 煤层和 11# 煤层是否可以合采。保德煤矿双 U 型井工程垂直剖面示意图如图 4-81 所示,实际钻探水平井轨迹距巷道 50 m,直井井口水平间距分别距 8# 煤层 1 020.51 m、11# 煤层 1 019.47 m。

（2）抽采效果分析

11# 煤层、8# 煤层单独预排采。根据实施计划,11# 煤层、8# 煤层完井后,先分别单独预排采,以获取各煤层单独的储层参数,论证合层排采的可行性及相互影响。11# 煤层预排采作业于 2015 年 9 月 7 日开始,2015 年 10 月 11 日结束,历时 35 d,累计产气量为 1 552.49 m³,最高日产气量为 200.88 m³。8# 煤层预排采作业于 2015 年 11 月 13 日开始,2016 年 10 月 20 日停止,历时 342 d,累计产气量为 143 619.726 m³,最高日气产量为 628.189 m³。

11# 煤层、8# 煤层联合排采。11# 煤层、8# 煤层单独预排采之后,打开桥塞,进行 11# 煤层、8# 煤层合层排采,同时对煤层执行洗井作业,论证合层排采的可行性及相互影响。2016 年 11 月 8 日实现合层排采,止于 2017 年 3 月 31 日,累计排采 144 d,累计产气量为 21.6 万 m³。排采过程中,按照审定设计的排采工艺施工组织实施设计,分别进行了降压、稳压、稳流排采,自 2017 年 1 月 1 日持续降压排采,流压降幅控制在 1 m/d 以下,出气量近于直线上

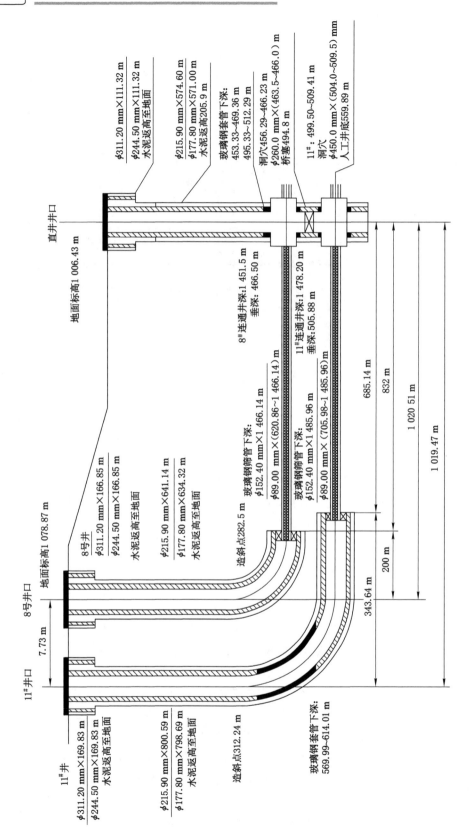

图4-81 双U型井工程垂直剖面示意

升,至 2 月 25 日产气量达到 2 500 m³ 的设计产能目标,达产时流压为 0.856 MPa,套压为 0.210 MPa,11# 煤层沉没度为 65.9 m;56 d 产气量累计增长 1 514 m³/d,流压累计降低 0.452 MPa,气体增量与流压比为 33.09 m³/0.01 MPa(图 4-82)。

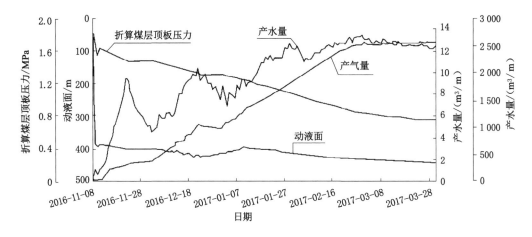

图 4-82　U 型水平井合成排采曲线

（3）技术适应性评价

实践证明:该井型从工程角度分析,能够在本区实现,它有效解决了矿井位于黄土高原沟壑纵横、地貌复杂、井位选择困难的施工难题,U 型井施工的各项关键技术、装备得到了检验与验证;以设计工作面宽 240 m、有效水平井段长 800 m 估算,矿段内 8# 煤层、11# 煤层瓦斯资源量为 2 312 万 m³;根据该区地层参数和排采资料进行数值模拟,预抽 10 年后的累计产气量为 990 万 m³,抽出率为 42.8%,距水平井眼半径 50 m 范围内地层压力降至0.74 MPa 以下,含气量降至 0～2.22 m³/t,含气量由水平井眼向外逐渐增加;距井眼 150 m处储层压力降至 1.12～1.30 MPa。预测表明,拟掘进巷道可以实现瓦斯压力小于 0.74 MPa、含量小于 4 m³/t 的技术目标。工程实践证明,U 型水平井预抽瓦斯是适用于该矿瓦斯地质条件的,在总结经验、完善工艺、改进不足后可以在深部区块治理瓦斯中推广应用,其经验也可以供同类矿井借鉴。

2. 顺层定向长钻孔瓦斯超前预抽采技术

以 81310 辅运 19 联巷为例,该组钻孔在巷道掘进期间,通过工作面上平巷施工一组超长定向钻孔,该钻孔有 5 个主孔,每组主孔有 2 个分支孔,主孔长度约为 1 500 m,钻孔终孔间距为 20 m,该组钻孔抽采瓦斯总量约为 1.9 万 m。控制区域范围为 1 500 m×260 m,控制煤量约 441 万 t,原始吨煤瓦斯含量为 5.6 m³,钻孔布置如图 4-83 所示。

钻孔连接瓦斯抽采管路后,对钻孔抽采效果进行了评价。初始抽采纯瓦斯量为2.43 m³/min,接瓦斯抽采管路 270 d 累计抽采纯瓦斯量为 68.47 万 m³,初始百米钻孔纯瓦斯流量为 0.013 m³/(min·hm),平均百米钻孔瓦斯流量为 0.009 3 m³/(min·hm)。数据观测期间,瓦斯抽采量和瓦斯浓度变化曲线如图 4-84 所示。经过抽采结合钻孔衰减规律,预计该类型钻孔抽采 12 个月,吨煤瓦斯含量降低 1 m³。

4.9.1.3　小区域瓦斯超前预抽采技术

将走向长度<1 000 m 的区域划成小区域,小区域瓦斯治理采用 ZDY-6000LD 型定向

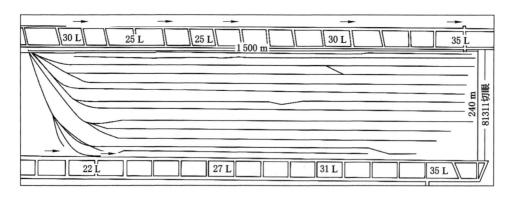

图 4-83　中区域瓦斯治理钻孔图

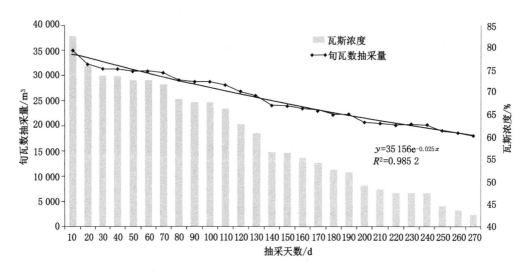

图 4-84　中区域顺层定向长钻孔旬瓦斯抽采量和瓦斯浓度变化曲线

钻机,采用区域单、双侧对打,布置扇形或半扇形顺层定向钻孔,孔深平均为 $600\sim800$ m,最深为 1 111.6 m。

以 81307 回撤通道定向钻孔为例,在工作面形成后,在回撤通道布置 3 组定向钻孔,每组钻孔布置 4 个主孔、4 个分支孔,钻孔终孔位置间距为 10 m 左右,钻孔长度为 $800\sim1\,000$ m,该区域钻孔抽采瓦斯总量为 23 200 m,控制区域范围为 800 m×260 m,控制煤量约 241 万 t,原始吨煤瓦斯含量为 5.2 m³,钻孔布置如图 4-85 所示。

钻孔连接抽采管路后,对钻孔抽采效果进行了评价,瓦斯治理效果如图 4-86 所示。81307 回撤通道定向钻孔初始抽采纯瓦斯量为 3.3 m³/min,接瓦斯抽采管路 300 d 累计抽采纯瓦斯量为 82.42 万 m³,初始百米钻孔纯瓦斯流量为 0.014 7 m³/(min·hm),平均百米钻孔纯瓦斯流量为 0.008 5 m³/(min·hm)。经过抽采结合钻孔衰减规律,预计该类型钻孔抽采 15 个月,吨煤瓦斯含量降低 1 m³。

4.9.1.4　常规钻孔瓦斯超前预抽采技术

对于瓦斯含量在 5 m³/t 以下、抽采时间在 2 年以内即可实现瓦斯抽采达标的工作面,保德煤矿采用密集常规钻孔的方法进行瓦斯治理。以 81504 工作面为例,在工作面上下平

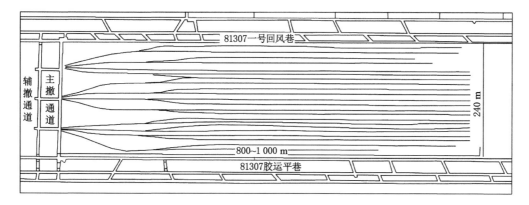

图 4-85　小区域瓦斯治理钻孔布置图

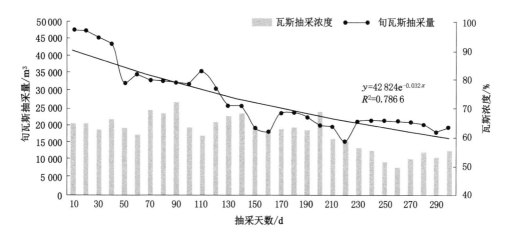

图 4-86　小区域瓦斯治理效果图

巷施工密集短钻孔,钻孔间距为 5 m、长度为 220 m,单个工作面钻孔累计长度约 17 万 m,瓦斯治理效果如图 4-87 所示。

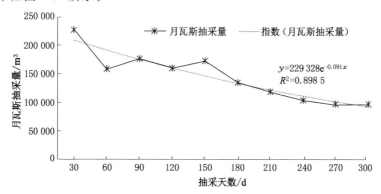

图 4-87　常规钻孔瓦斯治理效果图

结合实际抽采情况及观测数据,常规钻孔初始百米钻孔瓦斯流量为 0.013 m³/(min·hm),抽采 12 个月内,平均百米钻孔瓦斯流量为 0.005 8 m³/(min·hm)。结合拟合曲线,计算出该区域常规钻孔瓦斯流量衰减系数为 0.003 d^{-1}。根据衰减情况,预测采用常规钻孔,抽采 23 个月能够将工作面吨煤瓦斯含量降低 1 m^3。

4.9.2 开采中煤与瓦斯共采技术

4.9.2.1 巷道掘进过程中的煤与瓦斯共采技术

巷道掘进过程中主要实施掘前预抽、边掘边抽的煤与瓦斯共采技术。

1. 掘前预抽

利用上部已施工的平巷作为预抽母巷,向下待掘区域施工顺层定向多分支钻孔,每 300～350 m 布置一个钻场,钻孔覆盖所施工巷道下侧 20 m,孔间距为 10 m,对下一个面的待掘巷道进行超前瓦斯预抽。钻孔在设计中距联巷 50 m 处开始探顶,从巷道顶部穿过,避免巷道掘进过程中揭露钻孔,钻孔预抽示意图如图 4-88 所示。

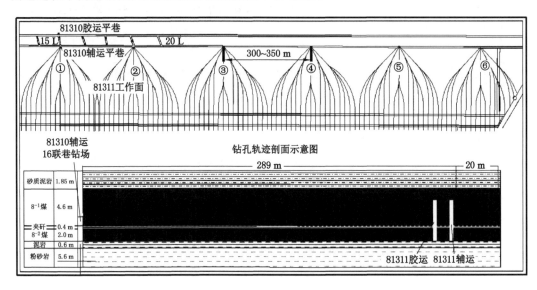

图 4-88 平巷预抽母巷下行多分支定向钻孔预抽示意图

2. 边掘边抽

在不具备利用超前母巷预抽或其他情况限制的条件下(如大巷延伸),在双巷正头及联巷内,根据情况施工密集区域预抽短钻孔,同时在巷道两侧每 300 m 施工数个倾向定向钻孔进行超前预抽(重叠 300 m),达标后掘进,钻孔预抽示意图如图 4-89 所示。

4.9.2.2 综采工作面回采过程中的煤与瓦斯共采技术

综采工作面回采过程中主要实施采前预抽、边采边抽的煤与瓦斯共采技术。

1. 采前预抽

采煤工作面超前 2～3 a 形成,然后在回撤通道内施工走向顺层定向钻孔,同时在上、下平巷施工倾向顺层上下平行或交叉钻孔进行预抽,钻孔间距为 2.5～10.0 m,保证工作面回采前预抽时间不少于 2 a,确保采煤工作面采前抽采达标,钻孔超前预抽示意图如图 4-90 所示。

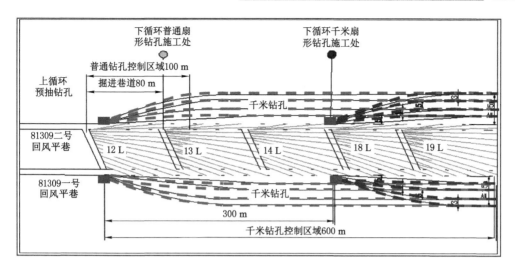

图 4-89　多巷交替掘进的超前钻孔预抽示意图

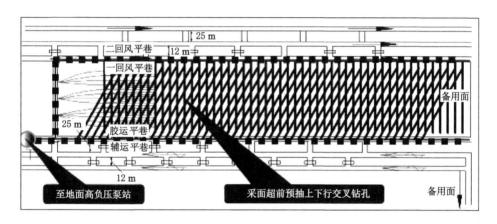

图 4-90　采面走向顺层千米钻孔和倾向顺层上下交叉短钻孔超前预抽示意图

2. 边采边抽

一是回采时采空区滞后联巷埋管抽采(滞后工作面 30~150 m 抽采,混合抽采量达 300~600 m³/min。在大流量和抽采负压的作用下,改变了回风隅角处采空区向工作面的漏风方向);二是配合老空区卸压抽采,在邻近老空区密闭预留卸压支管,根据邻近平巷瓦斯情况进行抽采;三是回采时继续超前预抽(原超前预抽随采随拆,边采边抽使钻孔处于负压状态,减少钻孔割通后孔内瓦斯向采煤工作面涌出,降低工作面瓦斯治理难度)。采煤工作面边采边抽示意图如图 4-91 所示。

4.9.3　开采后老采空区残余瓦斯抽采技术

放顶煤工作面在工作面回采结束后,采空区的部分遗煤继续释放瓦斯,使采空区成为一个"瓦斯库"。一方面,存在安全隐患,受气压变化影响,部分采空区瓦斯涌出异常,造成巷道瓦斯浓度升高;另一方面,瓦斯作为一种清洁能源,采完煤后未充分利用遗煤中的瓦斯是一种资源浪费。为此,神东公司研发了老采空区平衡卸压安全利用的老采空区残余瓦斯抽采技术。

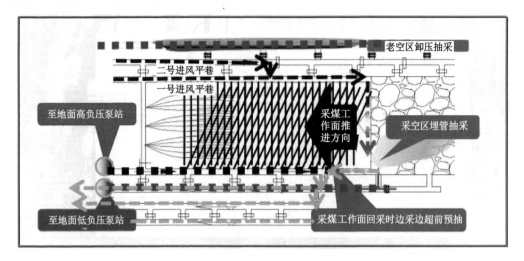

图 4-91   采煤工作面边采边抽示意图

4.9.3.1   老采空区残余瓦斯量预测

以保德煤矿 81307 工作面为例,81307 工作面设计长度为 2 490 m,工作面倾向长度为 240 m,平均煤厚为 7.3 m,储量约 650 万 t,经预抽后煤层瓦斯储量为 5.2 m³/t,该工作面于 2018 年 3 月开始回采,2019 年 4 月回采结束,回采煤量约为 500 万 t,采前吨煤瓦斯含量为 3.82 m³,回采过程中采空区瓦斯抽采纯量约为 461 万 m³。预计采空区遗煤 150 万 t,采空区残余瓦斯储量约为 573 万 m³。

4.9.3.2   老采空区平衡卸压瓦斯抽采

在老采空区平衡卸压瓦斯抽采技术应用过程中,一方面,在工作面回采至回撤通道前,提前铺设 1~2 趟 DN300 瓦斯抽采管路,至少保证在采空区回撤通道以里 200 m 范围内,能够对老采空区遗煤和邻近煤层涌出的瓦斯进行抽采;另一方面,采用间隔安装塑性强的 DN300 软管的措施,避免巷道变形对卸压管路造成破坏。老采空区平衡卸压瓦斯抽采管路布置示意图如图 4-92 所示。

4.9.3.3   关键气体指标智能管控

为保证老采空区瓦斯安全抽采,在关键气体指标管控方面需要做到如下几点:

(1) 安装瓦斯抽采监控系统,实时监测老采空区氧气、一氧化碳等自然发火指标性气体的变化情况;

(2) 每 3 d 进行一次人工取样,对比监测;

(3) 制定老采空区瓦斯平衡卸压规定,当氧气浓度＞7% 时,及时关闭老采空区卸压抽采;

(4) 安设各井口气压观测传感器,及时掌握大气压变化情况,并安装电动阀门进行自动控制,根据气压变化提前进行阀门开闭,实现卸压自动化。

4.9.3.4   老采空区平衡卸压瓦斯抽采效益

老采空区平衡卸压瓦斯抽采利用具有安全和经济两方面效益。在安全效益方面:一是降低采空区邻近巷道内的瓦斯浓度,防止出现瓦斯超限事故;二是降低工作面进风流中瓦

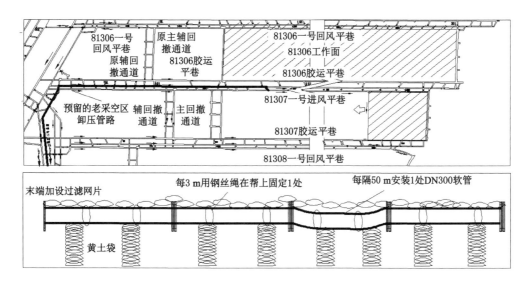

图 4-92　老采空区平衡卸压瓦斯抽采管路布置示意图

斯浓度,保证工作面的安全回采。在经济效益方面:81201 采空区自 2016 年进行卸压抽采利用以来,抽采纯瓦斯量稳定在 4 m^3/min 左右,截至目前抽采纯瓦斯量约为 420 万 m^3;81505 采空区自 2018 年 4 月以来,根据巷道涌出情况采用间歇性卸压抽采,抽采量在 3～8 m^3/min,截至目前抽采纯瓦斯量约为 158 亿 m^3。累计实现瓦斯发电量约 1 730 万度,实现经济效益约 867 万元。

4.9.4　瓦斯抽采利用技术

4.9.4.1　瓦斯抽采利用项目建设情况

神东公司先后建成保德煤矿刘家堰、枣林两个区域的两座瓦斯发电站,总设计 1 200 kW×28 台(南18 台、北 10 台),一期建设 10 台(南 6 台、北 4 台),目前运转 10 台(南 6 台、北 4 台),日发电量为 13.5 万度。一期项目刘家堰电站(4 台 1.2 MW 瓦斯内燃机发电机组)于 2013 年 8 月 18 日开工建设,于 2014 年 5 月试运行,4 台瓦斯发电机组送气启动一次成功,当月通过满负荷试运,正式并网调式发电。

4.9.4.2　煤与瓦斯共采效果

通过建成的抽采瓦斯发电利用项目,形成了“开采前”瓦斯超前预抽采、“开采中”煤与瓦斯共采和“开采后”老采空区残余瓦斯抽采等抽采与利用技术,取得了安全、经济、环境保护三个方面的重大成就。

1. 安全方面

保德煤矿保持安全生产已近 14 a,2014 年被国家发展和改革委员会等四部委授予“煤矿瓦斯防治先进集体”称号,2017 年 9 月通过“国家级绿色矿山”验收,2018 年 7 月被评为一级安全生产标准化煤矿,被中国煤炭工业协会多次评为“煤炭工业特级安全高效矿井”“全国煤炭工业先进煤矿”“中国煤炭企业科学产能百强矿井”“全国煤矿支护先进单位”等。

2. 经济效益方面

自 2014 年建成瓦斯发电站至今,保德煤矿累计抽采标况瓦斯量为 1.67 亿 m³,利用 1.15 亿 m³ 瓦斯来发电,发电量为 2.42 亿度,相当于 10 万户家庭 1 年的用电量,累计实现经济效益约 1.2 亿元。

3. 环境效益方面

保德煤矿通过瓦斯清洁利用,已累计节约标煤 10.6 万 t 以上,减排二氧化碳超 180 万 t,实现了良好的经济、社会、环保效益。

4.9.5 回风巷退锚索防治上隅角瓦斯超限技术

神东矿区上覆岩层产生复合破断的关键层,强度硬,顶板较完整,将造成采空区悬顶面积大,邻近回采煤层时,将引起采场来压剧烈甚至出现压死支架的现象。如果采空区悬顶面积大,来压时大范围垮落也将导致工作面上隅角和一号回风平巷瓦斯超限事故,所以 81503 工作面采空区将进行退锚索工作,即退掉掘进巷道时顶板支护的五花眼锚索,破坏支护顶板的钢筋骨架网,降低采空区顶板支护完整性和强度,促使其及时垮落,对下落的锁具和托盘进行回收,不但可以有效管理顶板,而且减少了材料消耗。针对传统的三人连锁退锚索装置安全隐患大、效率低的问题,本工作面采用自主加工的退锚索装置,实践证明,此装置用于退锚索具有安全、高效、便捷、实用的特点,有效解决了采空区大面积悬顶带来的隐患,保障了工作面安全高效生产。

该退锚索装置长 1.2 m、高 30 cm、厚 5 cm,加工后安装在端头支架护帮板上,采用擦顶移架松动、切断锚索的原理进行退锚索。观测一个月的顶板垮落情况,按推进 260 m 计算,未退锚索时,顶板垮落步距均在 10~20 m 以上,15 m 左右的居多,达 30 m 的也曾出现过;退锚索后,顶板垮落步距均在 10 m 以下,多为 3 m 左右,有时随采随落。退锚索前后顶板垮落情况对比如图 4-93 所示。通过对一号回风平巷顶板采取退锚索技术后,采空区顶板支护完整性及强度得到有效控制,垮落步距维持在 3 m 左右,有效避免了因顶板大面积悬空后突然垮落造成的回风隅角及回风巷瓦斯超限事故。

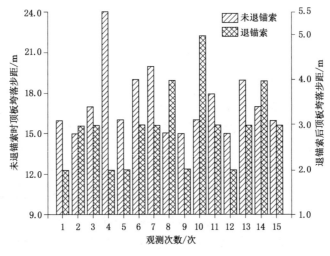

图 4-93　退锚索前后顶板垮落情况对比

4.10　千万吨矿井多重连环综合防尘技术

粉尘是煤炭开采的伴生物,其主要危害是威胁工人身体健康和引发粉尘爆炸。矿井粉尘属于呼吸性粉尘,井下作业人员长期吸入粉尘后,会患呼吸道疾病、尘肺病甚至肺癌。据有关资料统计结果表明,中国煤矿接触粉尘作业的人数多达 250 万,尘肺病人数累计达 21.2 万,患病率高达 8.5%,每年因尘肺死亡人数为 2 500 左右。另外,井下空气中的粉尘达到一定浓度时,在一定的温度和火源下就可能引发粉尘爆炸。中国煤矿中具有粉尘爆炸危险的矿井占煤矿总数的 60% 以上,粉尘爆炸指数在 0.45 以上的煤矿占 16.3%。

随着神东公司对职业安全健康管理工作的不断重视,粉尘防治技术手段进一步提升,资金投入不断加大。神东公司根据各个产尘环节的不同特点,有针对性地采取相应技术进行治理,形成了多重连环综合防尘技术体系,取得了良好的效果。

4.10.1　采煤工作面综合防尘技术

在综采工作面,采煤机作业(包括割煤和清底)是生产的主要工序,但也是最主要的尘源。一般割煤工序的粉尘产生量占整个采煤工作面循环产尘量的 70%~80%,煤体高速破碎产生的粉尘在风流作用下飘浮于空气中,污染着整个采煤工作面,尤其在采煤机司机部位及采煤机下风流 30 m 范围内污染更为严重。工作面移架尽管发生在一个短时间内,但由于液压支架随采煤机周期性地沿着整个工作面不断向纵向推进,所以其产尘量位居第二位。工作面移架放顶时,煤体上方的岩层在开采后以岩块的形式冒落于采空区内,大量的粉尘从支架的空隙间飘落至采煤空间内,综采工作面自移式支架的移架要比单体支架放顶产尘量大得多。综采工作面割煤清底、移架放顶的作业时间长,煤尘产生量大,严重污染采煤作业场所,危害着工人的身体健康。因此,采煤机割煤、移架放顶是机采工作面防尘的重点。另外,刮板输送机运煤和转载机落料也会产生大量的粉尘。

4.10.1.1　采煤机机载喷雾除尘

采煤机机载喷雾设施正常发挥,内压力不低于 2 MPa,外压力不低于 4 MPa,最大可达 14.3 MPa;喷嘴完好,雾化效果好,如图 4-94 所示。通过原始喷雾除尘,降尘率可达 14.4%。

图 4-94　采煤机原始喷雾除尘

滚筒采煤机的喷雾冷却系统由喷雾系统和冷却系统组成。喷雾系统分为内喷雾和外喷雾两种方式。采用内喷雾时,水由安装在截割滚筒上的喷嘴直接向截齿的切割点喷射,形成"湿式截割";采用外喷雾时,水由安装在截割部的固定箱上、摇臂上或挡煤板上的喷嘴喷出,形成水雾覆盖尘源,从而使粉尘湿润沉降。

4.10.1.2　采煤机高压喷雾除尘

在采煤机机载内外喷雾基础上,单独增加一套高压喷雾装置,泵压为16 MPa,雾化效果好;同时增加了喷雾捕尘剂,进一步提高了降尘效果,如图4-95所示。通过辅助高压喷雾除尘,降尘率可达34.3%,增加捕尘剂降尘率可达56.2%。

图 4-95　采煤机辅助高压喷雾除尘

4.10.1.3　负压诱导除尘

液压支架上每5架设置一道喷雾,与支架护帮板联动,实现收架、移架时自动喷雾,消减支架间隙洒落的粉尘,保证采煤机割煤时喷雾,采煤机通过后关闭,也可根据割煤方向手动控制。通过负压除尘,降尘率可达33.1%。负压诱导除尘设计图及实物图分别如图4-96、图4-97所示。

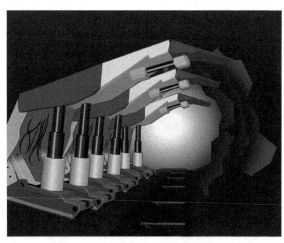

图 4-96　负压诱导除尘设计图

负压诱导式自动化除尘技术适用于井下综采工作面与液压支架的联动,可实现断面喷雾,将煤尘控制在一定的范围内最大化降尘,使煤尘不顺风飘散。自动化降尘大大减少了

图 4-97　负压诱导除尘设计实物图

劳动量和水资源浪费。

4.10.1.4　湿式捕尘网除尘

当采煤机和液压支架喷雾降尘系统因检修维护不到位造成喷头堵塞或者工人不及时打开防尘喷雾,生产时产生的大量粉尘通过湿式捕尘网可以得到有效的控制,而不会使大量的粉尘随风流由工作面进入回风平巷沿途任意扩散,造成工作面、设备、回风平巷等粉尘堆积及超标。安装湿式捕尘网不仅可以将采煤工作面及其回风平巷内的粉尘浓度降低到国家规定的劳动安全卫生条件标准以下,而且可以为井下工人的正常生产和呼吸创造良好的劳动环境。

神东公司自主研制的湿式捕尘网系统,是使喷雾在滤网上形成水滤膜,增加空气中粉尘接触率,提高捕尘效果,特别是对呼吸性粉尘的控制起到显著的作用。

(1) 工作面湿式捕尘网(图 4-98):由卷帘轴、滤网和水幕组成。卷帘轴采用直径为 5 cm 的钢管制作,由液压马达控制。滤网采用 2 mm×2 mm 筛网。水幕直接采用架间喷雾,喷头方向调整为与风流方向成 45°角。分别安设在工作面前、中、后部支架前共 3 道。通过液压马达实现升降,采煤机割煤时收起,通过后放下。

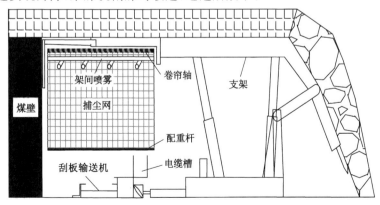

图 4-98　工作面湿式捕尘网

（2）回风平巷湿式捕尘网（图4-99）：由框架、液压移溜器、滤网和水幕组成。框架采用30 mm×30 mm角钢制作；滤网采用2 mm×2 mm筛网。配套的水幕安设在滤网所在位置的上风侧20 cm处顶板上，与风流方向成45°角。湿式捕尘网安设在回风平巷距端头支架30 m处，根据巷道断面情况，利用液压移溜器调整捕尘网高度封闭全断面，底座安设轮子，随工作面前移。

图4-99　回风平巷湿式捕尘网

通过严把以上四关，可使煤尘全尘浓度有效降低，降尘率可达65.6%，回风平巷呼吸性粉尘浓度大为降低。

4.10.2　大断面、快速掘进防尘技术

在煤矿生产环节中，井巷掘进是产生粉尘的主要生产环节之一。掘进工作面工序多，产尘量大，尘源分散多变，粉尘分散度高，严重危害着矿工的身体健康，影响安全生产。据统计，85%以上的煤矿尘肺病患者的工作地点在岩巷掘进工作面，煤巷和半煤岩巷的煤尘瓦斯燃烧爆炸事故发生率也占较大的比重。神东公司由于良好的地质条件，在掘进工作面使用连续采煤机进行掘进，主要产尘源为连续采煤机截割产尘、锚杆钻机打眼产尘、给料机破碎产尘、带式输送机运输产尘。

4.10.2.1　干（湿）式除尘风机除尘

1. 适用范围

干（湿）式除尘风机适用于采用抽出式、长压短抽混合式通风方式的掘进工作面使用。干（湿）式除尘风机用于无瓦斯涌出岩巷抽出式通风的掘进巷道时，掘进距离一般不超过300 m。

2. 单巷掘进

单巷掘进使用干（湿）式除尘风机长压短抽混合式通风布置，除尘风机安设在距工作面50～300 m处，随掘进前移，如图4-100所示。

掘锚机与固定带式输送机间采用桥式转载机运煤时，干（湿）式除尘风机应安设在带式输送机机机架或桥式转载机上，随桥式转载机前移。将负压风筒与掘锚机固定风道直接连接，在掘锚机上设置自动张紧装置，实现负压风筒自动伸缩；在截煤滚筒与操作台间设置隔尘帘，防止粉尘扩散；在固定风道上留设四通，防止截割滚筒割顶煤时因固定风道受挤压而

导致吸风量减小,如图 4-101 所示。

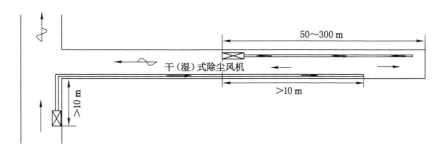

图 4-100　单巷掘进混合式通风布置示意图

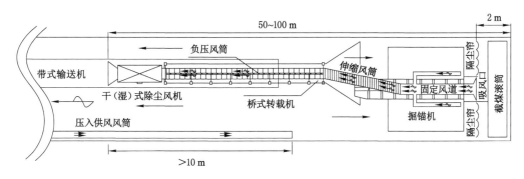

图 4-101　桥式转载机运煤混合式通风布置示意图

掘进机与固定带式输送机间采用胶轮车运煤时,干(湿)式除尘风机安设应在带式输送机机架上,随掘进前移,在巷道一侧沿顶板吊挂附壁风筒至工作面,如图 4-102 所示。

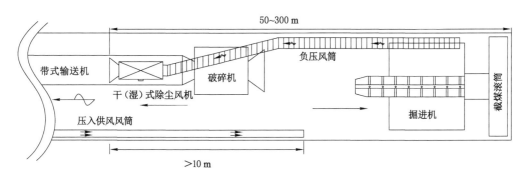

图 4-102　胶轮车运煤混合式通风布置示意图

3. 双巷平行掘进

使用 2 台干(湿)式除尘风机时,除尘风机分别安设在距工作面 50～300 m 处,随掘进前移,原则上两趟风筒分别在巷道的两侧沿顶板吊挂附壁负压风筒至工作面,如图 4-103 所示。

使用 1 台干(湿)式除尘风机时,除尘风机安设在回风巷距工作面 50～300 m 处,随掘进前移,分别在每条巷道一侧沿顶板吊挂一趟负压风筒至工作面,根据掘进机作业地点连接相应的风筒,如图 4-104 所示。

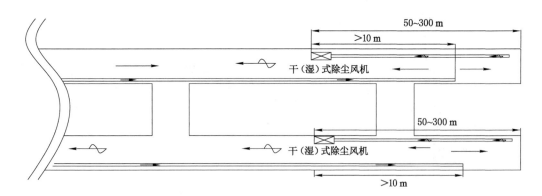

图 4-103 双巷 2 台除尘风机混合式通风布置示意图

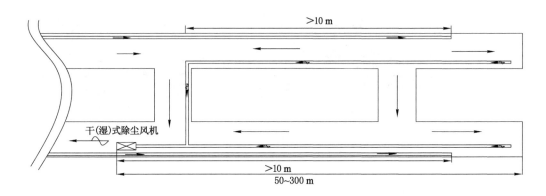

图 4-104 双巷 1 台除尘风机混合式通风布置示意图

4. 岩巷掘进

岩巷掘进使用干(湿)式除尘风机抽出式通风时,除尘风机安设在全负压通风巷道回风侧,距进风口大于 10 m,如图 4-105 所示。

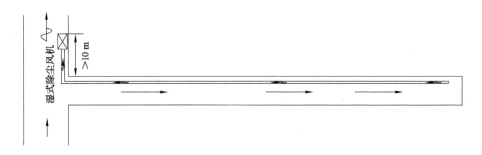

图 4-105 抽出式通风布置示意图

4.10.2.2 连续采煤机机载及高压喷雾除尘

在除尘风机的基础上,连续采煤机也安设机载外喷雾,同时增设采煤机高压喷雾装置,可全部覆盖滚筒,雾化效果好,从最大产尘源头上降低粉尘浓度,如图 4-106 所示。通过机载及高压喷雾除尘,降尘率可达 68.9%。

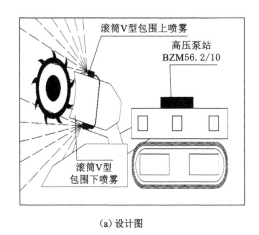
（a）设计图

（b）实物图

图 4-106　连续采煤机高压喷雾除尘

连续采煤机机载外喷雾的作用与采煤机的基本相同。连续采煤机高压喷雾降尘装置体积小，整体放置于掘进机机身上，高压喷雾覆盖整个掘进头，且在机尾还设有一道拦截水幕，对扩散粉尘进行二次降尘。随着工作面推进，整个系统随掘进机一起行进。

（1）系统采用 BPW50/16 喷雾泵，额定流量为 50 L，额定压力为 16 MPa，加压泵的流量加力均为可调。最终达到的最佳高压喷雾降尘压力为 8 MPa。

（2）喷雾总成采用模块式结构，并对掘进头进行 360°包围，实现了对掘进性粉尘最大的包围沉降，同时喷雾总成的模块式结构也很好地解决了喷雾被砸坏的问题，提高了整个系统的可靠性。

（3）系统采用源头两道喷雾拦截，第一道：掘进头高压水雾 360°包围拦截；第二道：掘进机机尾高压水幕拦截，主要针对机头部位逃逸粉尘。两道喷雾最大限度地提高了整个系统的降尘效率。

（4）系统整体结构小巧灵活，安装便捷简洁，整体均安装在掘进机机身上，电源、水源均取自掘进机，随掘进机一起行进。

（5）操作简单，司机可根据需要，通过安装在司机旁边的远程按钮选择高压喷雾的开停，操作简单便捷。

4.10.2.3　给料破碎机除尘

落煤经工作面刮板输送机道运送到运输巷道中间，通过破碎、转载后，细微粉尘被风流吹起，产生局部煤尘飞扬。这些地点煤尘飞扬的治理措施一般是采取定点喷雾，但有时效果不佳，主要原因是喷嘴安设角度不对，或喷嘴数量不足，喷水量满足不了灭尘的要求；可采用多个喷嘴，合理布置，实现密封尘源式喷雾，效果最佳。喷雾洒水可以使高速流动的雾体将其周围的含尘空气吸引到雾体内湿润下沉，并将已沉落的尘粒湿润黏结，使之不易飞扬。

在给料破碎机上料口处、破碎机滚筒处、出料口处安装喷嘴进行喷雾洒水，净化水幕可以降低转载、破碎环节的粉尘。通过给料破碎机除尘，降尘率可达 19.8%。

4.10.2.4　进回风水幕除尘

在风流所通过的巷道中设置水幕，就是在敷设于巷道顶部或两帮的水管上间隔地安上数个喷雾器,通过喷雾达到净化风流的目的。在水雾的连续冲击洗涤作用下,使含尘气流得到净化,达到除尘的目的。

1. 进风水幕

在掘进工作面进风平巷距大巷 100 m 处设一道水幕;在局部通风机前 20 m 处设一道水幕;在距工作面 50 m 处进风侧设一道水幕。

2. 回风水幕

在距工作面 50 m 处回风侧设一道水幕;在回风平巷风流汇合处下风侧 100 m 处设一道水幕。通过水幕除尘,降尘率可达 15.9%。

4.10.2.5 回风湿式捕尘网除尘

回风湿式捕尘网除尘是将煤尘捕集下来,在水雾的连续冲击、洗涤的作用下,达到除尘的目的,实现水雾、水滴、水膜三级除尘,增加空气中粉尘的接触率,提高捕尘效果,特别是对呼吸性粉尘的控制起到显著作用。在给料破碎机下风侧最近联巷设置一道湿式捕尘网,对掘进工作面回风流降尘,使煤尘全尘浓度有效降低,降尘率可达 20.5%,呼吸性粉尘浓度大为降低。回风湿式捕尘网除尘示意图如图 4-107 所示。

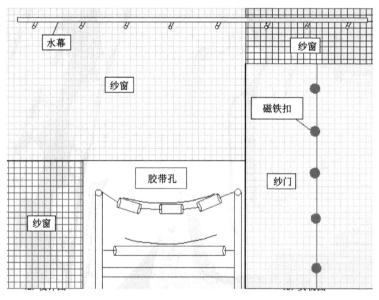

图 4-107 回风湿式捕尘网除尘示意图

4.10.3 生产系统二次扬尘管控技术

4.10.3.1 主运巷道触点式自动喷雾降尘

主运巷道、转载点利用触点式自动喷雾降尘装置(图 4-108)除尘。该装置由 ZP127-Z 型矿用自动洒水降尘装置主控器、触控传感器、矿用本安型电动球阀、直冲式水质过滤器及防尘水幕等组成。当运输机上有煤且煤在移动时,触控传感器将信号上传至主控器,主控器命令矿用本安型电动球阀开启,降尘水幕打开进行洒水降尘;当运输机上煤少或煤停止运动后,便自动关闭水幕,节约用水。

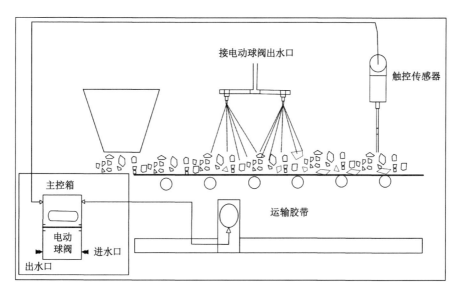

图 4-108　触点式自动喷雾降尘装置

（1）在带式输送机转载点下风侧 3～5 m 处设置一道触控自动喷雾，在胶带运煤时开启，停机或空转时关闭，实现适时降尘。

（2）带式输送机运输巷每 500 m 设一道全断面水幕。

（3）封闭转载点，在带式输送机机头、机尾底胶带上加装自动喷雾装置。

（4）胶带巷每月人工除尘不少于三次，机头、机尾、转载点等易扬尘区域，每班进行冲洗，保证无积尘。

经滤膜质量测尘法对采用触点式自动喷雾降尘装置前后的粉尘浓度进行检测，降尘率为 57%。

4.10.3.2　辅运巷道红外感应控制喷雾降尘

辅运巷道采用红外感应控制喷雾技术除尘。在辅运巷道安装红外感应自动喷雾装置，当有车辆通过时能够自动喷雾洒水。该装置利用热释电传感器、喷洒定时器及微电脑定时器控制防尘水幕的工作状态，控制喷洒时间为 2 min，实现车辆过后进行降尘喷洒，对车辆过后扬起的粉尘进行洒水净化。

（1）辅助运输巷每隔 800 m 设置一道水幕，每两道水幕中设置一道红外感应自动喷雾装置。

（2）辅运大巷每班安排专人清扫并用洒水车洒水，保证路面干净、潮湿。

（3）井下设置洗车点，对辅助运输车辆每班进行冲洗。

经滤膜质量测尘法对采用热释电红外喷雾装置前后的粉尘浓度进行检测，降尘率为 54%。

4.10.3.3　回风巷道全断面水幕降尘

在巷道安装喷雾器形成净化水幕，在水雾的连续冲击洗涤作用下，使含尘气流得到净化，达到除尘的目的。喷雾器的布置应以水雾布满巷道断面，并尽可能靠近尘源，缩小含尘空气的弥漫范围为原则。净化水幕应安设在支护完好、壁面平整、无断裂破碎的巷道段内。

（1）回风巷每 500 m 安设一道全断面水幕，喷头迎风安设，24 h 打开。

（2）每旬冲洗一次回风大巷，综采回风平巷每周冲洗一次，保证巷道内无粉尘积聚。

通过主运巷道防尘、辅运巷道防尘、回风巷道除尘，有效降低了煤尘全尘浓度，降尘率可达 20.5%，呼吸性粉尘浓度也大为降低，降尘率可达 87.6%。

4.10.3.4 地面选煤厂及装车站降尘

选煤厂及装车站的储装、破碎、筛分以及带式输送和转载是地面选煤厂防尘的重点环节，通过采用封闭转载点控尘、负压诱导喷雾降尘、改造落煤通道减尘、除尘风机除尘和封尘剂封尘等手段，实现选煤厂及装车站防尘。

（1）封闭转载点控尘。对选煤厂所有的储装、转载、筛分、破碎等容易扬尘地点进行封闭实现控尘。

（2）负压诱导喷雾降尘。在带式输送机上方设置负压诱导喷雾实现降尘。

（3）改造落煤通道减尘。对落煤通道进行改造，将大落差刮板输送机改为旋转刮板输送机或折线刮板输送机，降低落差、减少倾角，降低煤流速度，减少煤块碰撞、破碎产生的粉尘。

（4）除尘风机除尘。在封闭的转载点、筛分点、破碎点利用干（湿）式除尘风机，将产尘点的含尘空气除尘后排放，经滤膜质量测尘法对喷雾前后的粉尘浓度进行检测，除尘率达 95% 以上。

（5）封尘剂封尘。装车站装煤完毕后，在煤体表面喷洒封尘剂，防止列车运行过程中产生煤尘飞扬。通过采取以上措施，地面选煤厂粉尘质量浓度从 92 mg/m³ 降到 3.3 mg/m³。

4.11 千万吨矿井防灭火关键技术

矿井火灾是煤矿主要灾害之一，轻则影响安全生产，重则烧毁煤炭资源和物资设备，甚至引发瓦斯、粉尘爆炸，造成人员伤亡。中国是一个矿井火灾灾害较严重的国家，几乎所有的产煤区都存在自然发火危险。据不完全统计，全国每年因煤层自燃形成的矿井火灾达数百起以上，其中以内因火灾居多，影响煤量上百亿吨，煤炭资源损失量在 2 亿 t 左右，平均发火率为 0.318 次/Mt。由于矿井地下环境复杂，通风、排水、通道等条件限制了防火工作的开展，且矿山通常配备大规模设备和机械，这些设备的故障或不当操作都可能导致火灾发生。矿井防火的关键在于加强预防措施、提高响应能力、应用安全监测技术以及建立积极的安全文化，只有克服这些难点，抓住关键点做好矿井防火工作，才能确保矿井的安全生产。

神东公司大部分煤矿开采容易自燃煤层，这些煤层属于浅埋深、近距离、煤层群开采，在开采初期受采煤装备及地质条件限制，部分浅埋薄煤层未采，厚煤层回采率低，工作面初采及末采期间遗煤较多，且许多矿井上层煤开采时，基本都未采取注浆等预防性措施，开采下层煤时，上层煤采空区存在自然发火危险，进而威胁到下层煤工作面的安全开采。近年来，虽然只有 2012 年 6 月补连塔矿三盘区上覆采空区出现了煤炭自燃现象，其他矿井还未发现煤炭自燃征兆，但是随着下层煤以及近距离煤层群的进一步开采，煤炭自燃问题将日益突出，针对这种情况，神东矿区采取了相应的防灭火技术。

4.11.1 JSG-4 束管监测预报技术

原有的采空区束管监测技术是利用地面分析型束管监测系统，通过束管将监测点气体取样到地面,用气相色谱仪进行分析。束管敷设距离只有小于 10 000 m,才能完成指标气体的监测,神东公司大部分矿井从采空区监测点到地面分析室的距离远超 10 000 m,原有束管监测系统存在抽气距离远、束管漏气严重、维护困难、易吸扁,气相色谱分析时间长等缺点,因此原有束管监测系统无法满足神东公司使用要求。针对以上问题,神东公司通过摸索、创新,于 2012 年引进 JSG-4 型束管监测系统(图 4-109),并于 2021 年完成该系统的升级改造。该系统在地面建立监控机房,配备电脑主机,利用地面到井下的光纤连接井下监测分站,监测分站安设在距监测地点最近的合适位置,从分站至监测点铺设束管,配备长距离(5 km)抽气泵,监测分站应用红外和激光技术实时监测、采集采空区气体参数,通过光纤传输至地面主机,实现采空区火灾标志性气体的全天候实时监测、预警,具有测量范围大、响应速度快、测量精度高、稳定性与可靠性强等特点,为采空区防灭火管理提供保障,为矿区安全高效生产提供技术支撑。

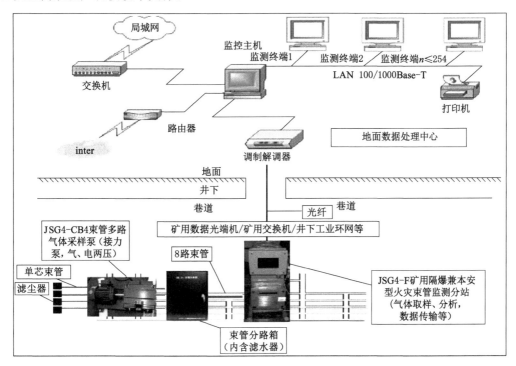

图 4-109　JSG-4 型束管监测系统

4.11.2　以"快"防火技术

煤炭自燃是一个复杂的物理化学反应过程,煤与氧气接触发生氧化反应,一旦产热大于散热并维持一定时间就会发生自燃火灾。神东矿区煤层埋藏浅(30~150 m)、工作面走向长(3 000~6 000 m)、主采煤层大多为易自燃煤层。针对这种浅埋藏、长走向、易自燃的特定环境,如果按照传统的掘进、开采、工作面搬迁等开采规模进行,其掘进时间长、开采耗时久、搬迁速度慢,将会给煤炭提供足够的自热氧化时间,导致自燃。为此,神东矿区打破传统观念,以先进科学技术为手段,提出以"快"治火的新理念——即快速开采、快速搬家、快速封闭,不仅达到了高产、高效的生产效果,而且化被动灭火为主动防火,有效地缩短了煤氧复合时间,成功控制了煤炭自然发火,取得了显著的成效。

4.11.2.1 快速开采技术

统计数据表明,煤矿90%以上的内因火灾发生在采空区。采空区自然发火不仅取决于原煤本身的自燃特性,而且与采空区内基本顶来压、冒落、压实状况、工作面推进速度有关。对于U型通风系统长距离推进的工作面来说,采空区内按漏风大小和遗煤发生自热的可能性可分为散热带、氧化升温带、窒熄带,且"三带"的范围随着工作面的推进而向前推进。一旦回采速度过慢,采空区浮煤蓄热条件较好,自热氧化时间大于煤层最短自然发火期,就有可能发生煤炭自燃。如果采用常规设备进行回采,回采速度较慢,地面裂隙严重,漏风大,不但提高了煤炭自燃的危险性而且影响了产量。因此,快速开采技术的应用是防止采空区自然发火的主要途径之一。为达到"快采"的目的,对综采工作面设备选型配套的研究是关键,工作面生产能力提升是主要手段,实行U型通风系统是安全保障。

1. 快速开采对采空区自燃"三带"的影响

浅埋煤层由于覆盖层的作用,不能形成稳定的砌体结构,只能形成暂时的平衡结构,失稳运动表现为基岩全厚度整体台阶切落。当采煤工作面开采速度快时这种现象尤为明显。因此,神东矿区采空区自燃"三带"具有如下特点:

(1)采空区具有散热带和窒熄带,而氧化升温带不明显,即具有"两带"特征。这是由于在浅埋煤层条件下,基本顶表现为重载荷作用的整体下沉运动。也就是说,在采空区内,靠近工作面的部分,顶板完好,没有冒落,漏风很大,为散热带。再向里则为顶板整体下沉带,采空区完全压实,进入了自燃窒熄带。

(2)采空区散热带的宽度是变化的。在顶板整体下沉前,散热带的宽度随工作面的推进而增加;顶板整体下沉后,散热带的宽度变小。因此随着基本顶的周期来压和断裂,散热带的宽度也呈现周期性变化。

(3)在浅埋煤层条件下,快速回采使得遗煤快速进入窒熄带,缩短了煤与氧气的接触时间,大大降低了采空区自燃的可能性。

2. 应用效果

神东矿区针对煤层赋存特征和千万吨综采工作面需要,通过对引进设备的不断改进、优化设备选型和设计后,回采速度大幅度提高。快速回采使得采空区自燃"三带"中缺少了氧化升温带,大大降低了采空区自燃的可能性,达到了控制煤炭自燃的效果。对各矿井火灾标志性气体浓度的现场检测与化验分析表明,采空区未出现气体浓度超标。

4.11.2.2 快速搬家技术

井工开采中,终采线是煤炭自然发火的高危地段,主要因为:① 终采线回采不干净,浮煤相对较多;② 传统的工作面搬家时间较长,回撤一个设备总质量不足2 000 t的综采工作面约需35 d,投入15 000个工时。这就为煤炭自然发火创造了必要条件。神东公司采取"一井一面一套综采设备"的矿井生产模式,具有"装备重型化,工作面大型化"的特点,矿区最重的全套综采设备总质量达6 000余吨,且神东公司13个矿井、11个煤矿开采Ⅰ类容易自燃煤层、2个煤矿开采Ⅱ类自燃煤层。这种易自燃煤层特大型设备的搬家,如果采用传统的搬家模式,耗时长,为煤自热氧化提供了充分的时间,加大了自然发火的危险性。为此,神东矿区创新性提出了"辅巷多通道"综采工作面搬家新工艺,大大缩短了搬家时间,降低了自然发火的可能性。

1. 辅巷多通道系统

辅巷多通道系统通过在采煤工作面终采线预先掘出两条平行于采煤工作面的辅助巷道,然后再根据煤层的赋存条件、搬家的技术装备、人员配置等情况在两条辅巷之间掘出若干条联巷,如图 4-110 所示。

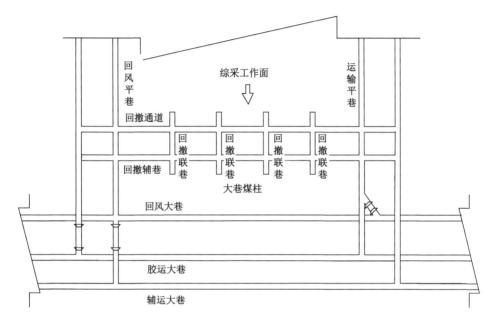

图 4-110　综采工作面回撤通道布置

2. 设备回撤期间通风安全技术要求

(1) 设备回撤前,通风设施施工应保证质量,减少漏风损失。

(2) 设备及液压支架回撤期间,除保证工作面监测系统正常运行外,还必须至少设一名专职瓦斯检查工现场检查,发现风流中 CH_4 浓度大于 1.5% 时,立即停止回撤作业,撤出人员,进行处理。

(3) 有瓦斯抽采系统的工作面,回撤期间瓦斯抽采系统保持正常运行,继续抽采采空区内瓦斯,避免采空区瓦斯大量涌入回撤通道,造成超限,影响回撤工作。

(4) 派专人看管回撤通道内的通车推拉风门,按回撤要求顺序开关风门,确保分流顺畅。

(5) 回撤支护木垛要成排布置,接顶严密,保证回撤期间的通风断面。

(6) 回撤之前,为预防支护强度不够或顶板出现破碎冒落等情况造成风路阻塞,现场需1 台备用局部通风机和 20 节风筒,在回撤过程中出现局部冒落阻塞风路时使用。

3. 应用效果

辅巷多通道快速搬家倒面新工艺,是保证矿井一井一面一套综采设备,实现高产高效、均衡稳产的核心技术。

该工艺充分利用了连续采煤机快速掘进的优势,以"掘"代"采",预先形成了液压支架回撤的调向通道,节约了搬家所需要的工时;此外,"多通道"创造了工作面多头平行作业的空间,进一步缩短了搬家时间,实现工作面快速回撤。"辅巷多通道"搬家工艺与传统模式相比大大缩短了搬家时间,这为快速密闭采空区、缩短煤氧复合时间、有效控制采空区,尤其是终采线煤炭自然发火提供了时间保证。

4.11.2.3 快速封闭技术

神东矿区的开采具有煤层厚、装备先进、规模大、强度高、产量大等优势,其综采工作面具有走向长(一般在 2 000~5 000 m)、双巷进风、双巷回风、联络巷多(每隔 50~60 m 就留有一条联络巷)的特点。因此,要求矿井通风和防灭火系统必须及时调整与完善,以确保生产系统的安全、可靠与合理。否则将带来重大安全隐患和火灾事故。基于上述防灾与抗灾的要求,神东矿区提出并实施了快速封闭技术,目的是提升矿井火灾防治水平与反应能力。

1. 掘进工作面快速密闭技术

目前,国内巷道隔风主要采取砖墙(或料石)、水泥勾缝、板砖墙、外挂橡胶(塑料)布、板模、内部充填速凝性材料(石膏或高分子材料)或骨架上挂帘子(用竹条或枝条编制)、喷射聚酯类材料的方式进行。但是这些方法都存在各自的缺陷,如工艺复杂、成本高、漏风量大等,都不能满足神东矿区快速掘进有效密闭的与要求。因此,研究一套快速有效的密闭技术显得极其重要。经过技术攻关,神东矿区研制出了"周边充填、中间挂风帘"的快速隔风技术,并成功研制出巷道快速隔风装置。

开采期间如果不能对联络巷进行快速有效的封闭,就会给采空区浮煤氧化提供源源不断的氧气,增加采空区尤其是进、回风道煤柱附近自然发火的概率。巷道快速隔风装置由轻质膨胀固体充填袋、积木式快速插接可伸缩支架和风帘组成。

(1)轻质膨胀固体充填袋由内部轻质膨胀固体充填材料(海绵)和外部阻燃防水尼龙布袋缝制而成,具有质量轻、运输方便、现场施工简单、隔风迅速、可靠性高、维护量小,及成本较低的优点。轻质膨胀固体充填袋的几何形状为上底 220 mm、下底 182 mm、高 250 mm 的梯形(有利于现场安装),袋长分 350 mm、500 mm、1 000 mm、2 000 mm 等多种规格。充填材料密度较小(5.29 kg/m^3),压缩率为 52%,具有自身膨胀功能,当设施拆除压力释放后,可以快速恢复原形。

(2)积木式快速插接可伸缩支架由伸缩杆和活结接头组成。巷道快速隔风装置(图 4-111)由积木式快速插接可伸缩支架和风帘组成。伸缩杆为 50 mm×50 mm 方钢(杆状),活结接头由 60 mm×60 mm 方钢焊接而成,接头每隔 50 mm 打 1 个 10 mm 的圆孔,每根伸缩支架两端也打 1 个 10 mm 的圆孔,用活结接头和伸缩杆能够快速地插成所需的固定支架,并通过调节活结接头和伸缩杆的相对位置,用销子定位实现支架伸缩,以适应巷道断面一定范围的变化。支架的可调范围为:宽度为 4 600~5 000 mm,高度为 3 200~3 600 mm。为保证框架的稳定性,在支架两端设有"人"字形三点定位支撑杆。框架顶部及侧边每隔 500 mm 固定一个托架,防止充填袋掉落。

(3)风帘为一个 22(=5.5×4)m^2 的阻燃防水尼龙布,在风帘的四周每隔 330 mm 设一直径为 8 mm 的金属扣眼,扣眼内穿有尼龙绳用于风帘与框架的拉紧固定。

神东公司通过自行研制的这套装置完全达到了快速有效隔风的技术要求,有效保证了

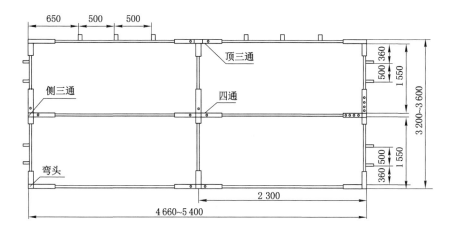

图 4-111　巷道快速隔风装置框架整体结构示意图

连续采煤机掘进工作面的通风需要。

（4）该套设备具有质量轻、安装速度快、漏风量小、可靠性好、维护量小的特点,完全达到了快速有效隔风的效果,有效保证了连续采煤机掘进工作面的通风需要。

2. 综采工作面快速密闭技术

神东矿区综采工作面具有走向长、双巷进风、双巷回风、联络巷多的特点。因此,开采期间需要对其采空区侧的联络巷采取有效的封闭技术,否则就会给采空区浮煤氧化提供源源不断的氧气,增加采空区尤其是进、回风巷道煤柱附近自然发火的概率。采用的主要技术有:

（1）通过联络巷密闭向采空区灌注以山砂为主要原料的浆液。

（2）利用新型高分子材料加固及封堵裂隙,如图 4-112 所示。

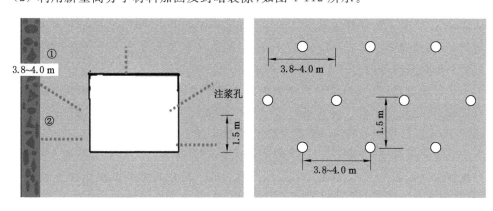

图 4-112　巷道加固及封堵裂隙示意图

（3）利用罗克休泡沫封闭联络巷。

针对综采工作面"两道两线"处属于自然发火威胁区域,随着综采工作面的正常推进,需及时对其平巷之间的联络巷进行快速封闭,每道密闭一般施工时间为 5 h。可靠抑制了采空区煤炭的氧化升温,保证了回采期间的安全;对终采线附近的快速永久防火密闭采用 1.0 m 厚砖闭＋2.0 m 厚黄土＋1.0 m 厚罗克休＋1.0 m 厚钢筋混凝土墙,施工时间一般为

15 d,远小于防灭火规范要求的 45 d。

3. 短壁工作面快速密闭技术

针对井田内无法布置长壁综采工作面的边角煤块段布置短壁工作面,采用连续采煤机及其配套设备进行回采。其采煤方法是在传统房柱式采煤法的基础上,根据自身特点,分区段开采,每一区段平行布置 2～3 条平巷,然后向两翼顺序开掘长度不大于 130 m 的支巷,煤机由里向外后退式回采支巷间煤柱。为防止每个区段采空区内自然发火,需要对其进行永久封闭。由于施工材料及人员可以快速直接到达作业现场,因此施工采用 1.0 m 厚钢筋混凝土墙＋5.0 m 厚黄土＋1.0 m 厚钢筋混凝土墙,施工时间为 15 d。

通过上述永久密闭的施工,有效地保证了采空区内因火灾的发生,同时起到了防爆作用。剩余的 1/3 用高分子材料罗克休或马丽散充填严密,基本能够满足防爆、防火、防水要求。

4.11.3　降压减漏防火技术

浅埋藏矿井易受采动影响,顶部岩层的裂隙带会直通地表,造成地表塌陷和裂隙较多,导致地表漏风较为严重;特大井田开采,因需风量大,易造成高通风压力,会产生严重漏风。为从根本上减少矿井自然发火的危险性,需首先从矿井开拓开采系统的角度,提出浅埋藏特大矿井的防灭火对策。为此,神东矿区提出了"简化系统,低压通风"的系统降压防火技术,将被动、传统的火灾治理手段,转变为主动的通风系统降压预防自燃。

4.11.3.1　简化系统降压减漏技术

1. 主要内容

针对特大矿区的开采特点,为提高矿井的集约化生产程度,满足千万吨矿井的生产和防灭火需求,必须简化矿井开拓系统。矿井开拓系统的简化,使开拓准备巷道大幅度减少,系统更为简单,从而降低了矿井通风压力,减少漏风,为防灭火创造了十分有利的条件。高产高效的生产模式与传统的特大型矿井的建设模式相比在防灭火方面具有明显的优越性。

神东矿区现有高产高效 1 000 万 t/a 矿井的建设突破了传统观念的束缚,依靠技术创新和管理创新,应用现代最新科技手段改选和提升传统生产工艺,以先进的投资理念技术思想指导生产建设,形成了具有神东特色的生产模式。

首先在设计上突破了传统的模式,充分发挥浅埋煤层赋存优势,创新斜硐开拓方式,井田划分推行大分区或条带式,取消了多盘区布置方式。简化后生产系统布置为矿井—工作面,即直接在主要巷道两侧布置长壁综采工作面,实现了一井一面千万吨的高产高效生产模式。通过改造,减少了生产环节和井巷工程量,延长了工作面连续生产的时间,减少了工作面的搬家次数和采空区的数量。神东矿区取消多盘区布置后,随着井下开拓准备巷道的减少,通风系统也得以简化,从而使矿井的通风压力下降,从系统上实现了降压减漏,降低了矿井煤层自然发火的危险性,为系统降压防灭火技术提供了可靠的保障。通过改造,减少了生产环节和井巷工程量,系统得到了大大简化,通风系统较为简单,用风地点集中、便于管理,与盘区布置相比,既降低了矿井通风阻力,同时减少了矿井漏风及对井下采空区浮煤的供氧,十分有利于防止煤炭自燃火灾。

2. 应用实例

开采初期矿井仍按多盘区开采布置,采用片盘斜井开拓方式,开拓巷道多,采掘工作面布置仍较多,各生产系统复杂,煤层埋深浅,采空区漏风量大,早些开采的大柳塔及乌兰木伦煤矿均发生过采空区煤炭自燃火灾。通过取消多盘区布置,简化系统,实现降压减漏,优化矿井通风系统,实现系统主动防火。

4.11.3.2　"大断面、多通道"降阻减漏技术

近年来,神东矿区通过对现有矿井挖潜改造,多个矿井已经达到了一井一面年产 1 000 万 t 生产能力,实现了大规模、高强度、集约化生产。为了适应生产能力和防灭火的需要,提出了优化矿井通风系统、实现系统主动防火的新思路,简化了矿井通风系统,减小了通风压力,减少了矿井漏风,从而杜绝了采空区煤炭自燃火灾。

1. 主要措施

(1) "大断面、多通道"降阻。采用多井筒进回风和大巷条带式生产布局,巷道断面大,一般为 $18 \sim 20 \ m^2$,工作面平巷采用双巷布置,全矿井通风系统简单,实现了多巷道并联通风,通风阻力小,易于提高通风能力。

(2) 优化矿井设计,确定合理参数。新建、改扩建矿井时,严把设计关,矿井开拓、开采设计满足矿井防灭火的需要。

(3) 采用新型高效节能主要通风机。为了适应千万吨矿井"大风量、低风阻"的风网特点,神东矿区选择 BDK 型风机作为矿井主要通风机,满足了矿井高效安全生产需要。

(4) 强化通风技术管理。多巷道之间的联络巷进行快速封闭,保证通风系统的完整性。及时调整通风系统,优化通风网络,尽量减少角联风路,杜绝微风区,保证通风系统的稳定性。主要通风机在矿井综合自动化系统框架下,实现了自动化控制。在矿井通风主干系统上,推广使用了自动风门,提高了系统的可靠性。

这种通风能力大和防灾抗灾能力强的优势,是我国千万吨矿井群高度集中开采通风系统的发展方向。

2. 神东矿区通风系统的特征

根据近几年对各矿井的通风阻力测试、通风机性能测试和漏风测试等基础工作,可得出整个矿区各矿井通风系统与常规开采通风系统相比较,具有以下主要特征:

(1) 工作面推进距离长,巷道断面大,通风阻力小,通风阻力的变化也小,易于满足综采工作面长距离推进的需要。

(2) 各矿井主要进风巷道均有两条以上,进风段阻力较小,而回风段阻力较大,随着矿井开采范围的扩大,矿井通风阻力必将增加。因此,应采取相应的措施降低矿井回风段的阻力。

(3) 由于工作面采深浅,在回采过程中,采动裂隙易于造成井下与地表之间的漏风通道。因此,为了减少地表外部漏风,提高通风效率,必须降低和控制矿井通风的阻力。

3. 应用实例

神东公司补连塔煤矿井田面积为 34.447 4 km^2,地质储量为 3.96 亿 t,可采储量为 2.35 亿 t,煤层赋存稳定,水文地质类型中等,矿井初步设计生产能力为 300 万 t/a,2004 年开始技改,

设计生产能力为 2 000 万 t/a,2015 年矿井核定生产能力 2 800 万 t/a。矿井采用机械通风,通风方式为中央分列式,通风方法为抽出式,共有 8 个进风井筒(分别为 1 号辅运平硐、原风井、副井、1 号主斜井、2 号主斜井、3 号主斜井、2 号辅运平硐、呼和乌素立风井)和 1 个回风井(南风井)。现南风井安装两台抽出式对旋轴流通风机,主要通风机型号均为 FBCDZNO38,功率为 2×800 kW,承担全矿井通风任务。目前矿井总回风量为 20 042 m³/min,负压为 1 900 Pa,等积孔为 9.27 m²。掘进工作面采用局部通风机压入式通风,均实现了"三专两闭锁"及双风机、双电源自动切换。矿井通风系统完善,通风设施齐全,满足生产要求。矿井采用中煤科工集团重庆研究院有限公司 KJ90X 型安全监控系统,系统运行稳定,数据传输正常。

4.11.4 煤层自燃综合防灭火技术

亿吨级神东矿区的崛起,为我国 13 个大型煤炭基地建设提供了成功范本和模式。但随着生产规模的加大、工作面的增多,开采强度、开采面积、开采深度陆续加大,神东矿区煤层自燃问题将日益突出,煤层自然发火是神东矿区煤炭开采面临的主要自然灾害之一。因此,必须研究神东矿区煤层自然发火的防治问题,以确保矿区的安全生产和可持续发展。

4.11.4.1 地面及井下堵漏风防灭火技术

目前,神东公司主要利用铲车铲沙土然后用水浇的方法进行地面堵漏风,而井下堵漏风可利用永久密闭和临时密闭两种方法,结合矿区开采的技术特点及市场快速密闭的材料及工艺,制定了神东矿区井下密闭的施工标准。

1. 永久密闭

(1) 对已回采完毕的采煤工作面、采区及长期不使用的盲巷,必须砌筑永久密闭加以封闭。

(2) 规格质量:密闭位置应选择在顶帮坚硬、未遭破坏的煤岩巷道内,尽量避免设在动压区;用不燃性材料(包括混凝土、砖、料石等)砌筑。

(3) 管理要求:永久密闭前 5 m 内支护完好,无片帮、冒顶,无杂物、积水和淤泥等;永久密闭前无瓦斯积聚;永久密闭前应设置栅栏、警标、说明牌和检查箱(入、排风之间的挡风墙除外);封闭采区及房采采空区的防火(抗冲击)密闭施工前要将封闭方案报通风处审批,施工过程中通风处应进行质量抽查,施工完毕由通风处组织验收。

2. 临时密闭

(1) 适用范围及施工标准

适用范围:临时性的调风、封闭暂时停工的盲巷或双巷掘进工作面之间的联巷,可用临时密闭(挡风墙)。

施工标准:低瓦斯矿井双巷掘进在联巷中间砌筑 1 道厚度不小于 0.37 m 的挡风墙;高瓦斯矿井双巷掘进中间联巷必须砌筑 2 道厚度不小于 0.37 m 的挡风墙,挡风墙距联巷口均不超过 6 m。掏槽深度及墙面质量与永久密闭相同。

其他超过 1 周的临时密闭,应采用 0.37 m 的砖闭。

(2) 规格质量

密闭应设在顶帮良好处,见硬底、硬帮与煤岩接实;密闭四周接触严密,采用木板时,木板应采用鱼鳞式搭接,表面应用灰、泥抹满。用砖、料石砌筑时,竖缝应错开,横缝应水平,排列应整齐,砂浆应饱满;灰缝应均匀一致。

(3)管理要求

临时密闭前 5 m 内支护完好,无片帮、冒顶,无杂物、积水和淤泥等;临时密闭前无瓦斯积聚;临时密闭前应设置栅栏、警标和检查牌;风墙两侧可不设置栅栏、警标和检查牌板,但必须经常进行有害气体的检查,保证氧气和有害气体浓度符合《煤矿安全规程》的规定。

4.11.4.2　地面多功能灌浆防灭火系统

该系统实现了黄泥灌浆、注凝胶、注复合胶体等多项功能,且该系统能使用多种灌浆材料,可实现制浆就地取材,可充填老空巷道、大面积火区灭火。该系统具有以下特点:设备简单,投资少,建设速度快;制浆工艺简单,操作容易;便于掌握泥浆的浓度和质量,输浆力度大;人员少,工作集中,便于管理,效率高等。

1. 系统功能

多功能灌浆注胶系统具有如下功能:可用黄土、粉煤灰等多种灌浆材料,易实现灌浆材料的就地取材;系统能制备各种浓度浆液(水土比最高可达 1:1.5),以适应不同情况的灌浆;系统仅需变换外加剂,即可实现大流量地压注凝胶、复合胶体和固化充填材料等多种新型防灭火材料,提高系统的利用率。

2. 主要设备

该系统主要由搅拌池、减速器、搅拌器、沉淀池、滤网、下液式泥浆泵等设备组成。

3. 系统参数及性能指标

制浆料输送量为 20 t/h;水量大于 30 m^3/h;水灰比为 1:10~1:1.5;基料量为 0.85~2.4 t/h;促凝剂量为 0.3~0.8 t/h。

根据神东矿区浅基岩、薄埋深的特点,当周边小煤窑的自燃影响到大矿生产或本矿井发生采空区自燃时,可采用地面打钻封堵灌浆的方法控制火灾蔓延或直接灭火。

4.11.4.3　井下密闭优化技术

按目前的密闭施工标准施工的密闭,部分密闭由于矿山压力的作用出现裂隙,或密闭顶部与围岩接触处存在缝隙产生漏风,给矿井安全生产带来隐患。为了确保安全生产,预防煤层自燃,现采用高分子弹性体材料对密闭进行表面处理,罗克休泡沫材料进行密闭顶部填充,对井下密闭材料及工艺进行优化,有效地减少密闭漏风,预防煤层自燃。

1. 高分子弹性体材料处理密闭表面

新型矿用纳米改性密闭堵漏弹性体材料是煤矿专用密闭堵漏材料,是适合煤矿井下条件,并具有良好堵漏性能的聚氨酯弹性体。

(1)材料的优点

该材料具有阻燃抑烟、抗静电、气密性好、伸长率大的性能;不含溶剂,固化后无毒、无味,是一种环保型材料;固化时间可调,可根据施工需要调整固化时间,固化后表面形成弹性体;湿面施工,该材料可刮、涂、抹、喷在煤岩体、木材及任何漏风处,操作简单,使用方便;气密性好,可防治甲烷、一氧化碳等火灾气体的涌出;热稳定性好,热解温度高;伸长率大,可随煤岩体变形而变形,不破裂,服务年限不低于 10 a。

(2)应用效果

该材料在神东公司井下所有密闭进行多次使用,应用效果良好,受到了现场的广泛好评。

2. 罗克休泡沫填充密闭顶部

罗克休泡沫是一种中空充填材料,具有良好的机械抗压性能。发泡时的膨胀倍数为25~30,发泡时间为 3~5 min,20 min 内硬化。该泡沫材料成型后性能稳定,不破裂,具有良好的柔韧性。在受压时,可以变形但不开裂。其性能明显优于酚醛树脂、脲醛树脂泡沫,这两种泡沫材料脱水后会形成裂纹,从而形成漏风通道。罗克休泡沫的性能也优于水玻璃凝胶和高分子吸水树脂,这 2 种材料需定期补充注浆或注水,才能保持其充填和封阻裂隙的功能。

(1)特性

该材料膨胀率高,膨胀体积为原体积的 25~30 倍,充填用量小;泡沫反应迅速,气温为30 ℃即可反应,10~15 ℃时 5~8 min 反应,并在 20 min 内硬化,不需要防漏支架;有良好的抗压能力(0.2 MPa 左右),可以承受上覆岩层的运动;不蔓延火焰,适用于井下灭火。

(2)应用效果

神东矿区经过采用罗克休泡沫材料进行密闭顶部填充并对井下密闭材料及工艺进行优化后,有效地减小了密闭由于矿山压力的作用出现裂隙而产生的漏风量和密闭顶部与围岩接触处存在缝隙产生的漏风量,同时也减少了煤层自燃的隐患,提高了矿井安全生产水平。

4.11.4.4　合理留设煤柱

神东矿区采煤工作面靠大巷侧留有 50 m 以上的永久煤柱;综采工作面为避免多个采空区连成一片,在一定的区域范围(一般为 3 个面)留有 40 m 的隔离煤柱;综采工作面平巷用连续采煤机双巷掘进时,联络巷之间的间距尽量加大,原则上不得小于 55 m;双巷掘进时两巷之间的隔离煤柱为 20 m;综采工作面布置时不留设辅助切眼及泄水巷,尽量减少与采空区连通的通道以减少漏风。

经过现场工作面及后部采空区漏风测定,目前正压通风的矿井漏风主要是工作面后部经采空区通过地表裂缝漏风;负压通风的矿井主要是本层采空区漏风,漏风通道主要是紧跟工作面后部的几个联巷密闭(由于还处于采矿压力影响区,尚不能二次封闭)漏风和工作面支架后漏风,并未出现严重的由于煤柱压裂导致的裂缝漏风,因此,目前的这种煤柱尺寸是合理的,是适合神东矿区的开采技术特点,不会对煤层自燃造成严重隐患。

4.11.4.5　工作面"两线"采空区注山砂防灭火

工作面"两线"采空区注山砂,其目的主要是封堵采空区的严重漏风通道,覆盖两巷两线压垮及遗留的浮煤,抑制浮煤氧化自热升温,从而防止自燃,也可起到灭火的作用。

1. 技术工艺

地面砂浆生产车间配制好砂浆,注浆装备及工艺如图 4-113 所示。经特制运砂浆的槽车将砂浆直接运到回风平巷,在 11 kW 加压泵的泵送下,向工作面采空区压注砂浆,注浆能力为 400 m^3/d。

2. 应用效果

通过对工作面采空区灌注山砂,漏风量较注浆前减小,注浆后经对采空区气体进行化

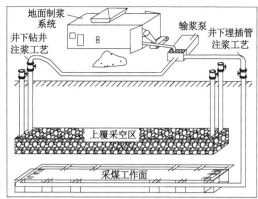

图 4-113　地面注浆装备及工艺

验,未发现采空区有自燃隐患征兆。稠化剂砂浆作为一种新型防灭火材料,经过在神东矿区的实践应用,体现出制浆快速、使用便捷、施工简单等优点,从内因火灾的防治方面考虑,不失为一种有效可靠的防灭火手段,具有较大的推广应用价值。

4.11.4.6　井下移动注氮防灭火技术

2010 年起,神东公司各矿建成井下移动注氮系统(图 4-114),采取井下移动注氮防止内因火灾发生。采用 DM-1000 型井下移动注氮机,重点对疏放水采空区、氧气浓度大于 7% 的已封闭采空区、停限产工作面和气体异常的采空区实施注氮,2018 年全公司采空区预防性注氮约 329.1 万 m^3。

图 4-114　井下移动注氮系统

第5章　千万吨矿井绿色开采技术

5.1　生态环境保护与修复技术体系

神东矿区地处黄土高原丘陵沟壑区与毛乌素沙漠过渡地带,原生环境十分脆弱,干旱少雨,年降雨量为 360 mm,是年蒸发量的 1/6;地下水资源缺乏,是全国平均水平的 3.9%;风蚀区面积占 70%,平均植被率仅 3%～11%;具有风力、水力、重力侵蚀三个典型性,且存在时空交替与多力叠加的特征;夏秋季以典型丘陵区水力侵蚀为主,冬春季以典型风沙区风力侵蚀为主,采煤区重力侵蚀始终存在;是全国水土流失重点监督区与治理区。

神东矿区面对大规模煤炭开采与脆弱生态环境的突出矛盾,不断创新绿色开采技术,破解了煤炭开采与生态环境保护这一难题,形成了煤炭绿色开采的理论和技术体系,引领和带动了煤炭产业的绿色发展。不仅没有因大规模开发造成环境破坏,而且使原有脆弱生态环境实现正向演替,走出了一条煤炭开采与生态环境协调治理的主动型绿色发展之路。

(1)面对脆弱的自然生态环境,神东矿区摒弃了先开发后治理的传统做法,结合脆弱自然生态特征与大规模开采影响,创新"三期三圈"生态治理模式(图 5-1)。

"三期"即从时间维度上按照煤炭开采全生命周期实施采损生态环境的治理。在采前进行大面积风沙与水土流失治理,系统构建区域生态环境功能,增强抗开采扰动能力;在采中进行全过程污染控制与资源化利用,全面保护地表生态环境,减少对生态环境的影响;在采后进行大规模土地复垦与经济林营造,永续利用水土生态资源,发挥生态环境效益。

"三圈"即从空间维度上按矿区生产与生态的空间特征划分,由内向外,动态扩展,渐次增强。外围防护圈:针对矿区外围流动沙地,优化草本为主、草灌结合的林分结构,营造了 276 km² 的生态防护林,建成了沙漠绿洲;周边常绿圈:针对矿井周边裸露高大山地,优化水土保持整地技术,建设了"两山一湾"周边常绿林与"两纵一网"公路绿化 42 km²,形成了常绿景观;中心美化圈:针对生产生活环境,建设了森林化厂区、园林化小区 12 km²,绿地率达40%以上,植被覆盖度达到了 80%以上,美化了矿区环境。

(2)神东摒弃传统煤炭企业"边生产边治理"与"先生产后治理"被动做法,探索出一条以"先治后采、治大采小、采治互动、以采促治、三方共赢"为特征的主动型水土保持生态环境建设道路。

从时间维度"先治后采"。在开采前,控制性治理流动沙地 103 km²;在开采中,及时修复了开采对地表局部生态环境的损伤。

从水平维度"治大采小"。对矿区进行大范围水土保持治理,面积达到 330 km²,提升了区域整体水保功能,有效控制了开采扰动对矿区生态环境的影响。

从垂直维度"采治互动"。针对煤炭开采中矿井水、矸石、煤尘三大主要因素,通过采空区过滤净化技术、煤矸置换技术、煤炭采装运全环节封闭技术,结合地面生态修复,有效保

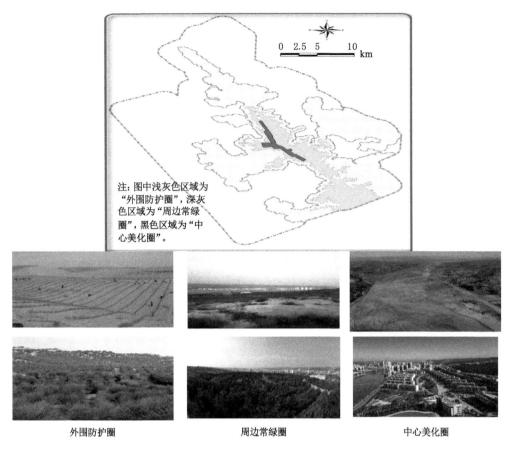

注：图中浅灰色区域为"外围防护圈"，深灰色区域为"周边常绿圈"，黑色区域为"中心美化圈"。

外围防护圈　　　　　　　周边常绿圈　　　　　　　中心美化圈

图 5-1　"三期三圈"生态治理模式

护了地表生态环境。

从资金维度"以治促采"。开发建设之初，每开采一吨煤提取 0.45 元专项费用用于水土保持工作，在全国煤炭系统中率先建立了水土保持资金长效保障机制。2009 年以来先后使用水土保持补偿费、地质环境与土地复垦保证金等治理费用，形成了以煤业发展促进生态治理，以生态治理保障煤业发展的良性循环局面。

从地企维度"三方共赢"。神东矿区积极推动"政府推动、农民受益、企业履责"的治理思路，在生态治理的基础上，大力营造经济林，形成了良好的政府、农民、企业三方共赢局面。

（3）创新"三项协同"技术，提出了我国西部资源环境协调发展的新范式。

一是协同地质环境、水土保持与土地复垦技术，从岩层到土层协同治理，突破了传统学科与行业界限。二是协同煤矸石、矿井水与沉陷土地治理与利用技术，将环境要素转变为资源要素，突破了资源与环境范畴。三是协同生态林、经济林与景观林营造技术，建设系统生态环境，突破了环境治理投入与收益的矛盾。

神东矿区自 1985 年开发建设以来，在坚持"生产规模化、技术现代化、队伍专业化、管理信息化"的千万吨矿井群生产模式下，同时创新了一系列生态技术，打造了一批生态示范基地,建成了一批国家级绿色矿山(图 5-2)。曾于 2006 年获得中国环保领域最高奖——第三届中华环境奖,先后获得环保部、水利部、中国煤炭工业协会、省市县等授予的荣誉奖励 40 多项。神东矿区累计治理面积达 330 km²;构建了山水林田湖草的生态空间结构,植物群落从以油蒿为主的草本群落演替为以沙棘为主的灌草群落,使原有脆弱生态环境实现正向演替;植物种类由原来的 16 种增加到近 100 种,微生物和动物种群也大幅度增加;植被覆盖率由开发初期的 3%~11%提高到 64%;矿区风沙天数由 25 d 以上减少为 3~5 d,降雨量少且年内年际不均匀的现象明显改善,逆转了原有脆弱生态环境退化方向,形成了良性的生态系统,将荒漠变成绿洲;建成"大柳塔煤矿沉陷区国家水土保持科技示范园""哈拉沟煤矿沉陷区国家水土保持生态文明工程"等代表性生态修复示范基地,取得良好的经济效益和社会效益。

(a) 大柳塔沉陷区国家级水土保持示范区

(b) 哈拉沟矿开采沉陷区湿地公园景区

图 5-2　神东矿区生态治理效果图

5.2　煤矿分布式地下水库保水关键技术

5.2.1　煤矿地下水库的保水原理

传统地下水库是利用第四系含水层和岩溶含水层来形成地下水库,一种是在河谷松散层中做防渗灌浆帷幕或防渗墙来截渗地下水,二是对于岩溶区通过灌注混凝土等堵塞通道来形成地下水库。这些方式都是通过减缓地下水流速来形成地下水相对富集的区域,以便于集中开采和利用。而煤矿地下水库则是利用采空区建造地下坝体来形成储水空间,并进行人工调蓄控制来实现矿井安全、地下水资源保护和利用。

与常规地表水库相比,地下水库是利用地下的天然储水空间来储集水资源的一种地下工程,天然储水空间一般包括坚硬岩石和松散堆积物中的空隙、孔隙、裂隙、溶洞等。在水文地质学中,地下水库和含水层具有相近的含义。地下水库的提法最早起源于日本,20 世纪初,就有人提出在地下建防渗墙来储蓄地下水,地下防渗墙既能阻止海水入侵,又能防止地下水流失。美国的含水层储存与回采(ASR)接近于我国的地下水库,是指在丰水季节将饮用水通过注水井储存到合适的含水层中,在用水高峰期或者缺水季节再通过同一眼井将水抽出,该系统主要利用中深层的承压含水层,是一种具有回灌和开采系统的特殊地下水库。目前在佛罗里达州、内华达州、内布拉斯加州的普拉特河中部等地都发展了 ASR,并获得了成功。荷兰发展了人工回灌和抽水系统(ARPS),在抽水的同时,注重抽水系统对整个含水层地下水位的影响。

与西方国家相比,我国对地下水库的研究起步较晚,到 20 世纪 80 年代才有人提出研究人工蓄存地下水的方法。1984 年,林学钰等提出,地下水库是一个便于开发和利用地下水的储水地区,具有多种功能,包括地下水的供给、储存、混合和输送;赵天石认为,地下水库是利用地下天然储水空间来储集水资源的一种地下工程,天然储水空间包括坚硬岩石和松散堆积物中的空隙、孔隙、裂隙、溶洞等;杜汉学认为,地下水库是指存在于地下的天然大型储水空间,一般指范围较广、厚度较大的大型层状孔隙含水层,也可能是大型岩溶储水空间、大型含水断裂带等。与地表水库相比,地下水库优点较为突出:占地少、调节空间大、水质优良不易污染、蒸发量小、水量损失少、工程简单、投资少等。地下水库被称为环保型水资源工程而逐渐被人们关注。目前,地下水库的建设已成为水资源有效调蓄,提高水资源利用效率的重要研究内容。

借鉴地下水库建设这一思路,顾大钊院士针对我国西部矿区煤炭开采水资源外排蒸发损失现象,采用传统的以“堵截”为主要特征的保水开采技术在西部地区难以实现的情况,提出了利用采空区垮落带实现矿井水井下储用的新理念,并开展了煤矿采空区储水的理论和技术研究,围绕煤矿采空区储水性能和矿井水再利用问题进行了探索性研究,并在神东矿区大柳塔建立了煤矿采空区储水试验工程,取得了显著成效。

5.2.2　地下水库建设技术

地下水库保护水资源的特性主要体现在储存水和净化水两个方面。神东公司围绕如何实现这两大功能,进行了地下水库的设计与构建研究,主要包括地下水库的规划与选址方法、地下水库的库容确定、地下水库的隔离筑坝及其防渗技术,为地下水库的安全运行和高效使用奠定基础。

5.2.2.1　地下水库的规划与选址方法

1. 地下水库的规划

煤矿地下水库的规划即对计划建设地下水库的煤层开采区域进行水文地质勘探和矿井涌水分析,其主要任务是查明地下水系统的结构、边界、水动力系统及水化学系统的特征和水量等情况，从而为水库建设提供基础数据支持。

（1）水文地质勘探

查明地下水的赋存条件：地下水的赋存条件包括含水介质特征及埋藏和分布情况，需通过对区域地质结构、地层岩性、地貌、水文等进行调查，为地下水系统及开采层的确定提供基础性资料。

查明地下水的运动规律：地下水在含水层中经常处于不断运动中，地下水的运动使其水质、水量发生变化，并产生地质作用，改造着周围的环境。因此水文地质测绘应查明地下水的补给、径流、排泄条件，为地下水资源定量评价和开采设计提供水文地质资料。

查明地下水的水文地球化学特征：地下水的化学成分不仅是进行水质评价、确定其利用价值的依据，还可帮助分析地下水的形成条件及运动特征。因此，在水文地质测绘中应对地下水的天然露头和地表水取样进行水质分析和化验，并分析其形成机制。

查明地下水的动态特征：地下水水位、水量、水温和水质等随时间不断变化，这种变化既可以由天然因素引起，也可以由人为因素引起。因此，在水文地质测绘中既要查明地下水动态变化规律，又要查明影响其动态变化的各种因素，特别是人为活动对地下水的动态影响，为地下水资源开发、管理和保护提供资料。

（2）矿井涌水分析

矿井涌水是后期地下水库建成后的主要水源之一，它的存在及其涌出量直接关系到地下水库是否有充足的水量供矿井生产生活使用。因此，准确探明矿井的涌水量十分重要。矿井涌水是各种水源通过不同通道进入工作面和井巷形成的，其水量大小主要受煤层赋存条件（地质、水文地质条件）和开采条件的控制。因此，矿井涌水的水源和通道是矿井水形成的必备条件，其他因素则影响矿井涌水量的大小及其动态变化。影响矿井涌水的因素由自然因素和人为因素两部分组成，其中：自然因素主要为大气降水和地表地形；人为因素则包括来自钻探工程、采掘生产、排水以及采煤形成的采空区等对涌水通道和涌水条件产生的影响。

2. 地下水库的选址方法

在构建地下水库的条件下，煤田划分为井田时除要遵循一般的井田划分原则外，还要考虑未来地下水库的建设。在分析地下水量和对地下水库库容进行估算的基础上，综合考虑划分的井田内形成的采空区能否储存煤炭开采引发的涌水。在建设地下水库时，要对开拓顺序进行优化设计，首采工作面尽可能涌水要少，地质构造较少，而且地势相对要低，以便于将来储水。

煤矿分布式地下水库选址技术包括：对矿井待开采区域地下空间进行勘察；根据所述勘察步骤获得的地质数据，确定分布式地下水库的空间位置；根据前述所确定的分布式地下水库空间位置，依次进行煤矿开采盘区布局及工作面布置，以形成最佳的分布式地下水库建设地址。

矿井地下空间勘察：在地下空间勘察中，为了确定分布式地下水库的选择条件，对矿井地下空间进行勘探，包括地层、岩性、构造分布和空间范围等。矿井地下空间勘察的手段以物探为主，结合钻探实际揭露的水文地质条件进行校验。勘察的范围及密度可根据地形地貌、地质条件等情况并结合实际工程需要而设定。

矿井分布式地下水库空间位置的选取：在矿井地下空间勘察基础上，根据地质条件、岩体结构等，确定分布式地下水库的空间位置。地下水库应建设在地质条件好、安全性高、工程费用低的区域。选取的原则是：首先根据构造分布，选取构造较少的区域；其次根据地层，选取地层标高较低的区域。

矿井开采盘区布局及工作面布置：在矿井分布式地下水库空间位置选取的基础上，考虑开采条件，确定开采盘区布局，需确保上述选取的地下水库包含于同一盘区。针对已确定的开采盘区进行工作面布置，根据地层高低由低向高布置工作面，使开采后较低工作面首先形成地下水库，以利于通过自然渗流快速形成储水空间。

5.2.2.2　地下水库库容的确定方法

1. 地下水库储水空间分析

在地下水库中，储水空间主要由垮落带和裂隙带组成。矿井水主要赋存于岩石空隙。空隙特指垮裂带内松散岩层中岩石之间的孔隙和坚硬岩石中的裂隙的总称，是矿井水的储存场所和运移通道，也是矿井水得以储存和运动的空间。

（1）孔隙

孔隙是指组成地下水库储水空间的松散岩石的物质颗粒或其集合体之间的空间。采空区岩石孔隙的多少是影响地下水库储水能力的重要因素。孔隙体积的多少可以通过孔隙度来表示。孔隙度特指垮落带（包括采空区）内某一体积岩石（包括孔隙在内）中孔隙体积所占的比重。当工作面采煤结束后，采空区因上覆岩层破断垮落而被充填，垮落带内岩块孔隙度大小与采空区体积、垮裂带高度、上覆岩层岩性、工作面推进速度等因素有关。

（2）裂隙

在采动作用下，岩层产生断裂，形成裂隙空间，这是能够成为矿井水储水空间的条件之一。裂隙的多少以裂隙率表示。裂隙率是岩石中裂隙体积与包含裂隙体积在内的岩石体积的比值，也可采用面裂隙率和线裂隙率表示。一定面积或长度的裂隙岩层中裂隙面积或长度与所测岩层总面积或长度之比，分别称为面裂隙率和线裂隙率。

2. 地下水库库容的影响因素

影响地下水库库容的因素包括煤层因素、上覆岩层性质、采空区处理方法以及工作面尺寸等。

煤层因素：煤层因素包括煤层倾角和煤层厚度。煤层越厚，开采后形成的储水空间越大，水库库容也越大。煤层倾角主要对垮落带和裂隙带的影响较为明显，主要原因是垮落岩块随着倾角加大而在采空区发生运动。当倾角较小时，垮落岩块一般就地堆积，同一采空区各个部位的垮落带和裂隙带上边界离煤层的高度基本相当，水库储水较为均匀；当煤层倾角较大时，垮落岩块下滑到采空区下部，导致采空区上端的垮落带和裂隙带高度大于采空区下端的垮落带和裂隙带高度，导致采空区下部垮落发展很小，上部则发展很高，从而使得采空区储水不均匀。

上覆岩层性质：若上覆岩层比较坚硬，岩层破断后块度较大，碎胀系数也大，岩块之间空隙较大，储水空间大；同时由于上覆岩层坚硬而下沉缓慢，使垮落过程充分发展，垮落带和裂隙带高度较大，采空区储水空间较大，水库库容较大。当上覆岩层较为松散破碎时，由于顶板稳定性差，采空区回柱放顶或移架后能迅速填满采空区，空隙较少，覆岩下沉量较大,采空区由于上覆岩层下沉而不断缩小;同时由于垮落时间短,垮落带和裂隙带高度比较小,导致水库库容较小。

采空区处理方法:不同的采空区处理方法对两带高度有较大影响。目前,采空区处理方法包括全部垮落法、充填法和煤柱支撑法。若采用全部垮落法处理采空区时,上覆岩层破坏发展最为充分,形成的岩块空隙最大,水库库容最大;当采用充填法处理采空区时,上覆岩层仅仅遭受开裂性破坏,一般不会发生垮落性破坏,两带高度会明显降低,采空区被充实,基本没有储水空间;用煤柱支撑法处理采空区时,两带高度则介于上述两种方法之间,水库库容也介于两者之间。

工作面尺寸:在其他条件保持恒定的情况下,工作面尺寸越大,形成的储水空间越大,水库库容也越大。

3. 地下水库库容的计算

采用现场实测、模型试验和数值分析等方法,研究垮落带岩层垮落规律以及空隙参数与地下水库容积特征,建立不同开采条件、工作面布局、开采参数、地质条件与采空区面积、采空区垮落岩石空隙率的关系,建立地下水库库容的计算方法。

以构成储水区的垮落带为主要研究对象,对采空区的最终形态进行模拟,对采空区上覆岩层垮落过程中水库库容的变化过程进行研究,获取采空区垮落带垮落稳定时间、岩石粒度、垮落带岩层的渗透性等指标,为确定库容提供依据。

普通地下水库的水面不是一个水平面,而是一个经常变化的曲面,所以没有确定的容积曲线。但是在一个较大的范围内可以将地下水面近似看成一个平面,则有近似的库容曲线。以孔隙介质为储水空间的地下水库库容计算公式为:

$$V = \mu V^* \tag{5-1}$$

式中　V——地下水库的库容,m^3;

　　　V^*——蓄水体的体积,m^3;

　　　μ——重力给水度(无量纲)。

在具体计算时,可以采用下式进行计算:

$$V = \sum \Delta h_i \mu_i A_i \tag{5-2}$$

式中　Δh_i——各类蓄水体在全库区范围内的平均厚度;

　　　μ_i——各类蓄水体的平均给水度;

　　　A_i——库区内各类蓄水体的平均面积,m^2。

在煤矿分布式地下水库库容确定方面,采用储水系数表征垮裂区储水能力。如前所述,煤矿分布式地下水库的储水空间是由垮落带和裂隙带组成,分别采用孔隙和裂隙表示其储水空间。储水系数表征垮裂区内孔隙和裂隙体积占垮裂区总体积的比例,由于垮落区岩块较为分散,储水空间相对较大,在不考虑裂隙带储水的情况下,储水系数等于垮落带孔隙率,即:

$$R_k = n = \frac{V_n}{V'} \quad 或 \quad R_k = n = \frac{V_n}{V'} \times 100\% \tag{5-3}$$

式中　R_k——垮落带储水系数;

　　　n——垮落带内岩石的孔隙度;

　　　V_n——垮裂带岩石孔隙的体积;

V'——包括孔隙在内的垮裂带岩石的体积。

相应地,煤矿地下水库理论库容和实际储水量的计算公式如下:

$$V = V_k R_k \tag{5-4}$$

$$V_t = S H_k R_k \tag{5-5}$$

式中　V——水库理论库容;

V_k——垮落区体积;

R_k——储水系数;

V_t——水库实际储水量;

S——水库储水面积;

H_k——垮落区储水高度。

在考虑裂隙带储水的条件下,地下水库库容的计算则包括两部分:垮落区储水空间和裂隙带储水空间,相应储水系数 R_k 和 R_l 分别等于垮落区孔隙率和裂隙带裂隙率,则地下水库库容计算公式为:

$$V = V_1 + V_2 \tag{5-6}$$

$$V_1 = V_k R_k \tag{5-7}$$

$$V_2 = V_l R_l \tag{5-8}$$

$$V_t = S H_k R_k + S H_l R_l \tag{5-9}$$

式中　V_1——垮落区储水体积;

V_2——裂隙带储水体积;

V_l——裂隙带体积;

R_l——裂隙带储水系数;

H_l——裂隙带储水高度。

储水系数和地层条件、顶板垮落状况、松散体密度等有关。储水系数要根据工作面开采参数(采高、工作面尺寸等),结合煤层厚度、覆岩结构、地质条件与采空区孔隙度的关系等确定。对类似地质及开采条件区域已有的采空区进行疏放水观测,通过水量与采空区尺寸,估算该区域的储水系数。

根据上述库容确定方法,研究典型条件下的库容计算参数,重点是岩层垮落空间与储水系数。采用现场实测、物理模拟和数值分析手段确定典型条件下岩体垮落规律、空隙参数及地下水库容积,提出典型开采条件下的垮落空间与储水系数(孔隙率或裂隙率)经验参数。通过地下水流量观测,分析验证和修正经验参数,并预测地下水库库容的变化趋势。

煤矿分布式地下水库是由同一水平、不同水平或多个矿区的不同地下水库组成,因此某一区域的煤矿分布式地下水库的总库容为多个地下水库库容之和,即:

$$V_z = \sum_{i=1}^{n} V_i \tag{5-10}$$

式中　V_z——某区域煤矿分布式地下水库的总库容;

V_i——第 i 个地下水库的库容;

n——某区域地下水库的数量。

4. 地下水库储水系数现场实测

大柳塔煤矿活鸡兔井 12301 采空区南侧为 12302～12306 采空区,采动时间为 2003—

2008 年,根据 12 煤底板等值线,12301~12306 采空区整体为工作面回撤通道至切眼、12306 至 12301 面方向倾斜,12301 切眼附近为该整体采空区域最低点。根据 12 煤层底板等高线起伏情况和水文观测的水位标高,推测出积水范围主要集中在 12301~12304 切眼、12301 回撤通道所圈成的三角区域,为进一步确定储水系数,所以实施了抽放水工程试验,如图 5-3 所示。试验确定,活鸡兔地下水库储水 128 万 m³,经计算,储水系数为 0.20。

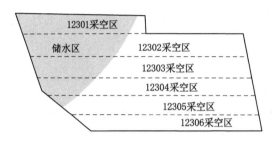

图 5-3 活鸡兔煤矿三盘区地下水库抽水试验区参数

5.2.2.3 地下水库隔离坝体构筑技术

1. 地下水库隔离坝体特征分析

煤矿地下水库坝体由煤柱坝体和人工坝体组成。煤柱坝体充分利用工作面开采保留的安全煤柱,考虑未来储水需求;人工坝体位于煤柱坝体之间,通过人工坝体将煤柱坝体连接组合,共同构成地下水库的坝体(图 5-4)。

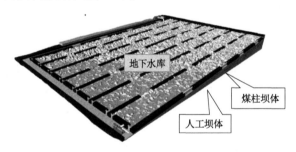

图 5-4 煤矿地下水库坝体组成

地下水库坝体结构特殊,具有非均质、非连续和变断面特征,且受矿压、水压和矿震等综合影响。煤柱作为地下水库坝体的主要组成部分,影响因素包括:

(1)上覆岩层岩性:上覆岩层的力学性质是影响留设保护煤柱宽度的主要因素。不同矿区上覆岩层的力学性质不同,保护相同面积的地表建(构)筑物所需留设的保护煤柱宽度也不相同。煤层顶底板岩性不仅影响煤柱的应力状态和环境,而且对煤柱的强度有影响。一般说来,上覆岩层为硬岩层时所需留设的保护煤柱宽度较软岩层小。

(2)煤柱强度:煤柱强度不仅与煤柱的力学性质、煤柱内的弱面、顶底板岩性和煤柱侧向应力等因素有关,而且与煤柱的长度、宽度和高度等因素有密切关系。同时,煤柱坝体所受的应力不应超过坝体材料的抗压强度、抗拉强度和抗剪强度。

(3)开采深度:实测资料表明,在相同的地质采矿条件下,地表移动和变形值与采深成反比,采深越大,地表变形越小,与临界变形值相应的点相对地向盆地中央偏移,当达到一定的深度时,引起的地表变形小于建(构)筑物的临界变形值,对其不会造成有害影响。

(4) 采高:采高对上覆岩层及地表移动过程的性质有重要影响,采高越大,地表移动和变形值也越大,移动过程剧烈,移动范围增大,则保护煤柱宽度就越大。

(5) 煤层倾角:煤层倾角不同,上覆岩层移动形式、破坏发展过程、破坏影响分布状态等特征也会不同,煤层倾角影响到保护煤柱的受力状态和应力集中程度。随着煤层倾角的增大,地表移动盆地向采区下山方向扩展,所需留设的保护煤柱宽度相应增大。

(6) 能够承受库内水体压力要求:地下水库运行过程中,由于库内矿井水的高度不同,地下坝所承受的水压也不同。煤柱坝体必须能够承受库内最大库容情况下水体对煤壁所施加的水压。

(7) 满足防渗要求:在对煤柱渗透性进行测量的基础上,以煤柱为主体实施防渗工程,形成的地下水库坝体除具有足够的耐久性外,还要满足渗透性要求,坝体的渗透性系数要小于 1.0×10^{-6} cm/s。

2. 地下水库隔离坝体受力分析

(1) 煤柱坝体受力特征

工作面采空区(煤矿地下水库)一侧采空煤柱(体)的弹塑性变形区及铅直应力的分布假设采空区周围的煤柱(体)处于弹性变形状态,煤柱弹塑性变形区见图 5-5。随着与采空区边缘之间距离的增大,按负指教曲线关系衰减。在高应力作用下,从煤体(煤柱)边缘到深部,都会出现塑性区(靠采空区侧应力低于原岩应力的部分称为破裂区)、弹性区及原岩应力区。弹塑性变形状态下,煤柱铅直应力分布如图 5-5 所示。

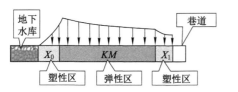

图 5-5　煤柱弹塑性变形区与铅直应力分布

安全煤柱保持稳定的基本条件是:煤柱两侧产生塑性变形后,在煤柱中央存在一定宽度的弹性核,弹性核的宽度应不小于煤柱高度的 2 倍。因此,即使在煤柱内开掘一条非常窄的巷道,也会引起煤柱应力重新分布,造成有效支承面积减少,煤柱承载能力急剧下降。

(2) 人工坝体受力分析

① 坝体分析理论基础

目前,岩石力学和岩石工程中,应用比较广泛的岩体稳定性计算理论为强度折减法。强度折减法的基本原理就是逐渐减少煤岩的剪切强度参数直至煤岩破坏,其减少的倍数(即临界折减系数)被定义为安全系数,基本公式为:

$$c^{\text{trial}} = \frac{c}{F_{\text{trial}}} \tag{5-11}$$

$$\varphi^{\text{trial}} = \arctan\left(\frac{\tan \varphi}{F_{\text{trial}}}\right) \tag{5-12}$$

式中　c——黏聚力;

c^{trial}——折减后的黏聚力；

F_{trial}——强度折减系数；

φ——内摩擦角；

φ^{trial}——折减后的内摩擦角。

本次计算采用了矿山岩石分析的常用软件 FLAC3D,即连续介质快速拉格朗日差分分析软件。FLAC3D 不但可以对连续介质进行大变形分析,而且能模拟岩体沿某一软弱面产生的滑动变形;还能在同一计算模型中针对不同的材料特性,使用相应的本构方程来比较真实地反映实际材料的动态行为。此外,FLAC3D 还可考虑锚杆、挡土墙等支护结构与围岩的相互作用。因此,FLAC3D 已被广泛地应用于采矿工程、土木工程等众多工程领域,在工程分析方面非常通用有效。

② 分析流程

对采空区防水密闭墙的安全稳定性进行分析的关键要素之一是防水密闭墙上部煤岩体的压力难以计算和评估。因此,本次分析中,按煤矿开采顺序,首先计算了采空区形成后的变形;然后在此基础上,增加了防水密闭墙结构;最后采空区储水后水体压力作用在煤柱和密闭墙体上。因为计算过程再现了实际工程中采煤与防水密闭墙的建造顺序,因此,采空区岩体应力及防水密闭墙承受的载荷与实际情况比较接近,模拟精度高。数值模拟流程具体如下:

第一步,采煤前原始地质模型(图 5-6)建立:用于进行初始地应力模拟;

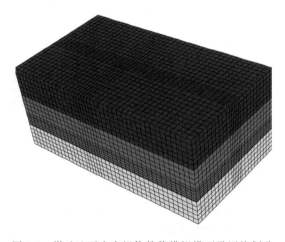

图 5-6   煤矿地下水库坝体数值模拟模型及网格划分

第二步,巷道及采空区开挖:用于模拟开采活动扰动应力场及变形场(图 5-7 及图 5-8);

第三步,模型中加入人工坝体,并进行计算:用于坝体建成后,地下水库储水前的应力场及变形场(图 5-7 及图 5-8);

第四步,人工坝体施加水荷载:用于采空区储水模拟。

③ 数值模拟

以大柳塔矿 3 号地下水库为例进行计算。该地下水库积水面积为 33 万 m^2,地下水库 608 工作面水压为 0.065 MPa,水位标高约为 1 151 m,平均积水深度为 3.2 m,积水量约为 21 万 m^3,注水量约为 2 600 m^3/d,排水量约为 2 000 m^3/d,水位控制在 6.4 m 以下。

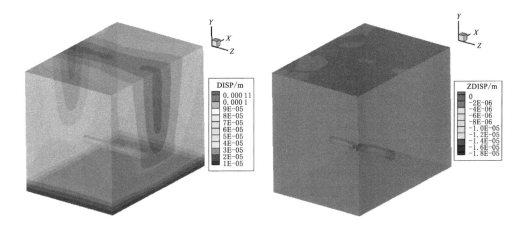

图 5-7　三维位移场(沿巷道方向的位移场)

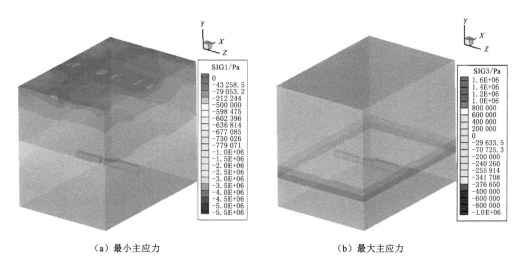

（a）最小主应力　　　　　　　　　　（b）最大主应力

图 5-8　三维最小主应力和三维最大主应力

采用 FLAC3D 数值模拟软件,基于岩体渗流-应力耦合方程(式 5-13),分别对坝体位移场和应力场进行模拟,如图 5-9~图 5-12 所示。

$$\begin{cases} G \nabla^2 u_i - (\lambda + G) \dfrac{\partial \varepsilon_v}{\partial x_i} - \dfrac{\partial p}{\partial x_i} + f_{x_i} & i = 1,2,3 \\[2mm] \nabla \left[\dfrac{1}{\gamma_w} K_{ij} \nabla p \right] = \dfrac{\partial}{\partial t} \left(\dfrac{\partial u}{\partial x} + \dfrac{\partial v}{\partial y} + \dfrac{\partial w}{\partial z} \right) \\[2mm] K_{ij} = K_{ij}^0 (\sigma, p) \end{cases} \tag{5-13}$$

由以上各图可以看出,在目前储水高度情况和人工坝体设计工况下,应力和位移都比较小,即应力状态均在强度范围内,满足安全要求。

根据强度折减法计算结果,安全系数为 6.68。超载法极限储水高度为 21.4 m。极限载荷情况下的应力及变形图如图 5-13~图 5-15 所示。由图 5-13~图 5-15 可以看出,储水高度为 21.4 m 的情况下,密闭墙底部两个拐角位置煤柱内出现 1.9 MPa 拉应力,并且密闭墙出现较大变形,与煤柱脱离。

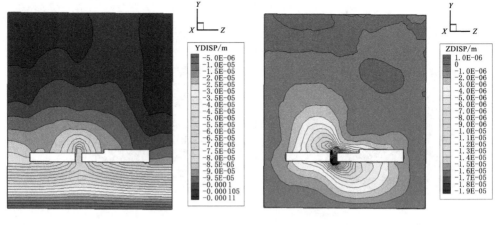

（a）垂直方向位移 　　　　　　　　　　　　（b）沿巷道轴线方向位移

图 5-9　密闭墙横剖面变形图

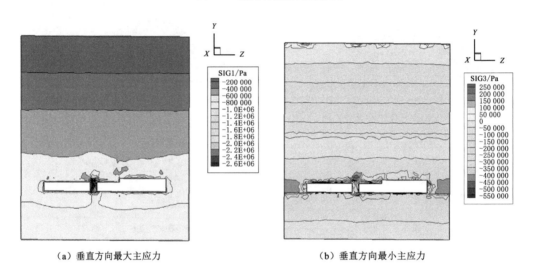

（a）垂直方向最大主应力 　　　　　　　　　　（b）垂直方向最小主应力

图 5-10　密闭墙横剖面应力图

3. 地下水库隔离坝体参数确定

煤矿分布式地下水库建设工程中，将数个工作面组成的盘区建设成为地下水库，并通过管道相连，形成分布式地下水库，盘区各水平之间辅巷与主巷连接处建设防水闸墙工程，形成水库坝体的重要组成部分。根据坝体受力分析，结合地面水库坝体设计依据，建立煤柱坝体厚度计算模型。

$$Y = X_0 + KM + X_1 \tag{5-14}$$

式中　X_0，X_1——塑性区宽度；

　　　K——调整系数；

　　　M——煤层厚度。

经计算，神东矿区煤柱坝体最优宽度为 20～30 m。

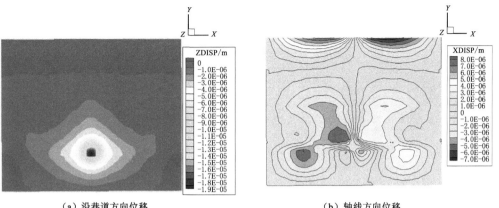

（a）沿巷道方向位移　　　　　　　　（b）轴线方向位移

图 5-11　密闭墙纵剖面变形图

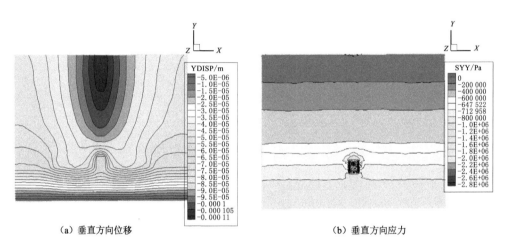

（a）垂直方向位移　　　　　　　　（b）垂直方向应力

图 5-12　密闭墙纵剖面垂直方向位移和垂直方向应力

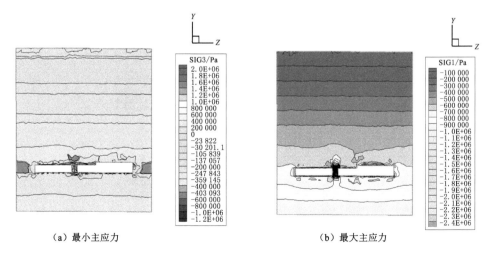

（a）最小主应力　　　　　　　　（b）最大主应力

图 5-13　最小主应力和最大主应力

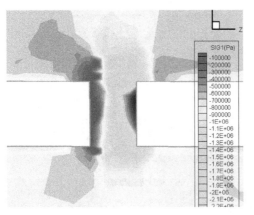
（a）最大主应力

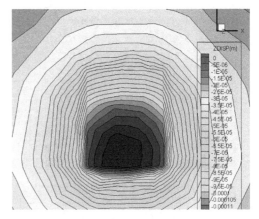
（b）沿巷道轴线位移

图 5-14　最大主应力和沿巷道轴线位移

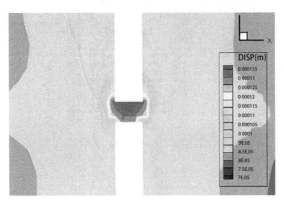
（a）沿巷道轴线位移

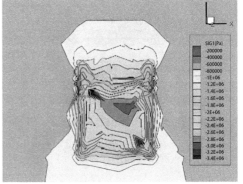
（b）最大主应力

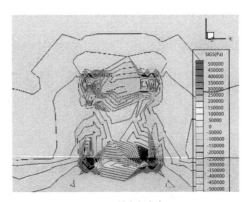
（b）最小主应力

图 5-15　沿巷道轴线位移、最大主应力和最小主应力

人工坝体嵌入围岩深度计算模型为：

$$E = \frac{KPF_1}{[\delta]L} \tag{5-15}$$

式中　E——墙体嵌入围岩深度，m；

　　　　P——抗水压能力，MPa；

　　　　F_1——墙体迎水面承受水压的总面积，m²；

　　　　L——墙体背水面巷道周边长，m；

　　　　$[\delta]$——混凝土或巷道围岩安全抗压强度，MPa。

人工坝体墙体厚度计算公式为：

$$S = \frac{KPF_2}{[\tau]L} \tag{5-16}$$

式中　S——墙体厚度，m；

　　　　F_2——墙体背水面巷道净面积，m²；

　　　　$[\tau]$——混凝土安全抗剪强度，MPa。

其余符号同前。

按剪力验算闸墙厚度，验算公式为：

$$S = \frac{Pab}{2(a+b)T_{剪}} \tag{5-17}$$

式中　S——墙体厚度，m；

　　　　a——巷道净跨度，m；

　　　　b——巷道净高度，m；

　　　　$T_{剪}$——密闭材料的许可抗剪强度，MPa。一般取值为许可抗压强度的 15%。

4. 地下水库隔离坝体构筑工艺

针对地下水库储水需求，研发了多种结构形式的人工坝体，如图 5-16 所示的 H 型人工坝体、板式人工坝体等，并在神东矿区地下水库进行工程实践，满足了地下水库的储水要求，保障了地下水库的安全。

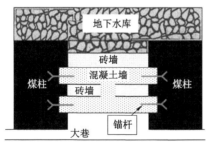 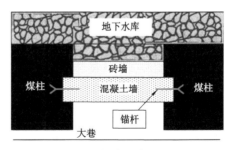

（a）H 型人工坝体　　　　　　　　（b）板式人工坝体

图 5-16　人工坝体

人工坝体和煤柱坝体连接处是坝体构筑的关键，对坝体安全起到决定性作用，为保障施工安全和高效，研发了人工坝体快速掏槽机，并在神东矿区广泛推广应用，实现了掏槽机械化，如图 5-17 所示。

图 5-17　煤矿地下水库掏槽机及现场施工

该掏槽机主要特征如下：

（1）设备设计结构能够满足煤矿地下水库坝体掏槽具体开采技术条件，设备的行走、爬坡能力、切割机构对巷道的适应性等均能满足施工要求，切割臂机动灵活能够实现巷道全周边围岩的切割，设备转弯半径小，可原地转动360°，完全满足在联巷口的转弯、调头。

（2）设备施工效率高，正常切割一刀（250 mm 宽×250 mm 深）一侧的帮槽和顶槽仅用时 10～15 min，开切 1 000 mm 宽×500 mm 深的一道密闭槽仅用时 3 h 左右，在一个班内可开切两道密闭槽，掏槽效率是人工的 8 倍以上；对帮槽上半部分和顶槽的开切效率很高，还能避免人工掏槽带来的高空作业等不安全因素。

掏槽机的使用实现了坝体掏槽机械化，提高了坝体建设效率和质量，保障了煤矿地下水库的坝体建设。

5.2.2.4　地下水库坝体防渗技术

地下水库坝体出现渗漏主要体现在两个方面：一是煤柱坝体受采动影响后，不可避免地会产生一些裂隙发育区，尤其是位于开采边界处的侧向裂隙，以及煤柱受应力集中影响而产生的塑性区，这些都是水出现渗漏的通道；二是在水库周围巷道或硐室施工的人工构筑物，特别是构筑物与煤柱之间的接茬处，较易出现渗漏。坝体结构的渗透性不仅与煤岩体的裂隙、孔隙等通道大小有关，还与水库水压密切相关。即坝体围岩裂隙通道发育程度一定的条件下，水压越大，越易发生渗漏。

针对坝体结构的防渗技术和工艺，根据神东矿区大柳塔煤矿地下水库建设的现场经验，可对煤柱坝体和人工构筑物按各自特点采取不同的防渗方式实施。

1. 煤柱坝体采动裂隙防渗技术研究

煤矿地下水库坝体防渗主要指煤柱防渗。对煤柱坝体受采动影响产生的裂隙区、塑性区引起的渗漏，防治时应根据导水裂隙带发育规律中的侧向裂隙发育的分布特征，对裂隙集中区域实施注浆加固、封堵裂隙。目前，较为成熟且运用较多的工程防渗方法有帷幕灌浆、垂直铺塑技术、高压喷浆防渗墙混凝土防渗墙（包括射水造墙、抓斗薄壁防渗墙、振动沉模防渗板墙等）、水泥浆防渗墙（高压喷射灌浆防渗加固技术等方法可用于煤柱防渗工程）。

（1）帷幕灌浆。该方法原理是施工钻孔并随其布置下灌浆管，通过高压灌注水泥砂浆使其渗透并填充裂隙等孔隙，水泥与破碎煤岩凝固在一起，组成水泥砂浆防渗体。该方法对地基变形的适应性好，能处理深度较大的砂砾层，机动灵活，施工方便，可以针对可能渗漏的地点进行施工，特别是对已运行水库的渗漏处理，灌浆方案投资较省。在工程实践中，对于渗漏严重部位，可以通过添加速凝剂和采用集料灌浆的方式处理。灌浆方法可以采用跟管或下套管的方法较好地解决缩孔及塌孔问题。该方法的优点是灌浆厚度大、可灌性强、防渗效果好,避免了开挖工程难度大的问题。缺点是细颗粒含量多的情况下,可灌性不好,灌浆效果差。

实际操作时可使用化学灌浆材料进行灌注。化学灌浆材料是将一定的化学材料(无机或有机材料)配制成溶液,通过化学灌浆泵等压送设备将其灌入地层或缝隙内,使其渗透、扩散、胶凝或固化,以增加地层强度、降低地层渗透性、防止地层变形和进行混凝土建筑物裂缝修补的一项加固基础、防水堵漏和混凝土缺陷补强技术,可以起到加固和防渗的双重作用。

(2)垂直铺塑技术。该技术是近几年来推广应用的施工速度快、经济性好的一项新工艺技术,主要用于解决平原水库基础渗漏问题,也可以应用于煤矿地下水库煤柱坝体防渗。在探明煤柱坝体地质条件的情况下,确定垂直铺塑深度,利用专用机械,配合泥浆固壁,将卷轴塑料膜紧贴煤壁,使膜展开,膜底部为煤壁,顶部为煤柱与巷道顶部连接部位,然后在外回填松散干净的粉土完成作业,形成不透水的防渗墙,在外部用泥浆固壁,依靠塑料极低的渗透性,形成连续完整的防渗体系,以减少渗漏,保证渗流稳定。根据煤柱坝体防渗的实际情况,为满足渗流稳定、渗漏量小的要求,防止煤柱坝体底部渗漏,可以采用封闭式防渗体系。该防渗方法与以往的防渗技术(混凝土、黏土、高喷灌浆)相比,具有变形适应性强、在地下不易老化、寿命长、隔水效果好、施工速度快等优点。

土工膜以塑料薄膜作为防渗基材,与无纺布复合而成的土工防渗材料,它的防渗性能主要取决于塑料薄膜的防渗性能,渗透系数可以达到 $10^{-11} \sim 10^{-13}$ cm/s。目前,国内外防渗应用的塑料薄膜主要有聚氯乙烯(PVC)、聚乙烯(PE)、乙烯/醋酸乙烯共聚物(EVA)等。

(3)高喷灌浆防渗墙。从施工方法上可以分为单管法、两管法和三管法;从灌浆方法上可以分为定喷、摆喷和旋喷,一般适用于淤泥质土、粉质黏土、砂土和砂砾石层等松散透水地基或填筑体。优点是施工速度快、造价较低;缺点是施工工艺较复杂、施工技术含量高,特别是在砂砾石层中成墙质量难以保证,在煤柱坝体成墙工程中要结合煤体性质进行施工材料和工艺的专门设计。

(4)混凝土防渗墙。混凝土防渗墙经过 30 多年的发展,施工技术已经成熟,质量能够保证,防渗效果最好。常规造孔方法一般有钻劈法、两钻一抓法和抓取法 3 种,适用于回填杂土、黏土、砂砾石、漂石等。优点是施工简单、适用范围广、安全性高、耐久性强;缺点则是工期较长、墙体较厚时造价较高。目前在葛洲坝、小浪底、三峡等工程中已经应用 60~120 cm 的厚墙。煤矿地下水库煤柱坝体施工工程中,为保证巷道宽度,混凝土防渗墙施工受到限制。随着技术发展,薄型混凝土防渗墙也发挥出自身的潜力,适用于一定粒径含量的砂卵石层和砂土层,造价较低。

近年来,为解决普通混凝土弹性模量高、造价高等缺陷,塑性混凝土材料得到迅速发展。塑性混凝土是指用黏土和(或)膨润土取代普通混凝土中大部分水泥形成的一种柔性墙体材料,具有优良的力学性能、抗渗性能,便于施工,耗用水泥少、造价低,适用于复杂地质条件等优点。

(5)高压喷射灌浆防渗加固技术。该技术 20 世纪 70 年代始于日本,70 年代中期,我国铁路、冶金系统开始应用,80 年代开始用于水利工程的防渗加固处理。高压喷射灌浆防渗加固技术是应用于构筑地下防渗墙体、修补地下构筑物、加固软弱地基的一项新技术。高压喷射灌浆是利用钻机将带有喷嘴的灌浆管钻进至土层的预定位置后,以高压设备使浆液或水成为高压流从喷嘴中喷射出来,冲击破坏土体。当能量大、速度快和呈脉动状的喷射流的动压超过土体结构强度时,土粒便从土体剥落下来,一部分细小的土粒随浆液冒出水面,其余土粒在喷射流的冲击力、离心力和重力等作用下,与浆液搅拌混合,并按一定的浆土比例和质量大小有规律地重新排列。浆液凝固后,便在土中形成一个凝结体,各孔凝结体连接构成高喷墙板,达到防渗目的。与静压灌浆相比,高压喷射借助于高压射流,冲击、切割被灌地层,浆液仅在射流作用区内扩散充填,具有较好的可灌性和可控性,节省灌浆材料。在煤矿地下水库煤柱坝体工程中,高压易对煤柱强度造成影响,且该方法施工所需设备较多、工艺较复杂,需根据实际工程进行专门设计。

2. 人工构筑物防渗技术研究

人工坝体的结构主要应从强度上满足其防渗漏要求,即避免人工坝体在采动应力和储水压力共同作用下发生开裂、破坏,从而造成储水渗漏。人工坝体构筑时,应嵌入煤柱坝体一定深度(按神东矿区的经验可取 0.3~0.8 m),同时应配以锚杆、工字钢梁以喷混凝土的方式进行其强度和防渗的设计。根据地下水库所在采空区隔离煤柱间留设的巷道断面的不同形状,地下水库人工坝体设计与施工时主要存在 3 类情况:一般断面巷道人工坝体、十字交叉巷道对角线人工坝体和平巷带式输送机头立交大断面巷道人工坝体。

(1)一般断面巷道人工坝体

巷道断面一般为宽度 5.0 m、高度 3.5 m 的矩形煤巷,人工坝体形状为"T"字形,主要材料为混凝土、工字钢、锚杆和钢筋网片,施工前要在巷道顶底帮掏槽,一般顶槽深 200 mm,帮槽和底槽深度均为 300 mm,如图 5-18 所示。

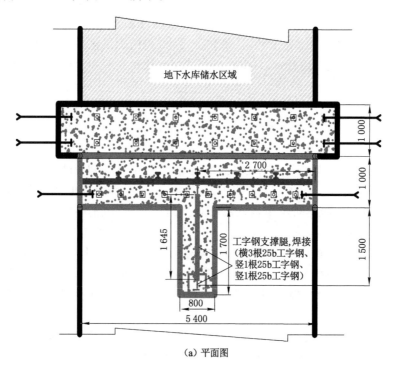

(a)平面图

图 5-18 一般断面巷道人工坝体施工设计示意图

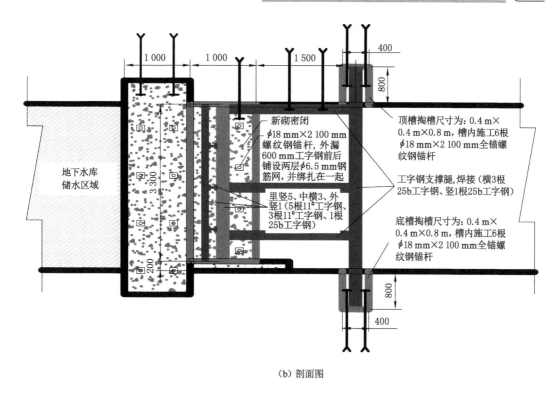

（b）剖面图

图 5-18（续）

如图 5-18 所示,坝墙内工字钢布置方式为里竖 3、中横 3、外竖 1,坝墙外丁字形支撑墙内工字钢布置方式为横 3、竖 1,工字钢之间采用电气焊焊接,顶帮均施工 $\phi18$ mm×2 100 mm 全锚螺纹钢锚杆,并在工字钢前后铺设两层 $\phi6.5$ mm 钢筋网,并用 10$^\#$ 铅丝将锚杆、工字钢、网片绑扎在一起。坝墙采用 C30 混凝土浇筑为一个整体,浇筑完成后采用喷混凝土的方式封顶及堵漏。经清华大学水利专家论证该墙体结构安全可靠、稳定,当安全稳定系数为 3.0 时,最大承载水位为 60 m。

（2）十字交叉巷道对角线人工坝体

为了形成通风系统,人工坝体不能在十字交叉巷道的正巷施工时,采用对角线人工坝体。该坝体主墙位于十字交叉巷道的对角线位置,长度一般为 10~13 m,高度为 3.5 m,为矩形煤巷。坝体格式为三点支撑型人工坝体,主要材料也为混凝土、工字钢、锚杆和钢筋网片,施工前在巷道顶底帮掏槽,一般顶槽深度为 200 mm,帮槽和底槽深度为 300 mm,如图 5-19 所示。

如图 5-19 所示,坝墙外共布置三道丁字形支撑墙,"T"字形支撑墙内工字钢布置方式为里竖 1、中横 3、外竖 1,工字钢之间采用电气焊焊接,里外侧丁字墙顶底均施工 $\phi18$ mm×2 100 mm 全锚螺纹钢锚杆,并在工字钢前后铺设两层 $\phi6.5$ mm 钢筋网,并用 10$^\#$ 铅丝将锚杆、工字钢、网片绑扎在一起。里侧、外侧丁字形支撑墙采用 C30 混凝土浇筑为一个整体,中部丁字形支撑墙两头采用竖工字钢并浇筑 C30 混凝土,中间留设通风通道,浇筑完成后采用喷混凝土的方式封顶及堵漏。经清华大学水利专家论证该墙体结构安全可靠、稳定,当安全稳定系数为 3.0 时,最大承载水位为 73 m。

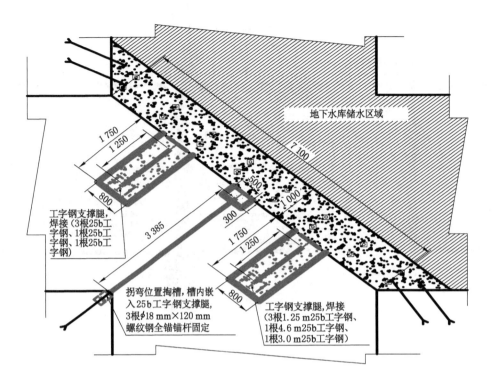

（a）平面图

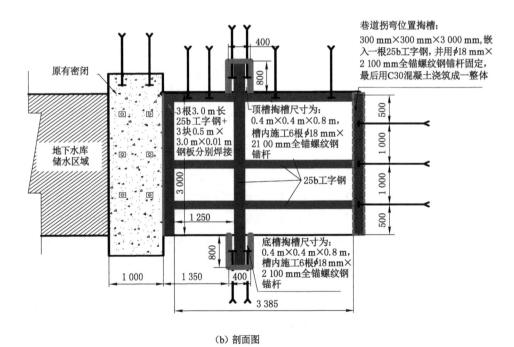

（b）剖面图

图 5-19　十字交叉巷道处人工坝体施工设计示意图

（3）平巷带式输送机头立交大断面巷道人工坝体

巷道一般为立交拱形岩巷，断面一般比较大，宽度为 6.2 m，拱高为 4.8 m，人工坝体形状为"T"字形，主要材料为混凝土、工字钢、锚杆和钢筋网片，施工前在巷道顶底帮掏槽，一般顶槽深度为 200 mm，帮槽和底槽深度为 300 mm，如图 5-20 所示。

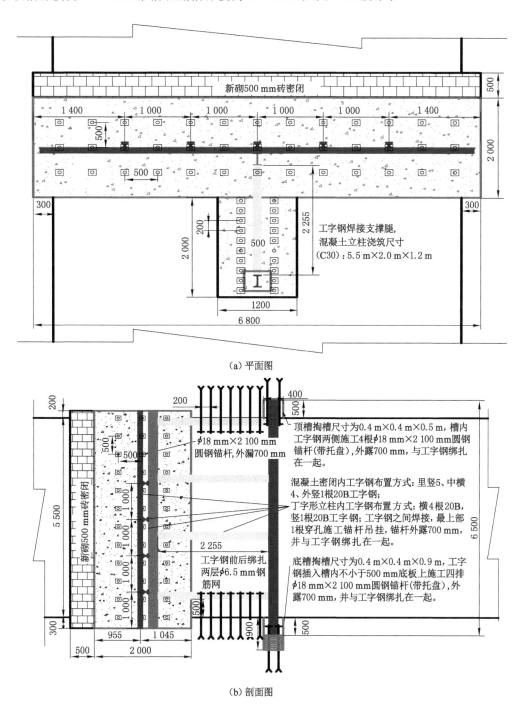

（a）平面图

（b）剖面图

图 5-20　平巷带式输送机头立交大断面巷道人工坝体施工设计示意图

5.2.2.5　地下水库库间管道建设工艺

1. 地下水库管道布置原则

地下水库的取水和回灌管网的布置主要应考虑各用水点和产生污水的采掘工作面分布情况，以及采空区范围的底板标高分布情况，按照"污水由高处回灌、清水由低处取用"的原则进行布置设计。

对于清水取用管路：清水取水点布置在标高偏低处，便于清水在自身水压作用下自流，减少加压泵的安装。

对于污水回灌管路：污水回灌点布置在标高偏高处，便于污水自流过程中受采空区矸石吸附作用而净化更彻底。有多个污水源需回灌到地下水库时，应在水库附近设置集中水仓，以收集各处污水集中回灌，同时可起到初次沉淀的作用。

为了方便实时掌握管路内流量、水压，以及水库内水位、水压、净化程度等参数，可在污水管路上布设相应的流量计、水压计等监测仪器，在清水管路上布设相应的流量计、水质检验仪（pH、浊度、ORP、电导率、温度等）、水压计（水位）等监测仪器。同时，应在地势偏高、水压不足的供排水管路位置加设相应的加压泵房。

2. 地下水库管道建设工艺

(1) 取水和回灌管路建设

通过地下水库净化后的清水，可利用管路在地势较低处的坝体进行引流取用，如此可实现"清水自流"，管路布设应与坝体施工同时进行。同理，来自采掘工作面的污水也由管路在地势较高处引流注入水库中。其中，无论取水或回灌管路，一般应在管路与取用/回灌水源之间布设中转水仓。如图 5-21 所示为大柳塔煤矿地下水库的取水和回灌管路布设照片。

(a) 清水取用管路	**(b) 污水回灌管路**

图 5-21　大柳塔煤矿地下水库取水和回灌管路布设照片

(2) 同一水平煤矿地下水库库间管道建设

为实现水库整体运行安全，通过对原有井下供排水管道进行改造升级，将同一水平的不同地下水库相互连通，实现库间水量调配和突发情况下水体紧急调运，保障煤矿地下水库坝体安全，如图 5-22 所示。

(3) 上下水平煤层垂直管道建设

开采不同水平煤层时，为实现上下煤层的地下水库库间连通便利，研发出上下层水库间大垂距（超过 100 m）、高压差（超过 1 MPa）和高贯通精度的大口径钻进技术，以便于上下煤层的取水和污水回灌,如图 5-23 所示。

图 5-22　同一水平煤矿地下水库库间连通管道

图 5-23　大柳塔矿不同水平煤层垂直管道工程

5.2.3　地下水库安全高效运行的保障技术

煤矿地下水库建成后,保证水库的安全高效运行是实现煤矿水循环利用技术的关键。地下水库的安全高效运行有赖于水库与水源、水库与水库间水资源的合理调配,以及对水库运行各项参数的监控及其安全应急保障技术的实施。本章针对地下水库运行过程中涉及的水资源合理调配、水库水质、水量、水压等关键参数进行分析,建立相关安全应急保障技术。

5.2.3.1　地下水库水资源调配技术

1. 地下水库水资源量的调控计算

煤矿地下水库的水体补给量主要包括自然补给量和人工补给量。自然补给量包括降水入渗补给量、河川径流补给量、地下径流补给量;人工补给量主要是库间水体调运量,即来自该矿区其他工作面的调运量或矿区其他富余水量,如下式所示:

$$W_b = W_z + W_r \tag{5-18}$$

$$W_z = W_j + W_h + W_d \tag{5-19}$$

$$W_r = W_g + W_q \tag{5-20}$$

式中　W_b——地下水库水体补给量,m^3;

　　　W_z——自然补给量,m^3;

　　　W_r——人工补给量,m^3;

　　　W_j——降水入渗补给量,m^3;

W_h——河川径流补给量，m^3；

W_d——地下径流补给量，m^3；

W_g——矿区其他工作面的调运量，m^3；

W_q——矿区其他富余水量，m^3。

地下水抽采量主要用于井下生产用水、地面工业用水、地面生态工程用水和生活用水。

$$W_c = W_{sc} + W_{gy} + W_{st} + W_{sh} \qquad (5-21)$$

式中　W_c——地下水抽采量，m^3；

W_{sc}——井下生产用水量，m^3；

W_{gy}——地面工业用水量，m^3；

W_{st}——地面生态工程用水量，m^3；

W_{sh}——生活用水用水量，m^3。

根据区域内矿井水参数和各水库状况，为实现矿井水不外排的目标，必须进行水库间水量的调运。其中，水库库容调用应满足下列条件：

$$W_b \leqslant V - V_t$$
$$W_c \leqslant V_t \qquad (5-22)$$

式中　W_b——煤矿地下水库水体补给量，m^3；

V——煤矿分布式地下水库理论库容，m^3；

V_t——煤矿分布式地下水库实际储水量，m^3。

2. 地下水库水资源的调用与补给

(1) 水库抽采

抽采井：抽采井延伸方向一般与地表垂直，适用于各种地下水埋藏条件和开采条件。煤矿分布式地下水库抽采井可参照抽水试验孔标准设计，深度根据煤层埋藏条件而定，其钻孔孔径必须满足抽水要求，根据岩层和地层结构特征，井壁可采用混凝土管、塑料管、钢管、铸铁管等各种管材加固井壁。

矿井水外排管道：在原有管道基础上改建或重修铺设形成。对于水平或近水平矿井，矿井水一般通过斜井排出，可以利用原有的矿井水外排管道或沿其方向铺设新的水流管道，通过水泵对水库内的矿井水进行抽采利用。标高低于抽采位置的用水点一般采用自然压差供水。

(2) 水库回灌

水体可以通过回灌井或回灌管道进行回灌。

回灌井：可参照抽水试验孔标准设计，孔径可以略小。回灌井通常采用管井的结构形式，一般可由井口、井身、托盘和管井外侧反滤结构等部分组成。井口指管井接近地表的部分，井口周围应使用黏土或水泥等不透水材料封闭并夯实，以防止地表污水进入井内或地面因承重或震动而沉陷；同时井口应高出地面一定高度。井身指井颈以下的一段井筒，一般采用混凝土管或钢筋混凝土管，可根据工程需要采用钢制管道，回灌井通过管道进入地下水库。井身影响管井的质量和使用寿命，是管井的重要组成部分。托盘指回灌井用于密封管底的结构。管井外侧反滤结构指井身滤水管外侧与钻孔之间缝隙所填充的反滤料结构。

回灌管道：矿井污水一般通过铺设在斜巷的管道排出至地面污水处理厂，可以根据实际情况,与排污管道类似,增设一条回灌管道,利用加压泵或高程差,将井下污水或地面多余矿井水通过注水孔注入地下水库。

（3）库间水体调节

针对已形成的多个地下水库,在特定位置设置单向流的导流孔,使地下水库间连通形成分布式地下水库,达到地下水库间依据水位高差实现自流调节的目的,提高分布式地下水库的协调能力,实现地下水资源的合理保护(图 5-24)。主要步骤如下:

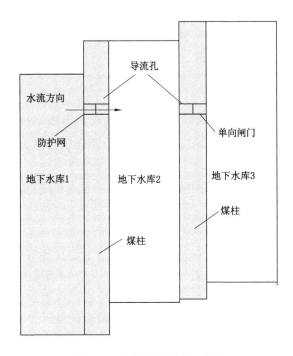

图 5-24　库间水体调节示意图

步骤 1:分布式地下水库间导流孔的选定。根据已形成的多个地下水库,考虑地下水库的储水能力、防渗性能等因素,选定布置导流孔的位置。导流位置的选定需考虑地下水的自然流动以及开拓水平的施工范围,通过布置导流孔,使地下水库得到充分利用。通过水文地质条件勘察获得地下水流动特征、渗透系数等基础参数,结合已形成的多个地下水库的空间位置,通过数值模拟的方法,获得分布式地下水库间的渗流规律及其防渗性能,以此选定合理的导流位置。

步骤 2:导流孔的设置。在选定的位置设置导流孔,导流孔为单向流孔,通过单向闸门实现,使地下水资源合理分布,且不至于导致地下水库中最底部水库大量储水,减少安全隐患。布置导流孔后,使地下水库间连通形成分布式地下水库。

步骤 3:防护网的布设。在导流孔两端布设防护网,防止杂物碎石等阻塞导流孔,避免影响地下水的流动。

5.2.3.2　地下水库的水质保障技术

1. 矿井水污染源分析

矿井水的污染源可以分为两类:自然因素和外部因素。其中,自然因素包括煤岩中所含的有害物质、煤岩悬浮物等；外部因素主要指井下工作面乳化油、平巷中的设备用油等。

神东矿区煤层埋藏浅，侏罗系砂岩裂隙含水层富水性弱，矿井涌水主要为第四系松散层水，开采深度、井下的地化环境尚不具备产生矿井酸性水的条件，矿井水流经采煤工作面和巷道时，因受人为活动影响，会产生以下污染：

（1）悬浮物污染：煤岩粉和一些有机物质进入水中，使矿井水中普遍含有以煤岩粉为主的悬浮物，水多呈灰褐色，煤粉多时呈黑色。

（2）煤岩中可溶无机盐类的溶解，使矿井水的矿化度增高，形成高矿化度水，如煤系顶板砂岩中钠（钾）长石的水解，使钠（钾）离子浓度增高，pH 值随之变化，煤系硫分的氧化产生硫酸根离子，使矿井水中的硫酸根离子含量大幅度提高，盐岩的溶解使氯离子含量升高，使矿井水质类型更加复杂。

（3）溶滤煤或煤矸石中的有毒有害元素会使水质受到污染，如从武家塔矿 $2^{-2\#}$ 煤层顶和 $2^{-2\#}$ 煤层夹矸中污染因子分析结果可以得知，矸石样品浸出试验的污染因子有 Cu、Pb、Zn、Cd、As、Fe、Mn、F 等。

（4）受开采影响，井下液压支柱等设备产生油污污染物，导致矿井水中的有机物、油类和粪大肠菌群可能超标。

2. 矿井水井下处理技术

国内使用的处理技术主要有沉淀、混凝沉淀、混凝沉淀过滤等。处理后直接排放的矿井水，通常采用沉淀或混凝沉淀处理技术；处理后作为生产用水或其他用水的，通常采用混凝沉淀过滤处理技术；处理后作为生活用水的，过滤后必须再经过除酚等对人体有害物质的去除及消毒处理；有些含悬浮物的矿井水含盐量较高，处理后作为生活饮用水还必须在净化后再经过淡化处理。

根据矿井水污染分类，结合矿井分布式地下水库的特点，通过现场实测与模型试验，分析通过地下水库水资源自净化的能力，即通过地下水库采空区矸石充填物的过滤净化作用，对比分析地下水库自净化效果，提出有效利用地下水库水质自净化功能的技术。研究选用合适的工艺和装备，对井下污染较重的矿井水进行井下处理。对调出水库的水，根据水质情况及用途，采用合适的工艺进行水处理，确保水质安全。对经过地面水处理后回灌入库的水进行水质检测，确保入库水体的水质。

3. 地下水库水质监测与控制技术

在分析开采对水质的影响，即矿井水污染途径的基础上，应采用相应的措施减少开采过程（油、乳化液及其他污染物）对矿井水的污染；对井下污染较重的矿井水可采用井下水处理设备进行井下处理，选用合适的工艺和装备，建设井下矿井水的小型处理工程；利用物理模拟平台，模拟水质在经过水库矸石净化、若干个煤壁净化或连通巷道水质净化层净化之后的变化情况，包括水体的 pH 值、悬浮物、化学需氧量、石油类、总铁和总锰等含量，总结水体水质在库内的变化规律，为水质处理工艺设计提供支持。

同时通过在水库内部选取合理位置入库、出库，为地面抽采井和回灌井选取合理位置，对进、出水库水的水质情况进行实时监测并传输至监控中心，以便采取相应的水处理措施对水体进行净化处理。通过在实验室建立地下水库内部结构的物理模拟平台，对矿井水流经水库内部的水质变化规律进行分析;通过在现场取样验证,优化提出水库内部的矿井水流速和流量,并在合适位置投放化学消毒或净化物料,提高水体经过水库矸石过滤的净化效果。

5.2.3.3　地下水库运行的安全保障技术

1. 地下水库安全监测技术

一般水利水电工程安全监测技术、方法和规程等为煤矿分布式地下水库的安全监测提供了借鉴参考。基于煤矿分布式地下水库实际,研发煤矿地下水库相关指标监测传感器,分析地下水库的渗漏、水位、水质、水量、坝体应力应变等关键参数,研究确定水库稳定性薄弱部位,进行监测点布设,通过信息化监测技术实时监测坝体稳定性指标。主要监测技术包括:

(1)水位监测:可参考《水位观测标准》(GB/T 50138-2010)的相关标准规定执行。水位监测的方法包括水尺法、浮子式水位计法、压力式水位计法和超声波水位计法等,根据煤矿地下水库的地质情况和水流等条件选择合适的方法。煤矿地下水库的主要储水空间是岩石孔隙或裂隙,是一个相对封闭的区域,不宜采用水尺法、超声波水位仪和浮子式水位仪,可以采用压力式水位仪。根据水位测量数据计算库内实际库容。

(2)流量监测:流量监测主要包括入库水量和出库水量监测两部分,可采用水流量计对水量进行监测。

(3)坝体应力应变监测:应力监测是对坝体温度监测、应力应变监测、压应力监测、土压力监测、钢筋应力监测、荷载监测等与应力监测相关项目的统称。水利工程中称之为压力(应力)监测。

温度监测:温度是建筑物的基本特性之一。温度监测应能反映建筑物内部和外部热传导规律,能描述建筑物内部温度梯度变化情况,能获得建筑物场变化状态及使用建筑物安全分析和评价的要求。目前温度监测采用的主要方法包括:埋设专用温度计、利用差动电阻式仪器监测温度,以及采用光纤及其他测温仪器测温,使用较为广泛的测温仪器是电阻式温度计。

混凝土应力应变监测:煤矿地下水库坝体主要是以煤柱为主,实施相应的加固防渗工程,多以混凝土加固为主。目前,使用监测仪器直接测量混凝土的应力是应力监测最理想的方法,只有部分处于受压状态的部位才可以使用压应力计进行直接测量,但大多数部位仅能通过监测混凝土应变来间接计算混凝土应力。混凝土综合应变包括两部分:由应力因素引起的混凝土"应力应变"和非应力因素(如混凝土温度、湿度以及材料特性等)引起的"非应力应变"。计算混凝土应力时,需要的是"应力应变",目前无法直接观测,是通过在混凝土内埋设应变计(组)观测"综合应变",同时埋设无应力应变计观测其"非应力应变",从而获取混凝土"应力应变"。因此,混凝土应力监测中,应变计(组)和无应力计必须同时配套使用。

(4)坝体渗漏监测:常用的渗漏监测方法包括容积法、量水堰法和测流速法。根据坝体渗流情况和汇集条件进行选择。

(5)矿震监测:在地面水库建设过程中,水库地址处于基本烈度Ⅶ度及以上地区的Ⅰ、Ⅱ级大坝,必须进行坝体地震反应监测。井下主要表现为矿震对水库结构和运行状态的影响与地震类似。与天然破坏性地震相比,矿震的能量均比较小,震级比较低,但震源浅,延续时间比较长,且都发生在矿区,有时也会对工程建筑和矿井设施造成一定危害。矿震灾害的监测方法包括关键层位位移观测、煤柱内应力观测、煤体位移观测、采空区底板应力监测、电磁辐射观测和采空区气体分析法等。

2. 地下水库应急保障技术

根据地下水库监测数据的分析,提出应急预警监测指标与防范预案,开发应用关键设备和相应的自动控制技术,形成地下水库应急保障技术。当水量、水位等指标超过预警时,通过疏排水阀门等设备对水库运行状态进行调节,将水排泄至泄水空间或调节至其他水库,保证地下水库的安全运行。矿井分布式地下水库应急保障技术包括以下3个部分:

(1)防溃坝技术:通过煤柱坝体应力应变传感器,对坝体应力应变数据进行分析,一旦超过预警值,监控中心通过库间管道阀门或抽采管道对水库内水体进行转运,防止发生溃坝危险。

(2)防渗漏技术:建立煤柱坝体渗漏分级预警体系,通过对坝体渗漏量进行实时监测,通过对当前观测值与历史数据的对比分析、渗漏水的水质和携带的杂质含量比较,结合渗流压力分析,综合评价大坝的渗流安全。一旦超过渗流量限值,则可以通过库间水体调运技术将该水库调至稳定状态,并对渗漏严重部位实施防渗工程。

(3)防淤技术:通过物理模型试验对矿井水运移环境进行模拟,对矿井水在运移过程中携带的岩石颗粒和煤泥等杂物所引发水库淤积的现象进行模拟,总结其对水库库容的影响规律,提出水库淤积的计算模型或方法;建立水库淤积的预警系统,当淤沙影响水库超过预警值时进行报警;应用针对煤矿地下水库的排沙减淤处理关键技术和相应设备及时进行处理。

3. 地下水库安全智能控制系统

(1)地下水库自动监测系统:包括现场传感器、测量控制单元(MCU)和监测控制平台等部分,充分利用现有煤矿井下自动化系统,实现数据传输的共享,并通过在监测中心远程控制各种设备,实现应急远程自动化控制。系统将集中式测控单元小型化,并和切换单元集成到一起,安装在不同的测试地点,每个MCU连接若干个传感器,MCU具有A/D转换功能,将模拟信号转换为数字信号,通过数据电缆将数据传输到监控中心,每个MCU都是一个独立子系统,采用独立控制机制。由于MCU为独立运行,如果发生故障,仅影响该台MCU及其所连接的各个传感器,不会导致系统瘫痪,因此系统可靠性高;分布式数据采集系统的数据总线上传输的是数字信号,可以采用统一的标准通信数据接口,抗干扰能力强;每个MCU独立工作,可同时进行数据的采集和传输,监测速度快;一旦需要增加测试量,只需在原有系统上增加MCU及相连的传感器,可拓展性能强。

(2)安全监测系统:包括各类传感器、若干个测量控制单元(MCU)、数据处理中心和可视化平台等部分。通过在地下水库适当位置安装传感器,利用MCU将数据转换为数字信号,通过井下电缆传输至地面数据处理中心,对数据进行加工整理,形成规范标准格式。地下水库安全监测可视化平台主要包括数据储存子系统、空间可视化子系统、监测数据可视化子系统和安全预警子系统等部分,如图5-25所示。

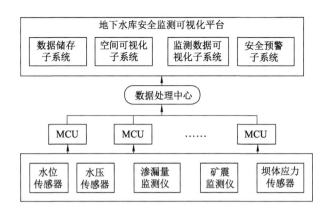

图 5-25　地下水库安全监测系统框架图

5.2.4　大柳塔煤矿分布式地下水库工程

5.2.4.1　大柳塔煤矿地下水库主要情况

1. 矿井地下水库水循环利用技术改进提升过程

大柳塔煤矿是神东第一个投产的矿井,位于毛乌素沙漠的边缘地带,地表干旱缺水,地下水资源贫乏。自然生态条件非常脆弱,水资源严重不足,并且呈下降趋势。而随着神东亿吨矿区的不断发展,生产规模越来越大,用水量也越来越大,缺水的问题越来越严重。为解决好这个关键问题,地下水库应运而生。

大柳塔煤矿大柳塔井主采煤层为 1^{-2} 煤、2^{-2} 煤和 5^{-2} 煤,分为二个水平。一水平采用平硐开采 1^{-2} 煤和 2^{-2} 煤,埋深为 100 m 左右;二水平采用斜井开采 5^{-2} 煤,埋深为 200 m 左右。一水平 2^{-2} 煤和二水平 5^{-2} 煤层间距约为 155 m,目前,一水平综采已全部开采完毕,二水平 5^{-2} 煤正在开采,利用一水平 2^{-2} 煤开采完的 3 个盘区建设 3 个地下水库,并通过深 155 m 的垂直钻孔与 5^{-2} 煤连通,实现了污水注入上层煤采空区、清水自流下层煤供生产利用的循环利用系统,形成一个完整的、具有立体空间网络的、庞大的地下水库工程系统,保护了水资源和环境。大柳塔煤矿地下水库的改进提升经历了以下 3 个阶段:

第一阶段(初级阶段):1988—1998 年,矿井建设阶段及投产初期,无地下水库阶段。该阶段井下生产供水由地面哈拉沟生活水厂供给,不仅要花钱买水,而且还要受制于人,影响生产;井下污水全部排到地面污水厂处理,全部达标排放,井下不存水。

第二阶段(中级阶段):1998—2008 年,一水平实施地下水库阶段。该阶段 1998 年一水平 2^{-2} 煤第一个地下水库建成,一水平生产用水全部由加压泵(图 5-26)从地下水库取水加压后直接供给,井下生产不再使用地面生活水。井下污水在这个阶段的前 5 年(1998—2003 年)全部抽排到地面污水处理厂处理达标后排放,后 5 年(2003—2008 年)部分注入井下采空区,部分排出地面处理达标后排放。

第三阶段(高级阶段):2008—2015 年,在层间距为 155 m 的一、二水平联合实施地下水库技术阶段,形成了较为完整的、功能全面、庞大的立体空间网络水循环利用系统。该阶段井下生产供水直接从地下水库取清水,一水平 1^{-2} 煤和 2^{-2} 煤利用加压泵加压供水,二水平

图 5-26　原 201 加压泵房

5⁻²煤通过垂直钻孔利用自然压差供水,仅大采高综采面需加压泵供水,其余掘进工作面和喷雾用水自然压差为 1.6～1.7 MPa 均可满足水压要求,不需再加压。井下污水处理方面,5⁻²煤的污水全部回灌到 2⁻²煤地下水库自然净化。从 2013 年元月开始实现了污水零升井,污水处理厂基本停用。同时井下清水向地面选煤厂、热电厂、橡胶坝等免费供水,深度水处理厂向小区生活管网免费供水。大柳塔煤矿地下水库供水如图 5-27 所示。

(a) 1号水库向5⁻²煤供水钻孔(供清水)

(b) 3号水库与5⁻²煤连通的ϕ1.4 m垂直钻孔

(c) 2⁻²煤613回灌钻孔

(d) 深度水处理厂

图 5-27　大柳塔煤矿地下水库供水

2. 地下水库建设主要情况

大柳塔煤矿于 1998 年设计建成了第一个采空区储水设施,通过持续技术创新,提出了煤矿分布式地下水库的技术原理,攻克了一系列技术难题,在采空区储水技术的基础上,又于 2010 年在两个水平联合设计建成了充分利用采空区空间储水、采空区矸石对水体的过滤净化、自然压差输水的"循环型、环保型、节能型、效益型"的煤矿分布式地下水库,具有井下供水、井下排水、矿井水处理、水灾防治、环境保护和节能减排六大功能和优势。

大柳塔井一水平 2^{-2} 煤和二水平 5^{-2} 煤,层间距为 155 m,目前 2^{-2} 煤已经采完。利用 2^{-2} 煤已采的 3 个盘区采空区建成了 3 个地下水库,5^{-2} 煤建成了两个水循环利用硐室,4 号地下水库在 5^{-2} 煤正在建设,两层煤通过多个钻孔连通,清水通过钻孔管道自流供下层煤生产使用,两层煤的污水通过 6 个注水点全部回灌到 2^{-2} 煤采空区,循环利用。也就是说大柳塔煤矿地下水库工程系统主要由一水平 2^{-2} 煤 3 座地下水库、二水平 5^{-2} 煤 2 个水利用硐室、6 个污水回灌点和相关的钻孔及水循环利用水泵管道设施等组成,实现了层间距为 155 m 的两个水平的互联互通,形成了一个庞大的、具有立体空间网络的煤矿地下水库工程系统,如图 5-28~图 5-30 所示。

图 5-28　大柳塔煤矿地下水库现场照片

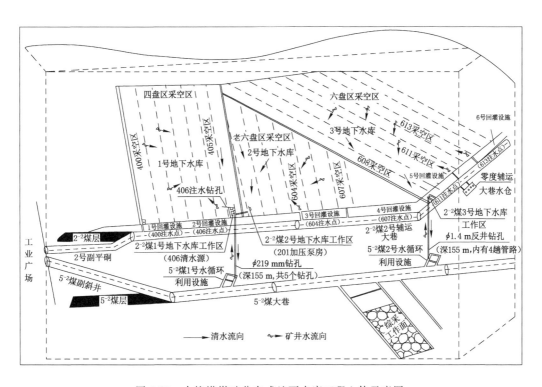

图 5-29　大柳塔煤矿分布式地下水库工程立体示意图

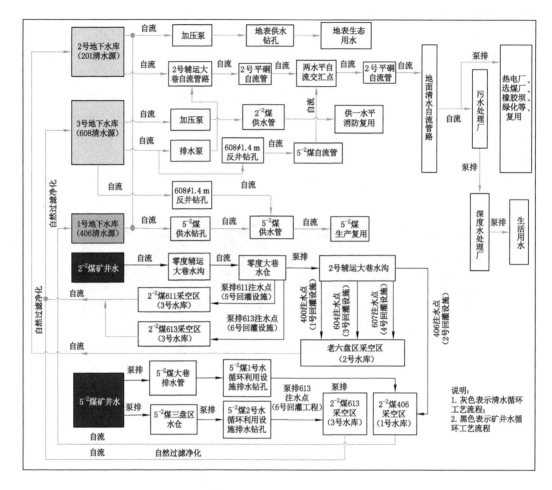

图 5-30　大柳塔井地下水库水循环工艺流程图

目前地下水库污水日回灌量约为 9 790 m³，经地下水库矸石沉淀过滤吸附净化后供井下生产、地面生产生态和生活使用，井下清水日均复用水量约为 7 770 m³，地面日均使用水量约为 4 500 m³，地下水库总储水量约为 710.5 万 m³；实现了"地面清水零入井，地下污水零升井"的双零目标，有效保护了水资源。

5.2.4.2　大柳塔煤矿采空区水库系统设计参数的确定

1. 地下水库坝体建设

地下水库是由煤柱坝体和人工坝体围成的一个封闭的采空区空间，在塌陷后的破碎岩层缝隙储存水资源，储水系数一般为 0.15～0.25，煤柱坝体均为综采工作面回采后余留的大巷保护煤柱，宽度一般在 30 m 以上（30～100 m），由于大柳塔井煤层硬度比较大，2^{-2} 煤抗压强度一般为 14.5 MPa，5^{-2} 煤抗压强度一般为 19.5 MPa，故作者分析认为在神东矿区煤柱坝体强度基本不存在问题，能满足建设水库的要求。人工坝体是人为地对各综采工作面平巷口采用混凝土等材料进行封闭而形成的坝体，其安全可靠性对水库建设和防灾起到非常关键的作用。根据前述有关地下水库人工坝体的设计和施工方案，在不同巷道断面处分别进行了人工坝体的设计施工。施工后的坝体经相关水利专家论证,其结构安全可靠、稳定,当安全稳定系数为 3.0 时,最大承载水位均为 60 m 以上。如图 5-31 所示为大柳塔煤矿地下水库人工坝体成型照片。

图 5-31　大柳塔煤矿地下水库人工坝体施工成型照片

2. 地下水库污水回灌管路布置

将大柳塔井 2^{-2} 煤和 5^{-2} 煤的污水通过泵排全部回灌到 2^{-2} 煤采空区地势较高的地方,通过渗流自然净化后循环利用,目前 2^{-2} 煤污水回灌点共有 6 处,分别为 1 号、2 号、3 号、4号、5 号和 6 号。其中 2 号和 6 号两处回灌点通过 155 m 的垂直钻孔可以回灌 5^{-2} 煤污水,2 号回灌点施工仰角为 15°、孔径为 65 mm、长度为 120 m 的注水孔 8 个,在两层煤之间施工 $\phi219$ mm 的垂直钻孔 3 个,其中 1 个钻孔用于 5^{-2} 煤污水回灌,在 5^{-2} 煤对应建立了水利用硐室,硐室内设有水仓和型号为 MDA280-43×4 的排水泵,用于形成回灌系统,该处每天可向 1 号地下水库回灌 5^{-2} 煤污水约 1 840 m³,如图 5-32～图 5-34 所示。

图 5-32　5^{-2} 煤 1 号水循环利用设施作业区

6 号回灌点位于 22613 运输平巷 2 联巷,该处施工有 4 个 $\phi219$ mm 的水平钻孔,并在 608 区域施工有 $\phi1.4$ m 的反井钻孔 1 个,孔内设有 4 趟管路,其中 1 趟 $\phi400$ mm 的管路用于 5^{-2} 煤污水回灌,5^{-2} 煤三盘区的盘区水仓利用水泵经过 $\phi1.4$ m 反井钻孔、2^{-2} 煤零度总回和 613 运输平巷 6 号注水点将污水直接回灌到 3 号地下水库,该处每天可以回灌 5^{-2} 煤污水约 4 600 m³。6 号污水回灌点管路及其附属设施布置如图 5-35 所示。其余 1、3、4、5 号回灌点主要回灌 2^{-2} 煤积水。

图 5-33　5^{-2} 煤向 2^{-2} 煤 1 号水库注污水垂直钻孔

图 5-34　1 号地下水库回灌孔

（a）5^{-2}煤三盘区水仓泵房　　　（b）2^{-2}煤608反井钻孔

（c）2^{-2}煤613回灌孔

图 5-35　6 号污水回灌点管路及其附属设施布置照片

3. 地下水库清水取用管路布置

经采空区自然净化后的清水主要供井下生产和地面生产、生态和生活利用，造福人类。井下生产用水主要用于设备冷却、喷雾降尘和消防系统等方面；地面用水主要用于选煤厂、橡胶坝补水、地面绿化、露天开采用水、地表生态示范园、当地村民灌溉和小区生活管网补水等方面。井下生产用水每天约 7 770 m³，地面用水每天约 4 500 m³，见图 5-36。清水供给方式主要有自流和泵排两种方式，原则上能自流的决不泵排，节能降耗，创造效益。地下水库清水取用方向如图 5-37 所示。

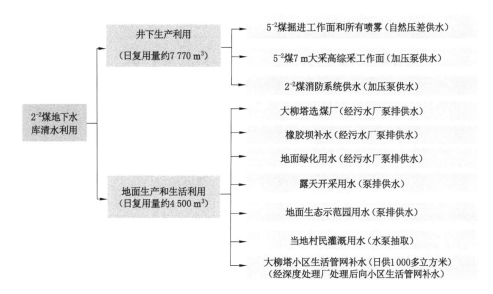

图 5-36　地下清水利用示意图

（a）深度水处理厂

（b）村民地面抽水灌溉水房

（c）村民地面抽水灌溉供电设施

图 5-37　地下水库清水取用方向

（1）矿井生产供水主要采用自流供水方式

大柳塔煤矿地下水库所在的一水平 2^{-2} 煤与其下方的二水平 5^{-2} 煤层间距约为 155 m，作者在 1 号和 3 号地下水库附近施工了用于清水自流的垂直钻孔（孔深为 155 m），目前矿井一水平已采完，生产主要集中在 5^{-2} 煤层。5^{-2} 煤生产用水采取自流供水方式，清水自流到 5^{-2} 煤层产生的自然压差达到 $1.6\sim1.7$ MPa，不需要再用加压泵加压就能完全满足喷雾降尘和掘进工作面的水压要求，每天清水供应量约为 7 770 m^3，可实现自然压差输水功能，形成了一个"无须用泵、无须用电、无须用材、无须用人"的"四无"型自然压差供水厂。

此外，2^{-2} 煤地下水库库底比工业广场平硐井口底板高程还要高 $50\sim100$ m，5^{-2} 煤比平硐井口低 100 m 左右，应用连通器的原理，地下水库清水可以通过铺设在 2^{-2} 煤和 5^{-2} 煤的清水自流管道自流到地面供利用。

（2）地面生产、生态、生活用水主要采取泵排供水方式

清水地面利用主要用于供选煤厂、乌兰木伦河、绿化、露天开采、生态示范园和小区生活管网补水等。其中露天开采和生态示范园用清水方案是在井下 2^{-2} 煤用加压泵通过垂直钻孔直接供到地面利用；小区生活管网补水方案是井下清水通过管路自流到地面经过水深度处理厂处理后采用泵排进行生活管网补水；地面选煤厂等其他用水方案均为井下清水通过管路自流地面后直接采用泵排供水。大柳塔煤矿地面清水使用统计表见表 5-1。

表 5-1 大柳塔煤矿地面清水使用统计表

序号	地面清水使用用途	供水方式	平均日供水量/m^3	月供水量/m^3	备注
1	供大柳塔选煤厂用水	泵排	490	14 700	
2	供大柳塔热电厂用水	泵排	10	300	还使用其他水源
3	地面露天开采用水	泵排	600	18 000	
4	供乌兰木伦河	泵排	3 400	102 000	从上游注 47 500 m^3，从下游注 54 500 m^3
	合计		4 500	135 000	

5. 地下水库监测监控系统

为了确保地下水库安全运行，实现实时监测，专门研究开发了地下水库安全监测系统。该套系统采用光栅解调仪、微震解调仪、网络摄像仪以及水质分析仪对坝体应力及变形、水位及渗漏情况、水压、水质和流量等情况进行全面监测，能够 24 h 实时掌控水库的运行情况，确保水库的安全并保证水质。该系统对井下水质每 8 h 自动化验传输 1 次，地表山上安装了 5 个水位观测孔可自动发射水位信息，系统自动接收，井下主要地点配有 6 个摄像头，在地面办公室可随时查看数据及现场实况。根据安全监测设计要求，共建设 6 座井下安全监测站，安装 5 个地面水位观测孔，如图 5-38 所示。

各个井下安全监测站均可以实现对地下水库水位、水压、进出库水量及坝体应力、应变、变形和渗漏等情况的实时监测；地面水位观测孔可以实时传输地下水库水位数据。监控中心对监测数据进行分析，掌握地下水库实时运行状态。地下水库安全监测监控系统、照片如图 5-39 所示；地下水库相关监测软件界面如图 5-40 所示。

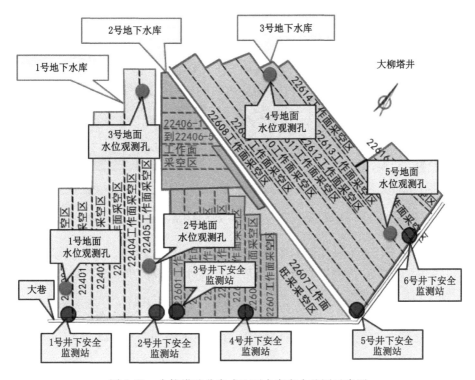

图 5-38　大柳塔矿分布式地下水库安全监测示意图

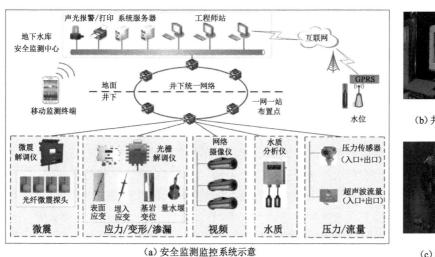

（a）安全监测监控系统示意

（b）井下安全监测监控
系统显示器

（c）坝体上的传感器

图 5-39　地下水库安全监测监控系统、照片

5.2.4.3　地下水库经济效益与推广应用情况

1. 经济效益分析

（1）地下水库建设费用

地下水库人工坝体费用预计约 340 万元，按照水库总水量为 710.49 万 m³ 计算，建设

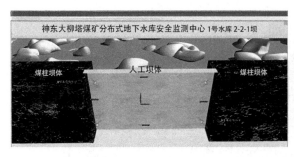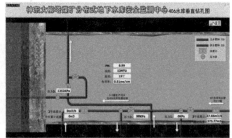

(a) 人工坝体稳定性监测　　　　　　　　　(b) 管路水循环监测

图 5-40　地下水库相关监测软件界面

费用约为 0.48 元/m³;地下水库监测监控系统建设费用预计约 400 万元,按照水库总水量为 710.49 万 m³ 计算,建设费用约为 0.56 元/m³。合计建设费用约为 1.04 元/m³。

（2）地下水库运行费用

地下水库注水费用:地下水库各注水点月均注水量为 31.5 万 m³,水泵总功率为 676 kW,按照电费 0.562 4 元/(kW·h)计算,月均注水电费为 14.73 万元,外加排水人工费 3.6 万元(4 人),每月水库注水运行费用约为 18.33 万元。由于地下水库总的动态存水量为 407 万 m³,所以平均每立方米水月运行费用为 0.045 元。

地下水库供水费用:地下水库月均供清水量 24.3 万 m³,供水点水泵总功率为 275 kW,同样按照电费 0.562 4 元/(kW·h)计算,月均供水电费为 11.14 万元,外加供水人工 7.2 万元(2×4 人),每月水库供水运行费用约为 18.34 万元,由于地下水库总的动态存水量为 407 万 m³,所以平均每立方米水运行费用为 0.045 元。

合计水库运行费用为 0.09 元/m³。

（3）地下水库经济效益分析

节省生产用水费用:因井下生产用水全部取自井下水库,无须地面供应清水,根据井下生产用水量统计,每年用清水量约为 283.6 万 m³,节省费用约 4 254.0 万元。

节省污水处理费用:由于井下生产污水基本实现了零升井,就不存在井下污水升井处理的费用,目前大柳塔井井下生产污水正常产生量约为 476 m³/h,每立方米水的处理费用(包括电费、人工费、材料费和维修费等)约为 1.8 元,每年因污水零升井就可以节约 740.3 万元。

节省污水外排费用:井下污水直接注入地下水库,节省启动 5⁻² 煤中央水仓的电费。中央水仓泵房水泵功率为 400 kW,每天按运行时间 20 h 计算,每年节约的排水电费为 162 万元。

节省系统维护费用及岗位费用:两个水平每天按照 3 个班、每班 18 个人工计算(考虑 1.5 的轮休系数),每年可节省泵房、管路维护人工费用约 583.2 万元。系统简化后可节省管路维修、折旧费用约 450 万元。

总计每年节省费用约 6 189.5 万元。

2. 地下水库技术推广应用情况

煤矿地下水库技术已在神东公司全面推广应用,目前已在 15 个矿井建成 35 座地下水库(表 5-2),总储水量为 2 499.5 万 m³,提供了 95% 的矿区生产、生态和生活用水,大幅度减少了外购水和排水的费用,实现了矿区水资源良性立体循环。此外,神东公司还利用地下水库蓄积的水资源,向周边的电厂、选煤厂、工业区、生活区和生态修复区等地供水,用水大户成了当地重要的供水基地。地下水库清水利用示意图见图5-41。

表5-2 神东矿区地下水库建设情况表

序号	矿井名称	矿井正常涌水量/(m³/h)	水库位置(储水区域)	目前储水量/万 m³	当前储水高度/m
1			22400~22405 采空区	336.2	4.4
2	大柳塔井	476	22601~22607 采空区	192.5	4.7
3			22608~22616 采空区	181.8	6.0
4			5⁻²煤在建		
5	活鸡兔井	396	22207、22205 采空区	4.7	4.2
6			22301~22306 采空区	9.3	2.7
7	补连塔矿	551	12401~12405 采空区	35.8	3.0
8			12418~12420 采空区	8.5	4.9
9	榆家梁矿	145	52101、52102 采空区	90.4	4.7
10			52203~52204 采空区	7.3	1.5
11	上湾矿	313	12101~12106 采空区	13.1	1.1
12			12301 采空区	1.5	0.7
13	乌兰木伦矿	719	31104~31116 采空区	394.4	3.3
14			12401~12403 采空区	157.2	0.7
15	石圪台矿	1 176	31201~31202 采空区	78.5	7.8
16			22301~22304 采空区	11.7	4.1
17	保德矿	171	二盘区 81201~81203 采空区	6.8	2.9
18			31101~31104 采空区	19.2	0.5
19			31105~31108 采空区	2.3	0.5
20	锦界矿	3 553	31208~31210 采空区	19.5	0.8
21			31201~31204 采空区	11.3	0.4
22			31401~31403 采空区	19.5	0.9
23	哈拉沟矿	214	22401~22407 采空区	136.9	4.5
24			22211~22114 采空区	330.0	4.8
25	布尔台矿	522	42ᵤ101~42ᵤ104 采空区	84.7	1.5
26			12106~12111 采空区	36.4	6.0
27	柳塔矿	212	12101~12104 采空区	3.4	2.2
28			12ᵤ102、12ᵤ103 采空区	39.5	7.1
29	寸草塔矿	144	22113~22111 采空区	94.8	3.0
30			22105~22108 采空区	61.3	2.2

表 5-2（续）

序号	矿井名称	矿井正常涌水量/（m³/h）	水库位置（储水区域）	目前储水量/万 m³	当前储水高度/m
31	寸二矿	219	22105～22107 采空区	49.4	3.1
32			22111～22119 采空区	10.4	1.2
33	三道沟矿	62	35101 采空区	5.6	2.6
34			45201～45203 采空区	24.0	2.4
35			85201～85203 采空区	21.6	3.7
合　计				2 499.5	

备注：表中统计的是储水量曾达到 5 万 m³ 以上的地下水库。

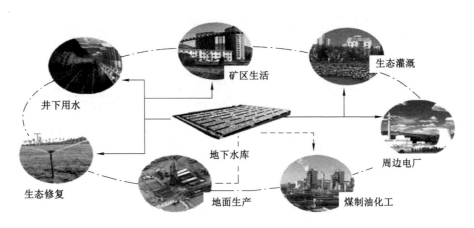

图 5-41　地下水库清水利用示意图

　　目前，地下水库技术已开始在神华集团的新街、包头矿区推广应用，自然资源部也将分布式地下水库技术作为先进适用技术进行推广，中央电视台以及内蒙古、陕西等地方媒体也分别进行了报道。我国西部的陕西、内蒙古、宁夏、甘肃等地是我国主要的煤炭产区，这些地区的煤田埋藏浅、煤层厚、瓦斯含量低、易于开发。但西部地区水资源匮乏，与资源开发和矿区经济社会发展、生态建设成为一对矛盾。与此同时，煤矿开发过程中，矿井水被视为水害，大量矿井水外排地表，利用率很低，因此，煤矿地下水库技术在我国西北地区乃至全国煤炭行业的应用空间很大，可以带来可观的经济、生态和环保效益。

5.3　采煤沉陷区地表植被生态修复关键技术

5.3.1　煤炭开采对植物根际土壤特性影响研究

5.3.1.1　煤炭开采对植物根际土壤物理特性的影响

1. 土壤密度

　　密度是土壤最重要的物理特性之一，对土壤的透气性、入渗性能、持水能力、溶质迁移特征以及土壤的抗侵蚀能力都有非常大的影响。采煤塌陷地表产生大量裂缝，破坏了沙丘原有风沙土结构。由表 5-3 可知,和未开采样地相比,井工开采后土壤密度大部分出现了降低的趋势。随着坍塌时间的延长,土壤密度逐渐恢复到未开采状态,但仍小于未开采状态。土壤容重的降低会对土壤的持水能力造成一定的影响,对于当地干旱半干旱的气候条件下植被的生长也会造成一定的影响。

表 5-3　不同坍塌年限对土壤密度的影响　　　　　单位:g/cm³

植物种类	11 a	8 a	5 a	2 a	1 a	未开采(CK)
沙蒿	1.51	1.49	1.57	1.29	1.52	1.56
柠条	1.49	1.44	1.47	1.30	1.54	1.57
草木樨	1.42	1.49	1.55	1.36	1.60	1.50

2. 土壤饱和含水量和田间持水量

煤炭开采造成地表土壤结构破坏,对土壤自身的持水能力会造成一定的影响。表 5-4、表 5-5 分别为不同塌陷年限下土壤饱和含水量和土壤田间持水量变化。由表可知,采煤沉陷后土壤饱和含水量表现出一定程度的增加,但规律不明显;而采煤塌陷后,土壤田间持水量具有较为明显的变化,而随着采煤沉陷逐步稳定,土壤田间持水能力有所恢复。沉陷 5 a 后,沙蒿和草木樨根际土壤田间持水能力基本恢复,这表明这两种植物的自我修复能力较强。

表 5-4　不同坍塌年限对土壤饱和含水量的影响　　　　　单位:%

植物种类	11 a	8 a	5 a	2 a	1 a	未开采
沙蒿	23.99	23.38	22.27	24.92	26.89	21.03
柠条	23.93	27.75	25.92	25.08	24.69	20.97
草木樨	20.92	23.30	20.17	23.85	25.61	21.99

表 5-5　不同坍塌年限土壤田间持水量变化　　　　　单位:%

植物种类	11 a	8 a	5 a	2 a	1 a	未开采
沙蒿	11.78	13.32	15.17	9.43	12.92	16.82
柠条	14.05	13.60	10.68	12.55	13.35	15.29
草木樨	15.73	15.40	15.49	13.85	15.50	17.42

3. 土壤贮水量

植物的生长状况和土壤贮水量关系密切。由图 5-42 可知,煤炭开采后对根际土壤贮水量造成了较大的影响,而随着时间的延长,采煤沉陷土体逐渐趋于稳定,松散的沙层在降雨等作用下逐渐塌落,土体容重有所增加,土壤的保水能力也得到一定程度的恢复。

4. 土壤含水量

土壤水分不仅是土壤的重要组成成分之一,也是土壤肥力的重要构成要素,对土壤中矿物风化,腐殖质合成与分解,土壤养分释放、形态转化和移动等均具有显著的影响。由

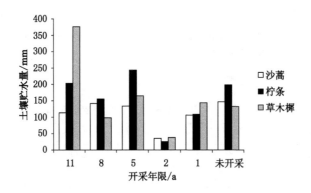

图 5-42 不同采煤沉陷年份根际土壤贮水量变化

表 5-6 可知:整体表现为 6 月和 8 月根际土壤水分亏缺,这可能是由于此阶段是植物生长的
关键时期,对水分的需求量也较高;9 月和 10 月由于气温下降,土壤自身蒸发作用减弱,土
壤水分含量较高。

表 5-6 采煤对根际土壤质量含水量的影响 单位:%

采集时间	植物种	11 a	8 a	5 a	2 a	1 a	未开采
2012 年 8 月	油蒿	2.83	2.94	3.13	1.38	—	2.06
	柠条	2.27	9.86	5.14	1.73	—	1.21
	草木樨	7.54	2.88	3.24	1.77	—	1.24
2012 年 10 月	油蒿	6.08	6.47	6.44	5.48	—	5.04
	柠条	6.05	10.29	8.85	7.80	—	5.57
	草木樨	13.19	6.48	9.61	5.47	—	5.62
2013 年 6 月	油蒿	5.49	3.42	3.55	5.17	4.48	3.92
	柠条	5.56	3.87	4.61	4.96	3.21	4.41
	草木樨	6.74	4.26	4.14	5.30	4.14	4.71
2013 年 9 月	油蒿	5.52	5.23	3.48	4.14	4.25	4.40
	柠条	5.12	4.80	4.81	5.05	3.36	4.33
	草木樨	4.82	5.57	5.44	4.03	4.12	5.58

从不同塌陷年份来看,2012 年 8 月和 10 月不同植被根际基本表现为随着开采年限的
增加根际土壤含水量增加的趋势。有些植被根际土壤含水量未开采区小于开采区,分析出
现这种情况的原因可能是采煤产生的裂缝改变了土壤微地形,降雨径流产生了流向改变,
对土壤水分的空间分布造成了一定影响。

5. 不同植被类型土壤硬度

如图 5-43 所示,对于采煤塌陷区植物来说,不同植被类型的土壤硬度大小各不相同,其
中乔木林土壤硬度最大,灌木次之,草地土壤硬度相对最小,造成此种现象的原因可能是大
型植物具有发达的根系,能将土壤束缚在一定范围内。无论何种植被类型,土壤硬度都随
着土壤深度加大而不断增高。

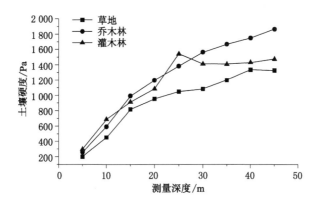

图 5-43　不同植被类型土壤硬度变化

5.3.1.2　对植物根际土壤生物特性的影响

1. 菌根侵染率

煤炭开采对菌根侵染率有一定的影响(图 5-44)。随着开采年限的增加,猪毛菜、柠条和画眉草根系的菌根侵染率都是先降低再升高,其中柠条和画眉草根系的菌根侵染率都是开采 1 a 后开始逐步升高,但画眉草根系的菌根侵染率在开采 8 a 后又稍有降低;沙蒿根系的菌根侵染率开采 1 a 后迅速升高,但其后逐步降低,直到开采 8 a 后才有所回升;草木樨根系的菌根侵染率随着开采年限的增加,不断上下波动。

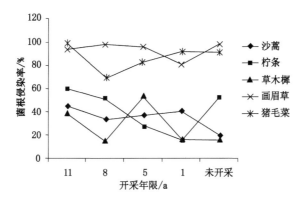

图 5-44　不同开采年限菌根侵染率

2013 年 6 月对植物根际菌根侵染率进行调查,如图 5-45。由图可以看出,采煤沉陷后,与未开采样地相比,沙蒿菌根侵染率出现了一定的下降,而后回升,随着塌陷年限的增加,再次逐步下降。这表明采煤沉陷对沙蒿菌根侵染率造成了一定的影响。而柠条和草木樨随着塌陷年限的增加则出现了一定的波动。这可能是由于煤炭开采对根系造成了一定影响,而植物对于外界环境有一定的适应性反应,采煤塌陷对这些植物的影响较小。

2. 菌丝密度

采煤沉陷对植物根外菌丝密度有一定的影响(图 5-46)。随着开采年限的延长,柠条、草木樨、沙蒿菌丝密度均出现先减小后增大的趋势。画眉草根外菌丝密度呈现先增大后减小再增大的趋势,猪毛菜的根外菌丝密度变化趋势与画眉草基本一致。

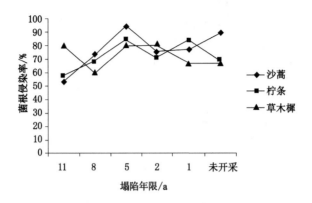

图 5-45　不同坍塌年限植物菌根侵染率

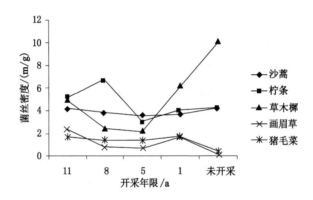

图 5-46　不同开采年限对根外菌丝密度的影响

5.3.1.3　对植物根际土壤化学特性的影响

土壤养分含量状况是土壤肥力的重要标志,在水、热、气等条件协调适宜的前提下,土壤养分含量和供应状况直接影响着作物的生长发育和产量高低。在陆地生态系统中,植物是第一生产者,植物和土壤不停地进行着物质和能量的交换,植物在从土壤中吸收矿质营养的同时又将光合产物以根系分泌物和植物残体的形式释放回土壤。因此,根际养分含量的变化情况是考察外界因素对植被根际环境影响的一种重要方式。

1. 不同塌陷年限土壤 pH 值和电导率的时空变化

采煤沉陷对土地造成了一定破坏,植物根际土壤环境也发生了一定的变化。图 5-47 和图 5-48 分别为不同植物在不同塌陷年限土壤 9 月 pH 值和电导率变化,说明:采煤沉陷会造成土壤 pH 值的增加,土壤电导率也表现出相似的趋势;开采年限越长,土壤电导率越高,说明塌陷后植物根际土壤具有自我修复的能力。

2. 不同植被类型土壤 pH 值和电导率的变化

在煤炭开采塌陷区,不同植被类型土壤的 pH 值基本一致,电导率则表现出一定的差异性(图 5-49)。草地的电导率最高,而灌木林相对较低,草地土壤的电导率比灌木林高出

128.7％,比乔木林高出 100.8％。在采煤塌陷区,草本植物自修复能力相对较强,且草地植被覆盖率最高,一定程度上缓解了煤炭开采造成土壤矿物质元素的流失。

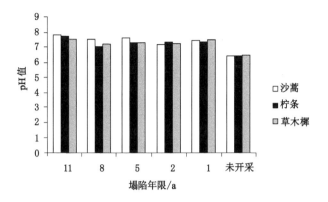

图 5-47　不同塌陷年限土壤 9 月 pH 值变化

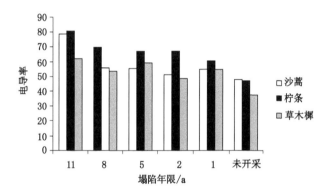

图 5-48　不同塌陷年限土壤 9 月电导率变化

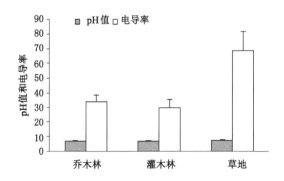

图 5-49　不同植被类型土壤 pH 值和电导率变化

3. 土壤速效磷、速效钾含量的变化

表 5-7 为不同植物在不同塌陷年限植被根际土壤速效磷变化。煤炭开采会造成土壤中速效磷含量的降低。2012 年采集数据表明,和未开采区相比,2012 年开采区土壤中速效磷

含量均出现了明显下降。2013 年监测数据同样表明,煤炭开采产生塌陷以后,开采工作面内土壤中有效磷含量降低明显,而后缓慢回升。这可能是由于采煤造成的土体塌陷使得土壤中的有效养分随着降雨流失,而随着地层沉降的逐步减缓,土壤结构和功能得以部分恢复,其保水保肥能力得到恢复。

表 5-7　采煤沉陷区不同塌陷年限植被根际土壤速效磷含量变化　　　　　单位:mg/kg

采集时间	植物种	11 a	8 a	5 a	2 a	1 a	未开采
2012 年 8 月	油蒿	3.30	2.03	3.55	4.03		4.28
	柠条	8.43	2.17	2.30	1.65		6.40
	草木樨	4.60	1.25	2.43	1.45		4.33
2013 年 6 月	油蒿	2.72	1.84	3.54	3.72	1.82	3.30
	柠条	3.34	3.56	2.76	2.42	1.94	3.10
	草木樨	1.52	1.92	1.42	1.88	1.86	2.24
2013 年 9 月	油蒿	5.28	3.44	2.90	3.28	1.38	1.56
	柠条	4.88	3.20	2.62	4.98	2.00	1.96
	草木樨	5.00	2.72	4.50	5.58	1.80	4.10

由表 5-8 可知,不同取样时间内,根际土壤速效钾含量差异较大。这可能是由于植被生长对根际土壤中速效钾的吸收,以及降雨的淋溶作用。不同塌陷年限根际土壤中速效钾含量表现不一,不同植被种类根际土壤速效钾含量也有区别。其中油蒿群落速效钾含量变化较小,而草木樨则变化较大,且均保持在较低水平。

表 5-8　采煤沉陷区不同塌陷年限植被根际土壤速效钾含量变化　　　　　单位:mg/kg

采集时间	植物种	11 a	8 a	5 a	2 a	1 a	未开采
2012 年 8 月	油蒿	229.46	230.96	192.44	235.5		244.15
	柠条	205.52	236.1	177.24	252.58		131.86
	草木樨	225.18	186.1	112.5	114.61		158.54
2013 年 6 月	油蒿	118.98	126.11	93.88	113.05	154.92	121.89
	柠条	89.81	81.42	95.88	104.89	103.16	104.85
	草木樨	57.79	77.04	76.22	93.61	76.08	107.83
2013 年 9 月	油蒿	148.42	100.05	65.74	118.81	129.94	114.29
	柠条	84.84	71.92	78.71	62.81	99.29	114.48
	草木樨	85.48	67.29	49.17	50.69	97.65	106.58

4. 根际土壤碱解氮含量的变化

土壤碱解氮是铵态氮、硝态氮、氨基酸氮和易水解蛋白质氮的总和,这部分土壤的氮近期内可被植物吸收利用,因此,碱解氮能够较好地反映出近期内土壤氮素供应状况和氮素释放速率,碱解氮也是反映土壤供氮能力的重要指标之一。由表 5-9 可以看出,2013 年 6 月和 9 月,煤炭开采会造成根际土壤中碱解氮含量的下降,而随着开采时间的延长,其值会出现缓慢的上升。这说明煤炭开采后其对根际土壤环境的影响在减弱,土壤肥力水平能得到一定程度的恢复,甚至可好于未开采区。

表 5-9　采煤沉陷区不同塌陷年限植被根际土壤碱解氮含量变化　　单位:mg/kg

采集时间	植物种	11 a	8 a	5 a	2 a	1 a	未开采
2013 年 6 月	油蒿	28.39	19.86	13.90	14.32	17.96	23.77
	柠条	21.81	25.45	18.38	17.50	27.97	28.04
	草木樨	31.05	19.57	23.10	18.38	21.32	37.28
2013 年 9 月	油蒿	27.88	19.95	17.15	17.95	19.60	39.20
	柠条	27.88	34.09	29.89	26.02	20.30	37.63
	草木樨	20.21	27.04	24.73	40.25	23.68	31.85

5. 根际土壤全磷、全钾含量的变化

煤炭开采后,土层结构遭到破坏,土壤中物理水分及化学反应发生了相应的变化,养分含量也会发生一定的变化。表 5-10、表 5-11 分别为不同塌陷年限不同植被根际土壤全磷、全钾含量的变化情况。由表可以看出,采煤塌陷当年,土壤根际全磷、全钾含量均出现了一定程度的下降。磷、钾元素的流失对于植被的生长是较为不利的。全磷含量的下降可能是由于土壤的物理化学性质发生了一些变化,使得土壤中的磷矿化从而流失。土壤中钾含量的变化也很明显,随着塌陷年限的延长,土壤中速效钾逐年得到恢复。

表 5-10　煤炭开采对根际土壤全磷含量的影响　　单位:g/kg

采集时间	植物种	11 a	8 a	5 a	2 a	1 a	未开采
2013 年 6 月	油蒿	0.68	0.64	0.71	0.72	0.64	0.69
	柠条	0.59	0.75	0.76	0.79	0.65	0.75
	草木樨	0.61	0.62	0.78	0.74	0.64	0.72
2013 年 9 月	油蒿	0.53	0.69	0.54	0.70	0.66	0.68
	柠条	0.53	0.62	0.65	0.63	0.51	0.68
	草木樨	0.54	0.71	0.59	0.71	0.64	0.65

表 5-11　煤炭开采对根际土壤全钾含量的影响　　单位:g/kg

采集时间	植物种	11 a	8 a	5 a	2 a	1 a	未开采
2013 年 6 月	油蒿	3.47	2.93	2.44	2.25	2.43	3.10
	柠条	3.22	3.16	3.29	2.68	1.97	3.12
	草木樨	3.93	2.68	2.68	3.09	2.71	3.82
2013 年 9 月	油蒿	3.26	3.29	3.05	2.71	2.07	2.21
	柠条	3.09	3.45	2.94	3.48	1.82	2.29
	草木樨	2.92	3.43	3.46	2.53	2.12	2.99

6. 根际土壤中其他无机盐离子含量的变化

根际土壤中的无机盐离子在植物生长过程中起着至关重要的作用,植物许多酶反应过程中需要这些物质。而采煤沉陷后,对土壤中的无机盐离子也有一定的影响。由表 5-12 可知,对不同植物而言,采煤塌陷后均对土壤根际无机盐离子造成了一定程度的减少,这些离子的流失,对植物的生长发育将产生不利的影响。随着塌陷时间的延长,部分指标可恢复到采煤塌陷前的状态,逐渐消除了其对植被生长的影响。

表 5-12 煤炭开采对根际土壤中无机盐离子含量的影响 单位:g/kg

植物种	塌陷年限	无机盐离子 Ca	无机盐离子 Mg	无机盐离子 Mn	无机盐离子 Fe
油蒿	11 a	7.58	3.71	0.31	19.62
	8 a	3.96	3.07	0.30	20.94
	5 a	32.03	3.22	0.24	14.93
	2 a	38.43	2.85	0.25	18.01
	1 a	35.58	3.10	0.33	24.32
	未开采	41.20	3.48	0.42	25.97
柠条	11 a	8.47	3.52	0.30	18.66
	8 a	3.89	3.46	0.30	21.16
	5 a	33.76	4.17	0.31	18.68
	2 a	41.70	3.26	0.32	21.65
	1 a	29.01	2.49	0.30	25.01
	未开采	43.00	3.55	0.48	30.38
草木樨	11 a	22.18	4.23	0.33	20.14
	8 a	3.83	2.85	0.24	16.44
	5 a	44.36	3.65	0.31	20.11
	2 a	44.66	3.54	0.38	24.56
	1 a	34.48	3.13	0.37	22.49
	未开采	45.97	3.89	0.46	23.71

5.3.2 煤炭开采对土壤微生物和酶活性的影响研究

5.3.2.1 不同塌陷年限土壤酶活性变化

1. 不同塌陷年限土壤酸性磷酸酶活性变化

酸性磷酸酶活性能够反映土壤的代谢活动强弱。采煤沉陷对土壤中微生物数量造成了一定的影响,也改变了土壤酶活性。由表 5-13 可以看出,煤炭开采后磷酸酶活性出现波动,随着时间延长,磷酸酶活性有恢复趋势。

表 5-13　2013 年 9 月土壤酸性磷酸酶活性　　　　　单位：mg/g

植物种类	11 a	8 a	5 a	2 a	1 a	为开采
沙蒿	3.25	4.86	4.48	3.74	3.21	2.70
柠条	3.61	2.48	3.14	2.96	2.71	3.16
草木樨	2.50	3.99	4.10	4.10	3.15	3.58

2. 不同塌陷年限土壤脲酶活性变化

土壤脲酶广泛存在于土壤中，是研究较多的一种酶。脲酶与土壤中有机质含量、微生物数量等有关，由表 5-14 可以看出，它随着塌陷年限延长逐渐有恢复和增加的趋势。

表 5-14　2013 年 6 月土壤脲酶活性　　　　　单位：mg/g

植物种类	11 a	8 a	5 a	2 a	1 a	为开采
沙蒿	0.425	0.214	0.198	0.155	0.164	0.180
柠条	0.375	0.261	0.230	0.208	0.136	0.195
草木樨	0.465	0.383	0.159	0.142	0.157	0.293
裸地	0.155	0.131	0.260	0.087	0.183	0.136

5.3.2.2　不同塌陷年限根际土壤微生物变化

表 5-15～表 5-17 为 2012 年 10 月取样细菌、真菌和放线菌数量特征。由表可知，和未开采工作面相比，2012 年开采工作面土壤中细菌数量均出现了一定程度的下降，而后逐渐增加，可以认定采煤沉陷对根际土壤中细菌的生存环境造成了明显的影响。采煤塌陷造成了沙蒿和草木樨根际土壤中真菌数量的增加，而随着开采时间的延长，土壤中真菌数量逐渐变小，但整体上大都高于未开采区。柠条根际真菌数量先变小后增加，相对恢复速度较快。放线菌方面，沙蒿和草木樨的数量均出现了先减小后增大的趋势，但和未开采区相比，塌限年限为 11 a 的数值仍小于未开采区，说明采煤塌陷后恢复到正常水平下需要较长时间。柠条根际土壤放线菌数量变异较大，但塌限年限为 11 a 的放线菌数量已明显超过未开采区，说明其根际微环境变化的适应性较强。

表 5-15　2012 年 10 月不同塌陷年限细菌数量比较

塌陷年限	沙蒿	柠条	草木樨
未开采	90.30	217.66	67.66
1 a	54.42	78.64	48.19
5 a	66.30	100.35	85.69
8 a	117.58	101.94	88.85
11 a	75.20	84.60	64.88

表5-16　2012年10月不同塌陷年限真菌数量比较

塌陷年限	沙蒿	柠条	草木樨
未开采	18.43	43.54	17.19
1 a	87.39	29.25	42.07
5 a	58.12	52.17	22.44
8 a	48.81	61.89	22.93
11 a	64.41	25.66	15.47

表5-17　2012年10月不同塌陷年限放线菌数量比较

塌陷年限	沙蒿	柠条	草木樨
未开采	101.33	84.67	125.40
1 a	57.50	113.12	80.85
5 a	63.91	45.75	49.45
8 a	75.67	95.83	79.13
11 a	98.92	140.13	73.18

5.3.2.3　采煤塌陷对土壤球囊霉素相关蛋白时空演变影响

球囊霉素是由丛枝菌根真菌分泌的一种含金属离子的糖蛋白,能够反映出土壤质量的变化。由表5-18可知,煤炭开采后土壤中的球囊霉素含量降低,和未开采区相比,草木樨根际土壤中总球囊霉素含量迅速下降,随着时间延长,土壤中球囊霉素含量缓慢上升。表5-19为土壤易提取球囊霉素相关蛋白含量,可看出开采后其含量明显要低于未开采区,说明煤炭开采对土壤中丛枝菌根的生长造成了消极影响。

表5-18　土壤总球囊霉素相关蛋白含量

植物种类	11 a	8 a	5 a	2 a	1 a	未开采
沙蒿	0.755	0.589	0.627	0.576	0.448	0.563
柠条	0.614	0.832	0.627	0.499	0.333	0.486
草木樨	0.742	0.627	0.614	0.474	0.269	0.819

表5-19　土壤易提取球囊霉素相关蛋白含量

植物种类	11 a	8 a	5 a	2 a	1 a	未开采
沙蒿	0.227	0.128	0.266	0.285	0.253	0.320
柠条	0.147	0.160	0.307	0.250	0.243	0.301
草木樨	0.163	0.224	0.176	0.221	0.198	0.298

5.3.3　煤炭开采对微生物菌群多样性的影响研究

5.3.3.1　不同开采时间根系真菌种类

通过美国国家生物技术信息中心(NCBI)网站进行 Blast 同源性检索,找到属于真菌的序列,下载其中序列长度为 800 ± 5 且相似比大于或等于 97% 的序列,并按照不同开采时间归类整理。按照开采时间的顺序,开采 1 a、5 a、8 a、11 a 和未开采检测到的根系真菌菌株分别为 52 株、60 株、12 株、66 株和 74 株,除开采 8 a 的 12 株外,其余开采年限随开采时间的延长,根系真菌菌株数量逐年递增,可见真菌多样性随开采时间的延长而逐年提高。

从表 5-20 中可以看出,开采 1 a 的 52 个菌株,属于 12 个属,其中 Glomus 属、Diversispora 属、Marchandiomyces 属的优势度较高,分别为 35%、17%、23%,占所有菌株的 75%,三者均为常见属。开采 5 a 的 60 个菌株,属于 5 个属,其中 Glomus 属、Diversispora 属优势度较高,分别为 42%、55%,占所有菌株的 97%,Glomus 属为常见属,Diversispora 属为优势属。开采 8 a 的 12 个菌株,属于 2 个属,其中 Glomus 属优势度较高,占所有菌株的 92%,为优势属。开采 11 a 的 66 个菌株,属于 6 个属,其中 Glomus 属、Diversispora 属优势度较高,分别为 39%、50%,占所有菌株的 89%,二者均为常见属。未开采的 74 个菌株,属于 6 个属,Glomus 属、Diversispora 属优势度较高,分别为 30%、49%,占所有菌株的 79%,二者均为常见属。

表 5-20　真菌种、属丰富度以及各属丰度

开采年限	1 a	5 a	8 a	11 a	未开采
真菌种丰富度	52	60	12	66	74
真菌属丰富度	12	5	2	6	6
Glomus 属丰度	35%	42%	92%	39%	30%
Diversispora 属丰度	17%	55%	0%	50%	49%
Marchandiomyces 属丰度	23%	0%	0%	0%	0%

5.3.3.2　根系真菌多样性分析

从表 5-21 中可以看出,多样性指数按由小到大的顺序排列为开采 8 a<开采 1 a<开采 5 a<开采 11 a<未开采,除开采 8 a 外,根系真菌多样性指数 H 随开采年限(自修复时间)的延长而逐年增加。均匀度指数按由小到大的顺序排列为开采 8 a<开采 5 a<开采 1 a<开采 11 a<未开采,规律性不明显,但均在 $0.91\sim0.97$ 之间,差别不大。采煤塌陷区依靠生态自我修复能力在一定程度上能够提高根系真菌的生物多样性,但这个过程十分缓慢,自修复 11 a 的多样性指数仍小于未开采区。

表 5-21　根系真菌多样性分析

开采年限	1 a	5 a	8 a	11 a	未开采
多样性指数 H	3.58	3.85	2.25	4.05	4.19
均匀度指数 J	0.96	0.94	0.91	0.97	0.97

5.3.4　大柳塔矿区沉陷区微生物复垦修复应用

采煤沉陷区植物具有一定的自修复能力,但自我修复的进程比较缓慢。丛枝菌根真菌(AMF)是植物与一类土壤真菌形成的互惠共生体,是分布最为广泛的一类内生菌根真菌,因能在根系皮层细胞内形成丛枝而得名,能与地球上 90% 以上的有花植物以及蕨类植物和苔藓植物共生。目前对采煤塌陷区土地最彻底的生态治理应是生物综合治理,即利用生物的特性逐步改善土地质量,恢复土地生产力,实现矿区环境的可持续发展。

微生物复垦技术是利用微生物的接种优势,对复垦区土壤进行综合治理与改良的一项生物技术措施。该技术是借助向新种植的植物接种微生物,在改善植物营养条件、促进植物生长发育的同时,利用植物根际微生物的生命活动,使失去微生物活性的复垦区土壤重新建立和恢复土壤微生物体系,增加土壤生物,加速复垦土壤的基质改良以及自然土壤向农业土壤的转化过程,使生土熟化,提高土壤肥力,从而缩短复垦周期。

5.3.4.1 菌种筛选

菌根真菌可以侵染不同的宿主植物,其亲和能力有明显差异。不同菌剂在不同的宿主植物中表现出不同的作用效应,对植株的成活率影响较大。成活率对于生态恢复来讲是首要的,植物越易成活,生态复垦就越好。

经过对神东矿区多年的菌种筛选培养,接种的4种菌根菌剂生态效应存在一定的差异,G.m、G.i和G.e对植株成活率影响较大,为较适合塌陷区的优势菌根菌种,G.a次之。总体来说,该4种菌根菌剂对植株成活率均有较好的促进作用,且影响规律一致。

5.3.4.2 微生物培养与扩繁技术

采用特有的专利技术进行微生物进行野外规模化扩繁培养。从菌种野外采集、培养、消毒及栽植等环节进行了技术的突破,形成了规模化菌种扩繁关键技术,可以保证 1 000 亩(1 亩≈666.67 m^2)土地复垦需要的菌剂。

5.3.4.3 微生物与矿区适生植被联合的生态效应

神东矿区生态应用中最适生的植被之一为紫穗槐,因而以紫穗槐为例,研究优势微生物对紫穗槐的生态效应。

1. 试验方法

试验地点选择大柳塔矿活鸡兔井塌陷区,该研究区位于西部干旱半干旱区,地处毛乌素沙地边缘地带,区域内年平均气温为 7.3 ℃,年降水量为 365 mL,试验区煤炭采空塌陷区合计 4 059 m^2,植被覆盖率低,蒸发强烈,年平均蒸发量是年平均降水量的 4.55~6.72 倍。供试菌种为经本实验室增殖培养的内生菌 G.m。供试植物是当地绿化和生态治理的先锋植株紫穗槐。试验地土壤为沙质土,基本性状为:pH 值为 7.48;电导率为 35.4 μs/cm,最大持水量为 22.86%;有机质含量为 6.07 g/kg;总氮含量为 0.34 g/kg;全磷含量为 0.41 g/kg;有效磷含量为 7.2 mg/kg;速效钾含量为 50 mg/kg。

2. 接种菌根对紫穗槐生长的影响

接种丛枝菌根真菌促进了紫穗槐的生长,由图 5-50 所示,接种菌根两个月后,菌根的生态效应开始显现,表现为 M 处理紫穗槐生长速度明显高于 CK 处理。随着时间的推移,M 处理和 CK 处理紫穗槐都呈增加趋势,但 M 处理紫穗槐的生长速度始终高于 CK 处理,14 个月后,紫穗槐的株高和冠幅达到最大,M 处理和 CK 处理紫穗槐株高和冠幅差异显著,接种菌根促进了紫穗槐的生长。紫穗槐生长速度极快、耐干旱、耐贫瘠,且根瘤可改良土壤,故成为神东矿区广泛种植的重要造林树种之一。神东矿区植被覆盖率低,干旱缺水,加之日蒸发量大,采煤塌陷区生态环境人工治理不易种植大型乔木,目前,紫穗槐在当地人工植被恢复中越来越受青睐。通过在煤矿塌陷区种植单一植物很难取得较大的生态效益,必须将植物和其他生物"菌肥"进行耦合,因此,将菌根技术应用到矿区环境治理中会取得较高的生态学价值。

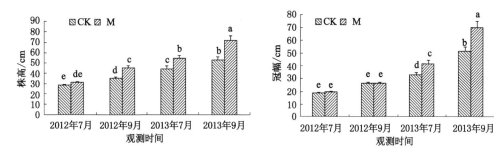

图 5-50　接种菌根对紫穗槐生长的影响

注:图中数值为多个重复的平均值;其后的不同字母代表 5% 水平上的差异显著性,以下同。

5.4　基于 3S 技术的矿区水土保持生态建设

神东矿区在建设初期风蚀区面积占 70%,平均植被率仅为 3%～11%。1985 年矿区开采之初,就提出了"建设一流的能源基地,必须有一流的生态环境"的开发思想,在此之后又提出了"3 圈 3 期"的防治模式,即采取外围防护圈、周边常绿圈和中心美化圈三个空间层次进行综合防控。30 年来,神东矿区坚持资源开发与水土保持并重,不断创新管理与技术,大力实施水土保持工程,累计投入治理资金达 13.1 亿元,完成治理面积 244 km²。随着神东矿区"3 圈 3 期"防治目标的实现,已初步完成了矿区及周边区域的绿化复垦工作,但长期的绿化环保工作仍需开展"查漏补缺"的精细化建设。因此,采取多手段、多角度的矿区环境监测评估工作对于矿区长期稳定实施绿化环保工作意义重大。

利用先进的物联网技术、自动控制技术、通信技术、数据库技术、GIS(地理信息系统)技术等,统筹规划,建成涵盖信息共享、业务管理、科学决策于一体的专业化、智能化、图文一体化的信息化系统,收集 1990—2015 年期间的遥感影像,提取土地利用、植被覆盖度等 6 项遥感监测专题信息,再现了神东矿区 25 年间的环境变化。集成已有的生态、灌溉水质、土壤风蚀三个方面的监测系统,实现相关监测指标在同一平台下面的一体化在线监测,最终建成了神东矿区生态监测与信息管理系统,从宏观与微观两个方面对矿区的生态环境进行监控与展示,实现环境监管可视化、数据管理一体化、环境决策科学化。

5.4.1　神东矿区生态环境变迁的遥感监测

针对神东矿区多年生态修复建设成果,选取主要的生态环境要素为监测指标,采用遥感技术手段进行动态监测,掌握神东矿区生态环境修复建设效果的历史变化情况。监测时段为 1990 年、1995 年、2000 年、2005 年、2010 年、2011 年、2012 年、2013 年、2014 年和 2015 年共 10 个年度。1990—2010 年每 5 年监测 2 次,2010—2015 年每年监测 2 次,采用优于30 m 的遥感数据。2011—2015 年每年夏季增加一次中高分监测(优于 2.5 m)。监测区采用优于 30 m 的遥感数据共监测 20 期,高分区采用优于 2.5 m 的中高分数据共监测 5 期,具体涉及土地利用、植被覆盖度、水面监测、土地复垦率、土地绿化率和土壤湿度 6 个指标,见表 5-22。

表 5-22　监测指标分类表

序	监测指标	监测指标具体分类	备注
1	土地利用	土地利用动态监测	土地复垦率、土地绿化率指标视遥感数据分辨率而定,优于 2.5 m 遥感数据开展监测,否则不监测;土壤湿度采用热红外监测数据
2	水面监测		
3	植被覆盖度		
4	土地复垦率	排矸场土地复垦率	
		监测区土地复垦率	
5	土地绿化率	工业广场土地绿化率	
		监测区土地绿化率	
6	土壤湿度		

5.4.1.1　土地利用动态监测

为便于比较分析,掌握土地利用类型的发展趋势,20 期土地利用现状调查情况被分为夏季和冬季,分别进行统计。

(1) 1990—2015 年夏季,对神东中心区进行了 10 期土地利用现状调查。

经分析,林草地、城镇和工矿用地、沙(裸)地三大地类 25 年期间图斑面积变化幅度较大,以上地类对神东中心区生态环境的变化具有主导因素。1990—2015 年,林草地面积呈先增加后减少趋势(图 5-51)。1990—2000 年,林草地面积增幅较大;2000—2010 年,林草地面积趋于平稳,变动不大;2010—2015 年,林草地呈现下降趋势。1990—2015 年,城镇及工矿用地面积呈现增长趋势(图 5-52)。1990—2000 年,城镇及工矿用地面积变化幅度较小;2010 年后,增长幅度较大,面积由 16.19 km² 增加到 114.25 km²,面积增加了 98.06 km²。1990—2015 年,沙(裸)地面积呈现减少趋势(图 5-53)。1990—2000 年,沙(裸)地面积减少幅度较大;2000 年后减少幅度略有降低;2010 年后,沙(裸)地面积趋于稳定。

1990—2000 年,林草地面积增加主要来自沙(裸)地;2000—2010 年,工矿用地面积增长幅度较大,主要来源于沙(裸)地;2010 年后城镇和工矿用地面积的增加,主要来自林草地。

(2) 1990—2015 年冬季(1990 年冬季没有 TM 影像数据,用 1993 年数据代替),对神东中心区进行了 10 期土地利用现状调查。分析可见,神东中心区冬季土地利用现状的变化趋势和夏季相同,具体见表 5-23。

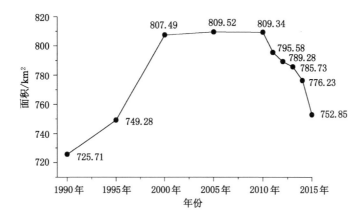

图 5-51　神东中心区林草地面积变化趋势图

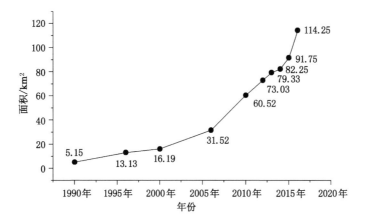

图 5-52　神东中心区城镇和工矿用地面积变化趋势图

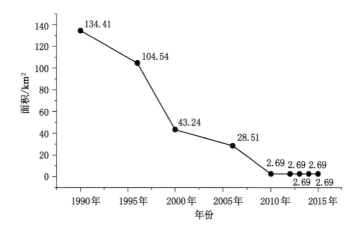

图 5-53　神东中心区沙(裸)地面积变化趋势图

表 5-23　神东中心区冬季土地利用现状调查统计表　　　　　　　　单位:km²

时间	数据时相	耕地	林草地	城镇	工矿用地	河流	沙(裸)地	合计
1990 年	1993-05-17	5.91	722.95	7.22	0.69	37.94	134.41	909.12
1995 年	1995-11-15	4.88	747.22	10.16	3.34	36.92	106.6	909.12
2000 年	2000-03-01	5.94	807.49	12.13	4.06	36.26	43.24	909.12
2005 年	2005-03-15	4.72	810.38	15.69	14.97	34.85	28.51	909.12
2010 年	2010-02-01	3.61	809.52	17.86	42.49	32.95	2.69	909.12
2011 年	2011-02-11	3.61	799.26	18.75	50.60	34.21	2.69	909.12
2012 年	2012-02-14	3.61	790.62	19.01	58.98	34.21	2.69	909.12
2013 年	2013-02-16	3.61	784.49	19.73	63.76	34.84	2.69	909.12
2014 年	2014-01-25	3.61	777.49	19.73	70.83	34.84	2.69	909.12
2015 年	2015-02-18	3.61	761.71	19.92	85.38	35.80	2.69	909.12

5.4.1.2　植被覆盖度变化

参照《生态环境状况评价技术规范》(HJ 192—2015),结合神东矿区植被类型的实际情况和归一化植被指数(NDVI)的灵敏度区间,将植被覆盖度划分为五级,即高覆盖度(≥80%),中高覆盖度(50%~<80%),中覆盖度(30%~<50%),低覆盖度(15%~<30%)和极低覆盖度(<15%)(表 5-24)。

表 5-24　植被覆盖度分类标准

植被覆盖类型	覆盖度/%	遥感影像特征
高覆盖度	≥80	呈深绿色,色调均匀,纹理结构细腻;植被类型以乔木林、草地为主,地貌类型以风沙滩地或洼地为主
中高覆盖度	50~<80	呈绿色,间夹白色或杂色斑点、斑块;植被类型为乔木林、草丛,地貌类型以固定沙丘或滩地为主
中覆盖度	30~<50	呈灰绿色,植被类型为草地,地貌类型为黄土沟壑或覆沙黄土沟壑
低覆盖度	15~<30	呈绿白色,白色斑片状影纹或树枝状纹理;植被类型为草地、灌木丛,地貌类型为覆沙黄土丘陵
极低覆盖度	<15	呈亮白色,植被稀疏或裸地,地貌类型为黄土梁、沟壑和风沙地

以 1990—2015 年 30 m 分辨率的 TM 影像数据和环境一号卫星数据为依据,进行神东监测区植被覆盖度遥感测算,如图 5-54 所示。

从神东中心区植被覆盖度总体情况来看,其分布在空间上有着较强的规律性,体现为从西北向东南植被覆盖度逐渐增加的趋势:低植被覆盖度区主要位于乌兰木伦河东边、矿区北部地区,在矿区东西部和中部地区也有少量分布;矿区的中部和西部地区为中等植被覆盖度区,其在矿区北部和东部也有条带状或零星状分布;矿区东南部为高植被覆盖度区。

从植被覆盖度在各个矿区的分布情况看:高植被覆盖度主要分布在大柳塔煤矿中南部、活鸡兔井田的西南部、呼和乌素尔林兔井田的南部;低植被覆盖度集中分布在柳塔煤

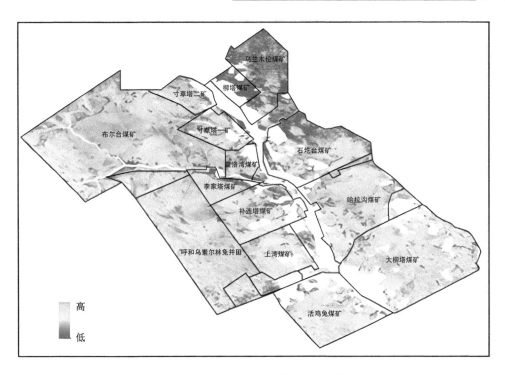

图 5-54　2015 年神东中心区植被覆盖度分布图

矿、乌兰木伦煤矿、石圪台煤矿北部和补连塔煤矿东北部;中高植被覆盖度主要分布在布尔
台煤矿、寸草塔一矿、寸草塔二矿、补连塔矿北部、呼和乌素尔林兔井田的北部、石圪台煤矿
南部以及哈拉沟煤矿的西北部。

从 1990—2015 年夏季植被覆盖度的变化趋势(图 5-55)来看,植被覆盖度值总体上呈
现递增趋势,由 1990 年的 13.73% 增加到 2015 年的 53.29%。这反映了神东中心区生态环
境改善比较明显,说明神东中心区植株造林、网障固沙等生态修复治理工作取得了良好的
生态效益。从 1990—2015 年 NDVI 变化趋势图(图 5-56)中可以看出,NDVI 变化趋势波动
比较大。

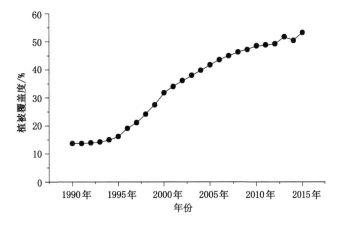

图 5-55　1990—2015 年夏季植被覆盖度变化趋势图

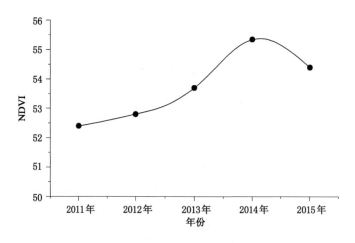

图 5-56 2011—2015 年 NDVI 变化趋势图

5.4.1.3 土壤湿度变化

采用分辨率为 30 m 的 TM 影像数据和环境一号卫星数据测算土壤湿度。从神东中心区土壤湿度空间分布图（图 5-57）上来看，呈现较强的规律性，体现为从西北部向东南部逐渐增加的趋势。中心区西部和西南部为沙漠滩地，土壤湿度监测指数（SMMI）值最大，土壤湿度最小，最干旱，主要因为该区土壤类型为风沙土，土壤毛管力弱，持水能力低，植被覆度低，易遭受流水侵蚀和风蚀；中心区东部和东北部及乌兰木伦和窟野河的两侧区域，SMMI 值最小，土壤湿度最大，主要因为该区土壤类型为黄土，植被覆盖度较高；中心区西北部分布流动沙及半固定沙的荒漠化草原，东南部为典型草原，SMMI 值与对应土壤湿度均处于中间水平。可见，监测的中心区土壤湿度状况与矿区地貌类型基本一致。

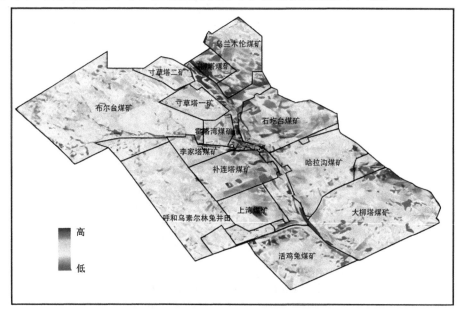

图 5-57 2015 年神东中心区土壤湿度空间分布图

从图 5-58 可看出,冬季的土壤湿度值高于夏季的土壤湿度值(1990 年除外);冬季和夏季土壤湿度的变化趋势基本一致,呈现先增大后减小再增大的趋势。1990—2015 年期间,神东中心区原煤产量逐年增加,土壤湿度虽有较大波动,但并没有因为开采力度的加大而大幅度地减小,说明地下采矿活动并没有导致神东中心区土壤湿度出现明显的退化趋势。

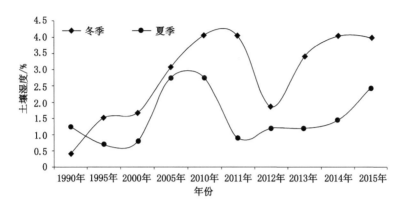

图 5-58 1990—2015 年土壤湿度变化趋势图

5.4.1.4 土地复垦率变化

土地复垦率是指已复垦的土地面积与损毁的土地面积之比。从 2011—2015 年监测的土地复垦率来看(见表 5-25),高分区土地复垦率总体上呈现增长趋势。

表 5-25 2011—2015 年土地复垦率表

年份	复垦面积/hm²	土地损毁面积/hm²	土地复垦率/%
2011 年	0	22.37	0
2012 年	0	25.03	0
2013 年	1.93	48.31	4.00
2014 年	2.65	73.93	3.58
2015 年	7.95	150.49	5.28

注:1 hm² = 0.01 km²。

高分区土地损毁区域集中在两个地方,一个处在高分区北部、哈拉沟境内的煤矸石堆放区,另一个处在高分区南部、大柳塔境内的地方露天采场。2011—2015 年,露天采场地表面积不断剥挖,但是并没有绿化复垦。自 2013 年,煤矸石堆放区开始绿化复垦,且复垦面积逐年增加;2015 年,原排矸场实现全部复垦,如图 5-59 所示。

5.4.1.5 土地绿化率变化

土地绿化率是指已绿化的林地面积与监测区土地面积之比。高分区土地绿化率采用优于 2.5 m 分辨率的数据监测此项指标。此项指标主要采取人机交互解译信息提取技术。

从表 5-26 可以看出,高分区土地绿化率总体呈增加趋势。2014—2015 年绿化率增长幅度较大,达到 2.58%,新增加的林地主要分布在高分区北部哈拉沟境内公路两侧。

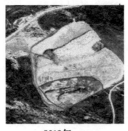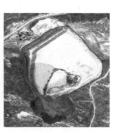

| 2013年 | 2014年 | 2015年 |

图 5-59　2013—2015 年土地复垦面积

表 5-26　2011—2015 年土地绿化率表

年份	林地面积/hm²	土地绿化率/%
2011 年	25.34	36.29
2012 年	25.32	36.26
2013 年	26.83	38.42
2014 年	26.77	38.35
2015 年	28.58	40.93

5.4.1.6　水面变化监测

监测高分区内所有水面的面积变化情况,采取基于面向对象的遥感信息自动提取技术。从 2011—2015 年水面监测面积的变化趋势来看,高分区水面监测面积呈现先增加再略微降低再增长的趋势,2011—2013 年监测面积呈增长趋势,2014 年略有下降,2015 年又开始回升。水面面积的变化主要发生在乌兰木伦河床内,2011—2015 年乌兰木伦河水面监测图如图 5-60 所示。

5.4.2　基于 3S 技术的矿区生态监测与管理信息系统

神东矿区生态监测与管理信息系统是对各类监测数据、工程数据进行存储、管理、分析、发布与展示的综合管理应用系统,采用通用的 B/S(浏览器/服务器)架构,依托先进的 WEB-GIS(网络地理信息系统)平台向用户提供服务,并实现了多源、海量基础空间信息资源的管理和服务,基于技术联盟标准规范的二次开发接口,实现异构 GIS 平台的数据互操作,满足基础空间信息资源开发和共享的要求。该平台集海量数据管理、网络空间信息共享、服务管理和后台日志监控以及资源展示应用等功能于一身,全面考虑效率、高并发、稳定、安全、开发等因素,用户可以在 PC 和移动设备端通过常用的浏览器访问软件系统。

5.4.2.1　系统逻辑结构

从系统的逻辑结构上划分,系统可以分为数据层、逻辑层和表现层。数据层主要负责数据的存储;逻辑层主要负责数据的管理、分析;而表现层主要负责数据的展示与应用。系统逻辑结构如图 5-61 所示。

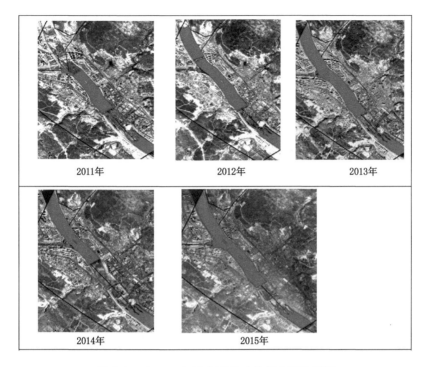

图 5-60　2011—2015 年乌兰木伦河水面监测图

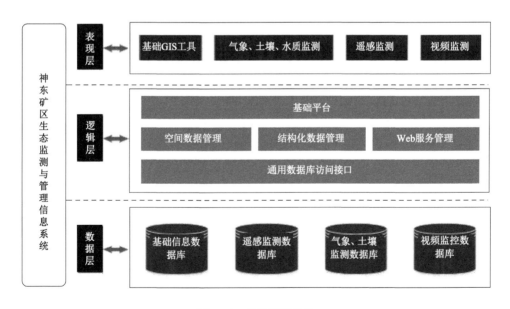

图 5-61　系统逻辑结构

5.4.2.2　系统网络结构

系统采用通用的 B/S 架构,数据通过远程无线采集或者本地上传的方式上传到综合数据库,各类服务器从数据库获取数据,通过计算、分析处理得到用户所需要的产品,最后通过 WEB-GIS 的形式对外发布。其中,GIS 服务器提供 WEB-GIS 的基础网络功能,遥感服务器负责对遥感数据进行分析、统计与发布,视频服务器负责对视频系统的软硬件进行控制,支持视频数据的管理、查看与发布。综合服务器主要为生态、灌溉水质、土壤风蚀监测分系统提供数据接入接口,支持对相关监测数据的管理与展示,同时,肩负整个系统的数据管理与用户管理的功能。

5.4.2.3 系统功能组成结构

从系统功能上划分,神东矿区环保监测系统由 6 个分系统组成,分别为:基础 GIS 分系统、遥感监测分系统,视频监测分系统,生态、灌溉水质、土壤风蚀监测分系统,用户管理分系统、数据管理分系统,如图 5-62、图 5-63 所示。

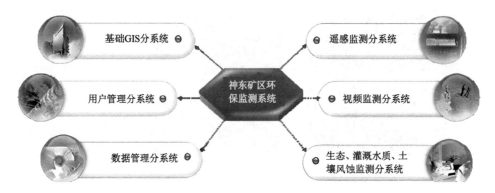

图 5-62 系统功能结构图

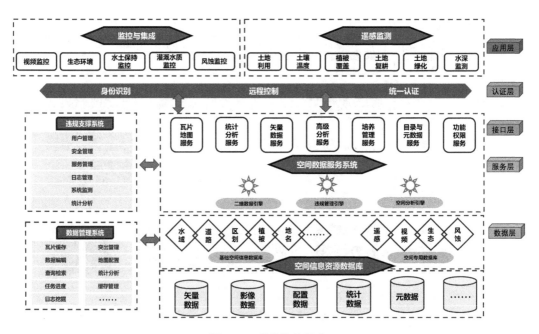

图 5-63 系统软件组成

1. 基础 GIS 分系统

基础 GIS 分系统能够提供基础的 WEB-GIS 功能,集成 GIS 的空间量测、场景浏览等先进技术,实现各类数据的空间表达,充分发挥通信技术、信息技术、数据库技术、空间技术的优势,为各类监测工作提供便利的服务。

基础 GIS 分系统可实现两大功能:第一是实现基础地理数据管理与更新,基于遥感、测绘业务数据,实现数据的动态维护和更新机制,提供最完备、现实的基础地理数据。第二是实现数据查询分析,实时提供有关基础地理数据、专题要素等资源信息;包括电子地图、地图漫游、鹰眼控制、全图查看、地图局部选择、图层控制等功能。

2. 遥感监测分系统

遥感监测分系统由展示子系统和统计分析子系统组成。其中,展示子系统主要负责遥感影像、遥感监测解译产品的展示;统计分析子系统主要负责遥感监测结果的查询、统计、对比、分析,包括专题图叠加、透明度对比、卷帘对比、时间轴查看、联动对比、地类变化对比、照片查看、属性查看、统计分析等。

3. 视频监测分系统

视频监测分系统负责视频监测摄像头观测角度调整和监测数据的实时显示,主要实现以下功能:远程视频图像实时浏览功能、云台控制功能、图像抓拍功能、设备管理功能(图 5-64)。

图 5-64　视频监测——摄像头参数

4. 用户管理分系统

用户管理分系统主要负责对用户角色、权限、日志等进行管理。

5. 数据管理分系统

数据管理分系统负责对工程信息资料、GPS 工程数据、遥感影像,以及专题产品的存储、管理、发布、浏览、统计、下载等工作。

6. 生态、灌溉水质、土壤风蚀监测分系统

生态、灌溉水质、土壤风蚀监测分系统分别为无线自动生态分系统、灌溉水质监测分系统、土壤风蚀监测分系统。在神东矿区生态监测与信息管理系统主界面,点击"气象"分系统功能模块,系统会自动进入 Advantage Pro 监测系统平台主界面。用户可以在神东矿区生态监测与信息管理系统上查找出气象站所在空间位置,通过空间位置链接,可以调出 Advantage Pro 监测系统平台中相应气象站的监测数据,如图 5-65 所示。

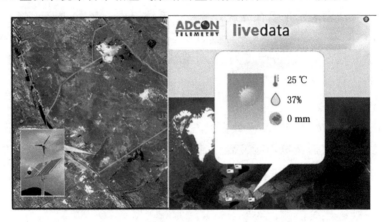

图 5-65　Advantage Pro 监测系统第二层面嵌入

5.4.2.4　系统运行环境建设

系统运行环境建设包括软件环境、硬件环境和网络环境的配置。软件环境包括操作系统平台、数据库平台、地理信息系统平台、数据生产平台、系统开发平台及其他相关软件;硬件环境主要是建立和调试系统运行的服务器、客户端、外设等硬件环境;网络环境则起到连接服务器和客户端,保证系统正常运转的作用。

5.5　矿井废物利用的节能环保技术

5.5.1　矿井乏风余热利用技术

矿井通风后经回风井排出的乏风一般温度偏高,基本为 12～20 ℃,且通风线路越长乏风温度越高。为了充分利用这部分热力资源,采用热管技术开展了矿井乏风低熵热能利用实践,将热能有效传递给矿井新风,确保了寒冷季节井筒进风所需的温度要求(进风立井房混合温度不低于 2 ℃)。

5.5.1.1　热管技术原理

热管作为一种新型传热元件,至今已经有 50 多年的历史。随着热管技术的不断发展和普及,其应用领域由太阳能、地热利用的工业领域逐步扩展到民用品领域,包括空调系统的热管换热器等。目前我国的热管技术和产品已经广泛应用于冶金、石油、化工等工业领域的废热回收和工业设备的冷却降温。

热管按照工作过程可划分为三个部分,即蒸发段、绝热段和冷凝段。

（1）蒸发段的液态工质吸收热源的热量后在气液分界面上迅速蒸发汽化。

（2）气态工质在微小的压差下经绝热段迅速到达冷凝段。

（3）冷凝段的气态工质向被加热介质放出热量后迅速冷凝成液态。

（4）液态工质经吸液芯回流至蒸发段，再次在蒸发段吸热汽化，如此循环不已，热量便从一端传到了另一端。

热管工作过程示意图如图 5-66 所示。

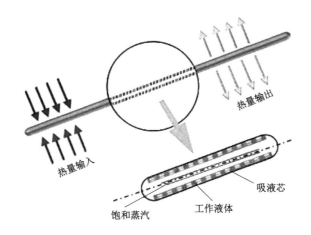

图 5-66　热管工作过程示意图

5.5.1.2　热管技术特性

1. 导热性高

热管内部主要靠工作液体的汽、液相变传热，热阻很小，因此具有很高的导热能力。与银、铜、铝等金属相比，单位质量的热管可多传递几个数量级的热量。

2. 等温性优良

热管内的蒸汽处于饱和状态，一定的饱和蒸汽温度对应于相应的饱和蒸汽压力，饱和蒸汽从蒸发段流向冷凝段所产生的压降很小，由热力学中的 Clausuis-Clapeyron 方程式可知，温降亦很小，因而热管具有优良的等温性。

3. 热流密度具有可变性

热管可以独立改变蒸发段或冷凝段的加热面积，即以较小的加热面积输入热量，而以较大的冷却面积输出热量，或者热管可以较大的传热面积输入热量，而以较小的冷却面积输出热量，这样可以改变热流密度，解决一些其他方法难以解决的传热难题。

4. 热流方向具有可逆性

一根水平放置的有芯热管，由于其内部循环动力是毛细力，因此任意一端受热都可作为蒸发段，而另一端向外散热就成为冷凝段。

5. 作为热二极管与热开关性能较好

热管可作为热二极管或热开关。所谓热二极管就是只允许热流向一个方向流动，而不允许向相反的方向流动；热开关则是当热源温度高于某一温度时，热管开始工作，当热源温度低于这一温度时,热管就不再传热。

6. 恒温特性较好(可控热管)

普通热管的各部分热阻基本上不随输入热量的变化而变化,因此当输入的热量有变化时,热管各部分的温度亦随之变化。但人们发现随输入热量的增加而减少、随输入热量的减少而增加,这样可使热管在输入热量大幅度变化的情况下,蒸汽温度变化极小,实现温度的控制,这就是热管的恒温特性。

5.5.1.3 矿井乏风余热利用技术简介

热管采用了液—气—液的相变传热方式,具有极高的传热效率,试验表明一根直径为20 mm的铜-水热管,其导热能力是同直径紫铜棒的500倍。因此热管又有热超导体之称。

矿井乏风新型热管余热回收系统是通过工质相变技术回收矿井乏风中的低温热能,通过间壁换热实现气—气直换方式提取乏风热能传递给矿井新风,以保障入井新风的温度要求。

矿井乏风自扩散塔由乏风风道引入乏风等静压配风室内,均匀分流分配给热管换热器的蒸发侧通道,伴随乏风的低焓热量经热管蒸发吸收后,汇入乏风等静压合风室,再集中排放。

室外新风进入新风等静压配风室均匀分流分配给热管换热器的冷凝侧通道,与热管进行热量交换,将热管蒸发段吸收的低焓热量在冷凝段充分吸收,温度升高,实现对室外进风加热的目的。被加热的新风在新风等静压合风室内汇流,经新风风道引入进风立井房内,由井筒引入矿井。为保证通风量和克服通风阻力,在新风等静压配风室热管换热分流通道设置诱导平衡风机,而且能够保证进风立井房为微正压状态,进一步避免室外空气的漏入,保证井筒进风温度不低于2 ℃。乌兰木伦煤矿北风井乏风新型热管余热回收系统工艺设计流程如图5-67所示。

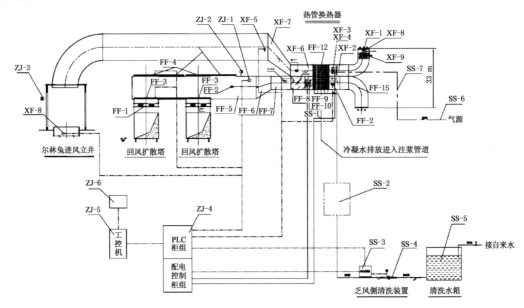

图 5-67 乌兰木伦煤矿北风井乏风新型热管余热回收系统工艺设计流程

5.5.1.4　上湾煤矿尔林兔风井乏风余热利用案例

1. 基本指标

矿井新风进风流量为 10 000 m³/min,回风井回风量为 18 500 m³/min,回风温度为 16 ℃,相对湿度为 90%。

上湾煤矿尔林兔风井乏风经热管换热器换热后降温至 5 ℃,相对湿度为 100%;热能利用率按 90% 计算可直接供热 6 184.4 kW。

冬季通过采用低温热管技术提取矿井乏风余热给入井新风加热,辅助利用空气压缩机余热和电辅助加热,确保在极端最低气温(-28.4 ℃以上)下,进风立井房入井新风温度≥2 ℃,且防止热管换热器结霜、结冰。

2. 矿井乏风流程

矿井乏风经乏风风道引至乏风等静压配风室,均匀分流给 22 台热换热器(配置 22 台平衡风机,克服风道及热管换热器阻力),经热量交换降温、冷凝后,进入乏风等静压合风室,然后汇集到排放口导流圆弧位置向上排入大气。

3. 矿井新风流程

矿井新风经防鸟网进入电加热风道后,进入等静压配风室,新风均匀分流给 22 台热管换热器(配置 22 台平衡风机,克服风道及热管换热器阻力),经换热加热后在新风等静压合风室汇流,经风道进入进风立井房。

在供热期间,进风立井房的墙壁上配置的手动百叶窗处于关闭状态,在进风立井房配置的温度变送器检测进入进风立井房的新风温度,维持进风立井房内空气温度不低于 2 ℃,以保证进风立井房的入井新风不会造成井筒冻冰。

5.5.1.5　神东公司其他矿井乏风余热利用技术应用效果

目前,矿井乏风余热利用技术在神东公司乌兰木伦煤矿、上湾煤矿、布尔台煤矿、大柳塔煤矿、锦界煤矿进行了推广应用,如表 5-27 所示。其中,锦界煤矿 2# 风井乏风新型热管余热回收系统供热功率最大,达到 8 068.2 kW,取得了较好的低温热能回收效果。

表 5-27　神东公司矿井乏风余热利用技术应用情况表

应用地点	进风流量/(m³/min)	回风流量/(m³/min)	回风温度/℃	换热后温度降幅/℃	供热功率/kW
乌兰木伦煤矿北风井	7 100	13 950	14	9	4 368.8
上湾煤矿尔林兔风井	10 000	18 500	16	11	6 184.4
布尔台煤矿松定霍洛风井	9 000	13 800	16	11	6 114.0
大柳塔煤矿白家渠风井	11 000	19 000	16	11	5 940.0
锦界煤矿 2# 风井	16 000	20 000	17	11~13	8 068.2

5.5.2　矿井水分级循环利用技术

神东公司充分利用井下采空区地下水库储存的宝贵水资源,探索形成了矿井水综合利用"三级处理"技术,确保水的分级、分质利用,如图5-68所示。

图 5-68 "三级三用三循环"矿井水保护利用模式

一级处理:通过井下采空区自然过滤与净化作用而出库的矿井水,水质优良,符合井下采掘生产用水的使用标准《城市污水再生利用 城市杂用水水质》(GB/T 18920—2020),详见表5-28;二级处理:地面各矿、厂、生活小区共配备38座水处理厂,实现矿井水的二级处理,以供地面生态灌溉用水;三级处理:地面建成3座矿井水深度处理厂,经过深度处理后供生活使用。在采煤、选煤、燃煤过程中,建立了采空区、选煤车间、锅炉房三个废水闭路循环系统,实现水的循环利用不外排,创新了生产、生活、生态"三种利用"技术,实现了水的多级利用。

表 5-28 采空区地下水库出库水质检验结果

检验项目	标准	检验结果
悬浮物/(mg/L)	50	40
CODcr/(mg/L)	50	12
浑浊度	5.00	2.71
pH 值	6.5~9.0	7.7
总硬度/(mg/L)	450	278
氯化物/(mg/L)	250	110
溶解性总固体/(mg/L)	1 000	905
总碱度/(mg/L)	350	215
阴离子合成洗涤剂/(mg/L)	0.50	0.07
氨氮/(mg/L)	10.00	0.11

5.5.3　纯水液压技术

纯水液压介质系统建设是采用纯水介质液压技术代替乳化液介质液压技术对采煤支架进行优化改造,首次在锦界煤矿开展了试验和应用。利用矿井自身水质优势,将矿井清水经纯水制备装置生产出电阻率≥12 MΩ·cm 的纯水代替原乳化液。纯水制备装置包括净化系统、一级处理系统、二级处理系统、电控系统。矿井水经净化系统过滤掉水中的颗粒杂质,出水精度为 0.1 μm;再经过一级处理系统,去除掉水中的金属离子、有机物、矿物质、细菌微生物等,出水电导率可到 20 μS/cm;最后经二级处理系统,去除掉水中的微量盐分,产生电阻率(25 ℃)≥10 MΩ·cm。

2020 年 11 月,在哈拉沟煤矿 22411 综采工作面完成安装总计 176 台 5.5 m 纯水液压支架,如图 5-69 所示。

图 5-69　采用纯水介质的纯水支架工作面实况

纯水液压技术极大改善了矿井的工作和安全条件,且有节约成本、故障率低、绿色环保等优势,可以有效降低煤矿的运营成本。据统计,液压支架 80% 左右的故障是液压系统造成的,而液压系统 75% 左右的故障是由于乳化液的污染所引起的,同时乳化液的大量排放已经造成了地下水的严重污染。纯水支架无须使用乳化液,制水设备从根源上过滤杂质,彻底解决液压系统的故障问题,减少工作量,避免频繁停工,延长设备大修周期。

在纯水液压介质系统建设项目中,自来水、地下水、矿井水均可作为水源制造纯水,不受水源限制,制水过程自动进行,整个流程可视,无须人员参与。纯水制备装置制水过程自动化,监控各种技术指标,制水流程可视化,制水设备工艺流程、产水状态在人机界面上显示。其数据可与井上调度室实现传输与共享。

5.5.4 煤矸石井下充填技术

矿井高强度开发将产生大量煤矸石,不仅占压土地,污染水源,而且易于自燃,产生烟尘和有害气体,对环境造成极大危害。为了有效处理采煤产生的大量煤矸石,研发实施了煤矸石井下直接充填、破碎煤矸石注浆或膏体充填等煤矸石处理技术,不仅解决了煤矸石占压土地带来的环境污染等问题,还实现了井下残余边角煤资源的有效回收,以及采空区自然发火等问题,取得了显著成效。

以大柳塔煤矿为例,采取综采端头采空区膏体充填、条带胶结膏体充填置换煤柱和采空区注浆充填等技术,最大处置煤矸石能力可达 350 万 t/a。在工作面推进过程中,通过回采巷道内提前布置的注浆管或邻近工作面回采巷道内的注浆管,滞后工作面 50~100 m,向采空区端头三角区欠压密区空间进行破碎煤矸石的膏体充填,如图 5-70(a)所示。考虑到井下已采盘区工作面回撤通道与盘区大巷间均遗留有一定的边角煤柱,选择采用条带胶结膏体充填技术回收边界煤柱,如图 5-70(b)所示。其中置换煤体产生的空巷,可根据实际情况决定是否再次充填。通过在地面施工注浆钻孔,向井下采空区实施破碎煤矸石的注浆充填,同时可解决采空区防灭火问题,如图 5-70(c)所示。

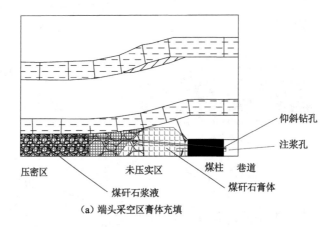

（a）端头采空区膏体充填

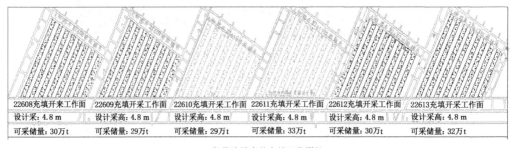

22608充填开采工作面	22609充填开采工作面	22610充填开采工作面	22611充填开采工作面	22612充填开采工作面	22613充填开采工作面
设计采高:4.8 m	设计采高:4.8 m	设计采高:4.8 m	设计采高:4.8 m	设计采高:4.8 m	设计采高:4.8 m
可采储量:30万t	可采储量:29万t	可采储量:29万t	可采储量:33万t	可采储量:30万t	可采储量:32万t

（b）条带胶结膏体充填回收煤柱

图 5-70　大柳塔煤矿井下充填矸石的几类途径

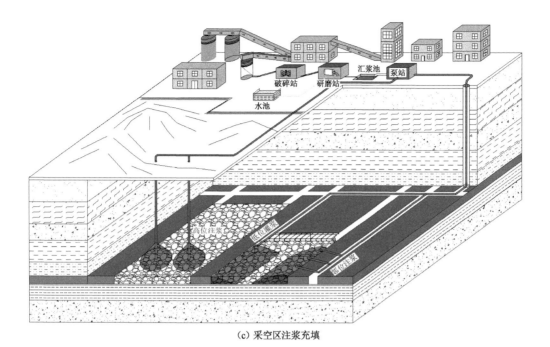

（c）采空区注浆充填

图 5-70（续）

第6章　千万吨矿井智能开采技术

6.1　神东矿区智能化开采技术

神东矿区在探索智能化开采的过程中,逐步形成了以跟机自动化、远程干预、智能割煤(记忆割煤-预测割煤-自主割煤)、线缆智能联动为核心特征的智能化开采技术。2017年围绕薄煤层自动化高效开采目标,神东公司率先提出了"有人巡视、无人操作,自主割煤为主、远程干预为辅"的智能化开采模式。2018年9月,神东公司第一个薄煤层智能工作面(榆家梁煤矿43101工作面)开始调试。针对薄煤层智能化开采,神东公司开创性地提出了"基于精确三维地质模型和扫描构建工作面绝对坐标数字模型的薄煤层自主智能割煤技术",研发的薄煤层综采工作面采煤机线缆智能联动系统解决了长期困扰薄煤层智能化开采的技术难题。随后神东公司在总结榆家梁薄煤层智能化开采成功经验的基础上,在石圪台煤矿引入薄煤层等高无人化智能开采技术,实现了薄煤层智能化高产、高效开采。

6.1.1　液压支架跟机自动化技术

液压支架通过红外线位置检测系统准确识别采煤机位置,根据采煤机位置,执行采煤所要求的自动控制功能,从而实现工作面所有支架的跟机自动拉架、推刮板输送机、收打护帮板等动作。液压支架的成组自动控制是实现支架自动跟机拉架的前提条件,在任意一台支架上发出一次操作命令能控制一组支架,其动作从这个组一端的起始架开始运行,按一定的程序在组内自动地逐架传递,每架的动作自动开始、自动停止,直至本组另一端的末架完成该动作为止,如图6-1所示。

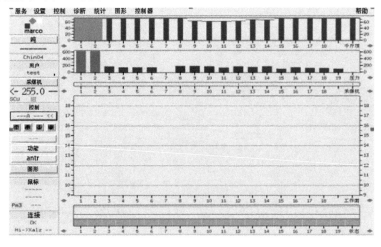

图6-1　液压支架跟机自动化

6.1.1.1　液压支架跟机自动化实现条件

支架要实现跟机自动化,需要满足以下基本条件:

(1) 必须要有稳定可靠的红外线采煤机位置检测系统,可精确采集采煤机位置信号;

(2) 工作面电液控制系统、支架液压系统、通信系统正常;

(3) 液压支架可以成组自动控制,即工作面支架成组拉架、成组推刮板输送机、成组收打护帮板等动作可以正常进行,且保证电液控制系统参数配置正确。

6.1.1.2　液压支架跟机自动化流程

液压支架跟机自动化是指支架降、移、升等多个动作可以按照预先设定程序自动完成。这种自动化系统采用传感器值优先控制策略,当传感器值达到设定阈值时,自动结束该过程。在传感器失效时,如果传感器检测值无法达到设定的阈值,或者动作延时超过规定时间,系统也会自动结束相应的动作。支架跟机自动化流程如图 6-2 所示。

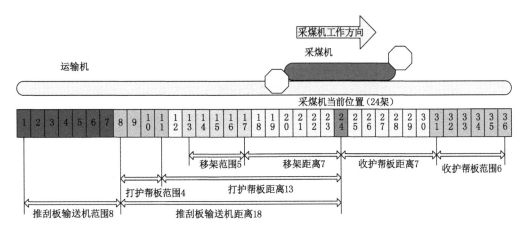

图 6-2　支架跟机自动化流程

6.1.1.3　技术应用效果

跟机自动化是以采煤机位置为依据的支架自动控制。电液控制系统通过红外线传感器检测到采煤机位置信息,并将该信息传输到主机,主机经过内部程序处理,自动发出相应的控制命令,使相应的支架控制器自动完成设定操作。例如在采煤机前方自动收护帮板,在采煤机后方自动移架、推刮板输送机等。操作员只需在控制主机上提前进行参数设置,点击"开始"后,计算机会全程自动执行所有任务,无须人工干涉。这种自动化系统极大地提高了生产效率,减少了工作面作业人员的数量。

6.1.2　远程干预技术

远程干预是指在工作面设备故障、运行不正常或煤层赋存发生变化时,操作人员可以通过远程方式进行监测和调整,以防止对工作面正常割煤造成影响或导致安全事故发生。

6.1.2.1　实现途径

实现途径为在原有控制系统中加装一套远程集中控制系统,集控中心架构如图 6-3 所示,通过通信光缆将采煤机遥控器移至控制台,将作业人员从工作面移至平巷主控制台处,使作业人员可以根据平巷控制台计算机提供的数据和信息,对采煤机和液压支架自动割煤过程中出现的问题实施远程人工干预。

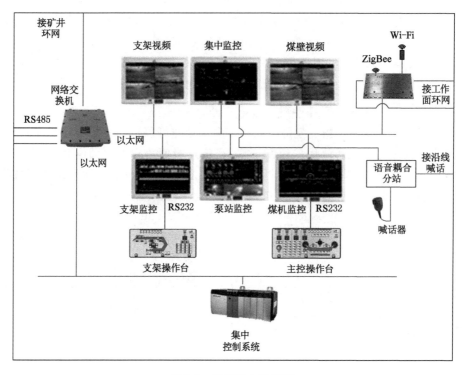

图 6-3 集控中心架构图

6.1.2.2 应用效果

远程干预技术基于一体化监控中心的工作面设备集中控制系统将采煤机、液压支架、刮板运输机、转载机、破碎机等主要设备的控制功能集中到平巷,将视频监控、音频控制、网络管理、数据集成等功能融为一体,如图 6-4 所示。在工作面平巷实现对综采设备集中监控,经测试,指令下发到执行返回时间为 0.5 s。目前,在正常情况下,工作面人数由 4 人减少到 2 人,采煤机和液压支架可以实现远程干预操作。上湾煤矿利用无线遥控和远程干预技术实现了控制台电工、机头看护工、自移机尾司机三岗合一,减少生产人员 19 人,创造了单个工作面最高日产 5.84 万 t、最高月产 146 万 t 的新纪录。

6.1.3 厚煤层采煤机记忆割煤技术

厚煤层采煤机记忆割煤是一种基于人工操作和机器学习的技术,通过采煤机根据学习到的情况进行重复的割煤操作。具体实现途径为人工割煤时,通过安装在采煤机摇臂和行走部上的传感器,监测记录采煤机对应位置的行走方向、倾向、走向角度和滚筒位置数据。当激活自动化记忆割煤时,采煤机会根据存储的历史数据自动调整滚筒高度,实现自动化割煤,并可通过自动化参数设置对工作面规律性的变化进行修订,如图 6-5 所示。

6.1.3.1 厚煤层采煤机记忆割煤工艺

采煤机记忆割煤是通过人工操作割示范刀,人工识别煤岩界线,并记录其在工作面每个位

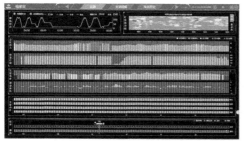

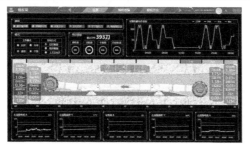

图 6-4　工作面综采设备集中监控界面

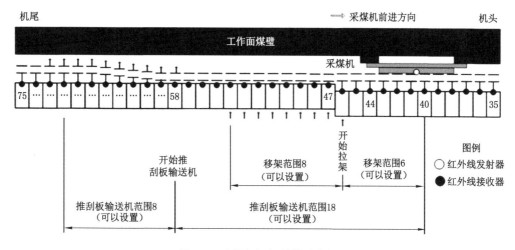

图 6-5　采煤机记忆割煤示意图

置对应的顶板、底板高度来获得工作面轮廓线,然后根据记忆数据,不断重复执行割煤操作。示范刀与工业机器人的示教、学习过程一样,区别在于工作面在示教后会不断变化,而且无法准确预测,因此在采煤机重复示范刀的动作进行自动割煤时,需要操作人员根据实际情况随时进行人工干预、修正,干预后的数据再进行存储和记忆,在下一个循环时再次执行相应的动作。

6.1.3.2　厚煤层采煤机精确定位

锦界煤矿采用 D 齿轮传感器测量技术对煤机进行定位,如图 6-6 所示。定位装置包括采煤机 D 齿轮脉冲传感器和复位磁铁两个部分:D 齿轮脉冲传感器主要功能是行进齿数计数、计数校正、数据发送;复位磁铁主要功能是触发采煤机 D 齿轮传感器脉冲数,从而对采煤机位置进行修正。

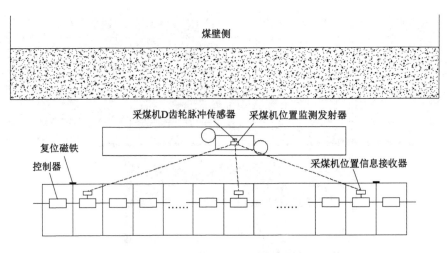

图 6-6 采煤机位置检测系统

6.1.3.3 技术应用效果

从 2016 年 11 月 1 日开始,锦界煤矿 31112 工作面实现了全生产班自动化采煤。在生产过程中,由一名采煤机司机负责跟机观察,并在发现采高或卧底不合适时进行人工干预。人工干预数据会自动存储,并在割下一刀时作为记忆数值使用。在记忆采煤过程中,系统采集一个生产班连续 6 刀的采高轨迹数据,如图 6-7 所示,可以看出在大部分区域采高数据可重复性较好。

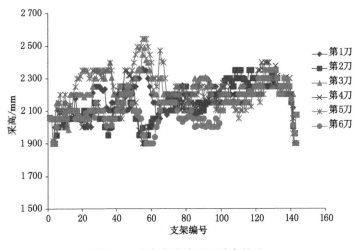

图 6-7 生产班连续 6 刀采高轨迹

6.1.4 中厚偏薄煤层采煤机预测割煤技术

6.1.4.1 技术基本情况

在采煤机记忆割煤技术的基础上,神东公司研发了自适应预测割煤系统,该系统具有强大的自诊断能力,能够监视主要硬件和软件的工作状态,便于维护和进行故障排查;它还支持无线数据上传,实现了工作面无盲区监控,可以接入远程控制平台;基于预测割煤的自动化割煤技术,通过一次学习后可以无限循环进行割煤操作。集控系统获得三机的速度、电流值后,可以根据三机的负载情况再控制采煤机的牵引速度,形成闭环,防止三机过载、防压死。自适应预测割煤系统具有截割牵引负反馈控制功能,当截割电机过载时,控制牵引电机减速,当运输机负载减小时,采煤机自动控制加速恢复原牵引速度值。

6.1.4.2　系统功能

自适应预测割煤系统具有十二工步法逻辑控制功能,如图 6-8 所示。① 机头向机尾割透;② 机尾到达极限位置,停止牵引、滚筒换向,并进行自动返刀和反向牵引;③ 机尾从极限位置到机尾三角煤折返点,采煤机进入煤窝;④ 机尾三角煤折返点,停止牵引、滚筒换向,并进行自动返刀和反向牵引;⑤ 机尾从三角煤折返点回到机尾极限位置;⑥ 机尾到达极限位置,停止牵引、滚筒换向,并进行自动返刀和反向牵引;⑦ 机尾向机头割透;⑧ 机头到达极限位置,停止牵引、滚筒换向,并进行自动返刀和反向牵引;⑨ 机头从极限位置到机头三角煤折返点,采煤机进入煤窝;⑩ 机头三角煤折返点,停止牵引、滚筒换向,并进行自动返刀和反向牵引;⑪ 机头从三角煤折返点到机头极限位置;⑫ 机头到达极限位置,停止牵引、滚筒换向,并进行自动返刀和反向牵引。

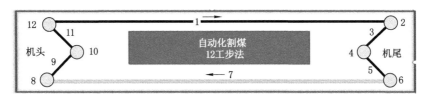

图 6-8　十二工步示意图

世界首创的基于人工智能的预测算法,超越记忆割煤技术,应用已知的地质勘探数据建立煤层的 3D 数字化地质模型,并采用人工智能算法预测出下一刀的轨迹,以控制采煤机进行自动割煤。神东公司锦界煤矿 31213 工作面 3D 模型如图 6-9 所示。

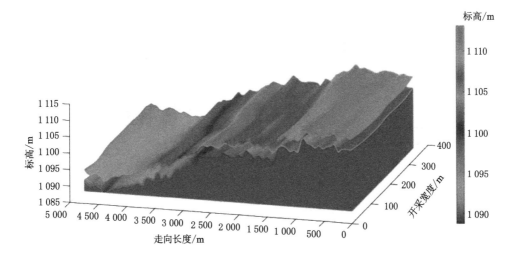

图 6-9　锦界煤矿 31213 工作面 3D 模型

基于3D模型数据和历史割煤数据,结合人工干预情况进行修正和细化,用人工智能算法预测出下一刀的截割轨迹(图6-10),并将其应用于控制采煤机实现自动化割煤。这种方法大大提高了自动化水平,使得人工干预率降低到7%以下,并且工程质量优于人工割煤,此外还具备实现远程控制采煤机的条件。

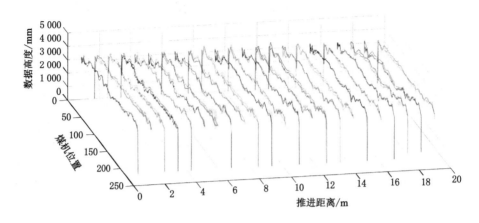

图6-10 人工智能算法预测下一刀的截割轨迹

6.4.1.3 技术应用效果

通过结合采煤机自适应预测割煤技术、液压支架自动跟机拉架与泵站系统联动控制技术、采煤机与三机双闭环联动控制技术、运输机自动调速技术、设备集控与遥控控制技术等多项创新技术,神东公司成功打破了多项技术壁垒,实现了综采队减人提效,设备节能降耗,这些技术的应用对进一步实现无人化作业具有重要意义。目前,这些技术已经在锦界煤矿、大柳塔煤矿、上湾煤矿、布尔台煤矿、乌兰木伦煤矿、寸草塔二矿、补连塔煤矿等多个煤矿推广应用,累计建成了14个采煤机预测割煤智能综采工作面。

6.1.5 薄煤层自主智能割煤技术

在目前国内外自动化工作面常规模式"采煤机记忆割煤、支架自动跟机拉架、远程干预"的基础上,神东公司开创性地提出了"基于精确三维地质模型和扫描构建工作面绝对坐标数字模型的自主智能割煤技术"。该技术解决了长期困扰智能化开采煤岩无法识别的难题,通过预知煤层变化趋势,识别出工作面当前精确坐标信息,实现沿煤层的自主割煤,主要特点是"无人跟机、有人巡视、自主割煤为主、远程干预为辅"。经过2018年一年的探索和实践,榆家梁煤矿43101薄煤层智能工作面已基本实现预期目标,可进行自主智能割煤。

6.1.5.1 工作面高精度三维地质模型

1. 模型构建过程

以下为工作面高精度三维地质模型的构建过程,如图6-11所示。

(1)数据收集与处理。提取目标工作面外扩一定范围内所有煤层已知点数据,包括勘探钻孔、井下探煤钻孔、定向钻孔、巷道素描图、切眼素描图、各种物探手段获取的煤层底板高程、煤层厚度及地质构造信息。

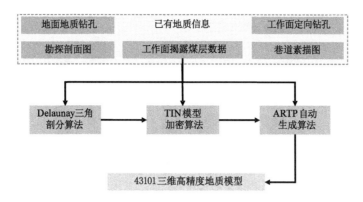

图 6-11 高精度三维地质模型构建过程

（2）煤层底板等高线与厚度等值线。以外扩多边形为边界，以范围内所有已知煤层底板高程和厚度为控制点，采用矩形网格法或不规则三角网（TIN）模型加密算法，分别自动生成满足地质规律的高密度煤层底板等高线和煤层厚度等值线。

（3）煤层厚度模型。采集煤层厚度等值线控制点，采用 TIN 模型加密算法，生成满足 Delaunay 法则的三角网，得到煤层厚度模型。

（4）三维地质模型。采集采煤工作面范围内煤层底板等高线控制点，与煤厚模型叠加，利用插值算法，计算出每个等高线控制点所在位置的煤层厚度，并将煤厚属性赋值给等高线控制点；再利用 TIN 模型加密算法，生成透明化工作面煤层高精度、精细化三维地质初始模型。

（5）工作面三维地质模型核心算法。同一屏幕多视口平剖对应算法、区域平滑算法、地层求并集自动生成似直三棱柱模型，实现三维地质模型的自适应动态修正。

（6）三维地质模型的动态更新。构建地质信息数据库，将所有新旧地质信息统一管理与自动化读取，实现地质模型的动态更新及优化，按照工作面复杂程度设计不同的更新模型，实现动态更新的过程自动化或远程人工干预，减少人工现场数据处理的工作量。

2. 三维地质模型精度分析

实测结果表明，以矿井地质勘探钻孔和切眼、回撤通道及两平巷等实测地质信息为基础，构建工作面的三维初始模型，实际精度只能达到 2 m 左右。为提高三维地质模型精度，首次使用定向钻孔勘探工作面的顶底板煤岩分界线技术解决了工作面勘探难题，实测精度为 0.2 m。每天测量一次工作面顶底板数据，并将上述 2 个实测数据导入系统，自动对三维初始模型进行动态优化，生成了精确三维地质模型。将模型预测结果与实测结果进行对比分析，模型动态优化后，建立的三维地质模型在工作面前方 20 m 范围内的精度为 0.3 m，工作面前方 10 m 范围内的精度为 0.2 m，对比分析结果如图 6-12 所示。

3. 工作面三维可视化模型

导出三角网，生成三维可视化模型，成比例适当放大处理，加入定向钻孔路径，可得到工作面三维可视化模型，如图 6-13 所示。

6.1.5.2 工作面绝对坐标系模型

利用激光扫描机器人对综采工作面进行三维扫描，可以自动识别两平巷导向点的坐标信息，并通过点对点传导的方式把绝对坐标引入工作面。激光扫描机器人以刮板运输机电

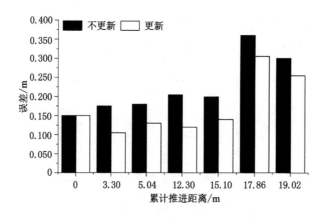

图 6-12　高精度三维地质模型精度分析

图 6-13　工作面三维可视化模型

缆槽为轨道,最大巡检速度为 60 m/min,10 min 内可完成整个工作面扫描。结合导入的绝对坐标,可以构建出工作面实测模型,精度为 0.2 m。通过三维激光扫描机器人巡航生成直线度和水平度曲线,可以用于支架自动调直和机器人精确定位,这样的控制能够保证工作面的调直控制精度在 500 mm 内。

6.1.5.3　自主智能割煤工艺

1. 全流程记忆割煤和自动跟机拉架

采煤机实现工作面双向自动记忆割煤,初期试验难点在于两端头三角煤区域实现自动化记忆割煤困难,通过优化程序,逐步实现了全流程记忆割煤。工作面实现了自动跟机拉架,初期试验难点在于两端头三角煤区域条件复杂,自动跟机拉架较困难,通过优化程序,逐步提高了支架跟机自动化使用率。

2. 采煤机控制基础数据生成

利用工作面高精度地质模型,可以生成工作面前方 10 m 范围内的顶底板格网,并将其存储到数据库,结合三维扫描数据、采煤机机械约束以及采煤机运行数据来优化采煤机推进路径。通过该优化可以获得每刀滚筒调整值与割煤基线,在人工认证后,可以下发到采煤机集控平台(图 6-14)进行实际的操作和控制。

3. 采煤机自主割煤

通过对比工作面三维地质模型和实际扫描模型,在综合分析煤层变化趋势、工作面平直度、当前割顶底情况、采煤机运行等大数据基础之上,通过优化算法制定未来 10 刀的割煤

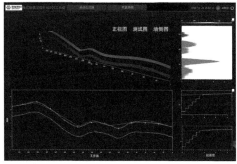

图 6-14　采煤机集控平台

策略,给出采煤机下一刀滚筒调整曲线,以此实现自主智能割煤。

6.1.5.4　技术应用效果

经过一年的探索和实践,榆家梁43101薄煤层智能工作面已基本实现预期目标,可进行自主智能割煤。该技术应用后,榆家梁煤矿43101薄煤层智能工作面生产班人数由10人减为5人,直接生产工效提升了15.08%,工作面实现了无人操作,仅有1人巡视,实现了"无人跟机、有人巡视",从源头上保障了安全。

6.1.6　薄煤层综采工作面采煤机线缆智能联动系统

综采工作面采煤机在往复运行中,采煤机电缆容易出现多层叠加,特别是在截割三角煤区域,采煤机频繁往复运行,导致采煤机电缆容易出现3或4层叠加的情况。同时,薄煤层因采高低,电缆槽高度受限,电缆出现多层叠加后其高度容易高出电缆槽,进而出现电缆脱槽的情况,若发现或处理不及时,电缆可能被拉断,轻则停产,重则引起电气事故。在工作面实际生产过程中,为防止电缆脱槽,需要有专人看护,此种情况严重制约着工作面无人化开采的实现,此外因采高低、电缆重,人员操作过程中的安全也受到严重威胁。为确保安全,减人增效,实现工作面无人化开采的目标,神东公司研发了一种薄煤层综采工作面采煤机线缆智能联动系统。

6.1.6.1　技术原理

本系统的工作原理是利用动滑轮的特性,通过智能化控制系统控制拖缆装置的拖缆轮和采煤机实时同步跟随,二者之间始终保持方向一致,拖缆速度设定为采煤机速度的2倍,使得采煤机线缆始终具备恒定的张力,不发生二次或多次折弯,如图6-15所示。

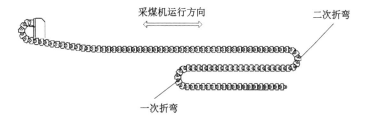

图 6-15　电缆夹折弯

6.1.6.2 技术方案

薄煤层综采工作面采煤机线缆智能联动系统整体包括机头传动部、中部槽、变线槽、特殊槽、拖缆架、驱动链、尾部回转轮、液压缸、电控系统及液压系统等,如图 6-16 所示。拖拽系统机头传动部可安装在输送机机头部位,也可安装在机尾部位,采用 $\phi18 \times 64$-C 链条,液压缸自动实时张紧,保证链条始终处于适度张紧状态。

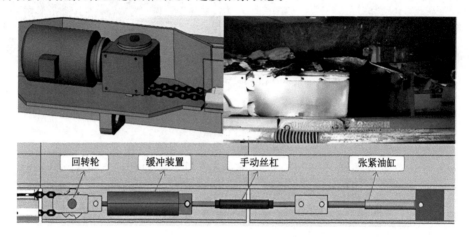

图 6-16   总体布置方案

6.1.6.3 技术应用效果

该系统在榆家梁矿 43101 工作面进行井下工业性试验,首先进行了系统的不带载空跑试运行,在工作面有大幅度的起伏及推溜拉架过程中,拖缆小车均能顺畅地通过,未出现机械上的卡阻现象,验证了浮动及自适应对中轨道设计思路的可行性。之后进行了机尾向机头的空载跟机运行,根据拖缆小车与采煤机电缆夹回转弯的距离情况评估跟机效果,并确保达到挂缆跟机的条件。最后进行了挂缆跟机运行,根据现场实测,电缆自动拖拽小车拖动电缆夹能够和采煤机保持良好的随动运行,运行数据平稳。薄煤层综采工作面采煤机线缆智能联动系统采用自动化、智能化变频控制技术实现采煤机线缆与采煤机运行智能联动,提高了综采工作面自动化、智能化控制水平,实现采煤机线缆随采煤机运行而自动拖放(图 6-17),克服采煤机线缆在多次折返过程中因多次弯折叠加而导致的故障及安全隐患,降低人工拉缆的劳动强度,减少工人在工作面危险环境中的作业时间,提高设备安装维护的效率和煤矿开采的安全性。

6.2 神东矿区煤矿机器人技术

煤矿灾害多、风险大,井下人员多、危险岗位多,研发应用于煤矿的机器人有利于减少井下作业人数、降低安全风险、提高生产效率、减轻矿工劳动强度,对推动煤炭开采技术革命、实现煤炭工业高质量发展和保障国家能源安全供应具有重要意义。为实现煤炭生产减人增效,降低工人劳动强度和作业安全风险,神东公司依托煤矿智能化创新联盟、科研院所、主要煤矿装备供应商,全面开展煤矿机器人研发及推广应用,目前已完成研发的煤矿机

(a) 现场运行　　　　　　　　　　　　(b) 控制台

图 6-17　采煤机线缆自动拖拽装置实物图

器人项目 14 项,包括综采工作面智能巡检机器人、主运输轨道智能巡检机器人、变电所智能巡检机器人、水泵房智能巡检机器人、锚杆支护机器人、智能自动喷浆机器人、智能捡矸机器人、管路抓举机器人、预埋孔钻进机器人、全液压掏槽机器人、水仓清淤机器人、四足巡检机器人、危险气体巡检机器人、辅助搬运机器人等。

6.2.1　综采工作面智能巡检机器人

6.2.1.1　基本情况

综采工作面智能巡检机器人(图 6-18)作为实现采场空间精准探测、综采设备运行智能监控的核心技术装置,是实现薄煤层工作面智能化开采的关键。神东公司经过详细技术论证,与北京天地玛珂电液控制系统有限公司共同合作研发了综采工作面智能巡检机器人,2019 年 5 月在榆家梁煤矿 43101 薄煤层工作面进行工业试验,开创了综采工作面“机器人代人巡检”的应用先河。该综采工作面智能巡检机器人以电池供电驱动行走机构沿刮板输送机电缆槽外侧的轨道实现快速移动,轨道之间采用具有一定承载能力的弹簧连接件实现柔性连接,搭载各类传感器、惯性导航系统、三维激光扫描装置、红外热成像摄像仪、可见光摄像仪、无线移动终端拾音器等装备,可实现对综采工作面直线度和水平度检测、工作面精确定位、工作面点云扫描、采煤机运行状态巡检、工作面快速巡检等功能,并通过无线通信网络将传感数据准确、快速地传输至巷道集控中心,首创了工作面采场空间环境“智能化感知”技术方法。

图 6-18　综采工作面智能巡检机器人

6.2.1.2 系统组成及功能

综采工作面智能巡检机器人由核心控制单元、动力平台、运载平台以及智能感知平台等四个部分组成。

（1）核心控制单元：实现智能巡检机器人的整体运行控制、工况监测及与远程控制中心的交互控制；可自主决策运行速度，实现跟随采煤机巡检，当工作面出现异常情况时可快速达到指定区域进行自动巡检。

（2）动力平台：由防爆电池及电池管理系统等组成，为智能巡检机器人整体提供运行动力；选用的磷酸铁锂电池，实现一次充电可巡检 6 次；采用双驱模式，可适应工作面变化导致的轨道曲折不平，确保其顺畅通过，最高巡检速度可达 60 m/min。

（3）运载平台：为满足综采工作面智能巡检机器人连续运行要求，研发了基于电力驱动的刚柔一体化综采工作面智能巡检机器人轨道，该轨道为工字钢结构，位于刮板输送机电缆槽外侧，每节轨道之间采用特殊设计的等直径弹簧进行柔性连接，以适应相邻 2 节电缆槽之间水平和垂直方向的 3° 夹角变化和 50 mm 错位变化，防止综采工作面智能巡检机器人途经轨道连接处时出现颠簸震荡现象，如图 6-19 所示。

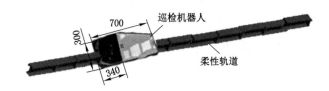

图 6-19　基于电力驱动的刚柔一体化综采工作面智能巡检机器人轨道

（4）智能感知平台：可根据智能巡检机器人不同应用目标，搭载各类设备和传感器，实现对工作面直线度和水平度检测、工作面精确定位、工作面点云扫描、采煤机运行状态视频巡检、工作面异常工况视频巡查等功能。

6.2.1.3 应用效果

（1）达到机器人代人快速巡检目标。彻底改变了综采工作面人工巡检作业模式，每班减少 1～2 名作业人员，同时极大地提高了巡检速度，可快速到达预定地点。智能巡检机器人替代人工巡检可以有效解放危险区域作业人员，对综采工作面安全生产起到了积极推动作用。

（2）实现了综采工作面三维采场模型重构。该机器人搭载了惯导系统、三维激光扫描系统、可见光视频监控系统、拾音器等设备，可以对综采工作面进行三维扫描，每刀煤结束后可扫描生成全工作面三维点云模型（图 6-20），实现对工作面顶、底板采高数据提取，将工作面煤厚变化三维信息传输至综采工作面监控中心，进行综采工作面三维采场模型构建，实现综采工作面的有限透明化；同时，可自主移动并有效识别工作面设备发热、异响等问题，为远程干预控制提供支撑。

（3）减少了自动化监控设备的投入。与传统的综采工作面配套的自动化监控系统相比，引入智能巡检机器人后，工作面固定监控设备数量大幅度降低，成本投入可降低 50%以上。

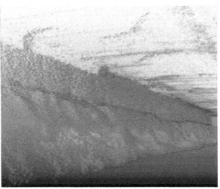

图 6-20　综采工作面智能巡检机器人三维点云模型

（4）通过在榆家梁煤矿 43101 综采工作面应用,实现最大巡检速度为 60 m/min,辅助构建的工作面三维点云模型实测精度为 0.2 m;实现搭载惯导系统在 360 m 宽综采工作面运行,直线度可控制在±500 mm。

6.2.2　主运输轨道智能巡检机器人

6.2.2.1　基本情况

带式输送机是煤炭生产运输的关键设备,其运行状况的好坏直接影响着企业的安全生产与经济效益。在带式输送机的运行过程中经常会发生输送带打滑、撕裂、跑偏,托辊卡死、磨损等故障。传统的人工巡检具有一定的危险性,且工人劳动强度大,检测效果不稳定。为降低用人成本、提高巡检效率,神东公司合作研发了主运输轨道智能巡检机器人。

6.2.2.2　系统组成

主运输智能巡检机器人(图 6-21)系统由驱动系统、传动系统、配重系统、巡检机器人本体等组成。

图 6-21　锦界煤矿 2 号主井一部带式输送机智能巡检机器人

（1）驱动系统采用防爆电动机,驱动巡检机器人在带式输送机正上方布置的钢丝绳上往复运动,监测带式输送机的工作状态。

（2）传动系统采用二级锥齿轮传动，将防爆电动机的动力传递到驱动绳轮上。

（3）配重系统对驱动系统和传动系统的偏重进行平衡，以使巡检机器人在钢丝绳上平衡稳定地往复巡检。

（4）巡检机器人本体是实现巡检工作的主体装置，其内置传感、控制和通信系统。

6.2.2.3 应用效果

神东公司研发的主运输智能巡检机器人具有数据存储、功能显示、甲烷含量、烟雾信号、声音采集、报警、定位、移动行走、可视对话等 13 项功能。主运输智能巡检机器人的运行，可以代替巡检人员，对胶带运行情况、温度、各部件等进行检测，判断是否存在设备故障以及故障位置，减轻工作人员的劳动强度，降低劳动风险，及时发现问题，避免事故扩大化，大大降低生产过程中的非正常停机时间。主运输智能巡检机器人装置对巷道内状态及故障进行在线实时自动巡检，同时利用该系统采集的数据，可以科学地进行维修方案的制订，在确保巷道安全的同时，整体运行效率大幅度提升，经济效益显著。

6.2.3 变电所智能巡检机器人

6.2.3.1 基本情况

变电所传统的监控方式通常采用人工巡检或固定摄像头定点监视。人工巡查浪费人力、效率低下，而且人工巡检容易受到个人经验和主观意识的影响，出现巡检不到位的情况。固定摄像头定点监视范围有限，需要在运行设备处布置大量摄像头，不仅图像切换、监视、存储任务量大，而且布线多、功耗大、维护任务艰巨，综合效率非常低下，且设备发生故障时不能及时的发现，有可能导致问题扩大化。在复杂的设备运行环境下，多人多频次巡检也会增加人员人身安全的不确定性。变电所巡检机器人辅助人工巡检或者代替人工巡检，减轻工作人员的劳动强度、降低劳动风险，及时发现问题，实现有效、可靠巡检，提升煤矿企业的本质安全管理。

6.2.3.2 技术特点

变电所智能轨道巡检机器人以 H 型钢为行走轨道，适用于直列式分布设备的巡检，要求人机界面朝向巡检通道且巡检通道大于 1 m，如图 6-22 所示。机器人采用拖缆式供电，最大巡检覆盖范围约为 80 m，移动速度为 0～2 m/s。机器人使用旋转编码器 2D 导航，定位精度为 2 mm。机器人采用工业以太网电力载波通信，通信协议为 EIP 及载波通信协议。机器人既可以自主智能巡检，又可以人为远程接管进行指定任务巡检。

6.2.3.3 主要功能

该机器人具备自检、定时巡检、遥控巡检、设备异常状态追踪等巡检功能，实现对巡检场所的气体检测、高清视频自动采集、供配电设备壳体温度探测、操作员人脸识别、停送电、语音对讲、对机器人远程接管等。机器人上位机具备数据处理、分析、存档、报警、查询功能，同时具有机器人通信状态监测、远程复位重启、巡检数据与区域中央自动化系统对接、报警信息向移动客户端定向推送等功能。

6.2.3.4 应用效果

该机器人自 2019 年 9 月在大柳塔煤矿五盘区变电所部署应用以来，累计完成自动巡检、

图 6-22　智能轨道式巡检机器人

遥控巡检、电力故障追踪等任务 3 600 余次。通过机器人的自动巡检,降低了巡检人员工作强度,补齐了传统变电所人工巡检模式下的短板,为实现矿井的无人化巡检提供了技术支持。巡检机器人支持全自动和遥控巡检模式,地面监控人员可以随时介入接管巡检机器人,提高了对现场的监管力度,提升了设备巡检的准确性与时效性。巡检机器人高效率、无死角的巡检模式可以更加及时地发现设备隐患,有效规避人工巡检存在的弊端,提高了矿井的安全生产能力。

6.2.4　水泵房智能巡检机器人

6.2.4.1　基本情况

传统的水泵房巡检方式为人工现场巡检,发现问题后汇报处理,该方法费时费力。随着矿井自动化程度的提高,人员逐渐减少,急需研究机器人巡检替代人工巡检方案,要实现该功能需要采用视频采集、音频采集、温度采集、烟雾采集等技术,要对每个泵房进行全方位、无死角的巡检监控,最后通过网络技术传输到地面,方便人员实时查看,以确保无人巡检状态下泵房的安全运转。为此,神东公司合作研发了水泵房智能巡检机器人(图 6-23),将现有的单一固定视频监控,转换为具备智能判断、系统联动、环境感知的移动视频监控,可以有效提高矿井的智能化程度,降低矿井工作人员的劳动强度,并确保设备的连续稳定运行,可令工作人员及时发现潜在事故风险。

图 6-23　水泵房智能巡检机器人

6.2.4.2 主要功能特点

(1)该机器人长 1 326 cm、宽 868 cm、高 1 310 cm,整备质量小于 500 kg,水平路面巡航里程可达 6 480 m,巡航时间可达 6 h。

(2)采用轮式机构设计,负载能力大,并可实现防水防尘。该设备严格按照国家防爆标准设计,符合煤矿防爆标准要求,还可对气体浓度进行检测。

(3)能采集现场视频、声音并进行分析,运行过程中自动寻表、自动抄表。

(4)具有自主充电功能,能够与充电设备配合完成自主充电,电池电量不足时能够自动返回充电。

(5)可以在排水泵房的整个区域全方位、无盲点智能监视并进行高清无线视频传输,实现视距、非视距远程实时视频监控,及时和准确地对生产过程以及设备运行状态进行监控。

6.2.4.3 应用效果

水泵房智能巡检机器人按设定时间(3 h)和巡检轨迹对设备全面巡检 1 次,1 次巡检时间约 35 min。轮式智能巡检机器人对泵房仪器仪表、球阀、电动阀开停状态、管道跑冒滴漏进行检测识别,通过红外热成像可对泵房泵体、电缆、电动机、各类阀温度进行自动识别,通过拾音器可对现场离心泵运行异常声音进行监测判断,可实现双向对讲功能,也可实时监测泵房环境气体浓度(包括甲烷、一氧化碳、氧气和硫化氢)。

6.2.5 智能拣矸机器人

6.2.5.1 基本情况

近年来,较多机构致力于煤炭干法排矸设备和工艺的研究,但主要集中在复合式干法选煤、气阀"击打"选煤等方面,这些研究对于煤炭干选具有一定的指导意义,但在应用上仍具有一定的局限性。当入料煤炭粒度超过 100 mm 时,粒度大、单块质量大等因素将影响这种依赖风力或压缩空气"击打"而实现煤矸分离的干选效果,只能依靠人工捡矸来实现煤矿分离。然而,人工捡矸效率低、工作环境恶劣,严重影响员工的健康。因此,为了实现原煤干法排矸的自动化、高效化和环保节能,神东公司洗选中心合作研发了 BIS-R 型智能拣矸机器人,如图 6-24 所示。该机器人利用射线智能识别煤和矸石,通过对物体成像的灰度、形状比例等信息分析判断,能够拣出形状规则和大小适中的矸石,再通过三维机械抓手拣矸,解决了选煤厂原煤仓至主洗车间煤流中人员拣矸效率低的问题。

图 6-24 BIS-R 型智能拣矸机器人

6.2.5.2　系统组成及功能

BIS-R 型智能拣矸机器人系统主要由布料装置、识别系统和执行系统组成,其工作原理如图 6-25 所示。

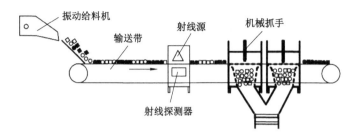

图 6-25　BIS-R 型智能机器人拣矸系统工作原理示意图

(1) 布料装置:升井原煤经过布料装置布料后,进入带式输送机,布料装置保证原煤进入带式输送机后能最大限度地单层排列。

(2) 识别系统:由射线源和射线探测器组成,置于胶带上方的射线源发送射线照射煤块和矸石,位于上、下胶带之间的探测器将识别接收到的煤块和矸石物料信息及位置信息等传递给控制系统,控制系统根据收到的信息对机械抓手发出执行命令。

(3) 执行系统:由伺服电机驱动的能在三维空间内自由运动的机械抓手构成,收到执行命令后三维机械抓手便将矸石分拣到两侧的矸石刮板输送机槽中,从而实现煤矸的分离。本系统执行机构可以根据需要采用多个,可提高处理量和精度。

6.2.5.3　应用效果

神东公司大柳塔选煤厂在 3 号破碎车间 952 输送带进行智能拣矸机器人现场试验,该输送带带宽为 1 600 mm,带速在 1.6 m/s 范围内变频可调。在为期两个月的时间内,利用白天非生产检修时间进行空载试验,晚上生产时间进行负载试验,在不同带速、不同运行速度、不同运行加速度的情况下,统计选后矸石的质量及矸石中的含煤率、煤的质量及煤中含矸石率。试验结果表明,BIS-R 型智能拣矸机器人矸石拣出率超过 90%,比人工提高了30%,矸石误拣率低于 5%。该机器人既安全又可靠,实现了"机械化减人、自动化换人",系统运行后,一套系统可减少 5 名拣矸人员,年节约人工成本至少 30 万元。

6.2.6　锚杆支护机器人

6.2.6.1　基本情况

掘进工作面支护作业耗时长、劳动强度大、掘支不平衡,制约了掘进效率的提升。为此,神东公司合作研发了世界首台煤矿高效自动锚杆支护机器人(图 6-26),实现了锚杆自动间排距定位、自动钻孔、自动安装锚固剂和锚杆、自动锚固、自动铺网等全自动功能,并可实现远程遥控操作。具有体积小、自动行走纠偏、钻锚、定位间排距等功能的锚杆支护机器人,实现了顶锚杆全自动锚护。

6.2.6.2　主要功能特点

(1) 结构紧凑,机身宽度仅为 1.3 m。

(a) 设计图　　　　　　　　　　　(b) 实物图

图 6-26　煤矿高效自动锚杆支护机器人

（2）设有可升降工作平台和可旋转的回转工作台，依据不同的巷道断面，调整操作人员的作业位置，提高操作人员的舒适性。

（3）中部设有稳车机构，提高设备工作稳定性。

（4）两钻臂机构灵活可靠、定位准确，且相互独立操作。

（5）打钻机构采用一级推进，结构简单、刚性好、推进力大、扭矩大；设有钻杆夹持装置，方便顶锚索作业时，对接或拆卸钻杆。

（6）设有锚索张拉增压装置，满足各种工况对锚索张拉预紧力的要求。

6.2.6.3　应用效果

神东公司合作研发的自动锚杆支护机器人支护一排 6 根顶锚杆，作业人数由 4 人减为 1 人，时间由 20 min 减少到 8 min，在保障安全操作、降低劳动强度的同时，掘进效率提高 3 倍以上。每连掘队可减少锚杆支护工 9 人，每年节约人工成本 54 万元，降低了人工成本，增加了安全性，提高了企业的经济效益。

6.2.7　智能自动喷浆机器人

6.2.7.1　基本情况

喷浆支护是国内近几十年来大力推广应用的一种巷道支护新工艺。与传统的木材、钢梁支护方法相比，喷浆支护不仅节省大量木材和钢材，而且具有施工速度快、支护效果好等优点。但是，人工喷浆却存在以下问题：

（1）喷浆作业时，混凝土回弹率高达 30%～50%，即大量混凝土弹落回地面，造成材料的严重浪费。

（2）作业现场粉尘飞扬，严重危害工人健康。

（3）在对大断面巷道人工喷浆时需要脚手架，施工速度慢，而且费工、费料，作业效率低。

（4）工程质量难以控制。

采用喷浆机器人不仅可以提高喷涂质量，也可以将人从恶劣和繁重的作业环境中解放出来。为此，神东公司合作开发了 HPSZ2006 型智能自动喷浆机器人，如图 6-27 所示。

6.2.7.2　主要功能特点

HPSZ2006 型智能自动喷浆机器人总长 7.4 m，最大喷射高度为 6 m，前方最远喷射距

图 6-27　HPSZ2006 型智能自动喷浆机器人

离为 8 m,最大喷射宽度为 11 m,向下深度为 3.5 m,最大遥控距离为 100 m。该设备配备有全自动 3D 扫描仪,可进行巷道轮廓无死角扫描,角分辨率高达 0.001°,能够自动精准识别巷道轮廓尺寸、超欠挖数据,实现自动规划最优喷射路径和进行自动喷射作业;依靠臂架传感器,实现喷头位置实时、精准定位和感知,保证喷嘴与喷射面 900~1 200 mm 的最佳喷射距离。

6.2.7.3　应用效果

2018 年 7 月 23 日,世界首台 HPSZ2006 型智能自动喷浆机器人在大柳塔煤矿投入试用。该设备是目前最先进的具有自感知、自决策与自适应的全智能型湿式混凝土喷浆机器人。该机器人可对煤矿井下巷道进行 3D 扫描建模,进行自动定位、路径规划、智能喷射、自动修正,实现高效、高质、精准的全智能化湿式喷浆作业,提升湿喷支护作业的安全性和高效性。原干式喷浆工艺每班最大喷射量为 9 m³,而合作研发的智能自动喷浆机器人最大喷射量可达 40 m³,相比原工艺可节约材料成本 20% 以上。

6.2.8　管路抓举机器人

6.2.8.1　基本情况

传统管路起吊作业时,要人工手拉葫芦起吊,需安装起吊锚杆,加设起吊梁等,工人劳动强度大、作业效率低,管路抓举不稳定。为此,神东公司合作研发了 GZC1.5-500K 型管路抓举机器人(图 6-28)。该机器人使用的机械手具有抓、举、伸、让、转、对等功能,管路起吊到位后可通过微调实现法兰盘对接。另外,该型机器人以无轨胶轮车为移动平台,只要巷道条件允许,管路抓举机器人到位后即可开始作业,减少了作业前的准备工作,作业方便、灵活。

6.2.8.2　系统组成及主要参数

GZC1.5-500K 型管路抓举机器人是动力系统、传动系统、电气系统、行驶液压系统的集成应用,模仿人手和臂的动作功能,可靠稳定地抓取大型物件,具有功能全面、安全性能好、工作效率高的特点,实现了井下管路安装的自动化作业。

(1)适用巷道条件:井下宽度大于 4 m、高度为 2.5~5.0 m 的巷道内作业。

(2)抓举管径及长度:管径为 150~500 mm,长度为 6 000~12 000 mm。

(3)最大举升质量:1.5 t。

图 6-28　GZC1.5-500K 型管路抓举机器人

（4）抓举机构动作范围：可以在停车位前后 0～800 mm、左右 0～1 000 mm、上下 0～4 000 mm 范围的动作，管路对接时可以实现管路水平位置±7°微调。

（5）操作方式：既可以遥控操作，又可以手动操作。

6.2.8.3　应用效果

2017 年 7 月以来，该机器人先后在大柳塔煤矿、锦界煤矿、补连塔煤矿、布尔台煤矿进行作业，累计安装各类型管路 8 万多米，取得了较好的应用效果。首先，提高了作业效率，减少了作业人员。以 DN400 管路为例，由原来每班 8 人平均安装 20 根管路提升至每班 6 人平均安装 30 根管路，人均效率提高了 1 倍。另外，该机器人设置有 H 型稳车支腿，使用机械手抓举管路比使用手拉葫芦起吊管路更稳定、更可靠。

6.2.9　预埋孔钻进机器人

6.2.9.1　基本情况

煤矿巷道在前期的建设过程中，会在巷道的两侧煤壁上安装大量的管道以及电缆，用于排水、送水、送风、送电等，对于管路的安装目前采取的主要施工工艺是托举和吊拉，不论是哪种工艺都需要在煤壁上掘钻大量的预埋孔，用于安装托举槽钢或吊架。该工艺的主要技术难点为大孔与临帮顶孔的掘钻，由于目前没有合适的设备，主要采取人工打钻进行施工，不但效率低、精度差，而且工人的劳动强度与作业环境极差，还存在安全隐患，无法满足现代化工程施工的生产需求。为解决上述问题，神东公司合作研发了 CMG1-20TK 型预埋孔钻进机器人（图 6-29）。该机器人在煤矿巷道和隧道管路安装作业中能明显减少用人并显著提高施工效率，同时极大改善了施工安全性并减轻了工人的劳动强度。

6.2.9.2　主要参数

（1）适用巷道条件：井下宽度大于 3.5 m、高度为 2.5～4.3 m 的巷道内作业。

（2）钻孔孔径：可以实现直径为 18～180 mm 的顶、帮钻孔的施工。

（3）打钻孔装置动作范围：可以实现一次停车横向 0～2.3 m、纵向 0.2～3.8 m 范围内连续打眼作业。

（4）操作方式：既可以遥控操作，又可以手动操作。

6.2.9.3　应用效果

2017 年 7 月以来，该设备先后在锦界煤矿、补连塔煤矿、布尔台煤矿进行试运行，累计

图 6-29　CMG1-20TK 型预埋孔钻进机器人

完成各类型钻孔 4 万多个,并具有如下应用效果:

(1) 提高了作业效率,以直径 180 mm 水钻眼为例,由原来每班平均 10 个钻孔提升至每班平均 25 个钻孔,效率提高了 1.5 倍。

(2) 减少了作业人员,减轻了员工的劳动强度。传统预埋孔作业需要 4 名作业人员,现在只需要 1 人负责开车并操作遥控器即可,实现了减人增效。

(3) 行走方便灵活,减少了作业前准备工作,提高了安装效率。此机器人以无轨胶轮车为运载平台,只要巷道条件允许,设备到位后即可开始作业,省去了传统作业中接风、接电等准备工序。

(4) 巷道路面适应性强,整车采用全液压四轮驱动,可以在井下铺装及非铺装路面行驶。

6.2.10　全液压掏槽机器人

6.2.10.1　基本情况

密闭施工过程中,开凿密闭槽是制约工程进度的瓶颈环节。目前,绝大部分煤矿施工的密闭槽采用刨锤＋风镐的方式进行,施工效率低,用人较多,掏槽质量无法达到设计要求。为此,神东公司合作研发了 KC-29/45 型全液压掏槽机器人(图 6-30)。该机器人整机采用全液压驱动,通过自行移动、顶底两帮不同方位的掏槽作业方式,取代了刨锤＋风镐掏槽方式,解决了传统掏槽方式施工效率低、用人多、安全隐患大的问题。

图 6-30　KC-29/45 型全液压掏槽机器人

6.2.10.2 系统构成及功能

KC-29/45 型全液压掏槽机器人以泵站液压为动力,液压马达驱动履带行走,通过切割马达驱动减速器带动横轴式切割头进行切割作业。设备由切割部、左右行走部、截割臂、回转机构、液压系统、水系统及电气系统等部分组成。机尾处设置有稳定靴,以增加切割作业时的稳定性,电控系统设有紧急切断和闭锁装置,在设备左侧和司机座位一侧装有急停按钮。

(1)切割部。切割部采用横轴截割滚筒进行切割,上面布置有 60 把截齿。切割部由液压马达驱动,液压马达最大工作压力为 35 MPa,转速为 150 r/min,可以实现正、反转动。

(2)左右行走部。设备可以自行行走,采用两条履带行走机构,左右两条履带行走采用不同阀组控制,可就地转弯。

(3)截割臂。截割臂采用曲臂结构,分为大臂和小臂,大臂与回转台连接,设有两根升降油缸,可以实现大臂的升降。小臂与大臂通过一组四连杆机构进行连接,小臂动作通过固定在大臂上的伸缩油缸推动四连杆机构来完成。截割机构与小臂通过固定螺栓进行连接,根据大臂和小臂的组合动作完成对密闭的掏槽工作,能够实现宽度大于 4 m、高度为 2.4～4.5 m 的所有巷道掏槽作业。

(4)回转机构。通过在回转支撑两侧设置两个左右摆动油缸实现生产过程中切割头的左右横向移动,确保在不用调整机身位置的情况下,完成所需密闭槽的施工任务。

(5)液压系统。整机采用全液压驱动,主油泵采用柱塞变量泵,压力最高达 35 MPa,流量为 145 mL/r,液压系统中设有集控阀和油过滤器等各种保护元件。

(6)水系统。水系统设有外部水源的接水口,设备工作时,通过接水口与巷道内的水源接通,经过板翅式散热器冷却液压油后,进入切割头上的 2 个喷雾嘴;设备掏槽作业过程中,一方面对液压系统进行冷却,另一方面抑制灰尘和摩擦产生的火花。

(7)电气系统。电气控制齐全可靠,防爆电机总功率为 30 kW,有远控和近控两种启动模式。本机设有两个急停装置,分别位于机身后部和机身右侧。操作系统采用集中控制,全部引入驾驶室操控台。液压系统控制由操控台上的六位液控阀组完成全机控制。设备启动和停止设在驾驶室右侧,通过一个两联防爆按钮远控真空磁力启动器完成。

6.2.10.3 应用效果

实践表明,全液压掏槽机器人的高度范围为 2.4～4.5 m,在此范围内的巷道中可实现密闭槽的开切,一次性成型,开切密闭槽尺寸可完全满足工程要求,实现了人工施工难度最大的顶槽开切和大深度帮槽的开切。全液压掏槽机器人可顺利开切煤巷、半煤岩巷以及喷了砂浆的巷道密闭槽,每切割一刀(宽 620 mm,深 500 mm)帮槽仅用时 2 min 左右,带顶槽时用时 4～6 min,并且开切的密闭槽规范、质量高、无须修复。试验开切宽 1.5 m、深 0.75 m、高 4 m 的密闭槽只需 1 人作业,用时 4 h,按照每班 8 h 计算,用工时为 0.5 工/班;传统的刨锤+风镐掏槽方式需要 4 人,用时 24 h,按照每班 8 h 计算,用工时 12 工/班,全液压掏槽机器人施工工效可达人工施工的 24 倍。

6.2.11 水仓清淤机器人

6.2.11.1 基本情况

神东公司矿井水仓清理过程中,广泛使用装载机配合工程车来完成矿井水仓淤泥的清理工作。一般是现场人工指挥装载机清挖煤泥,工程车拉运煤泥排至排矸巷。由于淤泥含水量大,工程车拉运过程中撒货量大,车辆尾气污染空气,淤泥污染巷道底板,需要的人工多,清挖效率低。开发一套可以实现远程控制的高效水仓清淤机器人尤为紧迫。神东公司联合国内技术厂商,经过前期的充分调研论证,研发出了集水仓清淤和智能控制于一体的机器人(图 6-31),切实保障了煤矿井下水仓清淤作业人员的人身安全,杜绝了安全隐患,提高了煤矿安全生产管理水平,改善了水仓清淤的作业环境,提高了劳动生产率,有效增强了防灾避险能力,实现了煤泥清挖、输送、固液分离、煤泥块装运等目标,真正做到了水仓煤泥及时、高效清理。

图 6-31　水仓清淤机器人

6.2.11.2　系统构成及功能

(1)水仓清淤机器人由挖装部、行走部、泵送系统、液压系统、无线遥控电气系统和卷缆收放装置等组成。

挖装部采用双螺旋集泥装置和下链刮板输送机作为装载机构,其结构主要由驱动部、链传动(刮板)和双螺旋给煤筒等组成,可输送各种状态的煤泥,对黏性较大的煤泥和松散物料均能适应,集泥装置悬臂可升降,可根据煤泥厚度调整挖装部高度。

行走部主要由履带、张紧机构、机架和支撑板组成,两条履带分别由两个液压马达独立驱动,履带与履带架为滑动接触,履带架上设有沟槽导向,为防止脱轨配备了液压缓冲阀。行走履带经过特殊处理既能满足抓地力要求又可以保护水仓底板混凝土面。

(2)水仓清淤机器人负责行走的液压部分具有精准控制功能,避免清仓机在行走时出现不受控制的大幅度动作现象。

(3)水仓清淤机器人为全液压驱动,整个系统要求采用开式回路,具备泵送油路(输送煤泥油路)、负载反馈式比例多路阀组成的油路(行走等功能油路)。

(4)水仓清淤机器人电气部分主要由矿用隔爆兼本质安全型电气控制箱、隔爆型三相异步电动机、照明灯、信号灯、矿用隔爆型控制按钮、煤矿用隔爆型语音声光报警装置等组成。

(5)水仓清淤机器人配置有全景摄像机 1 台,能实现与清仓机挖装装置的联动控制,具备雷达测距避障功能、人员识别检测功能;配置有扩音电话,安装有倾角传感器,可以实时监测清仓机的横向(左右水平)和纵向(俯仰角)角度;挖装部安装有高度监测传感器,可实时监测水仓清淤机器人挖装部的高度和卧底量,并在控制器显示面板模拟虚拟画面,实时显示数据。

（6）水仓清淤机器人具有紧急停止按钮装置，遥控器行走控制按钮必须有组合键控制功能，防止误操作。

（7）声光语音报警装置在水仓清淤机器人行走、故障时可发出相应内容的语音报警，语音内容可支持编辑、下发。

（8）水仓清淤机器人安装有氧气、一氧化碳、甲烷传感器，并且具有瓦斯超限报警与自动断电功能。

（9）输泥泵集泥料斗底部设计有杂物沉积腔室，滤网上增加吸铁棒，可以吸附小型铁器，防止铁器进入煤泥泵和压滤系统损坏设备。

（10）电脑操控台、压滤部分电控箱布置到统一框架内，便于搬运；电脑操控台具有各设备的控制功能，可显示各设备运行参数、故障信息、各监控点运行画面等内容。

6.2.11.3 应用效果

使用水仓清淤机器人之前，水仓清理需要用 1 台装载机、4 台工程车及 6 名员工配合清理，先用装载机清挖淤泥，然后将淤泥装入放置在工程车的铁箱里，最后运输到控水巷。这样反复一车一车地运泥，一个班需运输 8 趟，一天运输 32 趟，一天内最多能清理 80 m³ 淤泥。使用水仓清淤机器人以后，由于整个系统机械化、自动化，一个班至少清淤 100 m³，提高了劳动效率，降低了劳动强度，煤泥直接通过胶带进入煤流系统，省去了煤泥运输的环节，大大地减少了人力、物力的投入。

6.2.12 四足巡检机器人

6.2.12.1 基本情况

为保证选煤厂安全生产，对机电设备的巡检也是必不可少的。目前选煤厂的设备巡检工作尚存在很多不足。例如，开车前的准备工作不足、正常运行过程中巡检不到位、停车后的检查工作不完整，存在很大的安全隐患。特别是巡检工作单调乏味，时间长了往往使工作人员对其厌烦以致对工作疏忽，从而导致不能保证正常的巡检次数。而这些现象直接导致巡检质量的下降，往往成为选煤厂安全事件发生的直接原因。基于此，神东公司研发应用了选煤厂四足巡检机器人（图 6-32）。与人工巡视相比，机器人巡视能够避免巡检人员的疏失，并完成定点定时的巡检，保障机电设备的安全运行，为管理部门提供准确有效的决策信息。

图 6-32　四足巡检机器人

6.2.12.2　系统构成及功能

该机器人采用四足设计,行动灵活,可支持多种步态开发,具备攀爬楼梯功能,本体采用耐高温、防水设计,满足选煤厂工况需要;负载能力强,扩展方便,可以搭载多种探测设备,满足不同现场需要。

（1）支持平地行走,上下台阶、斜坡、楼梯。

（2）支持倒地起立/倒地翻身起立。

（3）支持行走和跑步步态开发;其他高性能步态开发。

（4）头部配置激光雷达及独立的工控机,机器人可完成地图构建、自主定位导航和动态避障等能力。

（5）头部配置 2 台深度相机,机器人可完成物体/动作等目标识别、高精度地图构建与定位。

（6）搭载 CO、烟雾、粉尘传感器,可实时监测并上传数据,超限后自动报警。

（7）采用测温型双光谱红外球机,集可见光、红外热成像、高性能转台和智能算法于一体,具备实时预览、预置位检测、自动报警、数据存储与分析等功能。可水平旋转实现 360°,可俯仰,全方位采集视频和温度数据,并实时上传。

（8）配备高性能拾音器,可根据现场采集的声音建立声音数据库,对采集到的音频进行分析,判断设备运行情况是否正常。

（9）标配手机 App,在 App 不仅能够显示实时画面,而且能设置人物跟随、人体检测、深度感知（距离感知）等功能。

（10）保护模式:急停保护、过温保护、摔倒保护。

6.2.12.3　应用效果

四足巡检机器人不仅具备传统控制检测设备的功能,而且能够通过自身的"鼻子""眼睛""耳朵"全方位地对设备进行移动式巡检检测,巡检手段比人为巡检更加专业,比传统的巡检检测手段更加完善,同时能大幅度地减轻工人的工作强度。

6.2.13　危险气体巡检机器人

6.2.13.1　基本情况

目前,煤矿危险气体仍是煤矿生产过程中存在的重大安全隐患之一,也是我国煤矿安全生产过程中的重点和难点。其中,以危险气体爆炸事故的危害性最为严重。对矿井危险气体的实时监测是实现煤矿生产安全的重要措施之一,通过对矿井危险气体浓度的检测和分析,为矿井提供实时、精确、可靠的数据,实现提前预警,做到早处理、早防范。当前,煤矿井下危险气体巡检方式主要存在以下问题:① 巡检过程易受井下环境影响,煤矿井下环境自然条件恶劣、作业环境复杂以及危险气体爆炸等时刻威胁着井下人员的生命安全;② 巡检工作重复性高、劳动强度大,待检区域间隔较远,尤其对于长距离巷道环境,巡检过程极大地增加了巡检人员的体力负担;③ 煤矿井下作业区域分布广,通过危险气体检测装置,以及网络通信实现实时定点监测,系统需要布置大量监测点,导致系统复杂、成本高、经济适用性差,在检测效果、实时性等方面都存在一定的局限性。因此,危险气体巡检机器人（图 6-33）应用十分必要和迫切,让巡检人员足不出户便可掌握煤矿井下所有作业区域危险气体浓度,提高巡检管理水平。

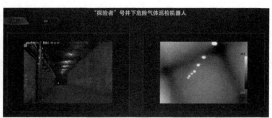

图 6-33　危险气体巡检机器人

6.2.13.2　技术应用效果

大柳塔矿于 2021 年 9 月调试完成"探险者"型危险气体巡检机器人并投入应用,该机器人可实时获取井下瓦斯、一氧化碳、二氧化碳环境信息及本体状态信息,并对信息进行采集、分析、挖掘与处理,避免了人员在巷道巡检恶劣环境中的长时间工作,有效降低了潜在风险,充分体现"生命无价"的理念。

6.2.14　辅助搬运机器人

6.2.14.1　基本情况

近年来随着薄煤层工作面的逐渐增多,大型运输设备(如装载机或铲运车)在采掘工作面的通行受到极大限制。当前区队常用的方法是:将运输车辆停在顶板可悬挂手动葫芦处,人工拉拽手动葫芦进行装卸,耗时长且存在安全隐患。辅助搬运机器人(图 6-34)的出现很好地解决了井下物料运输"最后一公里"的难题。

图 6-34　辅助搬运机器人

6.2.14.2　系统构成及参数

辅助搬运机器人由机器人本体、吊装机构、行走机构、液压泵站系统、电控系统、遥控系统组成。

（1）车辆尺寸：长≤5.0 m，平台高度为 1.1 m，宽为 1.2 m；

（2）车身自重≤7 t，额定载重≥3 t，最大载重≤5 t；

（3）最大牵引力≥30 kN，拖拽力≥24 kN；

（4）离地间隙≥235 mm；

（5）纵向爬坡角度≥±18°；

（6）转弯半径≤2.5 m；

（7）最大行驶速度为 5 km/h；

（8）紧急制动距≤0.2 m；

（9）起吊系统采用遥控操作方式；

（10）最大起吊载荷≥3.0 t；

（11）起吊作业旋转角度为 360°连续旋转；

（12）吊臂升举高度为 1.8～2.4 m。

6.1.14.3　应用效果

该机器人于 2022 年 2 月底在补连塔煤矿调试成功并投入使用，主要用于采掘工作面倒运 3 t 以下材料或配件。外形尺寸为 3 500 mm×1 200 mm×1 100 mm，机动灵活，适合在狭窄处作业。整车柴油机驱动液压泵，通过性强，稳定性高。据测算，使用辅助搬运机器人替代人工进行搬运工作，可以节约 2～3 个人力，工作效率可以提高 30％以上。

6.3　矿井综合信息传输平台（一网一站）

6.3.1　基本情况

尽管神东公司相继建成了地下矿山安全避险"六大系统"，并可以实现井下生产井上呈现、井下生产井上控制，但是由于各系统建设缺乏统一规划、部署分散，存在井下设备众多、难以集中管理、系统升级维护困难等诸多问题。为此，神东公司在煤炭行业首次提出了建设"矿井综合信息传输平台"，亦即"一网一站"的构想。

6.3.2　系统组成

神东公司的"一网一站"解决方案，其中的"一网"是指井下万兆环网，可实现对各大系统的统一接入、统一承载、统一管理，并可作为安全监测监控系统数据传输的备用通道；其中的"一站"是指通过一个综合分站集成无线通信系统（含核心网、基站、终端）、人员定位系统、车辆定位系统（含基站、标识卡）、工业电视系统、语音广播系统、调度指挥系统、工业自动化系统、安全监控系统等八大业务系统。"一网一站"的体系结构如图 6-35 所示。

高达万兆的环网及千兆的子环网组网方案，不仅可满足大颗粒业务（如监视监控系统）的承载需求，还支持 HQoS，确保分用户、分业务，保证服务质量，最重要的是具有多重保护功能，可保障极端环境下通信顺畅，为矿山安全作业保驾护航。

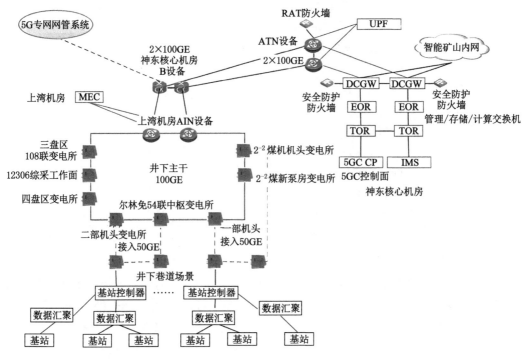

图 6-35 "一网一站"的体系结构

6.3.3 组网方案

6.3.3.1 "一网"组网方案

针对井下多套通信控制系统进行整合,改变当前"七国八制"的状态,通过一套光缆承载,提供融合井下数字环网,如图 6-36 所示。调度指挥系统是固定电话通过电话线缆在井下独立部署,不需要接入"一网",但采用 IP 电话作为补充,接入调度和广播系统。在主巷道部署统一数字环网,接入主巷业务系统,"一网"交换机设备安装在隔爆柜中,然后安放于井下变电所;支巷可不建环网,其他方式接入支巷业务系统,再连接到主巷道的环网上。

6.3.3.2 "一站"组网方案

"一站"即主要以集成多种功能的综合分站取代原有各自独立的基站。综合分站中集成无线通信基站(含 Wi-Fi)、精确定位基站、交换机功能,可实现无线通信、Wi-Fi 接入、人员定位、有线电话、调度、广播等功能,通过内置的交换机除了能实现综合分站自身级联需求外,还可提供 4×RS485/RS232 接口和空闲 FE 端口实现综合接入功能,以减小对主干光纤环网的接入压力。综合分站采用统一的电源、传输系统,以简化相应的电缆、光纤、供电等部署。

6.3.3.3 组网可靠性设计

井下 10GE/GE 环网中,环网交换机采用在通信运营商成熟使用的以太环网 ERPS (ITU-T G.8032)技术进行保护;同时在设计上使用独立的硬件 NP(网络处理器)进行故障检测,发生任意环网交换机的单点故障都能在 10~50 ms 之内快速倒换而不影响业务,同时

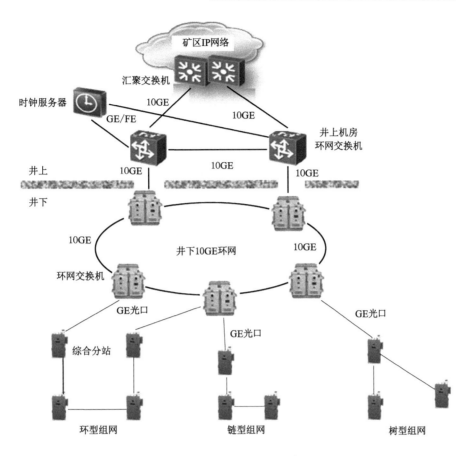

图 6-36　万兆环网组网图

不对环网的性能产生影响。上行采用双节点接入井上的环网交换机,两台环网交换机与汇聚交换机之间采用 VRRP 主备保护,如图 6-37 所示。

综合分站主体采用链状逐级连接环网,综合分站的最后一级再环回接入环网、与10GE/GE 环网形成一个相交环,同样采用 ERPS(ITU-T G.8032)技术进行保护,实现在单独某个分站故障或者 2 个分站之间的连接中断时,其他分站的数据传送不受影响。

这种设计有效避免了原有工业交换环网中的几个问题:一是大量的工业环网保护协议小数据包处理转发,影响正常数据包的处理,甚至可能对高优先级的数据包造成延时;二是频繁的工业环网保护协议数据包处理,大量占用交换机 CPU 处理时间,导致 CPU 处理业务数据包的时间受影响;三是大量工业环网保护协议采用私有协议,兼容性不好;四是倒换时间和节点数相关。

6.3.4　技术应用效果

"矿井综合信息传输平台"解决方案是由神东公司、华为及其合作方共同成立的技术团队进行研发的,于 2013 年 5 月率先在上湾煤矿试点实施并取得了圆满成功,并在神东公司其他煤矿得到推广应用。在上湾煤矿的"综合信息传输平台"项目实施过程中,神东公司选择了成熟的 CDMA2000 制式,打造了神东井下移动通信专网,将 3G 无线通信与成熟的井

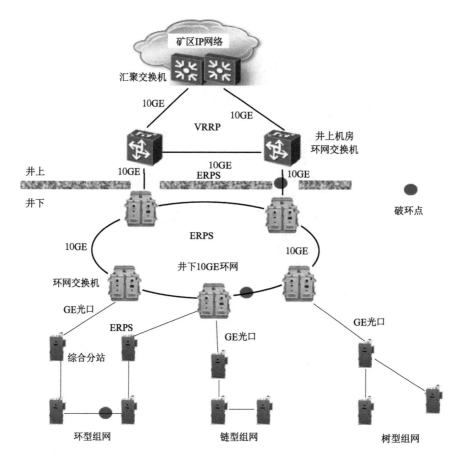

图 6-37　可靠性组网图

下语音广播、人员定位、调度通信系统进行系统集成,实现了"一网一站"。2016 年,随着煤炭市场 4G 通信设备逐步取得了煤安认证,依托大柳塔煤矿 4G 通信"一网一站"技术研发项目的实施,公司成功完成 4G 通信技术与"矿井综合信息传输平台"的融合升级,完成了 3G 到 4G 的平滑过渡,并在各矿井全面推广实施,完成了 4G 通信"一网一站"技术全覆盖,实现了专网与公网互联互通,用一部手机即可实现井下、井上通用,通过 Wi-Fi 技术实现了井下数据业务的高速无线接入。在调度上,首次实现了有线调度与无线调度的融合,通过一个调度台即可同时对井下手机及固定电话发出调度指令;在定位上,选择了基于 ZigBee 技术的飞行时间定位方案,将定位精度由以前的区域性定位缩小至 10 m,在非复杂环境下,精度约为 3 m,优于目前煤矿普遍使用的 RFID 定位精度,使得井下人员车辆管理、协助事故应急救援及遏制超定员生产等更加便利;在广播上,选择了 All-IP 数字广播方案,使得广播分区更灵活,声音穿透力更强,非常适合井下部署。通过建设该平台,神东公司减少信息化建设投入、提升维护成本效率达 40% 以上,实现了无线网络的矿井全覆盖、高速覆盖,全面推进了神东公司"提高四化五型发展水平"建设,为神东公司信息化领先行业 10 年奠定了坚实的基础。

2019 年,5G 正式商用,为积极打造 5G 智慧煤矿,面对煤矿厂家多、系统多、标准多、需要无线连接的设备多、井下无线网络能力弱等难题,2020 年 7 月,公司联合煤炭科学技术研究院有限公司设计出井下专用低功率 6 W 高压防爆高可靠性的全端设备,在全国率先拿到认证证书,并在井下进行全面部署,公司首次将 100G 承载网应用于全矿井;在综采工作面部署超大带宽,为远控和无人化提供了可能;在薄煤层空间狭小的综采工作面线缆槽和液压支架之间创新部署 5G 漏缆天线,并且做到少干扰、免切换,实测低于 50 ms 时延满足采煤机移动场景下的远程控制;首次将 5G 和 UWB 技术进行融合应用,为无人驾驶等应用场景提供大带宽、低时延"高速公路"和井下精准的"定位导航"。

2021 年 8 月,公司实现了跨陕、蒙、晋三省区,跨中国电信、中国联通两大运营商,跨不同设备商,井上、井下连通,一张 5G 卡无切换走遍神东矿区,为全国乃至全球跨地域、跨运营商、跨设备商组网输出成功经验及可行方案。有了网络、系统、平台、终端的保障,公司上线了煤炭行业最全的 5G 应用。2021 年 9 月,实现 5G 挖掘矿井海量数据回传分析,首套基于 5G＋UWB 网络的无人驾驶矿用路线试驾成功;2021 年 10 月,首个基于 5G 网络的高级智能化综采工作面在大柳塔煤矿落地,形成了"自主割煤＋无人跟机＋智能决策"的采煤模式;2021 年 11 月,全国煤炭行业首套 5G 漏缆组网在乌兰木伦煤矿 12406 综采工作面测试成功,实现采煤机远程控制和采煤机上搭载的 4K 高清摄像头视频回传。

公司在 5G 智慧煤矿领域共获得了 8 项国家专利,为井下 5G 复杂组网及高要求覆盖应用探索出路径。公司的 5G 部署,不仅解决了数据采集、数据传输、远程控制问题,而且以整合煤矿系统、实现数据融通、实现智能应用为核心,将智慧园区、安全、经营以及井下的采、掘、机、运、通等 200 多个系统的数据汇聚,打造一体化数字智能管控平台,实现井下 2 万个智能设备接入。同时,将有线、无线、核心等已有网络统一管理起来,部署运营商级的网管平台,将网络可靠性提升至 5 个"9"。除此之外,2021 年 10 月 13 日,公司在榆林国际煤博会上发布三大系列 100 个 5G 终端产品,让 5G 智慧煤矿新生态初具规模。在 5G 智慧煤矿的推动下,5G 终端及煤矿上下游厂家可以看到未来巨大的市场潜力。

截至目前,公司已建成跨三省井上区域全覆盖、12 个选煤厂全覆盖、年产 1 500 万 t 上湾井工矿全覆盖的 5G 专网,在其他煤矿(包括世界最大的井工矿大柳塔煤矿)已完成 5 个综采工作面、2 个掘进工作面、5 条主运带式输送机、3 类数十台机器人等 5G 全覆盖,建成目前世界上最大的企业级 5G 专网。

6.4　数据协议与接口标准化 EtherNet/IP

由于煤炭行业还没有适用于数字矿山建设的设备通信接口和协议标准,不同的设备生产商往往具有不同的设备接口和协议。这些不同接口和协议尚未形成统一标准,数据资源无法实现互联互通,设备之间存在信息壁垒,造成系统集成难度大,协同控制水平低等问题。因此,提出一种适应于神东矿区,乃至国内煤炭行业数字矿山发展需求的机电设备通信协议标准化方案,是亟待解决的重要问题。神东公司起草并制定了 8 大系统 38 类"矿井设备数据接口与协议"企业标准。同时,以上述 38 类设备为对象,进行相应的 EtherNet/IP 应用对象规范验证试验,最终使得设备接入工业以太网后无须进行配置或进行极少配置,即可在地面或井下计算机上直接进行远程监测和控制,即实现"即插即用",大大降低数据上传、自动化集成的技术难度,缩短工作周期。

6.4.1 神东矿区机电设备通信协议现状和分析

神东矿区综采工作面使用的配套设备种类多,不同的生产厂商往往具有不同的接口和协议,具体见表 6-1。综采设备的通信协议以 Modbus RTU 和 Modbus TCP 为主,部分设备利用 PLC(可编程逻辑控制器)或专用数据采集器,通过 EtherNet/IP 协议或私有协议上传数据,国外厂家设备主要使用上位机 OPC 接口的方式共享数据。由表 6-1 可以发现,综采工作面设备接口种类繁多,其中相当多的设备是以 Modbus RTU 异步串行通信方式输出数据,不能直接接入工业以太网。部分设备采用了 Modbus TCP 协议,但是在共享数据给多台设备的时候存在问题,采煤机和支架电液控制系统利用 OPC 共享数据,效率低,稳定性也较差。通过更深入的分析,现有机电设备通信的主要问题有:① 通信协议种类多,采用 Modbus 协议的设备多数需要在井下布置数据采集器或 PLC,地面再布置服务器的数据传输方式,层级多,维护量大;而如果直接在地面服务器采用 Modbus 协议,通过交换机读取井下设备数据,其稳定性和可靠性不能保证;② 缺少如何交互的应用层数据协议标准,在项目建设期间,面临因设计不合理而变更数据点表,反复协商确定协议的问题,大大延长项目周期,也难以保证系统应用的稳定性和可靠性;③ 设备的接口形式多种多样,单模光纤、多模光纤、RJ45、双绞线等并行使用,上连设备需要定制通信分站,成本高,故障率高,维护难度大。

表 6-1　综采工作面设备接口和协议

名称	厂家	物理接口	通信协议	上连设备	数据传输方式
采煤机	艾柯夫(EKF)	以太网电口	工业以太网、OPC DA	交换机	地面设置厂家服务器发布数据
	久益(JOY)	单模百兆光口	工业以太网、OPC DA	交换机	地面设置厂家服务器发布数据
刮板输送机	华夏天信	以太网电口	Modbus TCP	交换机	地面服务器读写
	久益(JOY)	以太网电口	RS485、EtherNet/IP、Modbus RTU	交换机或 PLC	地面服务器读写
转载机	德伯特(DBT)	无	无	无	
破碎机	德伯特(DBT)	无	无	无	
支架	玛珂电控	单模百兆光口	工业以太网、OPC-XML	交换机	地面设置厂家服务器发布数据
保护系统	天津华宁	RS485	Modbus RTU	PLC 或数据采集器	地面服务器读写
泵站	卡马特(KAMAT)	以太网电口、单模百兆光口	EtherNet/IP	交换机	地面服务器或 PLC 读写
	英国雷波	以太网电口、RS485	Modbus RTU、EtherNet/IP	PLC 或交换机	地面服务器或 PLC 读写
	华夏天信	RS485	Modbus RTU	PLC 或数据采集器	地面服务器读写
	华夏天信	以太网电口、RS485	Modbus TCP、Modbus RTU	交换机或 PLC	PLC 或地面服务器读写

表 6-1(续)

名称	厂家	物理接口	通信协议	上连设备	数据传输方式
组合开关	常州联力	RS485	Modbus RTU	PLC 或数据采集器	地面服务器或 PLC 读取
移变	北京朗威达	RS485	Modbus RTU	PLC 或数据采集器	
馈电	万泰	RS485	Modbus RTU	PLC 或数据采集器	
综保	双京、电光	RS485	Modbus RTU	PLC 或数据采集器	

6.4.2 工业以太网解决方案

6.4.2.1 EtherNet/IP 用于协议标准化的优势

EtherNet/IP 建立在可靠、成熟和通用的以太网技术之上,在物理层和数据链路层采用标准以太网技术,这使得 EtherNet/IP 可以在所有支持以太网的设备上无缝地工作。不但保证了系统的兼容性,而且能够随着以太网技术的发展而进一步平滑升级。由于摒弃了以往由现场总线到以太网的转换,因此,不需要专用的数据采集器和交换机,现场设备只需要连接至通用的工业交换机,降低了现场施工和维护的技术难度。EtherNet/IP 利用 TCP/IP (UDP/IP)协议来传送隐式的 I/O 数据和显式的报文数据,对于实时性要求较高的实时 I/O 数据,采用 UDP/IP 协议来传送;而对实时性要求不太高的显式信息(如组态、参数设置和诊断等),则采用 TCP/IP 协议来传送。而 ModbusTCP 基于 TCP/IP 协议来传送所有功能码及报文信息,由于 TCP/IP 连接的建立需要三次握手,在数据包丢失时,会等待较长时间来超时重传,因此,其不适用于实时性要求高的工业控制。EtherNet/IP 采用生产者/消费者(Producer/Consumer)的通信模式而不是传统的源/目的(Source/Destination)通信模式来交换对时间要求苛刻的数据。在传统的源/目的通信模式下,源端每次只能和一个目的地址通信,源端提供的实时数据必须保证每一个目的端的实时性要求,同时一些目的端可能实际上不需要这些数据,因此浪费了时间。而在 EtherNet/IP 所采用生产者/消费者通信模式下,数据之间的关联不是由具体的源、目的地址联系起来,而是以生产者和消费者的形式提供,数据生产者发送的数据包被分配一个指示数据内容"唯一"的标识符,所有的消费者都可以通过"唯一"的标识符从网络中获取需要的数据。这样就允许网络上所有节点同时从一个数据源存取同一数据,每个数据源只需要一次性地把数据传输到网络上,其他节点就可以选择性地接收这些数据,避免了带宽浪费,提高了系统的通信效率。由于基于标准以太网、通信效率高,因而,EtherNet/IP 支持基于计算机软件进行一主多从通信,这就使得整个系统的中间环节少,架构简单、易维护,同时建设和使用成本也较低。基于 EtherNet/IP 的通信架构如图 6-38 所示。

6.4.2.2 EtherNet/IP 的对象模型

EtherNet/IP 使用抽象的对象模型来描述可供使用的一系列通信服务、网络节点的外部可见行为、设备获取及交换信息的通用方法。具体的,每个 EtherNet/IP 设备用若干对象的一个集合来描述,用对象将设备的功能分成逻辑相关的子集,每个都有确切定义的行为。"类"是一个表示同类型系统部件的对象集合。"对象实例"是在"类"中特定的一个对象的实际表示。某一"类"的每个实例都具有相同的属性,但是有各自一套特定的属性值。同一

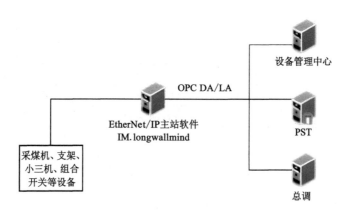

图 6-38 基于 EtherNet/IP 的通信架构

个"类"的多个实例可以位于一个 EtherNet/IP 设备中。"类"也可能有"类属性",用于描述"类"的整体性质。例如:有多少个某一特定对象的实例。另外,"对象实例"和"类"本身表现一种特定行为,并且允许这些属性、实例或整个类都能应用特定的"服务"。面向对象的结构,使得开发者和最终用户能够使用简单的、面向对象并且具有广泛的网络接口的网络设备,详细的网络地址和内部的设备数据结构都对用户透明。这使得连接在以太网上的各种设备具有较好的一致性,从而使不同供应商的产品能够交互。EtherNet/IP 协议簇包括了大量通用定义的对象,形成了对象库。所有的对象类可以分为 3 种,分别为通用对象、应用对象、网络特定对象。

6.4.3 神东 EtherNet/IP 协议标准的现场应用

通过基于 EtherNet/IP 工业以太网通信技术的协议标准化,神东公司制定了《矿山机电设备通信接口和协议》标准草案,包括 11 个部分,分别为《以太网 EtherNet/IP 协议规范总则》《扩展对象库》《采煤机设备行规》《液压支架设备行规》《乳化液及喷雾泵站设备行规》《运输三机系统设备行规》《馈电开关设备行规》《移动变电站设备行规》《照明信号综合保护装置设备行规》《磁力启动器设备行规》《组合开关设备行规》。上述协议在大柳塔煤矿、上湾煤矿和哈拉沟煤矿进行了综合试验,试验结果表明,系统通信性能良好,运行稳定。现以采煤机为例介绍神东 EtherNet/IP 协议标准。神东 EtherNet/IP 标准根据采煤机的结构原理、系统的应用情况,定义了采煤机的相关应用对象,如表 6-2 所示。这些应用对象视为对EtherNet/IP 协议簇原有对象库的扩展。"采煤机对象"描述采煤机的基本信息。根据定义,设备应只支持一个"采煤机对象"实例,通常无须定义任何类的属性,例如:设备中有多少采煤机对象的实例。因而,多数情况下只需要定义实例属性。采煤机对象的实例属性总共有 499 项,其中,1～112 项已经定义,113～199 项为保留,200～499 项为扩展。

表 6-2 采煤机相关的应用对象

对象名	称类代码(ClassID)
采煤机对象	0×80
采煤机截割对象	0×81

表 6-2(续)

对象名	称类代码(ClassID)
采煤机牵引对象	0×82
采煤机自动割煤对象	0×83

6.4.4　协议转换和接口改造技术

神东公司在建设数字矿山过程中涉及的各系统之间的接口设计如图 6-39 所示。

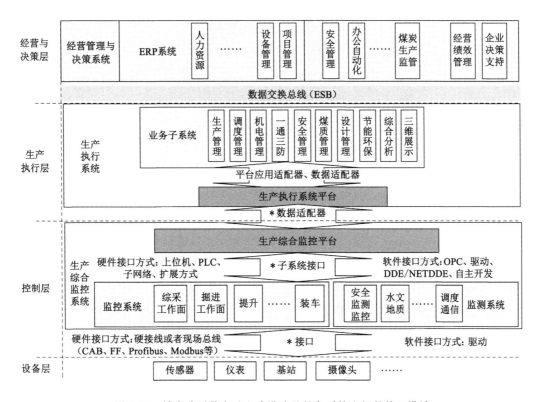

图 6-39　神东公司数字矿山建设涉及的各系统之间的接口设计

在图 6-39 中,具体采用的接口方式为:

(1) 在控制层和设备层之间,硬件采用硬接线或者现场总线(CAN、FF、Profibus、Modbus 等)的接口方式,软件采用驱动的接口方式。

(2) 在生产综合监控系统中,各子系统和生产综合监控平台之间,硬件采用上位机、PLC、子网络、扩展方式的接口方式,软件采用 OPC、驱动、DDE/NETDDE、自主开发的接口方式。

(3) 在控制层和生产执行层之间,采用数据适配器的接口方式。

生产综合监控平台与各子系统的接口主要是通过网络实现信息交换与信息共享,要求在网络级和串口级两个层面提供多种符合国际主流标准的接口方式,便于各种子系统的接入,能够集成不同厂家的硬件设备和软件产品,实现各系统间互操作,并将各系统数据集成。为此,神东公司制定了基于 EtherNet/IP 的《RS485 接口 Modbus 协议规范总则》《馈电开关 RS485 接口 Modbus 协议规范》《磁力启动器 RS485 接口 Modbus 协议规范》《照明信号综合保护装置 RS485 接口 Modbus 协议规范》,研制开发了 EtherNet/IP 智能网关和 ENET201 以太网模块(图 6-40),形成了较为完善的煤炭工业以太网通信解决方案。其中,EtherNet/IP 智能网关可以实现 RS485、Modbus、CAN 等接口协议与工业以太网 Ether-Net/IP 接口协议的转换和通信功能;NET201 以太网嵌入式模块用于实现 Modbus RTU 与 EtherNet/IP 的协议转换,适用于设备供应商进行新产品开发。

EtherNet/IP智能网关　　　　NET201以太网模块

图 6-40　EtherNet/IP 智能网关和 ENET201 以太网模块

6.4.5　EtherNet/IP 协议标准执行保障措施

神东公司为保障 EtherNet/IP 协议标准顺利执行,于 2019 年成立信息管理中心 EIP(神东机电设备通信协议标准)实验室(图 6-41)。目前,EIP 实验室已完全具备独立检测矿井机电新购进设备通信接口协议信息的能力,将以太网的开放和互联特性引入生产设备层,使机电设备具有统一的工业以太网通信接口和协议,实现将生产数据实时无缝地集成到企业信息化系统中,增强对煤炭生产和矿井自动化系统的集中监控。至今,共完成了 67个批次 518 台设备的检测任务,对神东公司数字矿山建设起到了积极的推进作用。

图 6-41　EIP 实验室实景

6.5　矿用鸿蒙系统

2021 年 9 月 14 日,由国家能源集团携手华为公司共同发布了"矿鸿操作系统"。神东公司作为煤炭行业的领军企业,对设备生态圈的影响大、号召力强,具备推动行业伙伴快速进入矿鸿生态的能力。通过矿鸿示范矿井的建设,能探索出一套可行的路径和机制,加速矿鸿生态的建设和发展。随着矿鸿操作系统的广泛应用,将发掘出更多的使用场景,使其发挥更大价值。同时,神东公司结合自身在煤炭生产管理、安全管理等领域的知识库和丰富经验,可以完成更多矿鸿操作系统的应用探索。

6.5.1　基本情况

矿鸿设备管控平台通过统一数据协议实现对矿鸿设备的统一、集中式管理,在矿鸿操作系统和矿鸿设备管控平台之间,定义矿鸿设备管理面协议,实现矿鸿设备操作系统软件版本升级管理、设备许可管理,以及矿鸿设备在线状态管理和安全鉴权管理,保证设备管理面配置、查询、操作准确可行;设备管理平台通过神东业务系统交互,将矿鸿设备上报数据统一上传到神东业务系统,支撑后续大数据分析以及持续优化;通过和集团 IT 平台交互,实现用户权限管理以及安全证书管理,确保正确的人在正确的时间使用正确的设备。矿鸿操作系统可靠性组网如图 6-42 所示。

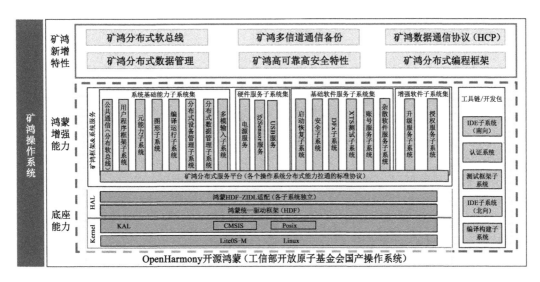

图 6-42　矿鸿操作系统可靠性组网图

6.5.2　主要技术创新

基于鸿蒙系统,结合矿山行业现状适配开发矿鸿操作系统,为煤矿装备和传感器提供统一的接入标准和规范,通过统一接口、统一数据格式简化互联,实现矿山人机互联、机机互联;通过统一的数据标准实现数据共享,借助软总线技术、分布式数据管理等技术,实现资源动态交互和子系统间的智能协作。矿鸿操作系统可以解决煤矿设备自主可控、安全可信的问题。

（1）模块化设计,可灵活裁剪组件,适于不同类型硬件:无论设备大小,只需一个矿鸿操作系统即可覆盖从 kB→MB→GB 级设备。

（2）万物互联,人机互联,机机互联,万物感知:可实现一对多快速发现与互联、近场通过蓝牙/Wi-Fi 实现软总线互联、设备快速发现,自动连接上网、针对不同场景提供低时延/高吞吐/多径容灾能力;矿鸿智能终端通过碰一碰,可获取和修改设备参数,极大方便井下设备配置方式,提升工作效率。

（3）统一数据标准,打破信息孤岛:统一数据接口和标准,为井下各生产系统互联提供统一的语言,构建煤矿工业互联网底座,支撑煤矿智能化建设目标的达成。

(4)分布式数据管理,资源动态交互:井下设备数据分布式存储,用网络能力降低设备存储成本;支持井下无人化巡检,实现井下无人化目标达成。

(5)自主可控:操作系统完全国产,可替换现有嵌入式操作系统等。

6.5.3 应用成效

国家能源集团在乌兰木伦煤矿率先启动矿鸿操作系统整矿研发、适配、测试工作。全矿 43 类 1 808 台套设备已成功适配,覆盖井下所有电气设备和控制单元。其间共推出了适应不同设备和传感器的 5 种系统版本,历经 7 次迭代升级。同步研发了首个工业操作系统管控平台,可对矿鸿操作系统运行状态实时监测、远程运维、版本在线升级。矿鸿操作系统在井下稳定运行 1 年多,未对设备及产量造成影响,验证了该系统可用、能用、适用。目前矿鸿操作系统已经在公司 4 个矿、6 个场景部署,成功应用于 20 类 398 台终端,采煤、掘进、主运输、辅助运输、供电、供排水、通风与灾害预警、监测监控、人员及设备定位等系统全面应用矿鸿操作系统。

(1)一个操作系统:工业级国产矿鸿操作系统可以解决煤矿设备自主可控、安全可信的问题,构建煤矿工业互联网底座,支撑煤矿智能化建设目标的达成。

(2)一套标准:通过统一的工业级国产操作系统数据通信协议,解决了当前煤矿设备数据通信协议"七国八制"语言不通的问题。

(3)一张专用网络:基于现有的 5G 网络,建成时间敏感网络(TSN),成为工业控制现场的主流总线,能够满足泛在数据连接需求。

(4)一个数据库:自主设计搭建矿鸿生态数据仓库,实现矿鸿数据自主管控。建成的矿鸿生态数据仓库,依据数据层次化、层次模型化、模型固定化的思路,形成了矿鸿大数据资产,建立了生产业务数据驱动型的发展模式,为后续大数据分析、远程故障诊断、在线生产监控以及煤矿智能化建设奠定基础。

6.6 神东生产管控平台

神东公司的信息化应用体系遵循集团公司的五层架构。第一层为决策支持层,第二层为经营管理层,第三层为生产执行层,第四层为控制层,第五层为设备层。前三层主要以集团公司统建、公司应用为主,后两层为公司自建。在控制层面,神东生产管控平台建设经历了三个阶段:第一阶段依靠科技创新,以自动化为载体,重点实施锦界煤矿数字矿山生产监控平台建设;第二阶段以数字化为抓手,进行大柳塔煤矿区域集中控制平台建设;第三阶段,以"智能化"为导向,依托自主研发,全面建成神东生产管控平台。

6.6.1 锦界煤矿数字矿山生产监控平台

综合生产监控平台处在数字化矿山基本架构的控制层,主要完成对现场监控系统与监测系统的数据集成,并将集成的数据整体展现并提供给现场运行人员,使现场运行人员对矿山各大系统设备的运行状态有一个直观的了解。本书以神东公司锦界煤矿为例介绍矿井综合智能一体化生产监控平台及其应用情况。

6.6.1.1　系统组成

锦界煤矿数字矿山生产监控平台将井下各个业务子系统整合到一个平台上,具有基础功能、数据集成、远程控制、数据分析、智能联动、智能报警、诊断与辅助决策等七大功能,涵盖采掘、机运、一通三防、洗选、装车等 21 个子系统(13 个监控子系统和 8 个监测子系统)。系统数据采集点 7.2 万个,远程监控设备 3 471 台,重要场所高清工业监控设备 138 台,环境监测传感器 520 个,实现了对煤炭生产"人、机、环、管"的全面监测监控,为煤矿安全生产提供了强大的信息化、自动化保障,生产控制系统功能如图 6-43。

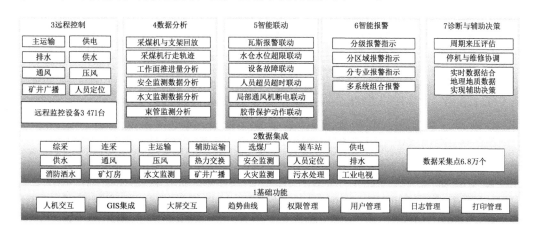

图 6-43　生产控制系统功能图

6.6.1.2　监控子系统应用情况

1. 综采工作面监控系统

通过对综采工作面组合开关、移变、馈电、综保等设备的改造,实现所有设备的远程控制功能,如图 6-44 所示。建立采煤机、液压支架、刮板输送机、转载机、破碎机、泵站、平巷带式输送机等设备集控系统,实现综采设备监控信息集成、参数自动采集的功能。通过记忆和远程遥控来实现采煤机的自动割煤功能,液压支架可以随着采煤机的运行自动拉架、护帮板收伸和刮板输送机推移。同时,采煤机的轨迹可以被自动记忆,液压支架的压力可以实时分析。

2. 掘进工作面监控系统

通过改造掘进工作面带式输送机、移变、馈电设备,实现工作面带式输送机及供电系统的远程控制及局部通风机的变频控制。在破碎机及梭车上加装了红外线测距传感器,实现了工作面破碎机同梭车的联动智能启停。掘进工作面控制系统如图 6-45 所示。

3. 主运输监控系统

安装防爆激光皮带秤来实现带式输送机运行速度及给煤机启停的自动控制,减少电能消耗,降低设备磨损和故障率,达到节能降耗的目的;改造上仓插板电液阀,实现煤仓插板的远程控制;在带式输送机滚筒中加装传感器,实现带式输送机驱动滚筒温度及振动在线检测,实现故障位置、原因、类型等故障信息的就地和远程显示,使其具备故障历史查询和

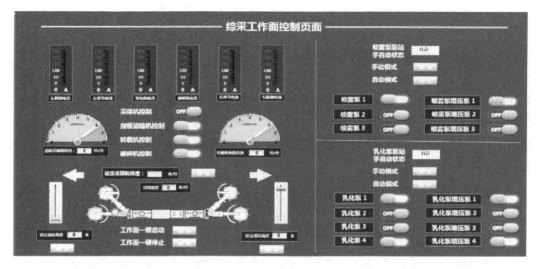

图 6-44　综采工作面控制图

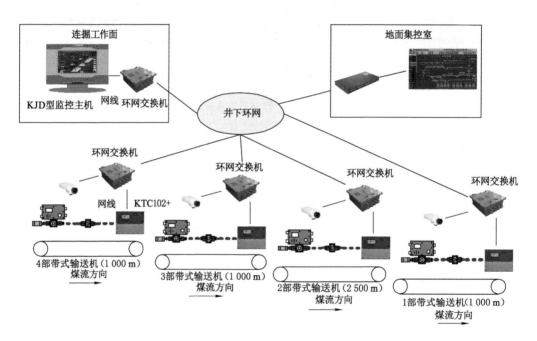

图 6-45　掘进工作面控制系统图

报表输出功能。目前所有带式输送机已全部实现了远程集中控制。

4. 辅助运输监控系统

该系统具有监控防爆运输车辆及井下交通信号的功能。通过对防爆运输车电源控制器的改造和加装本安型机车通信终端,实现了防爆辅助运输车辆的数据采集与传输、车载电话对讲、路况及司机的视频监控功能,并利用车载通信终端,将车辆的数据信息上传至地面集控中心,如图 6-46 所示。通过对井下 16 处防爆红绿灯的改造,实现了井下交通信号系统的集中管控功能,当井下搬家倒面或搬运大型设备时可在集控中心远程调控交通信号,避免井下交通拥堵。依托井下人员定位系统,可实现辅助运输车辆闯红灯自动记录功能,方便井下辅助运输的管理。

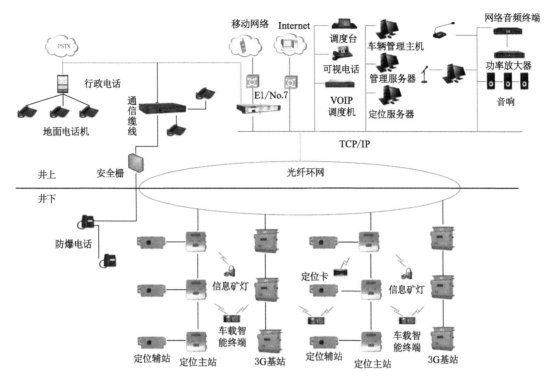

图 6-46　车辆智能管理系统硬件组成结构

5. 供配电监控系统

该系统包含变电所远程监控和巷道内移动变电站远程控制功能,同时具备通信综合分站供电状态和 UPS 状态的监测功能。将原有工控网络接入综合分站系统,实现供电系统和设备的在线监测、远程操控、实时报警、数据分析和用电量管理。该系统能够对故障信息进行预警、定位和上传,实现了煤矿供电系统和生产设备的全面自动化监控管理。在高压开关柜进行远程分合闸作业时,可调出实时高清视频监控,直观查看高压开关柜现场操作情况。通过对移动变电站高低压保护器的改造,实现了将其运行状态参数全部上传,并实现了地面集控中心远程送电功能,提高了时效性,节省了人力,还可以根据负荷变化及时调整整定值,实现配电点移动变电站的“四遥”功能,以确保安全高效供电。将井下所有 UPS 参数及运行状态上传至集控中心,实时监测后备电源的运行状态,确保井下综合分站及自动化控制系统的可靠运行。

6. 供水监控系统

将井下供水加压泵房内的电气设备自动化通信系统接至综合分站中,实现数据上传功能。通过压力传感器读取供水系统压力数据,实现自动智能开停水泵、变频加压及远程监控。

7. 排水监控系统

通过安装液位计、压力计、流量计、电控阀等设备,采集排水系统实时数据,实现中央和盘区水泵房远程控制及数据自动采集、排水流量自动监测等功能;实现 2 个井下中央水泵房、4 个盘区水泵房、2 个潜排电泵、1 处防水闸门、16 个中转水仓、418 个分散小水泵自动化排水。集控中心可根据各水泵运行信息统筹规划开停,或者根据水位自动控制各中转水仓的水泵开停。同时,集控中心还可以调取中转水仓内视频监控,实时观察中转水仓内水位及设备运行情况,以实现均衡排水,提升排水效率,并达到节能降耗的目的。主排水泵房自动化排水监控画面如图 6-47 所示。

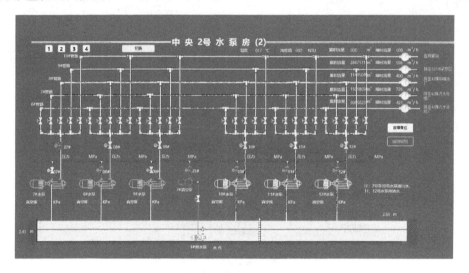

图 6-47 主排水泵房自动化排水监控画面

8. 通风监控系统

通风监控系统包括主通风机监控及井下自动风门监控两个部分。主通风机增加了温度及振动传感器,对主通风机蝶阀温度及电机振动进行在线监测。将主通风机远程控制系统接入生产控制系统,实现了主通风机的"三遥"控制,包括远程遥控、遥信和遥测。该系统可以实时监测主通风机的风量和负压等参数,同时可以控制风机的运行状态以及风门开启和关闭,并具备逻辑闭锁功能。主通风机可远程一键启停、一键切换、一键反风,缩短了主通风机的切换时间。通过对井下 21 道自动风门升级改造,实现自动风门状态实时监测和远程控制。主通风机在线监控画面如图 6-48 所示。

9. 压风监控系统

该系统对压风机温度、压力等参数实时采集与传输,实现了空气压缩机在断水、断油、超温、超压、过滤堵塞等不良状态下的自动保护,也实现了压风机的远程启停、自动加压及卸压。

10. 洗选监控系统

该系统实现了选煤系统的智能化,原煤仓信息和筛分破碎车间的实时监控,主厂房生产系统的全自动洗选控制,以及产品煤存储系统的无人值守。

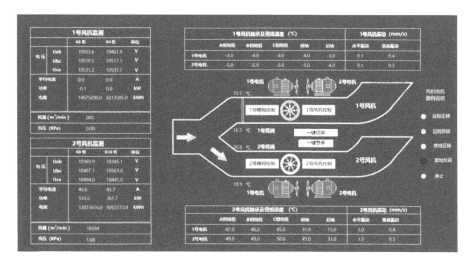

图 6-48　主通风机在线监控画面

11. 装车监控系统

该系统实现了带式输送机、给煤机、缓冲仓、定量仓、刮板输送机槽、机车车厢、喷洒装置的集中控制,设备温度、振动、速度、煤量等信号的实时监测,以及系统闭锁保护、自动喷雾、车皮位置精确定位、煤流定量称重、在线煤质采样、自动压实、车皮数量识别和扫描、装车信息自动上传、封尘剂防冻液的自动喷洒等功能。

12. 锅炉监控系统

该系统对原有热力交换站控制系统升级改造,将实时运行数据接入生产控制系统,实现热力交换站在线监测。监测数据主要包括循环泵、补水泵、换热器的温度、压力等,同时实现补水压力和补水泵循环水压力的联锁控制。

13. 消防洒水监控系统

对消防泵房控制系统升级改造,并接入生产控制系统,实现了消防泵房在线监测。能够在线监测消防泵、生活泵的运行状态与故障状态,以及在线监测水池液位、管路流量等,实现水泵和水池液位的联锁保护。

14. 安全监测系统

单独敷设该系统光缆,独立组网,将原系统数据嵌入集成到生产控制系统中,实现对模拟量、开关量与累计量的采集、传输、存储、处理、显示、打印、声光报警及控制等功能。该系统主要监测甲烷浓度、一氧化碳浓度、二氧化碳浓度、氧气浓度、风速、负压、湿度、烟雾、温度、馈电状态、局部通风机开停、主通风机开停等信息,实现了甲烷超限声光报警、断电和甲烷风电闭锁控制等功能。

15. 工业电视监视系统

该系统将井下原有模拟摄像机更换为高清 IP 网络摄像机,并通过井下环网接入集控中心大屏,将井下变电所、水泵房、工作面、十字路口、地面场区等重点工作场所的实时图像传送到集控中心,能够直观、快捷地了解关键生产环节,同时实现了其控制、存储和回放功能。

16．井下 IP 广播系统

该系统能够实现自动播放、实时播放，终端和调度讲话、终端和其他终端讲话，紧急广播、监听、录音以及巡检等功能。

17．人员定位系统

人员定位系统实现了信号无盲区覆盖，对人员及车辆的定位精度可达米级以内，具备双向寻呼功能，可以按区域呼叫一个目标或多个目标，紧急情况下，井下人员可通过标识卡向系统发出呼救信息；系统还具有人员及车辆位置监测和报警、出入井统计查询、轨迹回放、超时报警等功能。人员定位系统功能示意图如图 6-49 所示。

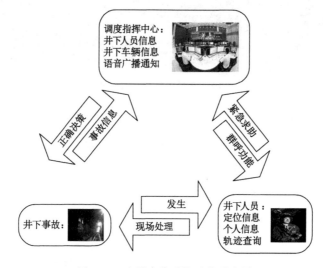

图 6-49　人员定位系统功能示意图

18．灯房自动监测系统

该系统对接原系统数据库接口，将所有数据接入以太环网生产控制系统，实现矿灯从上架、充电、充满、使用全程自动统计及信息报告；对充电矿灯总数、使用矿灯总数进行实时显示，实现矿灯房超市化、数字化管理。

19．污水处理监测系统

该系统将原系统数据接入生产控制系统，可监测整个污水处理系统的设备运行状况，实现了提升泵的自动切换、与调节池的液位联锁、上位机的数据处理与动态显示、工艺参数的在线监测与自动调节、煤泥浓度自动排泥，以及清水池进水阀门与自动加氯泵的联锁功能。

20．火灾监测系统

该系统监测记录井下各关键点的氧气、一氧化碳、甲烷气体浓度，自动分析井下各关键点的气体浓度变化规律，预防火灾的发生。

21．水文监测系统

该系统实现了井下水文参数检测，水文数据自动采集和在线分析，水文地质数据共享、查询、报表生成以及水灾预警功能。

6.6.1.3　系统应用效果

该系统对矿山的资源勘探、规划建设、安全生产、管理决策等全过程进行数字化表达，通过信息"全"覆盖、"全"共享、"全"分析，实现了管理"全"透明、生产"全"记录、人机"全"监控，矿井生产体系朝着生产集约化、技术现代化、队伍专业化、管理精益化、决策智能化、装备自动化、作业标准化的方向迈进了一大步，降低了生产成本，提高了矿井综合安全生产管理水平。

6.6.2　大柳塔煤矿区域煤矿集中控制平台

神东公司大柳塔区域包括大柳塔矿、补连塔矿、上湾矿、哈拉沟矿、石圪台矿的五矿六井，地理位置相对集中。目前矿井生产的调度控制模式是在各矿设有各自的调度室，通过独立的自动化生产系统和安全管理系统进行生产调度控制和安全管理。各矿之间、各系统之间都没有直接的人员和数据的关联，无法进行有效的生产计划协同和资源共享。神东公司为实现各矿各系统的数据集成、集中展示以及集中控制，建立并推行专业调度体系，实现煤矿生产优化排程，最终构建面向区域的现代化煤矿生产运营指挥体系，结合公司自身的情况与需求，遂启动神东区域自动化控制技术研究与应用项目，建设亿吨区域化智能控制中心。大柳塔亿吨区域智能控制中心是利用区域优势和 PSImining 软件平台，建立的一个面向五矿六井的区域智能控制中心，实现区域内全部煤矿的集中控制、集中显示、关联分析、故障诊断、智能报警、协同管理，确立新的煤矿生产运营管理模式和专业调度体系，如图 6-50 所示。这对解决区域内多矿间生产计划协同、资源共享等问题，进一步提升煤矿生产运营规模化、集约化和现代化水平有着重要意义；也是建设具有国际竞争力的世界一流超级矿井的关键环节。

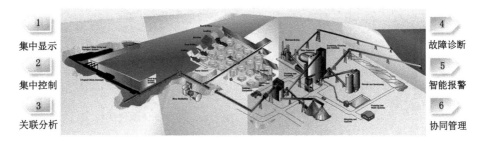

图 6-50　区域煤矿集中控制系统功能

6.6.2.1　实现的功能

区域煤矿集中控制系统将整个生产过程作为一个整体考虑，将所有相关的信息关联起来，提高运营的整体生产力，完成对生产的一体化管理。

1. 集中显示和集中控制

通过研发区域煤矿集中控制系统，在地面区域调度指挥中心将现有安全、采掘、主运、通风、供电、给排水等子系统的数据、参数、画面与平面地图的地理位置相关联，实现数据的高度集成，集中创建一幅数字化的平面地图，分层动态展示生产监控画面。实现多矿井、工作面、监控画面的自由灵活分层控制及展示。

（1）集中显示：目前调用每台设备的参数的顺序为相应的电脑—相应显示系统—相关

画面—相关设备后才能获得想了解的数据。如果要调用多系统的多台设备,操作过程非常复杂。而区域煤矿集中控制系统将现有各矿调度室的各子系统集中在一个平面地图上分层显示,如图 6-51 所示。

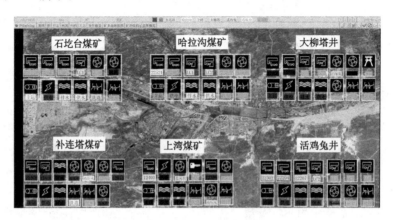

图 6-51　区域煤矿集中控制系统

供电系统、供排水系统在实时监控的同时具有拓扑结构,利用颜色变化可区分运行状态与上下级之间的连接关系,如图 6-52 所示。

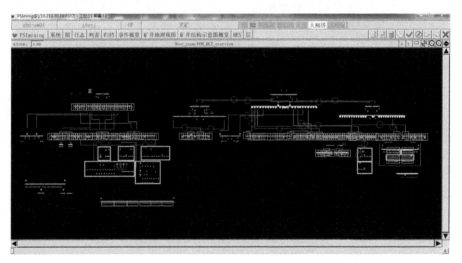

图 6-52　供电系统的概览视图

(2)集中控制:将区域内目前具备控制条件的子系统及设备集中分级集成在一个界面上进行集中控制,并加入相关规则进行各系统间的联动控制,如图 6-53 所示。

2. 关联分析

通过多系统的融合,实现数据的集中存储和共享。按照相关事件的处理规则、规定的数据间的联系、触发规则,实现数据的关联分析、触发并完成突发事件的处理,或给调度员提出处理建议,为安全生产指挥提供决策依据,提高调度执行的效率和质量。

前台调度人员或后台专家可把不同设备、不同系统的电流、功率、温度等任意实时或历史监测值拖拽到同一个数据分析窗口进行数据分析。

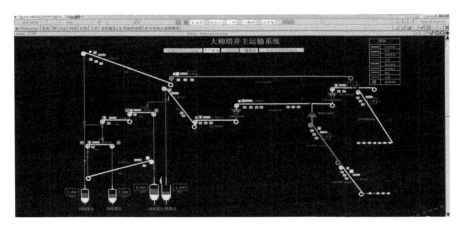

图 6-53 主运输系统的结构示意图

3. 故障诊断

通过实现动态的生产人员规划和管理、材料供应、维修人员规划和管理、运输人员及车辆规划和管理等集成的基础信息,按照系统和数据间的规则,对生产数据进行关联分析,提出生产管理建议,为生产管理人员提供决策依据。

4. 协同管理

通过专业调度、整合矿井生产各环节的控制系统,将工作面自动化、主运输、风机、水泵等控制系统集成在同一平台,实现优化智能控制,促进管理的变革。

5. 智能报警

区域煤矿集中控制系统在某一测点报警的同时,应能直观地显示该测点所在区域相关系统和相关设备的参数,配合数据模型,及时提供给操作员直观、准确的报警信息,便于调度员及时决策。

6.6.2.2 亮点介绍

1. 亿吨级区域中央生产控制指挥中心(LCC)

随着煤矿生产技术自动化、智能化水平的提高,对煤矿工作人员的专业素质及技能水平提出了更高的要求,区域中央生产控制指挥中心实行集约化管理煤矿,将各专业专家资源整合,为矿井生产提供技术支持,同时降低对井下岗位工的技术要求和需求,探索实现矿井少人无人化之路,努力实现减员增效、安全生产。区域煤矿集中控制系统将在大柳塔区域五矿六井建立亿吨级中央生产控制指挥中心(图 6-54),总体指挥五矿亿吨煤炭的生产组织。该系统对神东公司一半产量的煤炭生产实行集中调度,最远控制距离达到 50 km,管理范围为 621.8 km^2。

2. 管理范围全覆盖

区域煤矿集中控制系统对五矿的 13 个子系统达到了全范围覆盖,主要包括:

(1)综采:13 个综采工作面;

(2)连采:17 个连采工作面;

图 6-54　亿吨级区域中央生产控制指挥中心

（3）运输系统：143 部带式输送机，总运输距离为 150 km；

（4）供电：55 个中央变电所，191 个配电点；

（5）供、排水：26 个中央泵房，140 个中转水仓，2 000 多个临时排水点；

（6）辅运：1 200 台车辆集中指挥调度；

（7）通风：9 个主通风机房，45 个局部通风机，65 个风门，37 个风窗；

（8）安全监测：2 500 个安全监测测点，1 210 个人员定位分站；

（9）通信系统：500 余部调度电话并连接工作面语音广播，90 余个工业视频摄像，400 个无线通信基站。

3．云监测与远程控制

随着煤矿生产信息化、自动化水平的提高，海量的数据需要被监测，大量的设备需实现远控，区域煤矿集中控制系统涵盖 15 个监控子系统、14 个监测子系统。

4．生产系统自动化、智能化

为保障煤矿正常安全高效运行，区域煤矿集中控制系统具备设备自动化、智能化控制、海量数据智能分析及智能报警等保障安全生产的能力。

（1）主运系统一键启停：现在带式输送机需要由调度人员通过视频观察带式输送机上的煤量，手动多次操作，逐部启停；一键启停后，调度员只要确定全系统正常即可，一次操作完成全系统的启动和停机。

（2）仓上插板与煤仓料位联动：通过煤仓料位计数据分析，实现插板自动开关，准确配仓。

（3）安全监测数据智能联动分析：实现主动寻找报警源，自动判别主、从报警，如若某区域的 CO 浓度升高，通过 CO 传感器监测数据与车辆定位系统的联动智能分析、报警，并判断 CO 浓度升高是否由车辆尾气还是其他原因导致。

（4）数据的海量分析：区域煤矿集中控制系统具备对各不同专业海量数据的综合关联分析，指导矿井生产，如通过综合分析支架压力监测数据及地质数据等分析来压周期，确定采煤工艺实现安全生产。

（5）煤矿一体化矿图协同管理平台实时更新

煤矿一体化矿图协同管理平台将四矿的地质、测量、通风、机电等多专业图纸分层合并在统一标准的图纸平台（图 6-55），各专业人员可以在这张图里协同办公、实时更新。

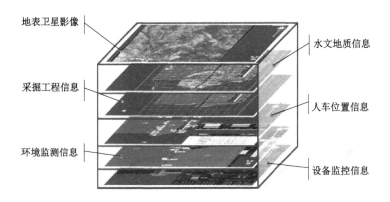

图 6-55　"一张图"系统

（1）协同办公：目前各专业图纸由相关专业人员自行绘制，内容单一、格式多样，实现了不同专业人员在同一地图上同时绘制。

（2）实时更新：目前不同生产技术部门间图纸"人为"拷贝交互，经常出现信息滞后、更新周期长、图纸准确性差等问题，支持监控点直接标注功能，可以计算机终端、移动终端、Web 在线等多种方式实现井下动态数据的随时随地录入，大大缩短矿井图纸和生产数据的更新周期。

6.6.2.3　应用效果及展望

1. 减员降本

通过提高井下设备自动化水平和远程控制技术，由专业调度直接对井下设备进行远程操作，供电、供排水系统把岗位工变为巡视工或延长其巡视范围，使其由被动巡视变为主动处理故障，达到减人提效的目标。项目完成后整体可减员 300 人，平均每个矿井可以减 60 人，年节约人工成本约 900 万元。通过对综采三岗合一、连采胶带远控、带式输送机自动调速等自动化项目的改造，每年可以节约成本 7 831 万元以上。

2. 提高设备有效开机率

通过对综采设备远程监测与启停、运输系统全环节远程控制、变配电硐室远程控制、供排水系统远程监测和控制、通风设施远程监测和控制、群呼式的通信方式等进行升级改造，按照每天增加生产时间 30 min 计算，可提高井下机电设备有效开机率 2%。

以一键启停机为例，按照长 3 000 m、速度为 4 m/s、6 部带式输送机的一个主运输系统计算，每部带式输送机在检修时拉空煤需要 12.5 min，6 部带式输送机在检修时需要 75 min 才能把煤拉空。如果实现一键顺煤流停机，后部带式输送机每部可延长检修时间 12.5 min；如实现一键逆煤溜启车，每部带式输送机在速度达到一半后上一部搭接带式输送机启车，6 部带式输送机可以节省 3～6 min，缩短主运输系统的启动时间。

以通过群呼式的通信方式为例，及时通知每个人预计的检修停机时间，可延长有效生产和检修时间 5～10 min。

3. 提高管理水平

实现区域调度后，进行统一生产排程，可以有效避免某个矿出现故障后对外运的影响。

通过"一张图"管理,8 h更新井下各系统图,提高生产指挥和应急救援。集中各专业优势人才负责管理本专业相关业务,实现区域内多矿间生产计划协同和资源共享。

神东区域自动化控制技术研究与应用项目自主创新研发的LCS平台及多个自动化改造成果,已经在神东公司大柳塔煤矿、补连塔煤矿、上湾煤矿、哈拉沟煤矿逐步应用,在石圪台煤矿自动化系统升级改造中全部得到推广应用。总结提炼出的专业调度模式,已经在神华集团数字矿山建设中借鉴,进一步提高矿井的集约化、专业化生产水平。

区域煤矿集中控制系统在煤炭行业首次实现亿吨级区域煤矿集中控制,是煤炭行业信息化和自动化两化高度融合的先进典范。区域煤矿集中控制系统建成后,可以有效提高市场竞争力,对煤矿生产组织模式产生革命性影响,这是继"千万吨矿井和千万吨矿井群"建设后又一次重大的变革,对煤炭行业发展有重大意义。

6.6.3 神东生产管控平台

神东公司拥有大量的生产设备运行监控数据、安全与环境监测数据、矿压监测数据等,其中包含着巨大的价值可以挖掘。对于矿山集团型企业,通过数据分析,可以从其对资产的监测、运维中获取的海量数据中,挖掘出增长资产价值和提高管理水平的知识发现,从而取得可观的经济效益。

随着煤炭行业信息化、智能化建设加速推进,煤矿生产数据越来越受到重视,数据成为煤矿智能生产的基础设施,"用数据说话"成为新的决策手段。但是面对散落在各个矿井、工控系统的零散生产数据,如何管理生产数据成为当前急需解决的问题。智能一体化管控平台以公司局域网为基础,利用分布采集、集中存储、读写分离等技术,实现自动化系统的接入、数据的集中存储管理、移动巡检、远程故障诊断、系统间有机融合和联动控制,解决企业各监控系统孤岛林立、数据分散缺失、无标准化存储管理、智能化工作开展缓慢的问题,数据与业务深度融合,挖掘数据要素价值,依靠数据驱动企业新发展模式,提升企业核心竞争力,实现煤炭行业转型升级。

6.6.3.1 实现功能

智能一体化管控平台是伴随着生产数据仓库和生产数据标准的建立而产生,集生产信息采集、存储、传输、统计、分析、发布于一体的完整信息系统,通过图形化工作界面,可直接了解和掌控现场的生产运行情况,为各级管理者提供有力的决策分析手段,给神东公司生产数据提供了一个展示自己的舞台。神东生产管控平台架构如图6-56所示。

6.6.3.2 建设内容

神东生产管控平台以公司生产网为基础,利用分布采集、集中存储、双活冗余、读写分离等技术,实现了生产数据采集、存储、分析和规范管理。该管控平台建设以提高管理决策的科学性及效率、辅助生产业务创新为目标。通过高度抽象矿井生产数据,建立数据模型,形成数据标准。按照标准进行分布式数据采集、高性能数据存储与服务、多维度立体化的数据维护与服务,实现生产数据管理。使用ETL(抽取、转换、加载)工具进行数据清洗,并通过计算引擎、报表、应用系统等手段实现数据的加工展现。数据的采集到展示务必保证标准化、准确性高、可操作性高、服务能力高、专业性强、产出物有价值。

图 6-56　神东生产管控平台架构

1. 生产数据采集、存储实现

针对目前矿井生产数据采集不规范、采集压力大的情况,在矿区层建立井上、井下 3 套数据采集服务端,井下部署 1 套数据采集服务端作为冗余主机,地面部署 1 套数据采集服务端作为冗余从机(主要为数据采集和监控服务),形成采集服务端热备冗余,在井上部署第 2套数据采集服务端为第三方提供生产数据分发;在矿区层井上数据存储端部署 2 套实时历史数据库做集群,负责采集、存储矿端生产数据。矿端实时数据库通过镜像的方式向公司生产数据仓库进行实时数据的传递,其中矿端实时数据库设置缓存机制,建立文件缓存目录和镜像数据缓存区,如果镜像服务器和主服务器的网络连接出现问题,缓存区的数据会逐渐累积,如果缓存区累积导致溢出,主服务器会把这些数据存储到文件缓存目录中,这样保证了镜像数据不会丢失。

神东公司中心层数据存储端部署 3 套公司级实时数据库(分别为 A、B、C),主要负责进行大数据分析工作。其中:A 和 B 组成集群服务器,负责生产数据采集;C 为主读服务器,负责读数据服务。主读服务器与集群服务器通过硬件负载均衡,为了确保数据分析的稳定性,服务器 A 和 B 负责实时采集矿端镜像数据,B 和 C 之间通过镜像进行数据交互,C 负责提供数据分析服务,如果 C 数据访问压力过大,则会触发负载均衡,A 和 B 就会为 C 分担读的压力,确保数据读取展现速度。生产数据采集存储架构如图 6-57 所示。

2. 生产数据标准化、模型化

针对以往工控系统数据管理不可控,甚至未标准化采集或存储的现象,在吸收之前优秀经验的基础上,分析出数据治理和管理不可控的深层因素,提出了数据层次化、层次模型化、模型固定化的思路。按照思路对神东公司矿井数据分别进行了基于区域和设备的层次划分,对区域可包含哪些设备、设备应有哪些测点进行了详细梳理分析,在此基础上建立了数据模型树(图 6-58);数据模型树将各层次及测点的所有属性进行了固化,建立标准的生产数据模型,形成《神东生产数据存储使用标准》。

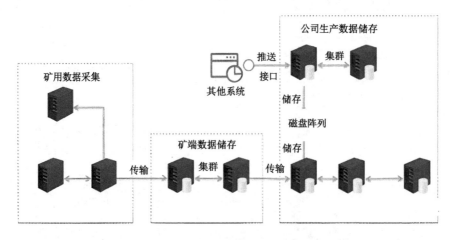

图 6-57 生产数据采集存储架构

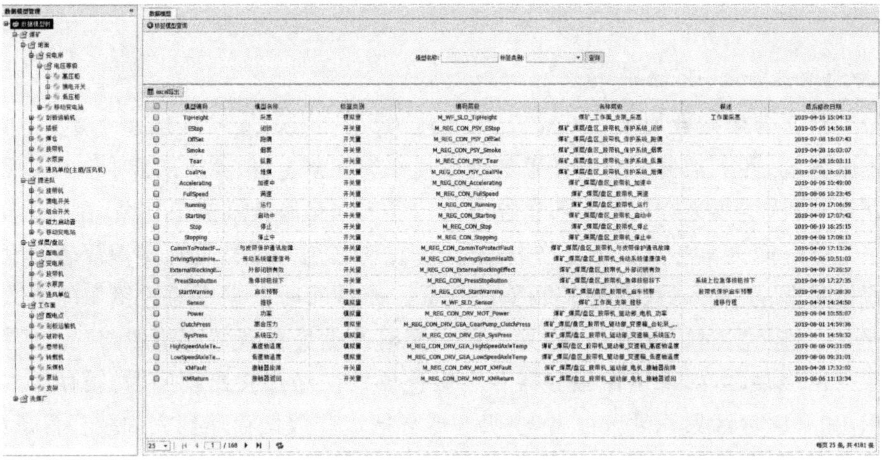

图 6-58 数据模型树

围绕生产数据管理标准化的目标,根据神东公司生产数据的业务情况,对井下生产数据进行了归类和整合,标准数据模型分为分组、设备、标签三类,分组用来描述虚拟或者概括性的井下位置(如 2^{-2} 煤、三盘区等),设备用来表示矿井具体位置中存在的实际设备(如带式输送机、水泵),标签用来描述构成设备的传感器、监测设备等(如倾角、采高)。数据模型是根据矿井、选煤厂现有工艺、设备和测点实际情况,建立的系统生产数据管理模型,系统规定了数据模型分组标签录入时各个层级结构,起到规范、统一的作用,是测点命名的基础。模型是包含各种场所、设施、设备、测点从属关系的树状关系图。

3. 生产数据模型管理

数据模型树将各层次及测点的所有属性进行了固化,数据模型数据就是标准的系统实现,按照标准给每个设备进行编码,设备之间确立关系,通过系统指导员工进行合理规范的操作。

4. 生产数据标签管理

生产数据标签树(图 6-59)严格按照数据模型以及数据管理命名标准建立,员工按照规范添加数据模型中的标签测点,选中需要增加的测点,系统会自动按照规范生成命名。每层使用模型编码加编号,层级从属关系通过"_"连接而成,根据名称可以快速判断出井下具体位置有哪些生产数据(如测点哈拉沟 2^{-2} 煤 1 号变电所电压等级为 10 000 V 的 1103 高压柜断路器状态命名为 HLG_REG22_PS1_VLE10000_FDR1103_CB_Status)。数据标签树的建立,将所有检测测点直观化,同时系统提供的标签名称和生产数据仓库中存储的数据标签名称一致,系统建立平台和实时数据的交互接口,通过接口直接访问生产数据。

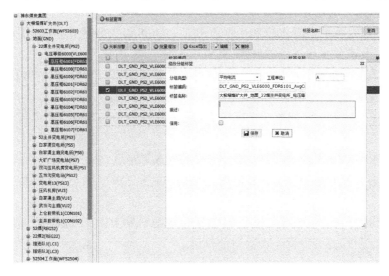

图 6-59　生产数据标签树

5. 一体化管控应用

随着生产数据的不断采集和完善,神东生产管控平台除了进行基础数据管理外,还进行了综采矿压监测分析、采高监测分析、智能工作面分析、主运连采综采开机率、人员定位、视频监测、在线组态等功能的开发,实现 PC 端和 App 端同步访问。

神东生产管控平台以矿井生产现场控制系统为基础,通过对矿井生产管理、过程控制等信息的处理、分析、优化、整合、存储、发布,运用数据驱动业务的新发展模式,建立覆盖矿井生产管理与基础自动化的综合系统。将矿井生产全过程的实时数据和生产管理信息有机集成并优化,实现矿井信息共享和有效利用,实现矿井生产过程的整体优化。

神东生产管控平台是一个数字化管控系统,它不仅包含了生产控制、设备运行状态监控、能耗检测与监控等大量生产现场信息,而且覆盖了矿井内部生产管理全过程,通过生产流程整体优化、信息集成和功能集成,实现对矿井生产资源的计划、调度和控制,降低生产消耗和生产经营成本。

神东生产管控平台实现报警联动。报警事件触发后通过声、光、电等报警输出设备在前端直接输出报警信息,平台收到报警信息后可触发平台的报警联动,同时发送报警短消息、移动 App 报警振动向客户提示有报警事件发生;实时监测设备生产安全,设备出现细微异常即提前预警、停机,降低设备直接损坏、报废风险,优化提升矿井专业化、智能化管理水平,极大提高矿井生产效率。

6.6.3.3 系统应用效果

持续推进神东生产管控平台建设工作,在系统层面上对生产数据进行规范化管理,实现自主生产数据管控,截至目前持续采集生产数据 829 d,在用测点 304 224 个,存储数据 2.335 8 万亿条,占用空间 8.5 TB,日数据增长 53.719 8 亿条。以生产数据为核心,立足煤矿行业特性,推进神东生产管控平台建设,完成生产、机电、安全 116 项功能模块研发,实现资源的快速优化配置与再生,核心技术自主可控,培养了大量高水平、创新型、复合型数字化人才,充分发挥了生产数据价值,构建矿井数据智能分析和运维体系。

(1)运用数据驱动业务的新发展模式,建立覆盖矿井生产管理与基础自动化的综合系统,将矿井生产全过程的实时数据和生产管理信息有机集成并优化,实现了矿井信息共享和有效利用,以及矿井生产过程的整体优化。

(2)实现了生产数据资产化、服务化,通过对巨量数据进行分析,提取出有价值的信息,并利用该信息为企业创造经济价值,提升企业的核心竞争力。

(3)打造了区队级的智能监控指挥中心,确立新的矿井生产运营管理模式和专业调度体系。

(4)解决了移动端、C/S 端、B/S 端多方式集中部署难题,各系统高度融合的集中控制,可以充分发挥各自平台的优势,智能化高效协同、可视化深度融合,为矿井生产系统装上"智慧大脑"。

(5)数据为生产赋能,平台实现了 68 个子系统的研发工作,实现数据与业务深度融合,持续创新,相互促进,充分发挥生产数据的价值。

6.6.4 生产执行系统(CMES)

在执行层面,神东公司配合集团公司建成覆盖生产、调度、机电、一通三防、安全、设计、计划、煤质、环保等方面的一体化管控平台,后期逐步提升扩展与数据挖掘,形成一套可复制和推广应用的煤矿生产执行系统。神东生产执行系统是针对煤矿生产业务流程管理开发的,用于煤矿生产全过程管理的信息管理系统,实现了煤矿生产、调度、机电、一通三防、安全、设计、计划、煤质、环保与综合分析业务的数据整合,如图 6-60 所示,通过梳理煤矿业务领域 376 个流程,形成了可复制和推广应用的煤矿标准化业务流程和指标分析体系,可完成系统审批流程、生产记录上传存储,以及生产接续、设备配套与搬家倒面计划书的自动编制;使零散信息变成高效、有序、共享的"信息高速公路",保障了煤矿业务的上下贯通与横向协同。

综合分析系统将 200 多项业务主题建立预警模型库,并设置指标预警等级。系统定期根据指标设置参数及实际数据自动监测是否正常,若异常将发出预警信息。预警信息、主题将辅助负责人及相关业务人员指导生产,实现闭环管理。综合分析系统架构如图 6-61 所示。

6.6.4.1 分析模型

综合分析系统设计有生产分析、采掘分析、防治水分析、回采率分析、故障跳闸分析、采掘平衡、矿压分析、煤质分析、通风分析、局部通风机分析、仪器仪表、防瓦斯分析、煤与瓦斯

图 6-60　煤矿生产执行系统

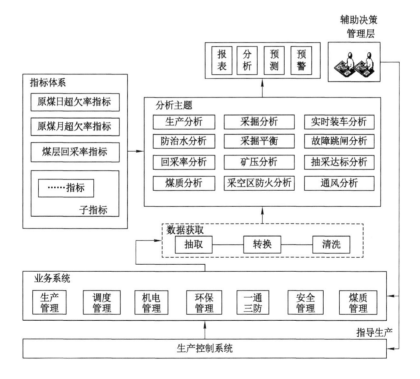

图 6-61　综合分析系统架构图

突出分析、采空区防火分析、防尘分析、钻孔温度分析与生产指标,创建了 20 多个业务主题与模型,各个主题及模型中有独立预警指标体系和每个指标预警周期,达到预警级别时自动发出预警信息。若判断预警等级为正常,则不显示预警信息,否则将该主题及相应的指标预警信息自动插入预警信息库中。

6.6.4.2 指标体系

综合分析系统为达到科学提供决策支持的目的,须建立一套"实用、实际、实效"的煤炭企业决策指标体系,指标体系建立过程中要严格遵循全面性、科学性、简明性、动态性、可操作性五个原则。

6.6.4.3 分析主题的具体应用

通过系统对产量、进尺、工效、能耗、设备能效等关键生产运营指标(见表 6-3~表 6-5)和海量监测监控信息自动统计和图形展示,自动进行趋势分析,为决策提供数据支撑,实现由传统的粗放管理向精益管理转变。

表 6-3　生产分析指标列表

序号	指标名称	单位	周期	序号	指标名称	单位	周期
1	原煤日超欠率	%	每天	11	进尺日超欠率	%	每天
2	原煤月超欠率	%	每天	12	进尺月超欠率	%	每天
3	原煤年超欠率	%	每天	13	进尺年超欠率	%	每天
4	原煤月剩余日均	%	每天	14	进尺月剩余日均	%	每天
5	原煤年剩余日均	%	每天	15	进尺年剩余日均	%	每天
6	商品煤日超欠率	%	每天	16	装车日超欠率	%	每天
7	商品煤月超欠率	%	每天	17	装车月超欠率	%	每天
8	商品煤年超欠率	%	每天	18	装车年超欠率	%	每天
9	商品煤月剩余日均	%	每天	19	装车月剩余日均	%	每天
10	商品煤年剩余日均	%	每天	20	装车年剩余日均	%	每天

表 6-4　防治水指标列表

序号	指标名称	单位	周期	序号	指标名称	单位	周期
1	总排水水量变化率	%	每天	3	预警基础时长	d	每天
2	水泵房水量变化率	%	每天	4	预警计算周期	d	每天

表 6-5　回采率指标列表

序号	指标名称	单位	周期
1	盘区厚煤层回采率规定	%	每月
2	盘区中厚煤层回采率规定	%	每月
3	盘区薄煤层回采率规定	%	每月
4	采煤工作面厚煤层回采率规定	%	每月
5	采煤工作面中厚煤层回采率规定	%	每月
6	采煤工作面薄煤层回采率规定	%	每月

生产分析结果反映煤矿生产情况是否正常,主要对原煤、商品煤、装车、进尺等关键生产指标进行自动统计和可视化分析,包括实际量、计划量、日超欠率、月超欠率、年超欠率、月剩余日

均、年剩余日均、各矿实际值、各队实际值、各矿计划值、各队计划值等分析图和报表。如煤矿产量总体决策分析图如图 6-62 所示。

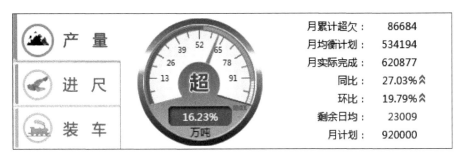

图 6-62　煤矿产量总体决策分析图

防治水分析是指监测矿井总涌水量或某区域涌水量的变化，可以有效预防水害事故发生。系统实现了对全矿井或某水泵房排水量的自动监测预警，并对全矿井或某水泵房排水量的日趋势、月趋势、吨煤出水量、同比、环比、本月、本季、本年、地面水文钻孔进行自动分析。如水泵房月排水量、平均值分析图如图 6-63 所示。

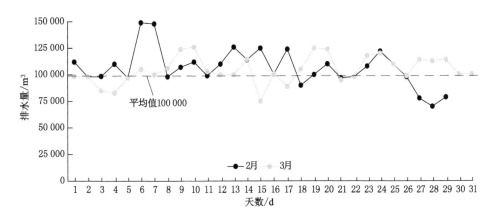

图 6-63　水泵房月排水量、平均值分析图

回采率分析包括矿井回采率、采区回采率、工作面回采率分析，旨在合理开发和保护煤炭资源，提高煤炭资源回采率。系统根据国家标准研发了回采率分析模型，根据盘区、综采工作面煤层厚度等因素自动匹配符合本煤层标准的回采率，不符合要求的回采率以红色显示。如 3^{-1} 煤三盘区回采率决策分析图如图 6-64 所示。

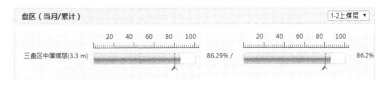

图 6-64　3^{-1} 煤三盘区回采率决策分析图

煤质分析是对水分、发热量、硫分、灰分等煤质指标进行统计分析，包括对计划值、实际

值、加权平均值、预警信息、均方差、趋势等的分析。如发热量实际值、计划值、平均值、均方差分析图如图 6-65 所示。

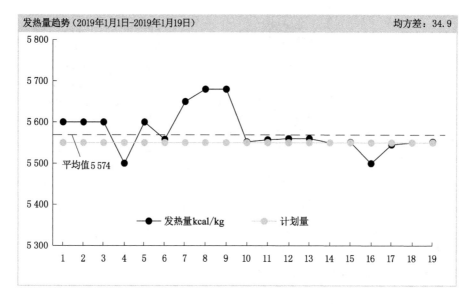

图 6-65　发热量实际值、计划值、平均值、均方差分析图

　　矿压分析是对工作面支架的循环末阻力、工作面周期来压、来压步距、正常压力期间工作面推进长度、来压强度、压力平均值、压力最大值、压力趋势进行分析，从而确定来压步距及预测本工作面、未来相邻工作面的来压情况。矿压分析模型定期抽取液压支架实时数据、进尺数据，取前 20 个数值的平均值，根据数值大小分成不同区段，并示以不同颜色，通过颜色反映来压步距和压力变化规律。如 31109 采煤工作面支架压力决策分析图如图 6-66 所示。

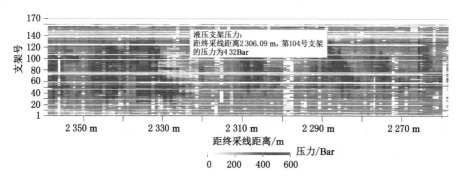

图 6-66　31109 回采面支架压力决策分析图

　　采空区防火分析是根据煤层自然发火理论，对照 O_2、CO、CH_4、C_2H_2、C_2H_4、C_2H_6、CO_2、H_2 等特征气体限定值，通过采空区气样数据分析，实现采空区发火阶段预报、煤炭自燃异常点预警和一氧化碳超限分析等功能。如 3^{-1} 煤二盘区胶运巷处采空区为氧化阶段如图 6-67 所示。

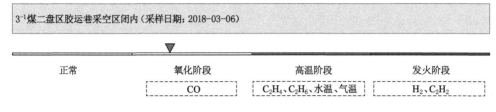

图 6-67   3⁻¹煤二盘区胶运巷处采空区为氧化阶段

采掘平衡是保持采掘作业生产均衡稳定,其原则是采掘并举,掘进先行。对矿井储量、三量可采期、万吨掘进率、采掘比等指标进行统计分析,确保煤矿采掘平衡、均衡生产。

实时装车是通过煤炭企业装车外运情况直接反映商品煤销售情况,系统对装车、列车信息进行分析,包括计划列数、装车列数、到站列数、作业列数、完成列数、超时列数、车次信息、开始装车时间、结束装车时间、装车耗时、吨位等。

跳闸分析是集成控制系统对变电所、高压柜的跳闸时间、跳闸原因进行分析,包括时间、空间、原因及趋势等。跳闸分析覆盖矿井下所有变电所和高压柜。系统自动采集跳闸记录,并对记录从时间序列、空间序列、原因序列上进行分析。系统设计了按月时间序列分析跳闸模型,反映跳闸与季节的关系,并将本年度分析结果与往年对比,来指导本年度工作。系统还对井下所有变电所、高压柜进行对比分析,找出主要发生地点,确定空间管控重点。系统对各种跳闸原因进行分析并找出主要原因,确定技术管控重点。

局部通风机分析则是利用设备启停数据和测风数据建立算法模型,对百米漏风率、风筒长度、风机切换、无计划停风等进行统计分析。

抽采达标分析根据抽采难易程度,对施工地点管路安装计划与实际工程量进行对比分析,统计回采瓦斯抽采率、矿井瓦斯抽采率、瓦斯抽采量以及瓦斯利用量。

通风分析是统计分析矿井通风信息、测风站风量异常预警、测风站风速异常预警、主要通风机切换次数、风压预警、外部漏风率、有效风量率、等积孔、当月通风设施施工完成情况信息,实现各矿井横向对比分析。通过建立测风数据模型,可计算风量、有效风量率、外部漏风率、等积孔,判断风速异常点,实现负压预警。

6.6.4.4   系统应用效果

数字化矿山生产执行系统于 2015 年 1 月 1 日正式上线运行,效果良好。系统上线后,用户覆盖范围更广,涵盖公司、各矿及各选煤厂。在管理上实现了横向协同、纵向贯通;丰富了基础数据,从之前 8 000 多项数据点增加到 14 000 多项,全部实现数据的自动统计;极大地减少了手工数据录入量,减轻了人工工作量,避免了人为失误,提高了数据准确率;大幅度提升了工作效率,原生产报表要 2 人 4 h 共同完成,现只需 1 人 30 min 即可完成,效率提升了 15 倍。通过管理人员专家分析系统建立一套指标体系,设定不同管理层级指标参数,为领导、业务科室和相关管理人员提供决策数据支持,实现管理精益化和生产效率最大化。

第7章 千万吨矿井智能洗选技术

7.1 上湾选煤厂智能化洗选技术

以神东矿区选煤厂智能化建设的范本上湾选煤厂为例,重点介绍了煤炭智能洗选涉及的智能感知、智能诊断与控制、智能管理、智能决策以及智能化管理模式创新等方面的关键技术,全面展现了神东千万吨矿井的智能洗选技术。

7.1.1 智能化建设框架

洗选中心从 2013 年开始,在选煤行业内率先探索智能化建设,经历了"从无至有"的开拓创新之路,取得了智能化建设的阶段性成果,如图 7-1 所示。总结上湾选煤厂智能化建设经验(图 7-2),形成了以智能感知、智能控制、智能管理和智能决策于一体的基本建设思路,形成了智能化建设成套技术方案,为洗选中心全面推进智能选煤厂建设奠定了基石。

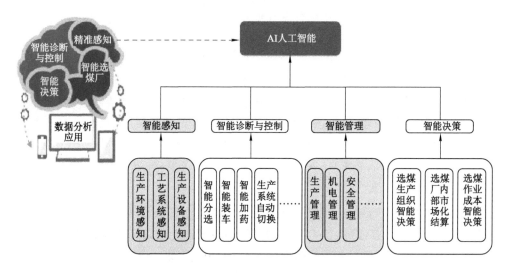

图 7-1 智能化建设框架

7.1.2 智能感知

1. 生产环境感知

在生产作业现场,安装了有害气体监测传感器及厂区环境监测、温度湿度检测烟雾检测等装置(图 7-3),在感知环境变化的同时进行越线报警提示。

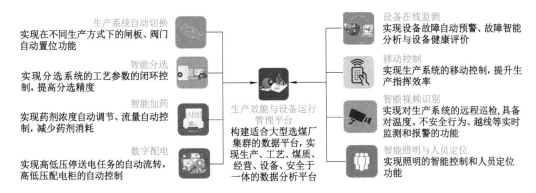

图 7-2　上湾选煤厂成熟项目

图 7-3　生产环境感知设备

2. 工艺系统感知

现场除了密度计、皮带秤等常规装置外,还增加了智能电表、管道流量计、管道浓度计和多点式灰分仪等工艺系统感知设备(图 7-4),大幅度提高了系统调节的精准性。

图 7-4　工艺系统感知设备

3. 生产设备感知

通过安装激光传感器、温度传感器、振动传感器、压力传感器等装置(图 7-5),精准感知设备的状态,目前全厂安装设备状态感知装置 700 余个。

图 7-5　生产设备感知设备

4．选煤在线精准感知技术

测灰仪是通过计算机技术、核物理技术，采用双源透射法在线快速检测被测煤的灰分，其检测灰分速度快、实时反馈灰分信息，及时指导重介选煤生产，确保产品质量稳定，防止重介分选产品灰分的大幅度波动，如图 7-6 所示。

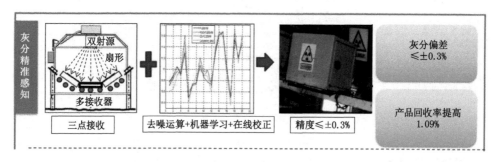

图 7-6　灰分精准感知技术

7.1.3　智能诊断与控制技术

7.1.3.1　智能分选系统

通过机器学习和专家决策支持，实现重介过程参数实时智能给定，构建了智能分选系统（图 7-7）。

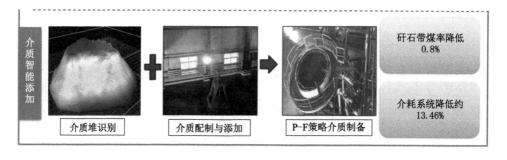

图 7-7　智能分选系统

1．智能化加介系统的研制

利用激光测距传感器所采集的介质表面垂直高度，设计介质堆表面识别与取介点智能定位系统，建立加介量预测模型与智能控制策略，开发介质与水混合过程自动控制系统，最终形成智能化加介系统，实现重介质的智能添加，提高选煤系统的稳定性。

（1）智能取介系统的构建

介质堆智能识别技术：结合介质库粉尘和湿度条件，选择激光雷达传感仪进行介质堆表面数据采集，建立堆体表面距离数据库。以目前较为成熟的表面建模算法为切入点，建立堆体表面的曲面模型，并考察不同的堆体表面建模算法的精度和模型建立速度，确定最佳建模算法。三维建模算法流程如图 7-8 所示。在对激光雷达测距仪的采样精度、采样频率、起始角度、角度分辨率等关键参数进行给定和设置后，测距仪开始按照设定的参数进行数据采集工作。根据测距仪返回的数据包进行解析和抽取,将角度和距离值进行抽取,并且对相同的采样频率、分辨率的数据进行标记分组。然后根据坐标变换公式,将极坐标下的数据测量值转化为空间直角坐标下的数据测量值。上位机软件通过从数据库中提取这些数据,就能够显示对应的三维构造图;而通过编写相关的梯形图程序,PLC 就能够根据这些数据判断最优的抓取点,从而进行后续的介质抓取工作。

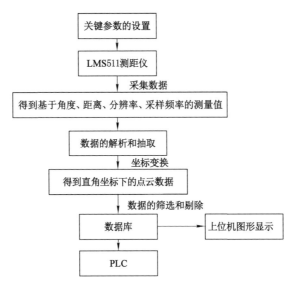

图 7-8　三维建模算法流程图

重介质抓取点智能定位策略:要想实现重介质添加过程的自动化,必须对介质抓取点进行准确的定位。采用激光雷达测距仪与光电编码器相结合的测量方式,能够将介质抓取过程中的误差控制在 45 mm 以内,这样的精度完全满足选煤厂介质抓取过程的要求。清楚地掌握重介质堆在竖直方向上的分布信息,是后续 PLC 自动控制重介质抓取过程的重要前提。当通过激光雷达测距传感器得到介质库介质堆分布后,就可用这些高度信息来定位抓取点。通过选取一个界面,将重介质高度分布的情况展示如图 7-9 所示。该示意图是截取某一段剖面,横轴是介质在水平方向上的分布,纵轴是对应的介质高度位置,标号①～④是抓斗可能抓取的 4 个位置。综合考虑介质堆的性质和抓斗的结构,④点是最适合抓取的点。因此在取介的过程中,定位点最好是从介质高度较高、坡度较缓且距离边界处较远的④点开始。在实际操作中,如果最高点的水平距离距墙壁较近,且两者之间的距离小于单瓣抓斗的尺寸,此时,如果仍然从此处对介质进行抓取操作,将可能导致抓斗碰触到墙壁,造成介质的洒落或取介失败。因此,在数据预处理环节就应该将距离墙壁过近的点进行剔除操作。

取介过程中模糊控制策略:在自动取介过程中,通过雷达系统对介质堆进行检测识别,锁定所抓取的位置坐标,并提取出位置坐标。通过 PLC 对所抓取介质位置坐标与抓斗实际坐标相对比,控制电机运行,使抓斗到达介质抓取位置进行介质抓取。为了减少或消除抓斗摆动带来的影响,采用模糊控制算法,以介质抓取位置与抓斗的距离作为输入,电机行进速度作为输出,实现抓斗准确抓取介质。

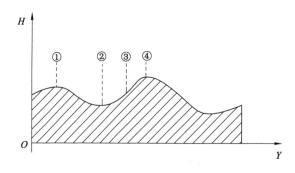

图 7-9　介质堆表面高度分布示意图

（2）制介与加介系统的构建

系统工艺分析：制介与加介系统设计与应用将利用雷达检测介质的盘料分布，并将实时检测信号传送给系统 PLC，由 PLC 控制系统根据设定的程序功能选择具体抓取动作，并完成一系列配比补水、制介、自动加介的过程。此系统由制介系统及加介系统两个方面组成。

智能化控制策略：通过雷达检测介质堆，通过雷达定位可抓取的位置，确定抓取位置后，将这一信号传给 PLC，开始进行抓取，抓斗在抓取时对所抓的介质进行称重；在制介过程中，所配置的介质样品浓度是重要的参数之一，直接决定加介效果，影响现场生产，还会间接地对产品质量有着影响；需要保证介质液充足，能够做到在加介时有充足的介质液可用；设置高位预警，以防介质液溢出。

2. 重介分选过程参数在线智能给定

（1）重介分选控制策略分析

重介分选过程中需要控制的变量参数主要有入料压力、重介质悬浮液密度、煤泥含量等，真正影响产品质量的是重介质悬浮液密度，重介分选产品灰分精度与产品质量的稳定性都与重介质悬浮液的密度控制效果密切相关。

目前重介分选控制系统在输出反馈、参数给定及控制环节均存在着问题，严重制约了重介分选的产品质量与自动化程度提高。从这三个方面研究重介选煤过程中密度的预测与控制，以密度控制为主线来实现，涉及给定密度预测与灰分精确反馈。利用 LS-SVM 算法、CS 算法，对灰分检测数据与人工化验数据进行样本回归运算，实现灰分仪的输出校正；基于精煤灰分、重介质悬浮液密度的在线实时与历史数据，利用基于时间序列的多变量 LS-SVM 算法，进行相空间重构，建立密度给定预测模型；根据选煤工艺流程，推导密度与液位控制过程模型结构，利用大量现场试验数据，建立重介质密度控制模型，并通过广义预测控制算法及其改进算法，实现对重介质悬浮液的密度与液位的解耦控制，建立基于最终实现重介分选的在线智能控制系统，并设计重介质密度预测控制软件。

（2）重介分选密度的智能给定

第一，分选密度的确定方法。

通过浮沉试验可以对特定密度下物质的质量和数量进行分析，所以该物质任何密度级下的质量分布情况可以通过浮沉试验来反映，同时还可以了解煤的量与质在一定密度范围

内的关系,从而实现煤的可选性曲线的绘制。在选煤方面可选性曲线可以起到三点作用:
① 评定原煤的可选性;② 确定原煤在重力分选过程中的理论工艺指标;③ 提供精煤理论灰分和精煤理论产率数据,实现质量效率与数量效率的计算,因此可选性曲线可以用来确定理论分选密度。理论分选密度确定的主要步骤如下:

煤质资料综合:根据原煤筛分资料和浮沉试验数据,绘制原煤浮沉试验综合表。

原煤可选性曲线的绘制:在综合煤质资料的基础上,进行浮物曲线(β 曲线)、灰分特性曲线(λ 曲线)、密度曲线(δ 曲线)、沉物曲线(θ 曲线)、密度 ±0.1 曲线(ε 曲线)等的绘制,从而实现原煤可选性曲线的绘制。

产品质量指标的确定:根据煤质综合数据,确立诸如精煤灰分之类的最佳产率的产品质量指示,再通过产品质量指标,根据亨利可选性(H-R)曲线进行坐标平移,便可确定理论分选密度。

以一组粒级组为 3～200 mm 的原煤沉浮试验为例,其浮沉试验数据如表 7-1 所示,表中列出了不同密度级下的原煤产率和灰分,包括浮物和沉物,根据该原煤的浮沉数据绘制出 3～200 mm 可选性曲线如图 7-10 所示。

表 7-1 上湾选煤厂 2～3 mm 粒级原煤浮沉试验综合表

密度级/(g/cm³)	产率/%	灰分/%	累计				分选密度±0.1	
			浮物		沉物			
			产率/%	灰分/%	产率/%	灰分/%	密度级/(g/cm³)	产率/%
1	2	3	4	5	6	7	8	9
<1.30	55.21	2.72	55.21	2.72	100.00	9.95	1.30	85.88
1.30～<1.40	30.67	5.47	85.88	3.70	44.79	18.87	1.40	34.96
1.40～<1.45	4.28	14.58	90.16	4.22	14.12	47.97	1.50	6.73
1.45～<1.50	2.45	22.31	92.61	4.69	9.84	62.49	1.60	3.09
1.50～<1.60	0.64	34.84	93.25	4.90	7.39	75.78	1.70	1.21
1.60～<1.80	0.57	43.61	93.82	5.14	6.75	79.67	1.80	0.85
1.80～<2.00	0.56	53.85	94.37	5.42	6.18	82.98	1.90	5.91
≥2.00	5.63	85.86	100.00	9.95	5.63	85.86	2.00	5.63

通过 H-R 曲线可以查得:当精煤灰分为 4.92% 时,分选密度为 1.635 g/cm³,理论精煤产率为 93.50%,分选密度 ±0.1 含量为 2.21%,判断可选性为易选。

综观整个选煤生产过程,影响精煤产品灰分的因素较多,和整个选煤的生产工艺密切相关,通过对重介分选的整个生产过程的监测数据分析,影响精煤产品灰分的主要因素还是重介质悬浮液的密度。

第二,基于机器学习的重介质悬浮液的密度给定预测建模。

采用最小二乘支持向量机算法来对重介质悬浮液的密度给定模型进行建模,由于生产监控系统所采集的大量历史数据存在着非线性关系,且各物理量之间存在惯性环节,因此

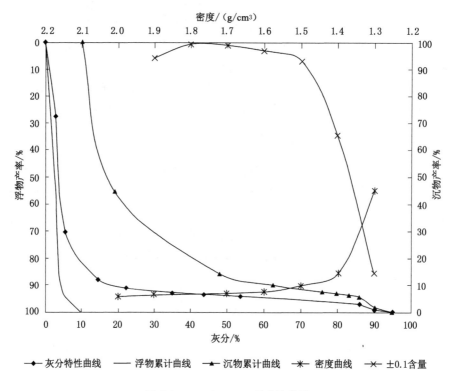

图 7-10   3～200 mm 可选性曲线

重介质的密度预测实质是将密度给定值作为输出,将原煤灰分、精煤反馈灰分和合格介质密度历史数据作为训练样本,利用最小二乘支持向量机进行训练,建立合格重介质密度给定值的密度预测模型,最终实现重介质悬浮液的密度给定预测。

数据样本选择:要实现重介质悬浮液给定密度的预测,需要一系列实时及历史数据作为数据样本,通过 LS-SVM 算法进行训练,获得重介质密度预测值。从影响精煤产品质量的因素来看,原煤灰分与合格介质密度是构建数据样本的重要变量,同时精煤灰分作为产品质量的反馈数据,对模型的实时修正起到至关重要的作用。因此,对于利用 LS-SVM 算法实现重介质密度预测,必须选择原煤灰分、合格介质密度和精煤灰分作为模型的训练样本数据。

相空间重构:要满足预测模型的实时性,必须要对数据进行滚动更新,即要预测某一时刻的重介质悬浮液密度必须限定一定的时间间隔数据,同时保证该时间间隔内的数据信息完整,界定输入数据长度,随着数据的更新,舍弃旧的数据,补充新的数据,以维持输入向量的长度,保证数据的实时性。

合格重介质悬浮液密度预测的实现:重介质悬浮液密度的预测是利用基于时间序列的最小二乘支持向量机算法来实现的,其实现原理是利用过去时刻的历史数据,建立原煤、精煤灰分和合格介质密度的关系模型,将原煤实时灰分、精煤的产品质量要求和合格介质密度作为输入,预测下一时刻的合格介质密度。

第三,密度给定预测算法仿真。

利用基于时间序列的 LS-SVM 算法,能够准确地预测重介质密度给定值,其预测效果较好,精度较高。在实际运行过程中,因为精煤灰分在相空间重构时滞后于合格介质密度及原煤灰分的变化,所以精煤灰分的历史数据用于建立合格介质密度、原煤灰分和精煤灰分之间的数学关系,而精煤灰分的设定值则用于作为合格介质密度预测的灰分给定。因此,这种重介质悬浮液密度给定预测方法综合了精煤灰分的给定与反馈,能够较好地对下一时刻的合格介质密度给定值作出预测。

3. 重介质分选过程参数高精度自动控制

(1)系统结构

为了减少设备的重复投入,与原有的系统进行无缝连接,采集原系统的相关数据,并通过以太网发送到介质密度预测系统中,来完成数据的采集与控制。网络拓扑结构如图 7-11 所示。

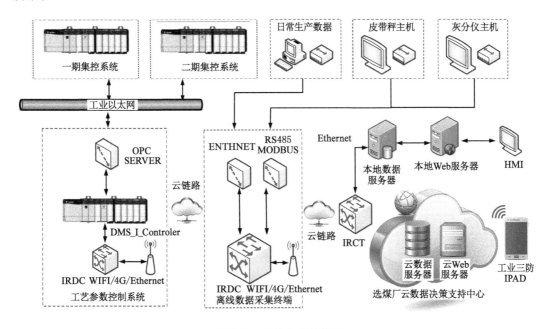

图 7-11　网络拓扑结构图

本系统将分为两个部分:第一部分是下位机部分,即工艺参数实时决策系统,主要包括 PLC 程序的设计以及接线,通过该部分可以实时对系统运行参数进行计算,并得出自动控制所需要的各种控制量,并将控制量传输入原系统使其按要求进行动作,最终实现自动智能控制;第二部分是上位机系统,即决策处理机部分,主要包括 iFIX 的数据采集与监视控制(SCADA)系统和 SQL 数据库部分,该部分提供了系统最主要的人机界面,使人们能够实时监测与干预系统的运行情况。

(2)控制策略

模糊控制系统是以模糊数学、模糊语言形式的知识表示、模糊逻辑,以及以模糊推理为理论基础的采用计算机控制技术构成的一种具有闭环结构的数字自动控制系统,具有无须知道被控对象的数学模型、控制行为反映人类智慧、易被人们所接受、构造容易、鲁棒性好等特点,对于此类采用传统定量技术分析过于复杂的过程控制效果相当明显,非常适合此类系统的自动控制系统的设计与应用。因此,最终采用模糊控制方法作为控制策略,将其运用到系统的实际生产中。结合上湾选煤厂现场实际情况,采取图 7-12 所示智能控制方案:设计的模糊控制器中液位合适与液位低时采用二维结构,即以介质悬浮液密度偏差和密度偏差变化率作为输入量。输出量有两个,分别是重介清水阀门开度以及分流箱开度。在液位极低时,由于要确保合格介质桶不被放干,而可以忍受一定程度的介质密度降低,又由于此种情况出现时意味着介质少需要马上添加介质,因此如果密度低于期望值,一般直接将所有输出关闭,但是如果高于期望值,则可以正常补水。

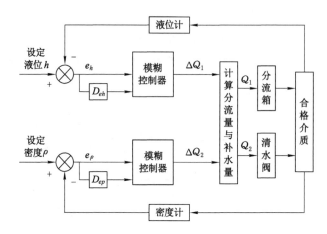

图 7-12　重介生产过程工艺参数预测及智能控制系统结构图

（3）模糊规则设计

重介质密度控制系统是以现场人工经验总结优化得出的。在控制过程中,根据合介桶液位 L、密度偏差值 E、密度变化率 Ec 对补水阀、分流阀做相应的调节,使得密度能稳定在所设定值允许的波动范围内,同时也要保证合介桶内的液位不能过低,以防搁浅。当合介桶液位处于不同阶段时,对补水阀、分流阀的控制也是有所区别的。以液位在（32,50]为例,对模糊规则进行说明。模糊规则中 NB、NM、NS、ZO、PS、PM、PB 分别代表不同的模糊等级。其中:NB 表示负大（negative big）,即极大的负向影响或状态;NM 表示负中（negative medium）,即较大的负向影响或状态;NS 表示负小（negative small）,即较小的负向影响或状态;ZO 表示零（zero）,即中性或无影响;PS 表示正小（positive small）,即较小的正向影响或状态;PM 表示正中（positive medium）,即较大的正向影响或状态;PB 表示正大（positive big）,即极大的正向影响或状态。这些模糊等级用于描述系统偏差、偏差变化和控制量等变量的隶属度关系,是模糊控制中的基础概念。

经实际生产运行检验,不断完善优化,得出合适的规则,如表 7-2、表 7-3 所示。在密度偏差 E 处于[NB,NS)时,实际密度大于给定密度,需要降低密度。根据具体偏差值将分流阀开度稳定在小开度范围内,再依据偏差和偏差变化率实时调节补水阀的开度来控制密度。在密度偏差 E 处于(PS,PB]时,实际密度小于给定密度,需要提高密度,根据具体偏差值将补水阀稳定在小开度范围内,再依据偏差和偏差变化率实时调节分流阀的开度来控制密度。

表 7-2　200YM 模糊规则分布

E	Ec						
	NB	NM	NS	ZO	PS	PM	PB
NB	PB	PB	PB	PB	PS	NB	NB
NS	PB	PB	PS	PS	PS	NB	NB
ZO	PB	PS	ZO	ZO	PS	NB	NB
PS	PB	PS	NS	NS	PS	NB	NB
PB	PB	PS	NB	NB	PS	NB	NB

表 7-3　200ZM 模糊规则分布

E	Ec						
	NB	NM	NS	ZO	PS	PM	PB
NB	NB	NB	PS	PS	NS	PM	PB
NS	NB	NB	PS	PS	ZO	PM	PB
ZO	NB	NB	PS	ZO	PS	PM	PB
PS	NB	NB	PS	ZO	PM	PB	PB
PB	NB	NB	PS	ZO	PB	PB	PB

7.1.3.2　智能装车系统

神东公司开发了智能装车系统(图 7-13),通过光电传感器、雷达测速传感器和车辆识别系统的有效集成,实现了装车过程自动化,减少每班重复操作设备 1 500 余次,工作质量全面提升,杜绝了人为因素造成的超重、偏载等问题。

人工装车　智能装车

图 7-13　智能装车系统

1. 系统设计

由于目前条件无法实现火车恒速控制,因此,只能去适应火车速度变化,通过检测火车的实时速度和火车车厢运行位置(与装车溜槽相对位置)模拟人工智能自动调节装车放煤闸板的开启时间点,如果火车实时速度较快则提前打开装车闸板,如果火车实时速度较慢则推迟打开装车闸板。当配煤无法满足装车要求或车速低于下限、车速高于上限时,自动退出自动装车程序。

根据煤种不同自动控制装车溜槽升降:精煤时,开启装车闸板后立即下降装车溜槽,延时后上升到正常装车溜槽高度。混煤时,开启装车闸板后处于正常装车溜槽高度不变。如果出现产品煤比重较大时,开启装车闸板后立即下降装车溜槽,当接近车厢尾部时,防撞传感器触发提升溜槽至安全高度。采用上述控制方式最终实现自动装车,工作原理图如图 7-14 所示。

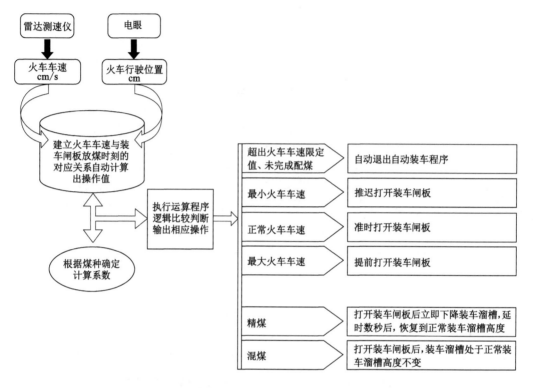

图 7-14　新型自动装车系统工作原理图

2. 系统安装

自动装车系统中的传感器包括 5 套光电传感器(图 7-15)、1 套雷达测速传感器、1 套位置监测传感器。

如图 7-15、图 7-16 所示,2#、3#、4#、5# 光电传感器在一条水平线上安装,同时,1#、2# 光电传感器在一条垂直线上安装。安装原因:由于部分火车车厢左侧有手盘,如果只安装一套光电传感器,会造成手盘提前遮挡光电传感器而误导动作,因此,由 1#、2# 光电传感器共同检测,即使手盘遮挡住 2# 光电传感器,而 1# 光电传感器未被遮挡,也不会触发放煤操作。其中:1#、2# 光电传感器用于检测装车溜槽完全进入车厢的位置;3# 光电传感器用于检测 2/3 装车溜槽进入车厢的位置;4# 光电传感器用于检测 1/2 装车溜槽进入车厢的位置;5# 光电传感器用于检测需要强制关闭放煤闸板的安全位置。

3. 系统应用

自动装车系统已在大柳塔选煤厂、上湾选煤厂、补连塔选煤厂、乌兰木伦选煤厂、锦界选煤厂等 8 座装车塔应用。自动装车系统不仅解决原有人工装车存在的问题,而且节约因

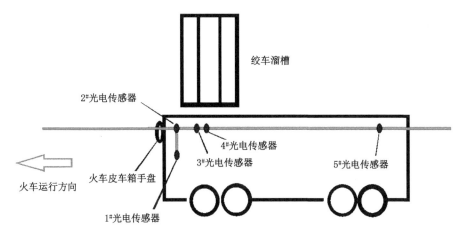

图 7-15　自动装车系统光电传感器安装位置示意图

图 7-16　测速传感器与光电传感器实际安装位置

装车溜槽碰撞火车车厢引发的维修费、装车影响损失、生产影响损失约 120 万元,以及因放煤洒落、装车质量差、超载、偏载等问题造成的罚款、经济损失约 60 万元,可产生经济效益约 180 万元。安装自动装车系统前后对比如图 7-17、图 7-18 所示。

图 7-17　未安装自动装车系统

图 7-18 安装自动装车系统

7.1.3.3 智能加药系统

智能加药系统(图 7-19)自动采集煤泥水特性数据,自动分析煤泥水粒度组成,由后台策略机给定,实现煤泥水处理环节的智能精准控制,减少药剂消耗,提高煤泥水处理效率。

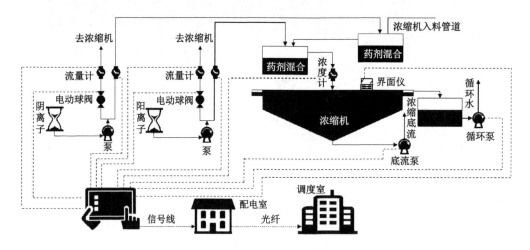

图 7-19 智能加药系统

1. 选煤厂煤泥水试验研究

从表 7-4 中可以看出,煤泥水中 Cl^-、SO_4^{2-} 和 Na^+ 的含量较多,浓度分别为 638 mg/L、765 mg/L 和 210.85 mg/L。Cl^- 较多可能与选煤厂使用聚合氯化铝有关,SO_4^{2-} 和 Na^+ 较多可能与原煤中含有可溶性的硫酸盐矿物和钠盐矿物有关。

表 7-4 煤泥水离子组成

离子	Cl^-	SO_4^{2-}	HCO_3^-	CO_3^{2-}	NO_3^-
含量/(mg/L)	638	765	241.1	0	54.21
离子	K^+	Na^+	Ca^{2+}	Mg^{2+}	
含量/(mg/L)	8.28	210.85	70.42	9.20	

由表 7-5 中的澄清度指标可以看出,当无机药剂用量超过 10 mL 时,澄清液的澄清度较好,当无机药剂用量减少时,澄清度变差。无机药剂的作用是水解离子可以改变煤泥表面的电位,从而使细煤泥颗粒相互聚集,形成宏观较大的颗粒集群,改善絮凝效果。

表 7-5　沉降速度汇总表

PAM 用量/mL	无机药剂用量/mL	沉降速度/(cm/s)	澄清度
4	16	0.65	较好
	12	0.55	较好
	10	0.58	较差
	8	0.60	浑浊

从图 7-20 中可以看出,随着无机药剂用量的变化,煤泥水沉降速度呈现先减小后增大的趋势,但是变化范围较小。无机药剂用量对于澄清液的浊度影响较大,当加药量小于 12 mL 后,澄清液浊度明显增加,絮凝沉降效果变差。实验室条件下,确定无机药剂用量为 12 mL。

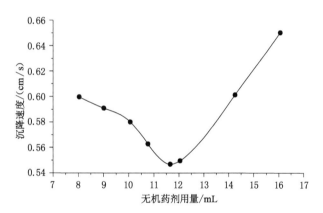

图 7-20　无机药剂用量对沉降速度的影响曲线

进一步研究发现,有机药剂 PAM 对煤泥水沉降效果的影响比较大。当无机药剂用量为 12 mL 时,澄清水质量较好。这也说明无机药剂直接影响了澄清水的质量。当变化有机药剂 PAM 用量时,煤泥水沉降速度变化较大,详见表 7-6 和图 7-21。

表 7-6　沉降速度汇总表

无机药剂用量/mL	PAM 用量/mL	沉降速度/(cm/s)	澄清度
12	5	0.58	较好
	4	0.55	较好
	3	0.25	较好
	2	0.13	较好

从图 7-21 中可以看出,随着 PAM 用量的增加,煤泥水沉降速度呈现快速增加的情况,

当 PAM 用量增加到一定程度后,沉降速度减缓,甚至出现降低的情况。这是由于 PAM 用量增加,絮团形成速度加快,从而导致沉降速度增加。随着 PAM 用量超过临界用量,絮团过于松散,絮团沉降过程中受液流干扰,沉降速度降低。实验室条件下,确定 PAM 用量为 4 mL。

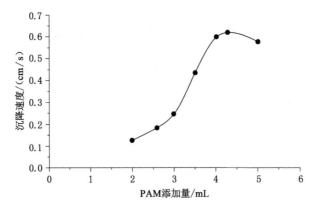

图 7-21　PAM 药剂用量对沉降速度的影响曲线

2. 静态管道混合器模拟试验与设计制造

管道混合器有喷嘴式、涡流式、异形式和静态等四种类型。其中静态管道混合器具有结构简单紧凑、无运动部件、能耗低、安装维护方便等优点。静态管道混合器有 SK、SX、SL、SD 等型式,如图 7-22 所示。

SK型单元　　　SX型单元　　　SD型单元　　　SL型单元

图 7-22　常见的静态管道混合器搅拌机构示意图

由于煤泥水絮凝过程产生的絮团比较脆弱容易破碎,导致絮凝效果下降,而且煤泥水输送管道中流体并不是满管输送,因此折流板混合头式、多螺距螺旋片式等无动力静态管道混合器均存在沿程阻力过大、湍流强度大等缺陷,不适用于煤泥水的絮凝混合。综合分析 SK、SX、SL、SD 等型式混合器的混合特性,拟采用对流体搅拌湍流相对比较弱的 SK 型静态管道混合器,针对煤泥水药剂混合絮凝特性进行重新设计。常规 SK 型静态管道混合器结构示意图如图 7-23 所示。

（1）静态管道混合器模拟试验

通过静态管道混合器模拟试验发现,分子量越大,浓度越高,聚丙烯酰胺水溶液的黏度

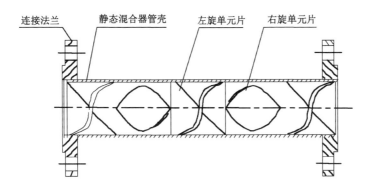

图 7-23　SK 型静态管道混合器结构示意图

越大;添加黑色墨水对聚丙烯酰胺水溶液的黏度影响微小,在误差范围内可认为黏度无变化,可以利用药剂和水的混合效果预测药剂与煤泥水的混合效果。

由图 7-24(b)、(c)可知:一定体积的加药管,出药口口径不同、出药口数量不同,加药速度不同,对混合效果的影响不同,口径越大、孔数越多,出药孔加药速度越快,混合效果越好,但是药剂浪费也越严重;出药口口径大小决定加药量,单位时间速度越快,加药量越大;配合试验水流速度,确定最佳出药口口径大小是提高混合效果的有效方法。

（a）试验平台

（b）单孔药剂出流效果

（c）多孔药剂出流效果

图 7-24　模拟试验图

螺旋叶片装置的参数决定了混合区域的流场形式,取螺旋角、螺旋形式、长度、螺旋方向不同的螺旋叶片,加入有机玻璃管道,用前述方法进行试验,用 JCV 摄像机进行跟踪拍摄。

由图 7-25 和图 7-26 可知:加入螺旋装置后,混合效果明显提高,而螺旋形态不一样,产生的流场形式不一样,药剂搅拌混合前后产生的速度梯度就不同,速度梯度越大,混合效果越好,絮凝速度越快,絮凝效果越好。同时螺旋叶片长度代表搅拌时间,长度越长,搅拌时间越长;长度过短,混合效果达不到要求;长度过长在搅拌过程中可能使已经形成的絮团在长时间剪切力的作用下破裂,降低絮凝效果。图 7-26 试验结果表明,长度适宜的螺旋 1 产生的流场使药剂混合前后产生的速度梯度较大,故螺旋 1 为工业实践理想螺旋装置选择。

通过试验研究验证,采用混合器的絮凝沉降速度明显优于无混合器沉降速度。对比按

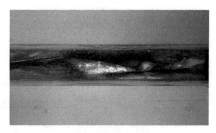

（a）无螺旋混合效果 （b）有螺旋混合效果

图 7-25 有无螺旋的流场对比图

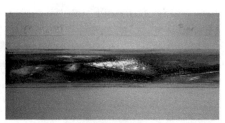

（a）螺旋1侧面效果 （b）螺旋1上面效果

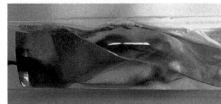
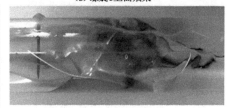

（c）螺旋2侧面效果 （d）螺旋2上面效果

图 7-26 不同螺旋效果对比

照行业标准进行的单元絮凝沉降试验结果，采用混合器的絮凝试验结果在低浓度时优于单元絮凝试验结果。按照相同沉降速度推算药剂消耗量，采用混合器进行药剂混合，絮凝工艺的药剂消耗相对比无混合器絮凝工艺的药剂消耗，节约 15%～20%。

（2）静态管道混合器设计与制造

药剂混合装置结构设计如图 7-27 和图 7-28 所示，采用数字模拟软件进行药剂混合装置模拟试验，确定药剂混合装置为单螺旋，螺旋长度为 1 800 mm，螺旋直径为 430 mm，旋转角度为 180°。制造材料为普通钢，表面做喷涂处理，使用寿命为 3 年。药剂以自流的方式进入药剂混合装置中。喷嘴直径为 6 mm，共有 53 个喷嘴，实现多点加药。制作材料为 304 不锈钢，表面喷涂，使用寿命为 3 a。制造形成的药剂混合装置如图 7-28 所示。

3. 智能化加药系统安装与调试

智能化加药系统控制原理图如图 7-29 所示。将浓缩机入料浓度作为加药量相关依据，沉积界面厚度参数作为反馈信息，控制箱程序计算分析后发出阳离子与阴离子加药量信息，通过调整电动阀门控制阳离子与阴离子加药量，从而实现煤泥水加药系统智能化控制；浓缩机工作参数信息送入调度室，通过界面数字化显示信息。

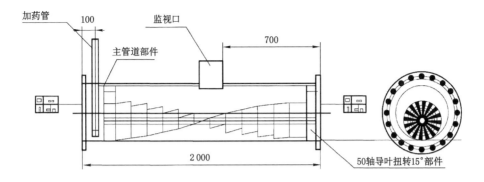

图 7-27　药剂混合装置结构图

图 7-28　药剂混合装置图

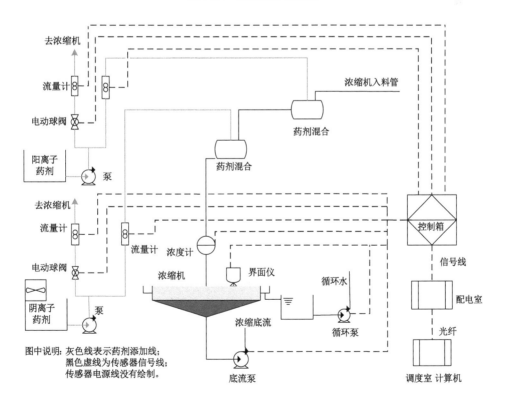

图中说明：灰色线表示药剂添加线；
　　　　　黑色虚线为传感器信号线；
　　　　　传感器电源线没有绘制。

图 7-29　智能化加药系统控制原理图

清水层高度显示了浓缩机工作效果的好坏,是反映浓缩机工作效果的重要参数,对调度室2018年7—9月浓缩机清水层高度历史数据统计分析后可知:清水层最大高度为4.06 m,最小高度为2.98 m,清水层平均高度为3.31 m,说明浓缩机呈现良好的工作状态。

智能化加药系统正式投入使用之后,浓缩机处于很好的工作状态,浓缩效率得到明显的提升,浓缩机底流浓度发生了变化,统计结果如表7-7所示,同时,压滤机排料周期发生明显变化。智能加药系统应用后,浓缩池底流浓度提高了65.6 g/L,加压过滤机排料周期平均缩短了48 s。

表 7-7　浓缩机底流浓度变化结果

测试项目	底流浓度/(g/L)	排料周期/s
应用前	339	210
应用后	404.6	168
对比	+65.6	−48

7.1.3.4　生产系统一键切换

上湾选煤厂生产系统中的48个电液闸门、22个调节阀门,在系统切换或参数调整时,需岗位人员到现场逐个操作,用时长达30 min,通过一键切换改造,将系统切换时间缩短至2 min,减轻员工劳动强度的同时节省了电量消耗,生产效率提高了5%。生产切换系统如图7-30所示。

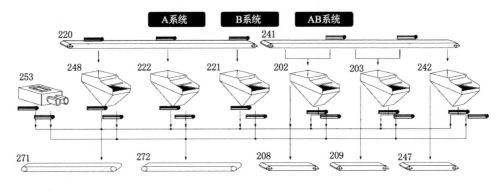

图 7-30　生产切换系统

7.1.3.5　4G专用网络及移动控制

搭建企业4G专用网络(图7-31),实现了有线网络和无线网络的无缝对接;解决了信息孤岛,实现了管理网、监控网、控制网的数据融合;为实现智能感知数据的传输、生产系统移动监控、移动办公与可视化检修提供了网络环境支撑。4G专用网络可以实现生产设备启停操作、生产系统状态实时监控、停送电信息处理、配电柜远程操作、检修信息的录入和查看及查看数据分析平台的实时画面等功能。

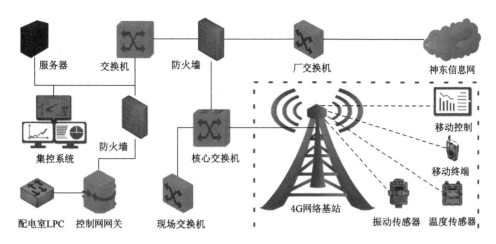

图 7-31 4G 专网系统

7.1.3.6 数字配电

1. 流程安全性方面

传统的停送电操作及指令流程有 10 项,存在 9 个隐患环节,现在通过智能配电系统的判断并推送指令,可有效减少人为执行过程中的安全风险,整套系统运行安全可靠,上线运行两年以来,未发生执行错误的情况。数字配电系统流程安全性如图 7-32 所示。

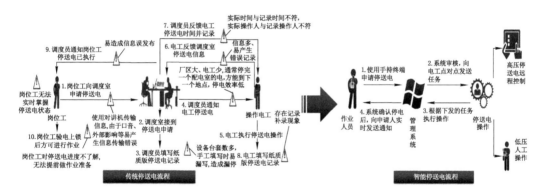

图 7-32 数字配电系统流程安全性

2. 劳动强度方面

传统的停送电操作及指令流程需要调度员和检修电工填写大量的纸质版记录,通过数字配电平台可实现全过程自动跟踪和记录(图 7-33),并最终形成完整的停送电操作记录。

3. 系统框架

智能停送电系统(图 7-34)搭建完毕后,可以实现高、低压配电柜停送电管理流程化、数字化、自动化。具体由以下几个环节组成:

(1)人员身份识别:脸谱识别和出入配电室管理;

(2)自动的流程化管理:停送电任务/操作票申请、审核,停送电指令自动生成,执行结

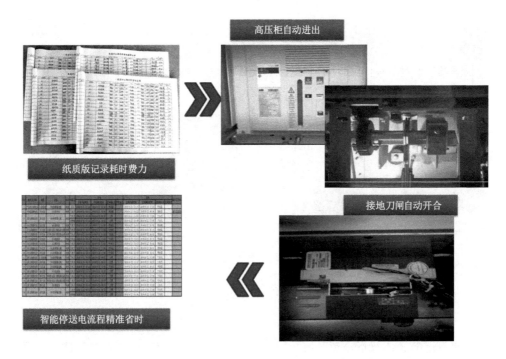

图 7-33　数字配电系统劳动强度跟踪

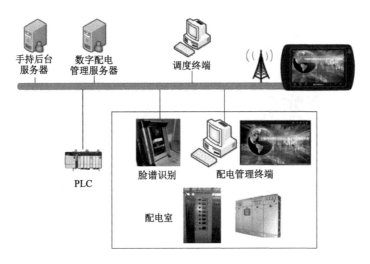

图 7-34　智能停送电系统框架

果自动记录,并自动通知申请人;

(3) 指令自动下发 PLC:高压配电室停送电指令自动下发至 PLC;

(4) 无纸化:牌版电子化,记录数字化。

4. 系统功能设计

数字配电:数字配电模块提供停送电申请、审核、提醒功能,支持移动 Android 手持系统和 PC 一体机。岗位工通过手持终端发起任务申请,相应负责人在手持终端收到实时提醒,并对任务需求进行审核确认。对于高压配电室,系统会进一步审核,收到停送电指令后,根据停电规则判断当前是否满足停送电条件,如果满足则生成停送电指令并发送给PLC,由 PLC 自动执行停送电操作;对于低压配电室,相应电工会收到实时停送电任务提醒。任务执行后,系统自动判断完成状态,记录停电信息,包括停送电申请时间、执行时间、申请人员和执行人,并将该信息反馈给岗位工及相应负责人。

数据录入:系统提供配电室日常维护的 11 个纸质文档的电子版录入界面,可以在系统前台录入日常配电室的维护、维修、检查、测试等信息。

即时通信:手持系统提供即时通信功能,支持语音和文字,可以进行实时的通信和交流。

分析报表:手持系统提供部分数据报表,包括停送电记录,配电室维护、检查、测试、维修记录等,PC 端报表使用 ASP.NET 开发,提供更丰富的数据分析报表和图表。

电子牌板:系统将传统的手写电子牌板移植到手持和 PC 一体机上,通过后台对日常工作制度和图纸的维护,可以在手持或一体机设备上查看。移动手持设备可以随时查看日常操作规范和相关图纸,配电室一体机上默认显示电子白板内容。

待办提醒:系统具备待办提醒功能,提供停送电提醒;并且系统与洗选中心机电信息管理系统集成,对于配电室日常维护、检查、测试和维修进行实时声音和文字提醒。配电室一体机会根据进入人员信息自动将待办事项展现,方便现场人员操作。

外接应用:系统与洗选中心机电信息管理系统集成,能够直接通过数字配电系统登录并跳转到机电信息管理系统。

基础信息管理:后台提供配电室基础信息管理,包括对配电室设备拓扑结构、设备参数等信息的管理,这些信息作为数字配电系统的基础。

电子牌板管理:通过系统,后台可以管理日常工作制度、系统图纸等信息,这些信息将会在前台手持终端和 PC 一体机上显示。

操作票管理:后台提供操作票管理功能,可以预先定义操作票设备类型、操作步骤,并能对这些内容进行增、删、改、查等操作。

门禁服务:当有人员进入时,由门禁系统调用接口推送进入人员的身份信息(工号、姓名、进入时间等),系统后台会自动对信息进行判断,并根据进入人员的权限信息自动登录配电室一体机,将待办事项展现在一体机上。

数据配电服务:系统前台发起的停送电申请任务,后台将停送电指令发送给审核人,针对已经通过审核的停电指令或送电申请指令,系统会做出一系列不同的操作处理。成功则反馈给申请人,失败则发起提醒。

接口服务:接口服务模块能够获取或者修改自动化 PLC 的 tag 点,用于完成自动停送电任务。

报表服务:系统后台提供 IIS 报表服务器,作为 PC 报表后台。

权限管理:系统能够定义角色、用户、权限,能给角色和用户分配权限,并能够给用户分配角色。

登录服务:通过手持终端或 PC 一体机登录后,系统自动根据人员权限信息分配其查看和操作权限。系统与协同管理平台集成,调用协同管理平台登录接口,PC 端实现单点登录,手持终端和 PC 一体机实现统一登录,直接使用协同管理平台账号和密码登录即可。

Data Access：与关系数据库和历史数据库的访问接口，包括 OLEDB、PIOLEBD、OPC接口，为系统本身提供数据的查询和插入等功能。

定时服务：系统后台有多个定时器，包括停送电任务、机电信息管理任务等，触发实时提醒和报警。

消息及回滚服务：为手持终端的语音和文字消息提供服务。当出现通信或服务器故障时，系统会中断；等待系统恢复后，系统会通过历史数据库回滚中断的停送电信息。

更新服务及数据存储同步：手持版本支持自动更新，当有新版本时，后台会推送更新信息给前台，在前台完成软件的下载和更新；与协同管理平台数据库用户存储同步。

7.1.3.7　智能远程巡检系统

生产系统内利用智能巡检、高清黑光、热成像等摄像头，对生产运行情况进行远程监控，实时查看系统运行状态，同时可监测越线行为、个人安全防护、高温区域、带式输送机跑偏、杂物铁器、煤流温度和堆料等情况，实现了全系统的远程监控，代替人工巡检。智能远程巡检系统如图 7-35 所示。

图 7-35　智能远程巡检系统

7.1.3.8　在线监测系统

基于安装在线传感器开发了在线监测系统，通过实时采集设备运行数据并设定报警越线值，当实时数据超过设定值时，便会触发报警。此外，通过实时数据与历史曲线的对比分析，可提前预判设备存在的隐患并加以针对性维护。经统计，截至目前系统共计推送报警83 次，经现场排查，有效避免设备事故隐患 36 起。

7.1.3.9　人员定位及智能照明系统

通过人员佩带定位卡，实现人员行为轨迹的精准定位（定位精度＜5 m）和智能照明（图 7-36），为无人值守及单岗作业提供了安全保障。

充分考虑选煤厂的工作特点，采用具有 Trunking Channel Over TD-LTE 技术的无线宽带集群解决方案，通过视频监控、视频调度、宽带接入、语音集群、短信/彩信、应急指挥调

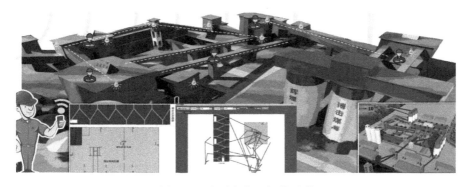

图 7-36　人员定位及智能照明

度等功能,提升选煤厂现场信息采集和分发能力、数据的交互处理能力、紧急事件的应对能力,从而提高选煤厂无线移动通信能力,协助选煤厂监测监控系统、通信联络系统通过无线网络实现。宽带多媒体数字集群系统同时也是人员定位系统的基础,在原有 GPS 定位系统的基础上,提高定位精度,使该系统适用于定位区域小且对定位精度要求较高的选煤厂。

方案采用宏站方式覆盖,1.8 G 20 MHz 同频组网的方式可以覆盖神东上湾选煤厂、厂区内主要办公楼或作业楼,涉及面积近 1 km² 以及北部铁路涵道(长度约 650 m)等地面建筑。网络结构分三层规划:业务层、网络层、终端层。网络层包括核心网设备和基站设备。Witen 无线宽带集群专网组网图如图 7-37 所示。

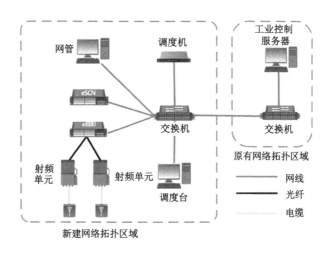

图 7-37　Witen 无线宽带集群专网组网图

在选煤厂调度中心机房统一管理网管服务器、综合调度机、调度台、工业控制服务器等网络设备,调度该选煤厂的所有用户。针对上湾选煤厂实际需求,方案充分考虑选煤厂的工作特点,通过视频监控、视频调度、宽带接入、语音集群、短信/彩信、应急指挥调度等功能,提升选煤厂现场信息采集和分发能力、数据的交互处理能力、紧急事件的应对能力,从而提高选煤厂无线移动通信能力,通过无线网络协同建立选煤厂监测监控系统、通信联络系统。

本系统可提供所需的人员经纬度信息(终端开启 GPS 功能),提高人员定位的精度,同时,该系统的终端设备作为人员定位设备。人员定位及智能照明系统采用智能控制方式,通过人员佩带定位卡与灯具内模块实现无线连接定位,从而检测出人员具体位置及行为轨迹,对员工超时固定位置进行报警,杜绝了员工违章的现象,保障了员工的安全。

7.1.3.10　带式输送机金属检测技术

在煤流中进行铁器识别,当检测到小型铁器时,带式输送机机头的除铁器会联动开启;有大型铁器时,则闭锁带式输送机停机,人工定点清除,如图 7-38 所示。该技术的应用可有效地预防矿井铁器造成的各类事故。

图 7-38　带式输送机金属检测

为了将漏检的大型铁器重新识别并及时进行补检。系统设计在带式输送机安装一套金属探测仪,探测仪可实现铁器尺寸判定及二级触发。当检测到小尺寸铁器时,联动对应的除铁器(或除铁器自带胶带)启动,可将铁器及时甩至弃铁室;当检测到较大尺寸的铁器时,闭锁相应的带式输送机。检测的结果记录在厂制造执行系统(MES)中。

基于以上需求,选取金属探测仪以达到检测目的。为了实现金属探测仪与自动化系统集成,将在 ControlNet 网络的基础上,实现 DeviceNet 网络扩展,通过远程 I/O 模块,完成金属探测仪状态信号接入,并通过 RSLinx 将数据上传至实时数据库中,并在 MES 进行检测情况记录和统计(图 7-39)。

将金属探测仪安装在除铁器前方 50 m 处。为最大限度地减小周边设备对金属探测器造成的电磁干扰,必要的情况下,需要对金属探测器安装位置附近区域的电气设备做充分屏蔽。接通金属探测仪电源,其指示灯亮,首次使用时,进入菜单设定金属探测仪复位模式为自动复位,并设定复位延迟时间为 1 s,按说明书调节金属探测仪灵敏度,调节范围为 1%～100%。接通除铁器电源,首次使用时,按现场安装情况和使用要求设定除铁器控制柜中时间继电器延迟时间。延迟时间范围为 1～2 min,最短响应时间为 5 s。启动带式输送机,根据铁器自定义识别级别(对直径 5 cm 或 5 cm×5 cm 的铁器,识别精度较高),进行检测识别测试;记录金属探测仪报警数量;与 PLC 系统相连,修改 PLC 程序,设定触发判断;检测结果写入实时数据库中,由 MES 进行检测结果统计。

7.1.3.11　煤块超粒度物料识别技术

利用视频识别技术,对煤流中的物料进行超粒度物料识别(图 7-40),当发现产品煤中的物料超过规定粒度范围时,立即发送不同等级的报警信息至岗位的手持终端,避免煤质事故发生。该技术 2015 年投用至今,轻度报警近 40 万条,其中超标报警 6 204 条、严重超标报警 161 条、闭锁停机 3 条。

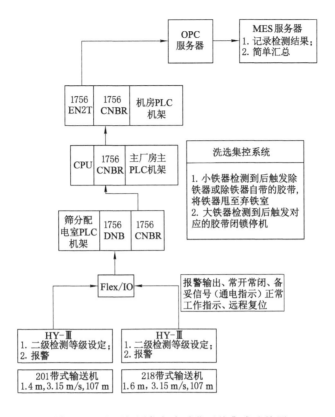

图 7-39　金属探测仪与自动化系统集成连接图

图 7-40　超粒度物料识别

目前,对于大块煤的检测主要有 3 种方式:第一种是利用人工识别;第二种是基于传感器的识别;第三种是基于视频图像处理技术的大块煤识别方法。相比于前两种方法,第三种方法不受空间大小和人为因素的影响,可以第一时间了解哪里出现的大块煤,并可以观测到画面,这样就为工作人员处理堆煤、拥塞等大块煤的识别提供了有效准确的信息,使得堆煤、拥塞现象降到最低,提高胶带运输系统的效率。

基于视频图像处理的大块煤识别系统,其工作原理主要是:利用 CCD 摄像头检测煤炭运输胶带上的煤炭,进行图像的连续收集;利用图像采集卡把收集到的图像信息源源不断地传输到计算机识别系统,进行图像处理和分析,然后通过模式识别技术以及相关技术进行区分识别,并利用计算机控制系统给出判断结果。

基于视频识别的矿井闭环自适应优化运输控制系统已经在哈拉沟运行一年多,其中大块煤识别功能模块运行稳定,经过多次优化升级达到了预期的识别效果。

1. 系统架构

在251带式输送机上安装检测用摄像头,用于采集实时煤流图像,通过光纤网络将视频流发送到视频处理分站,在视频分站运行视频分析及处理程序,对视频信息进行处理分析,获得大块煤信息并显示。

2. 系统方案

系统采用视频识别技术,摄像头实时采集带式输送机过煤视频信息,视频分站对采集到的视频信息进行分析处理,通过图像识别算法,判断当前视频图像中是否有超过设置阈值的煤块,如果有则会在界面显示大块煤,后台保存相关信息以便于查看。大块煤识别主要基于运动物体前景提取,提取出带式输送机上运动的煤流信息,经过前期预处理、模型限定、特定算法处理,获取粒度较大的煤块,再通过相关计算和后台判断,判断是否属于大块煤。

处理方法:

(1)采集摄像头中实时煤流视频,提取视频每一帧中煤流图像,如图7-41(a)所示。

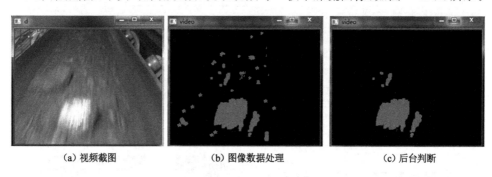

(a)视频截图　　　　　　(b)图像数据处理　　　　　　(c)后台判断

图7-41　煤流数据处理

(2)经过对煤流图像数据处理后,获得粒度较大煤块的信息和预定模型,如图7-41(b)所示。

(3)对煤流图像中大块煤的数据模型,依据大块煤的后台判断机制(预先定义规则),确定该煤块是否属于本次需要识别的煤块,如果是,则后台记录识别的相关信息,如图7-41(c)所示;

本系统实现的主要功能如下:

(1)对视频图像进行图像分析,通过算法得出大块煤信息,每帧图像处理时间在毫秒级,完全能够达到对大块煤的实时识别。

(2)大块煤识别系统本身对大块煤识别到报警时间小于1 s,识别出大块煤即在系统界面进行显示。

(3)大块煤识别系统经过一年多的现场验证,完全满足直径超过50 cm即认作大块煤的识别要求。

(4)本系统可以将识别到的大块煤信息写入PLC中,现有的集中控制系统可以通过读取PLC获取大块煤信息,即通过PLC建立桥梁,实现集成大块煤信息到现有的集中控制系统中去显示。

7.1.3.12　振动筛筛板脱落智能检测

筛板脱落报警系统基于智能筛网技术,筛机使用"芯"筛板,通过在下游带式输送机上安装专用扫描装置(固定 RFID 读写器),当振动筛筛板脱落经过带式输送机时,扫描装置经过识别、分析、判断、响应,从而实现振动筛筛板脱落智能检测(图 7-42)。筛板智能检测技术的应用,从选煤厂生产运营管理角度,可以第一时间发现筛板脱落,从而预防事故扩大,保障生产效率及产品质量。

图 7-42　筛板脱落智能检测

7.1.4　智能管理

7.1.4.1　数据分析系统的建立

数据分析系统(图 7-43)自动采集设备运行效果、运行故障、运行状态数据,实时智能统计、分析、判断及预测,自动推送不同等级报警信息至手持终端。对洗选日常业务进行信息化管理,实现了设备运行状态监测与分析、设备运行故障统计与分析、洗选日常业务管理与推送三个方面的功能。

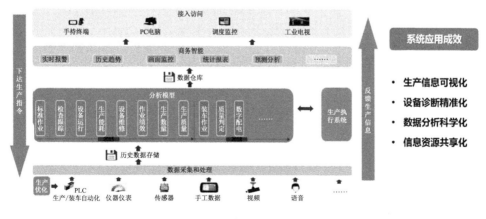

图 7-43　数据分析系统

7.1.4.2　生产任务智能统计

生产任务智能统计(图 7-44):自动采集商品煤及各中间产品数据,可自动分析各产品的完成情况,能够进行均衡超欠分析和产品数量比例分析,实现了对生产产品情况的实时掌控,以及时调整生产计划和生产方式。

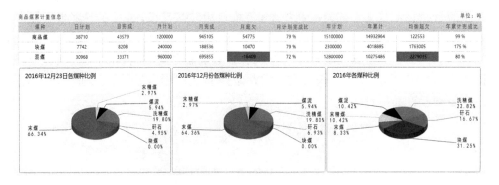

图 7-44　生产任务智能统计

7.1.4.3　系统运行智能分析

系统运行智能分析(图 7-45):对各个子系统的运行状态进行实时监测,自动统计区分系统生产运行时间、保护动作时间、故障时间、正常停机时间等,完成对生产系统设备运行状况的评价。

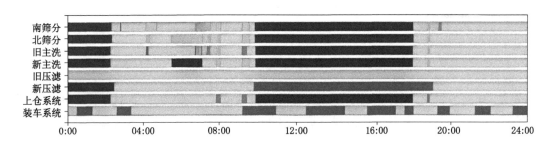

图 7-45　系统运行智能分析

7.1.4.4　设备运行故障分析

设备运行故障分析(图 7-46):对生产系统的故障情况进行全面统计分析,并分析每台设备对系统运行的影响权重,统计每台设备故障次数与时间,并进行智能排序。

7.1.4.5　任务推送管理

任务推送管理(图 7-47):实现了待办任务推送、执行、反馈的闭环管理模式,保障了相关工作的及时开展。

7.1.4.6　标准工单系统

标准工单系统(图 7-48):编制了涉及洗选业务标准作业流程 2 831 项(包括检查类 846 项、维修类 1 985 项),并形成标准作业流程集,关联到该系统并自动触发、检索、推送相关作业流程至作业人员。

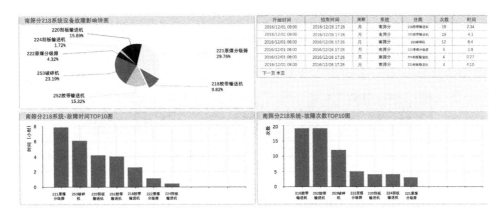

图 7-46 设备运行故障分析

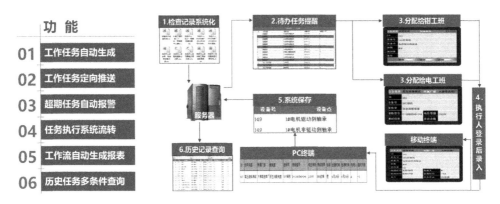

图 7-47 任务推送管理

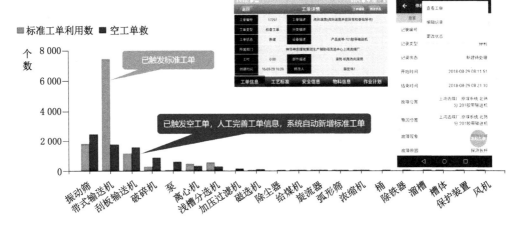

图 7-48 工单系统

7.1.4.7 设备保护管理

针对巡检人员少、设备保护多的情况,实施了"移动端设备保护测试"的研发,革新了保护试验的管理制度和测试流程,确保了设备保护装置的可靠性,杜绝了因人工测试造成的漏检、误检等问题。设备保护管理如图7-49所示。

图 7-49 设备保护管理

7.1.5 智能决策

7.1.5.1 精准测算系统

在建立的洗选过程数据库、生产评价模型库和选煤专家知识库在内的结构化私有云数据库的基础上,结合人工神经网络及随机搜索算法,根据用户需求和效益最大化原则,构建了亿吨级特大型选煤厂群生产定制精准测算系统(图7-50),智能管理各选煤厂的生产组织、工艺参数和作业成本,实现了精准定制生产的智能决策。

洗选中心接到市场订单,系统进行智能测算并推荐生产单位排序,管理人员参考并结合生产实际,按效益最大原则下达任务计划,如图7-51所示。

选煤厂层级实现了亿吨级特大型选煤厂群精准定制生产的智能调度(图7-52),智能调配与管理生产组织、工艺参数和作业成本。

7.1.5.2 作业成本管理系统

作业成本法实现将洗选加工成本分解到各作业点上,然后汇总至商品煤,建立成本与吨煤之间的关系。其中电费、材料费、人工费等均自主分配到各作业点,实现各个作业点成本的智能自动预测和结算。作业成本管理系统架构图如图7-53所示。

7.1.5.3 内部市场管理化系统

内部市场化以市场主体公平交易为原则,实现中心—厂站—车间—班组—个人,五层

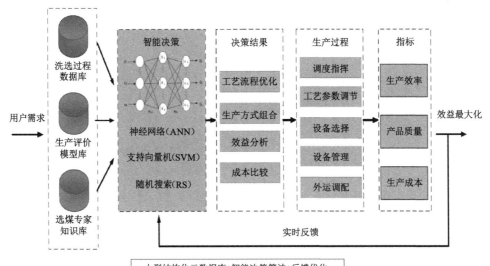

图 7-50　定制精准测算系统

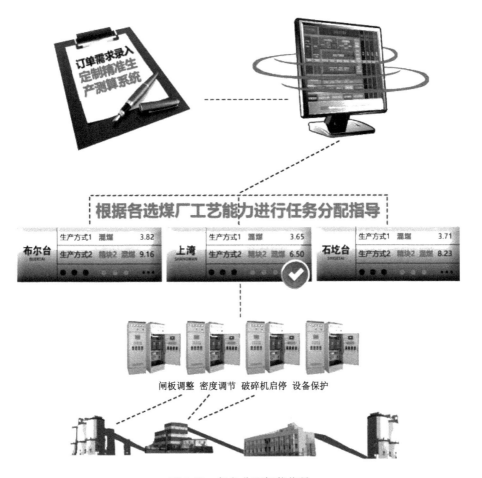

图 7-51　任务分配智能指导

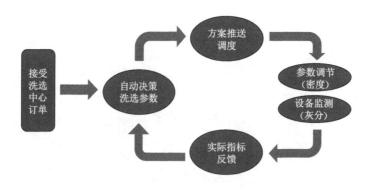

图 7-52　智能调度

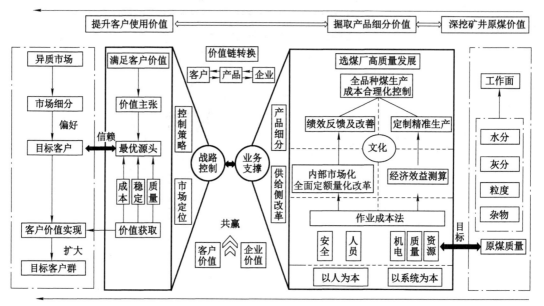

图 7-53　作业成本管理系统架构图

四级的结算。通过劳动定额和工作量统计，系统计算巡视面积、检修工时、装车节数等，实现了智能自主分析，最终根据结果实现与员工绩效工资挂钩。图 7-54 为内部市场管理化系统架构图。

7.1.6　智能化管理模式创新技术

选煤厂智能管理均以数字化的形式解构生产管理活动的流程与行为，在技术架构和应用节点上，遵循人本管理和科学管理融合的企业行为准则，体现了管理哲学和管理思想的进步与重构。智能管理的核心理念强调挖掘数据价值，并服务于企业经营管理和战略决策。数据的有效性、信息的共享性奠定了"数据化"管理思想，而在管理实践中，需要以柔性的管理哲学和思想统摄刚性的数据。企业生产过程产生的大量生产和管理数据，可以通过

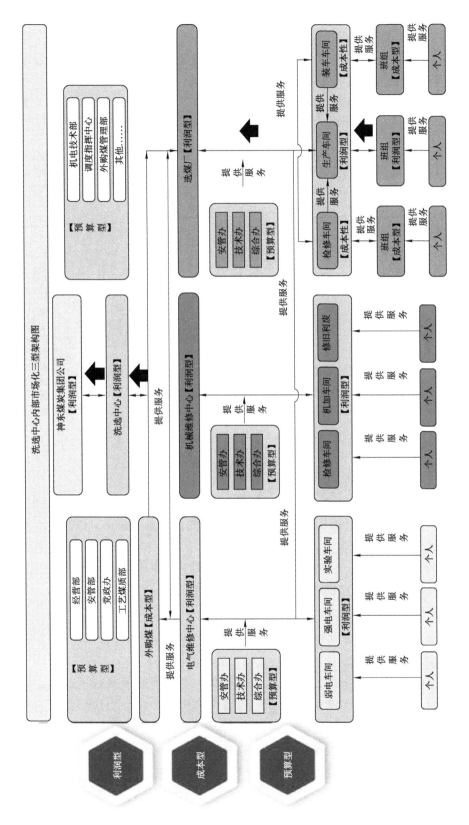

图7-54　内部市场管理化系统架构图

挖掘技术发现其价值,为企业提高决策能力、决策效率、决策准确度等提供智能管理的技术支持。

在选煤厂各个环节智能化夯实的基础上,结合选煤厂数据支撑下构建企业智能管理框架模型(图7-55),分别从选煤厂群体智能(包括企业理念、企业制度、人才结构)和人机结合智能(包括生产过程管理、机电管理、成本管理)两个维度协同创新,最终形成以用户需求为目标、以生产过程全流程的智能化管理为手段的新型选煤企业管理模式。

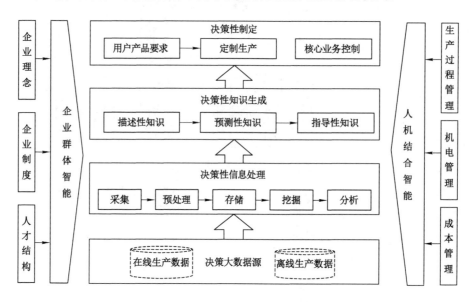

图 7-55　选煤厂智能管理框架模型

7.1.6.1　生产管理过程优化

依托定制精准测算系统,以用户订单为基础,自动完成效益测算和产量任务分配,并产生最优生产方式推荐至智能分选系统,自动完成生产期间工艺参数的调节。在线测灰仪从"双源单点接收"改造为"双源多点接收",作为智能分选系统的控制依据,根据商品煤的灰分自动触发决策,智能完成洗选工艺参数的调节。实时采集煤泥水特性数据,由智能加药系统进行加药策略判断,及时精准地完成加药量的调整和添加。

7.1.6.2　机电管理过程优化

通过智能在线监测系统自动采集设备的运行数据,智能分析设备健康状态,自动推送不同等级报警信息至手持终端,提醒管理及检修人员进行处理。

依托移动智能终端及定制管理 App,机电日常检查、保护试验及停送电等业务全部通过系统完成流转,简化了业务的流程和作业环节,减少了日常纸质版的记录,实现了各项业务的闭环管理和无纸化办公。

改变了传统停送电的流程,将原有反复确认、多重记录等10余项环节减少到4项,将原有需要岗位工、调度员、电工共同参与的停送电作业简化为岗位工、电工协同管理平台完成。同时系统还加入了自动执行反馈功能,为安全生产提供了双保险,提高了作业准确性和作业效率,减少了安全隐患及纸质记录的工作。

7.1.6.3　成本管理过程优化

依据成本管理理论与风险管理理论,构建煤炭洗选成本计划、成本控制、成本核算、成本分析、成本考核智能化管理系统,实现电力消耗、介质药剂消耗、设备备件消耗等智能化监督、控制及减员增效,节省大量成本支出。

7.1.6.4　其他核心管理过程优化

利用视频识别技术对煤流中超粒度物料进行准确识别,及时推送报警信息,避免生产的商品煤粒度超限的煤质事故发生。利用金属探测仪对煤流中的铁器进行识别,与除铁器、带式输送机联动闭锁,可以有效防止铁器进入洗选系统造成设备损坏等事故的发生。

7.1.7　建设效果

7.1.7.1　主要转变

从提出智能化选煤厂概念到实施建设至今,在以"设备运行及能效管理系统"为核心、以多种技术融合为手段的探索下,工作模式和管理模式实现以下四个转变,如图 7-56 所示。

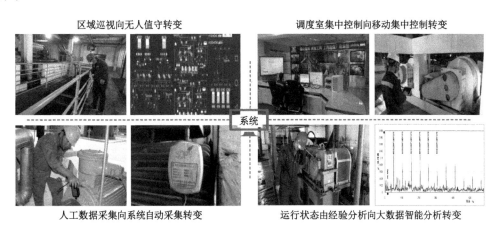

图 7-56　智能化转变

7.1.7.2　组织架构变革

由值长＋巡检工程师的全域巡诊制度代替固定区域巡视制度。按照"精干高效、智能驱动"的原则,优化岗位设置及职责,将生产一线 33 名岗位人员进行了优化和转岗。向"小岗位、大检修"转变,依托大数据智能分析执行系统实现扁平化管理,如图 7-57 所示。

7.1.7.3　应用效益

通过智能化实施应用,上湾选煤厂年电力消耗减少 8% 以上,生产效率提升 5%,日均生产时间缩短 1 h,煤质稳定率提高 12%,员工接触粉尘、噪声的时间减少 240 h,全员工效逐步提升,如图 7-58 所示。

7.1.7.4　推广和影响

上湾选煤厂智能化建设的进展,给其他选煤厂起到了很好的示范作用,随着新技术的

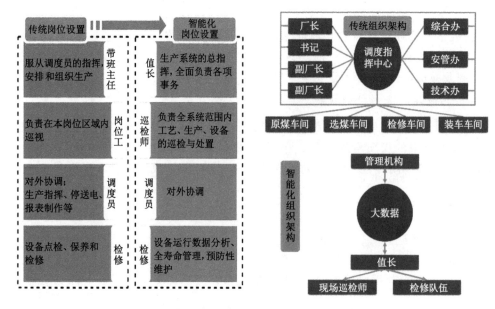

图 7-57　组织架构变革

经济效益

自然年	新增销售额（万元）	新增利润（万元）	新增税收（万元）		
2016年	22478.13	25148.97	2922.16	商品煤产率	⬆ 1.09%
2017年	25908.49	29332.39	3368.10	商品煤产量	⬆ 28.69万吨
2018年	29271.24	33151.19	3512.50	混煤水分	⬇ 0.02%
累计	77657.86	87632.55	9802.76	发热量	⬆ 1.42kcal/kg

图 7-58　经济效益统计

不断更新和应用,智能化建设的进一步完善和提高,一个全面且全新的智能化选煤厂将会给神东其他 10 家选煤厂甚至全国的选煤厂起到一个表率和榜样作用。

7.2　神东矿区选煤生产智能决策系统的建设

7.2.1　选煤生产组织智能决策系统建设

7.2.1.1　系统整体框架

选煤生产组织智能决策系统是选煤厂集控系统的进一步扩展(图 7-59)。系统以图形化工艺流程为基础,根据不同的洗选参数,衍生出多种生产方式,形成生产方式库。系统以筛分试验数据、浮沉试验数据为基础,根据预测模型,预测出所有生产方式下的产品产率、煤质信息。结合产品成本和售价信息,实现生产方式的效益预测分析、产品成本比较;并输出各厂效益汇总表、各厂效益明细表等报表。选煤厂集控系统从介质密度计、在线测灰仪、皮带秤、洗选设备上获取数据,并向生产测算软件提供皮带秤计量、介质密度、设备状态等信息,形成实时生产方式,指导选煤厂的生产。生产测算软件在预测分析过程中还需要从煤质系统获取日原煤、商品煤煤质数据。

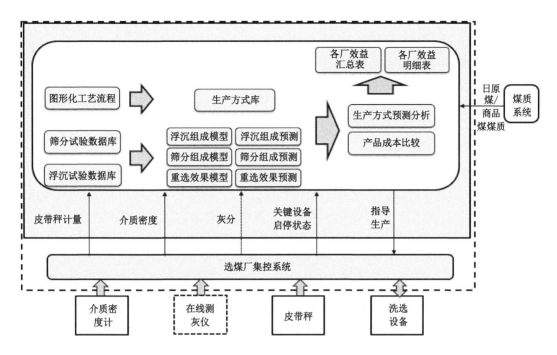

图 7-59 选煤生产组织智能决策系统整体框架

7.2.1.2 系统主要功能

1. 原煤基本信息管理

原煤定义：原煤的所属矿井、煤层、水分、灰分等煤质信息。按时间段（年/月）定义原煤的发热量公式。

原煤成本管理：按时间段（年/月）定义原煤的矿井开采成本等信息。

2. 产品基本信息管理

产品定义：洗选初级产品和最终产品的水分、灰分等基本信息。可以按时间段（年/月）定义每个选煤厂最终产品的发热量公式。

产品售价管理：定义每个选煤厂一段时间内（年/月）的最终产品港口价、车板价等。支持最终产品的结算价与发热量联动。在预测方案中可根据测算时间、最终产品及其发热量查询该数据，得到结算价，计算每种生产方式的销售收入、结算价利润、合同价利润等。

3. 筛分、浮沉试验数据库

浮沉试验数据：可按年录入各选煤厂的专业性浮沉试验数据，还可按月录入浮沉试验中的各密度级的质量、灰分和采样总质量。系统自动计算出各密度级的产率及浮物累计产率、灰分。试验数据分为专业性试验、月综合试验。

筛分试验数据：可按年录入各选煤厂的专业性筛分试验数据，还可按月录入筛分试验中的各粒度级的质量和采样总质量。系统自动计算出各粒度级的产率及筛上物累计产率。

4.生产方式库

生产技术人员录入本厂所有的生产方式,生产方式中包括以下参数:原煤混合入选(原煤煤层,混合比例)、洗选系统[是否筛分、分级粒度(13/25/50)、水洗密度、块煤是否入选、末煤是否入选、末煤入选比例(30%/50%/80%/100%)、是否脱粉、脱粉比例、煤泥是否干燥、干燥比例、系统日最大入选能力等]、产品明细(初级产品、默认产率、默认灰分、默认水分、发热量公式)、配煤方式(最终产品与初级产品关系、发热量公式)。

生产方式可引用工艺流程进行图形显示、参数定义等,可分为理论、实际两种,可结合预测功能计算出中间产品、最终产品的产率及煤质情况。

5.产品预测管理

原煤浮沉组成预测:已知多组月综合浮沉试验数据,建立各密度级的原煤灰分、浮物累计产率关系模型。根据多组月综合浮沉试验数据,拟合初始的密度曲线及参数,建立密度与基元灰分之间的关系模型。原煤浮沉组成预测的计算方法有两种。方法一是根据原煤灰分及相关模型,预测出各密度级的浮物累计产率。根据上面预测的产率重新拟合,得到该原煤灰分下的密度曲线。根据密度、基元灰分之间的关系和密度曲线,从而预测出各密度级的产率和平均灰分。方法二是已知一组专业性浮沉试验数据,根据原煤灰分对各密度级的产率进行校正,从而预测出各密度级的产率和灰分。产率变化值可用下式计算:

$$产率变化值 = \frac{A_{测算} - A_{试验}}{A_{+1.8} - A_{-1.8}} \times 100 \tag{7-1}$$

式中:$A_{测算}$为用户输入的原煤灰分;$A_{试验}$为浮沉试验中的原煤灰分。

筛分组成预测:首先根据筛分作业的方式方法建立筛分效率数据;然后根据筛分试验数据、筛分效率可以预测出筛上物、筛下物的产率及灰分。筛分组成预测的计算方法有两种。方法一是根据实际生产过程中各设备的原煤、精煤、洗矸的浮沉试验数据,通过格氏法计算出精煤、矸石的产率,从而得到各密度级的分配率数据。方法二是在没有选后产品浮沉试验数据的情况下,可以根据同类设备或经验数据给出各密度级的分配率数据。

6.生产方式测算

生产技术人员可以选择多个选煤厂及其生产方式输入测算时间、原煤指标、各洗选系统的商品煤产量信息,创建测算方案,系统将自动生成每种生产方式下的产品明细。系统调用原煤浮沉组成预测、筛分组成预测等相关数据,得到各级产品的预测产率、灰分数据,自动计算出各种生产方式下每种产品的产率、产量、发热量。系统进行效益计算,自动获取各种生产方式的成本和产品售价信息,计算出各种生产方式下的利润,并筛选出各选煤厂最优的生产方式。各选煤厂只能看到本厂的生产方式及测算方案;洗选中心可以看到全部选煤厂的生产方式及测算方案。

7.2.1.3 系统应用效果

本系统与神东ERP系统、业务执行系统数据对接,以获取生产计划、装车计划、煤质数据等手工录入数据,从自动化系统中获取现场实时数据,对数据进行分析和存储,并与标准工单系统、手持系统结合,使得生产现场的统计数据能够真实、及时地反映给管理层。系统通过网页方式上层数据展现上层数据,统计和计算实时自动化数据、历史数据、人工录入数据,最终形成各种有助于统计分析的报表形式,协助管理者进行生产和维修的决策。选煤生产组织智能决策系统总体功能如图 7-60 所示。

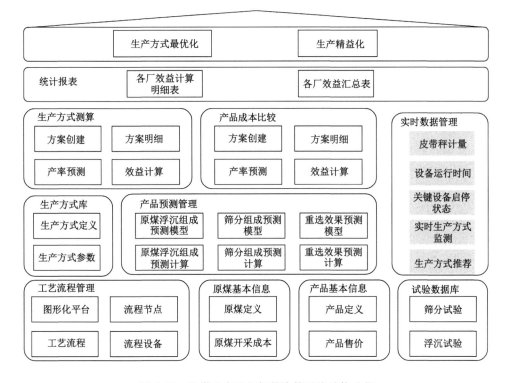

图 7-60　选煤生产组织智能决策系统总体功能

系统通过关系数据库接口获取煤质管理系统煤质数据（包括各批次水分、灰分、硫分、发热量、重量等），然后按照加权等方式对数据进行处理和计算，最终通过对比统计的方式反映给管理层，以了解周期内（日、月）原煤和商品煤煤质情况。神东公司通过信息化数据手段使得选煤的过程和结果可控。

神东公司通过选煤生产组织智能决策系统的应用，准确提取出不同发热量商品煤的需求量及其煤质参数要求，并通过洗选过程与装车过程关键参数控制，保证装车量误差严格控制在 ±50 kg，较以往人工系统误差减小了 100%。因装车量误差的严格控制，顾客投诉由原来每百万吨 5 次减少到每百万吨 0.1 次，顾客满意度大幅度提升，神东公司与燃煤用户的沟通渠道更加畅通。

7.2.2　选煤过程调控智能决策系统建设

依据生产运作管理理论与动态决策理论，构建了重介智能化分选系统模型，实现了基于原煤性质、商品煤指标要求，并通过原煤灰分在线检测和分选密度联动调节的智能分选，优化了生产管理网络及洗选过程工艺参数组合。

选煤过程是根据煤炭洗选要求、参数智能化识别结果及商品煤洗选过程工艺参数、设备运行参数、质量参数、生产效率参数等，进行洗选过程不同发热量煤质的产量及其参数智能化控制。尤其重点根据原煤性质、商品煤指标要求，通过原煤的灰分在线检测和分选密度的自动调节,达到智能分选的目标。其中,智能化洗选过程主要是通过各类传感器的实时在线监测,将下辖各厂的大量生产运营信息进行筛选、整合、处理,并通过智能化系统反馈给洗选中心进行统筹管理,从而纵观系统的动态平衡,及时协调指挥生产,一定程度上实现"闭环"生产管理。

7.2.2.1 系统主要功能

选煤过程调控智能决策系统的功能模块按照 3 层逻辑化结构设计,由全局概况至详细信息逐级展示,从上至下依次为中心职能管理概览、厂级职能管理流程、车间生产管理流程,涉及价值链三大部分基本内容。

(1) 在中心职能管理概览功能创新设计方面,利用目前已经构建的 ERP 系统、EAM 系统、煤质信息管理系统、数字化矿山系统等多种信息化系统,以精益生产管理理论为指导,在生产和管理现场布置工业无线网络与智能管理系统,通过配备移动监测监控终端,将 11 个选煤厂的原煤仓、生产车间、产品仓、装车塔按照铁路线相对位置在移动监测监控终端上全部显示,使中心管理人员与职能管理人员全面掌握洗选中心整体生产组织的大局,保证了全中心的统筹安排和统一部署。洗选中心主画面如图 7-61 所示。

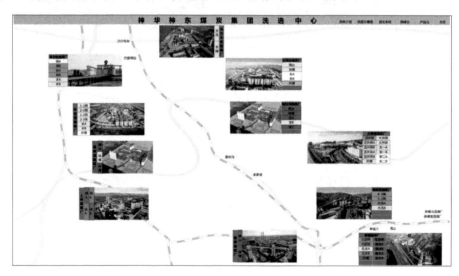

图 7-61　洗选中心主画面图

系统对各厂的生产组织、设备运行、煤质信息、煤仓储量、装车安排等详细信息进行全方位实时监测和管理,同时对现场出现的故障通过语音和视频等方式实施专家同步判断与决策,并通过切换嵌入的视频画面,监督检查各厂洗选与装车计划控制情况,操作人员作业任务实施情况,以及职业健康安全、商品煤质量、环境保护及成本控制情况。

(2) 在厂级职能管理流程功能模块设计方面,将原有的在线灰分检测、安全监测、智能电表、电缆火灾监测、加压过滤机操控、自动加药和生产自动化等系统进行了集成,使厂级管理人员、生产管理人员全面掌握生产计划实施信息,从根本上改变选煤厂传统的管理模式。管理人员通过智能在线监测与数据分析、远程诊断与紧急报警、移动监测与无线传输、智能定位与操作控制等系统功能,实现了洗选与装车计划、操作人员作业任务、设施设备运行状况以及职业健康安全、商品煤质量、环境保护及成本实时控制,为提升管理效率和信息化水平提供了技术基础。尤其是管理人员可以利用移动终端实时浏览系统运行参数,并同步完成控制命令下达、参数调整等操作,及时发现并处理系统出现的报警信息,避免了指令在传达过程中可能出现的错误。选煤过程调控智能决策系统总体架构如图 7-62 所示。

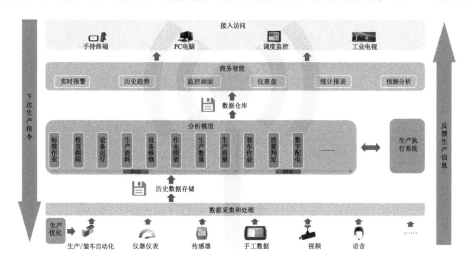

图 7-62　选煤过程调控智能决策系统总体架构图

(3) 在车间生产管理流程功能模块设计方面,按照工艺流程直观反映车间各环节生产状态,通过业务流程图以及数据转换后的图形信息,帮助车间管理人员以及调度员从大量数据中提取整合关键信息,便于管理层通过手机或平板电脑等随时随地访问生产监控系统,按照不同的权限查看自身关注的洗选作业与装车计划等信息,如生产进度信息、分选密度信息、实时产品仓信息、仓位变化趋势信息、装车煤量信息、装车时间信息、产品总产率信息、产量统计及重大停机事件等,实现洗选与装车计划、操作人员作业任务、设施设备运行状况以及职业健康安全、商品煤质量、环境保护及成本实时控制。全自动装车系统的应用避免了人工操作时因车速变化而导致的溜槽撞到火车车厢或撒煤的问题,同时极大减轻了员工的精神压力,提高了工作效率,杜绝了人员操作中的不规律性造成的装车质量差、超偏载等问题,为洗选中心提高装车效率和装车质量提供了极大的保障。

7.2.2.2　系统应用效果

通过实施洗选过程的智能化管理,各项数据和报表、标准作业工单、各子分系统的信息全部于移动监测监控终端、PC 端、智能手机终端等设备上完成展示和共享,实现了洗选中心及选煤厂各管理层级的协同工作和无纸化办公,极大地提高了洗选中心及选煤厂管理的信息化水平和运作效率。应用该系统后,将五级管理压缩为两级管理,压缩了管理层次,减少了管理环节,实现了洗选数据的智能化管理,生产系统运行效率提升了 10% 以上,日均生产时间由 16 h 缩短至 14 h,能源消耗减少 10% 以上,年经济效益增加 1 000 万元以上;依托现场移动控制系统、远程支持系统及现场控制自动化系统,生产现场人员减少了 21 人,年经济效益增加了 315 万元;同时减少了商品煤质量波动和粒度波动,原煤灰分与水分测定精度提高了 50%,基于分选密度的智能调节,而使客户有关煤质的满足度提高了 33%,商品煤灰分、水分及发热量测定精度提高了 14%,提高了商品煤质量水平。

7.2.3 选煤生产成本控制智能决策系统建设

7.2.3.1 系统整体框架

为实现节能增效,减少选煤厂成本支出,形成选煤生产成本控制智能决策系统(图 7-63)。特别是在该系统中,坚定"保易控、抓可控、争难控"的管理思路,对洗选过程中电力消耗、介质药剂消耗、材料消耗等进行智能化监督、控制,全面管控选煤厂经营成本;为实现减员增效,建立在线监控系统,采用移动远程监测控制代替调度室控制、全自动装车代替操作员人工操作装车等,节省了大量的人力成本支出。

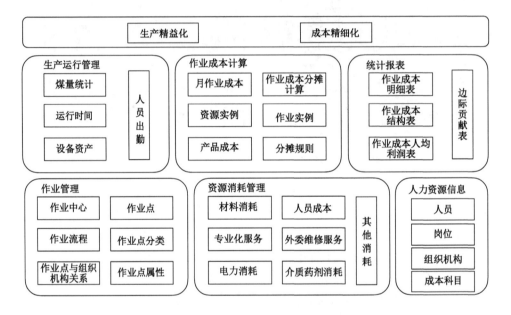

图 7-63 选煤生产成本控制智能决策系统框架图

7.2.3.2 系统主要功能

1. 作业管理

作业点:洗选过程中各作业点的基本信息包括:神东公司、洗选中心、各选煤厂,各选煤厂下的洗选系统,各洗选系统下的原煤系统、块煤系统等。作业点可按层级结构进行跟踪、管理,成本效益等可按层级上滚。每一个作业点都具有唯一的标准编码。

作业中心:各选煤厂作业中心基本信息可按原煤煤层、洗选系统、生产方式等信息进行划分。作业中心可包含多个作业点。作业点分类主要包括公司级、洗选中心级、选煤厂级、洗选系统、作业环节。作业点属性包括设备台套数、人员数、工艺复杂程度等。作业点属性的值可直接指定,也可根据基础数据计算得到。作业点属性在分摊规则中将作为参数引用,主要用于成本分摊计算。

作业流程:作业点的生产流程用于产品成本的计算。在本功能中仅记录作业点之间的关系,与工艺流程管理的相关功能可以配合使用。洗选中心作业成本核算系统如图 7-64 所示。

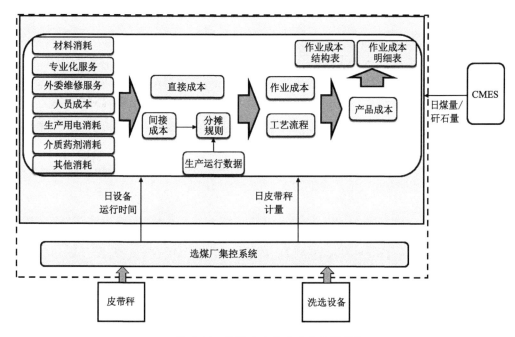

图 7-64　洗选中心作业成本核算系统

2. 人力资源信息管理

人力资源信息包括选选中心及各选煤厂组织机构基本信息、岗位基本信息、中心及各选煤厂人员基本信息,以及成本核算科目基本信息。

3. 资源消耗管理

材料消耗:物资管理员录入当月所有材料消耗记录,包括物资名称、所属设备、单价、数量、金额等信息。系统支持按设备与作业点之间的关系,将对应设备的材料消耗费直接归集到作业点上。

专业化服务:生产技术主管录入专业化服务项目、费用、分摊规则等信息。专业化服务费分为内部、外部两种。系统按照分摊规则将费用分摊到作业点上。

外委维修服务:设备管理员录入外委维修项目、费用、分摊规则等信息。系统按照分摊规则将费用分摊到作业点上。

人员成本:经营核算员录入当月人员工资、福利费、保险、分摊规则等信息等信息。系统支持通过个人缴纳的各项保险费用计算出单位应缴纳的费用,保险费率可配置。人员成本数据分为正式工、劳务工两种。系统按照分摊规则将费用分摊到作业点上。

电力消耗:调度员录入当月各作业点的用电量、单价、金额等信息。系统支持从矿井综合自动化系统中获取电量数据,调度员可人工调整。

介质药剂消耗:工艺管理员录入当月介质/药剂消耗数量、单价、金额、分摊规则等信息。系统按照分摊规则将费用分摊到作业点上。

其他消耗:经营核算员录入当月办公费、会议费、行政车辆费、差旅费、业务招待费、宣传费、出国经费、通勤费、劳动保护费、绿化费等其他费用金额及其分摊规则,以及当月排矸费、房产税、财产保险费、标准化费用、检测检验费用、折旧费、低值易耗品配销等其他费用金额及其分摊规则等信息。系统按照分摊规则将费用分摊到作业点上。

4. 生产运行管理

煤量统计:工艺管理员按照工艺流程录入每月原煤量、商品煤量(按煤种)、入选率、实际排矸量等信息。

运行时间:工艺管理员录入每月系统运行时间(可考虑与数字矿山系统对接)。

设备资产:专项物资管理员维护每月的设备(资产)台账信息,包括设备名称、所属作业点、设备分类等。

人员出勤:各车间专职人员录入每日车间员工岗位分配情况,包括员工所在作业中心、作业点等。系统支持点选方式记录出勤情况,方便用户使用。

5. 作业成本计算

月作业成本:每月创建各选煤厂的月作业成本计算的主记录。系统支持对资源管理中人员成本、材料费等各项数据当月提报情况的检查。

作业成本分摊计算:系统提供成本分摊计算功能,依据当月各项资源数据中的分摊规则,将资源费用分摊到每个作业点上,生成资源实例,并固化当月作业实例情况。系统提供产品成本计算功能,依据每个作业点的当月费用、煤量以及作业流程,计算出各级产品的费用、产量、吨煤成本。

分摊规则:成本科目的分配方式包括规则名称、所属成本科目、分配条件、分配公式、分配说明等,其中分配条件、分配公式中的参数来源于生产运行管理、作业属性数据。

资源实例:每个选煤厂下各成本科目对应每个作业点的资源明细,包括材料明细、专业化服务明细、人员明细等。

作业实例:记录计算过程中的作业点、作业点属性、分摊规则等信息。

产品成本:通过产品成本计算功能得到的各产品的每月吨煤成本信息。

7.2.3.3　系统应用效果

通过实施成本智能化管理,选煤厂电力消耗、介质药剂消耗、设备部件消耗等可控成本下降了 0.52 元/t,每年可节约生产成本 780 万元,人力资本降低了 17.5%,环境保护成本降低了 21%,节省了大量成本支出。其中,智能照明系统将系统内照明由原 175 W 的金卤灯全部更换为 80 W 的 LED 节能照明灯,同时配合人员定位卡可实现区域照明自动开关,杜绝了"长明灯"的现象,大大降低了照明的用电量。

7.3　全面建设智能化选煤厂的进展

为了进一步向智能化建设迈进,建设更完善的智能化选煤厂,需要本着"统筹规划、统一标准、面向应用、突出重点、分步实施"的原则,采用更高层级的研究理论、技术和更完善的软件系统来逐步实现智能化建设。

7.3.1　建设高级"黑灯"选煤厂

依据《国家能源集团煤矿智能化建设指南》中高级智能化建设要求,要具备智能感知、智能决策、自动执行的智能化分析决策体系,具备 AI 驱动、协同控制、仿真模拟等功能,实现选煤厂无人"黑灯"运行。结合选煤厂生产系统工艺特点和运营方式,我们将图 7-65 所示的四个方面作为"黑灯"选煤厂的建设目标。

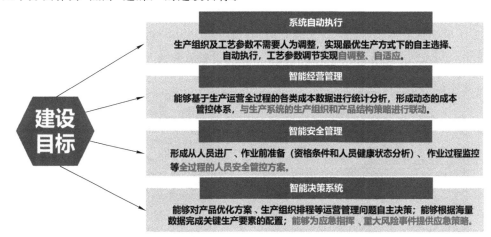

图 7-65 "黑灯"选煤厂的建设目标

7.3.2 大数据开发与应用

数据分析技术和生产运营管理各环节深度融合,充分挖掘、利用数据资源,通过机器学习、大数据分析等技术提供的"算力"解决复杂的管理和决策难题(图 7-66),努力成为工业大数据建设示范单位。

一体化数据驾驶舱
构建适合大型选煤厂集群的数据平台,实现生产、工艺、煤质、经营、设备、安全于一体的多维度,适用于不同管理角色的多层级的数据分析系统。

实体空间镜像模型
构建三维厂区地理信息模型(GIS)、厂房建筑物信息化模型(BIM)、设备爆炸图模型(BOM),形成全区域数字孪生系统。

智能生产决策
以精准定制生产为核心,自动优化生产组织方式,用最合理成本、最高的效益高效率地完成生产任务。

智能经营核算
实现成本结构、预算指标、资产管理等信息联动,形成一体化经营核算体系。

智能安全管理
融合智能视频巡检、人员定位、智能安全头盔、健康手环等对人员健康指标、工作区域、工作任务、人员不安全行为监测与智能管理。

智能机电管理
包括机电设备运行数据的分析应用、设备故障情况的智能诊断、物资计划智能管理等。

图 7-66 大数据开发与应用

7.3.3 三维建模技术的应用

神东公司对选煤厂实体空间进行三维建模,可实时展示各车间区域的生产数据、设备运行数据和人员在岗数据等,并可任意选择车间区域查看区域设备运行状态,实时掌握生产系统运行状况。

7.3.4 生产系统运行质量监控模型的开发

神东公司开发生产系统运行质量监控模型(图 7-67),对全系统、分选系统、煤泥水系统、装车系统运行的关键参数进行实时监测,并通过后台服务运算评价生产系统运行质量,如系统生产能力利用情况、实时入选率、生产效率、设备故障情况、装车实时状态等。

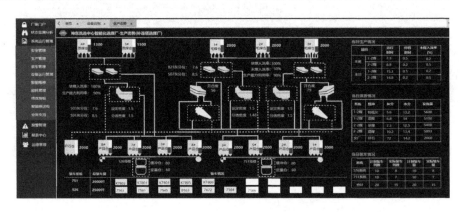

图 7-67　生产系统运行质量监控模型

该模型下的备件更换数据可用于综合分析设备的健康状态,利用后台算法模型对设备的健康值进行评估,并可实时查看生产设备现场运行情况及关联设备的运行情况,实现对设备运行的智能监控与分析。

7.3.5 示范基础上的规划与展望

7.3.5.1 规划框架

智能建设,规划先行。在上湾选煤厂示范点建设的基础上,针对神东洗选中心各选煤厂的智能化建设现状,将进行不同水平与层次的整体建设规划,不断提高智能化洗选技术水平和智能化研究理论水平,为加快推进智能化选煤厂建设提供保障。神东洗选中心智能化选煤厂系统架构如图 7-68 所示。

1. 初级层——基础自动化建设

针对除上湾选煤厂外的其他 10 座选煤厂,"规划"从基础自动化建设开始,分阶段逐步向智能化迈进。根据技术成熟度,重点进行基础设施升级,补齐自动化短板,完善底层自动化系统,提高检测设备精度,推进各类无人操控设备和无人值守系统的应用,达到减人提效的目的。

2. 数据平台——分级数据治理与平台建设

各级数据分级治理,统一、规范数据采集、存储的规则与标准,建设通用的标准选煤数据库,使选煤数据完整地集成在一起,实现全面感知、实时互联、数据共享、深度应用。平台建设主要是进行混合云平台的建设,为数据治理提供承载。

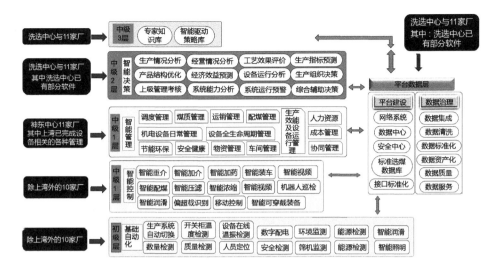

图 7-68　神东洗选中心智能化选煤厂系统架构

3. 中级 1 层——核心工艺环节智能化

"规划"的中级 1 层之一是强化大数据技术与选煤专业知识的深度结合与应用,推进重点生产单元智能化研究,形成能够综合分析、自主学习、动态预测、协同控制的智能分选系统,实现生产过程控制和管理智能化。

4. 中级 1 层——厂级智能管理系统

"规划"的中级 1 层之二是厂级智能管理系统,主要完成选煤厂级智能管理工作,为洗选中心和公司级软件提供基础数据,并为厂级管理提供数据源和分析决策支持。

5. 中级 2 层——数据分析与智能决策

"规划"的中级 2 层对集成、规范、标准化的数据进行专业分析,包括生产、经营、安全、机电等进行全面分析,给出基本决策方案。

6. 中级 3 层——专家知识库研究

"规划"的中级 3 层中所有与数据有关的技术产出物全部通过知识库实现相互共享。知识库作为数据治理的后台通道,传输不同平台、环境、技术、工具所提交和需要的元数据信息。

7.3.5.2　展望

神东洗选中心将全面贯彻新发展理念,践行"四个革命、一个合作"战略,践行集团"一个目标、三型五化、七个一流"发展战略,结合"互联网＋"、大数据等技术,扎根现场实际,在精准感知层、智能控制层、智能决策层和创新维度、引领维度、价值维度发力,主动担责、做智能选煤的先行者和实践者。力争在创建世界一流洗选专业化服务选煤厂方面取得标志性成果,为把神东公司加快建成世界一流煤炭生产和加工专业化公司做出更大贡献。

第8章 千万吨矿井全面管理技术

为了提升企业核心竞争力,引领煤炭行业规范化和专业化管理,神东公司建立了集质量(工作质量、服务质量、管理质量)、安全、健康、环保等为一体的综合性管理体系,持续开展体系化和标准化建设,全面改善和提升生产经营管理水平,不断提高适应煤炭行业特色的人力资源管理能力,推进煤炭企业精益化管理,构建了内外部相结合的专业化服务体系,还开展了大型煤炭基地矿业组合服务模式与技术及其应用研究,形成了先进的煤炭行业全面管理技术。

8.1 综合管理体系

神东公司综合管理体系建立的主要依据是 GB/T 19001、GB/T 24001、NOSA 五星管理系统等,是在神东公司原"一体化"的基础上,借鉴 NOSA 五星管理系统、安全质量标准化的管理理念,有效引入安全质量标准化、NOSA 五星管理系统在现场管理中的工作内容等,建立的集质量(工作质量、服务质量、管理质量)、安全、健康、环保等为一体的综合性管理体系。

8.1.1 管理体系框架

1999 年,为了提升神东公司的管理水平,提高产品质量,打开市场,神东公司选择了体系认证,首先在 2000 年通过了 ISO 9000 质量管理体系认证,2001 年通过了 ISO 14001 环境管理体系和 OHSAS 18001 职业安全健康管理体系认证。由于三个体系在总体架构、条款结构和运行要求等方面具有相似性和兼容性,为了便于实施和运行,2002 年,神东公司对三个体系进行了科学整合,实现了一体化管理。为了进一步加强矿井的安全管理,建立了神东公司的安全长效机制,2003 年神东公司又引进了南非的 NOSA 五星管理系统。2005 年,神东公司一方面在各生产矿井和地面的主要辅助单位全面推行 NOSA 五星管理系统,一方面又提出对原有的一体化管理体系、NOSA 五星管理系统、煤炭行业的安全质量标准化考核标准进一步整合,建立了集质量(工作质量、服务质量、管理质量)、安全、健康、环保等为一体的神东公司安健环质综合性管理体系,也就是综合管理体系。综合管理体系在 2007 年之前,为神东公司的各项管理做出了一定贡献,尤其是为国家重大科研课题"煤矿本质安全管理体系"的提出和实施做出了不可替代的贡献。

2005 年底,国家立项完成了《煤矿本质安全管理建设实施指南》的起草工作,并分别在神东公司上湾煤矿和徐州权台煤矿开始试点。当年 8 月,国家煤矿安全监察局在神东公司上湾煤矿召开了全国煤矿本质安全管理体系扩大试点推进会议;9 月,神东公司在煤矿开始建立和实施煤矿本质安全管理体系。2011 年,由神华主导的行业标准《煤矿安全风险预控管理体系规范》(AQ/T 1093—2011)正式发布。2014 年神华集团又陆续发布了"企业安全风险预控管理体系"系列企业标准,并且发布实施了《子分公司安全风险预控管理体系审核指南(试行)》,该指南对各个子分公司的风险预控体系,也就是本质安全管理体系提出了更高的要求。但无论是综合管理体系还是本质安全管理体系,其理论基础、核心内涵、运行模式、全员参与和持续改进等特点是一致的,均以风险预控为核心,以"冰山理论"为理论基础,以 PDCA 闭环管理为运行模式的一种科学的、系统的、可持续改进的管理体系。

目前神东公司重新梳理了公司原有体系、所有主干流程、管理事项和管理制度、程序文件,已经搭建起以公司主体业务为主线的一体化综合管理体系开放式平台。该平台以符合质量、安全、环保以及本质安全管理体系为关注点,采用矩阵式方法构建了开放式架构平台,扩大了体系的包容性和适用性,使之与公司的实际运营实现无缝对接,为公司体系管理提供了基础依据。

8.1.2　管理体系文件

为使公司有序、高效运行,我们策划建立了文件化管理体系,文件系统包括管理手册、公司级管理制度和各部室、各单位内部使用的作业层次文件,这些文件在各层次之间是相互关联的,形成了层次明确清晰的体系文件。

各层次文件的主要内容及相互关系如下:

第一层次文件(管理手册):对内是公司管理体系的纲领性文件,对外是向顾客、社会和相关方展示公司质量保证、污染预防、事故预防、守法和持续改进的承诺。它阐明了公司管理体系的目的、范围,表述了管理体系各过程之间的相互作用。

第二层次文件:是管理手册的支持性文件,阐明控制管理体系过程的途径和方法,是公司级管理文件,主要为公司的管理制度。

第三层次文件:是第二层次管理文件的支持性文件,具体指导某项活动或过程,或某一活动或过程的某一细节的管理性或技术性文件,阐明做什么、谁来做、何时何地如何做、使用什么文件和设备、如何控制、如何记录等的详细要求,属部门或二级单位内部使用的管控文件。

8.2　标准化体系

现代企业管理离不开标准化,企业标准化在企业的生产、经营、管理等活动中具有十分重要的作用,是企业管理现代化的重要组成部分和技术基础。标准化是组织现代化、集约化生产的重要保证,是加快神东公司技术进步、加强科学管理的重要手段。

8.2.1　建立标准体系的原则方法

8.2.1.1　建立企业标准体系的原则

根据我国"十四五"煤炭工业标准化发展规划,以及国家煤炭标准体系总体规划的指导思想,在构建企业标准体系时遵循以下原则:

1. 系统协同原则

对于煤炭行业,任何一个单独的标准都难以发挥其效能,必须依靠标准的集成性,把若干相互关联、相互作用的标准综合集成为一个标准系统,以实现企业总的生产经营目标。因此神东公司标准体系应紧密结合煤炭行业特点,覆盖生产经营各个环节,标准之间要相互关联、协同配套,有序地组织成煤炭企业发展的技术依托。

2. 协调一致原则

标准体系应从系统的角度,使现有的国家标准和行业标准符合"各功能模块配合得当、各司其职,不存在交叉、重复、矛盾、不协调不配套"等现象,使标准层次分明。

3. 重点突出原则

神东公司标准体系表的组成完整和配套,基本覆盖企业生产经营全过程,其中重点突出煤炭生产和安全管理,突出国际、国内新技术、新工艺,以充分发挥标准体系的作用。

4. 科学实用原则

神东公司标准体系构建本着以企业实际相联系的原则,力求标准体系紧密结合神东企业生产经营实际,体现标准体系的实用性。

5. 动态拓展原则

在编制标准体系表和确定标准项目时,考虑了当前需要和发展水平,同时深刻洞察煤炭企业未来发展趋势,特别是智能化和信息化的发展。此外应该及时拓展标准体系表,使得标准紧密贴合生产实际和先进技术,并与技术的发展相适应,尤其是网络相关的技术。

8.2.1.2 建立神东公司企业标准体系的目标

(1)规范企业管理,推动企业科技进步,提升企业核心竞争力。

(2)推进企业标准化水平,指导企业标准制修订工作。

(3)创新煤炭企业标准化工作,引领煤炭行业标准化的发展。

8.2.2 标准化体系框架

以《企业标准体系 要求》(GB/T 15496—2017)等国家标准和神东公司发展战略为指导,按照国家相关法律法规、神东公司相关制度和规定的要求,构建了神东煤炭集团标准体系总体框架,如图 8-1 所示。

8.2.2.1 产品实现标准体系

神东煤炭集团标准体系中的产品实现标准体系是以煤炭产品为主,通过规范煤炭产品,实现全过程的标准按照其内在联系形成科学有机的整体。神东煤炭集团煤炭产品实现标准体系包括十个板块,分别是煤炭产品实现通用标准、产品标准子体系、煤矿地质与测量标准子体系、煤矿设计标准子体系、煤矿建设标准子体系、井工开采标准子体系、露天开采标准子体系、煤炭洗选标准子体系、资源综合利用标准子体系、营销及销售标准子体系。产品实现标准体系结构如图 8-2 所示。

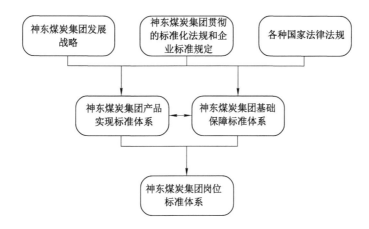

图 8-1　企业标准体系框架图

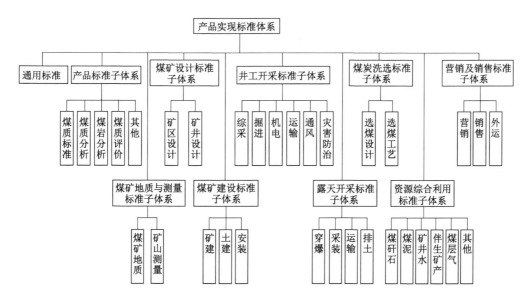

图 8-2　产品实现标准体系结构图

8.2.2.2　基础保障标准体系

神东煤炭集团企业标准体系中的基础保障标准体系是保障神东煤炭集团在煤炭生产经营和管理过程中的活动有序开展,以提高全要素生产率为目标的标准,是按其内在联系形成的科学有机整体。基础保障标准体系结构如图 8-3 所示。

8.2.2.3　岗位标准体系

神东煤炭集团标准体系中的岗位标准体系是企业为了促进产品实现标准体系和基础保障标准体系的有序展开,而进行以具体岗位划分的作业标准,并按照其内在联系形成科学的有机整体。按照岗位职责权限大小构建的岗位标准体系如图 8-4 所示。

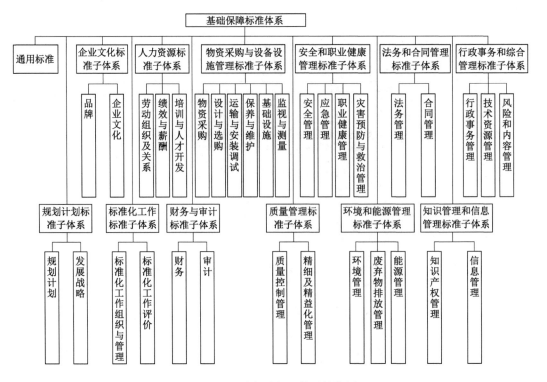

图 8-3   基础保障标准体系结构图

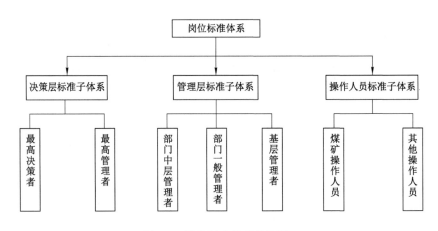

图 8-4   岗位标准体系结构图

8.3   生产经营管理

8.3.1   生产管理

8.3.1.1   生产接续计划管理

矿井生产接续是矿井生产、组织计划的重要组成部分,是矿井宏观管理生产安排不可或缺的重要参数。采掘接续计划的编制是一个庞大而复杂的系统工程,为实现日常计划编制及有效的信息传递,必须建立网上操作平台,该操作平台必须满足图形化接续计划编制、接续计划协同及长期接续计划研究等主要需求。

1. 图形化接续计划编制平台

该系统提供了图形化交互式平台,根据不同的地质资源可以创建综采、掘进、剥离等项目,并以甘特图方式直观显示采掘接续计划的安排情况。针对不同的地质构造,系统可以设置资源相应区段的日进尺或产量速率,自动产生项目计划,最大限度地保证计划的准确性和稳定性,自动把地测产量和进尺及时回填到接续计划中,系统会自动调整接续计划。图形化工具可以提供过滤显示功能,支持分矿、分井、分煤层、分队、按项目类型、按生产方式等各种过滤方式,便于从各个视角研究生产资源的配置情况。

2. 接续计划协同工作平台

该系统在各矿和神东公司之间构造了一个快速、便捷的接续计划协同平台,各矿计划根据正式计划或方案新建(变更)计划,变更完成后可以作为煤矿当前正在执行的计划,也可以提交给公司生产部计划员。公司生产部计划员审核各矿提报的计划后,可进行退回调整后再次提交或通过直接处理,可自动汇总各矿提报计划,统筹调整接续计划安排。汇总计划经过审核、平衡后,可以执行发布功能,以便煤质、地测、人力资源等部门和配套设备及时利用,发布的计划经批准后成为全公司的正式计划。

生产管理系统可以支持 3～5 a,甚至更长时间段接续计划的编制,预测将来生产对设备、人员的需求情况以及煤质煤源的变动情况。同时,该系统支持方案功能,可根据不同的假设条件编制不同的方案,并研究各个方案对设备、人员等的需求情况。

8.3.1.2　岗位标准化作业管理

神东公司作为煤矿岗位标准作业流程的先行者,在 2009 年就已开始探索煤矿岗位标准作业流程,并在 2010 年提出"标准化作业流程"理念,神东公司标准化作业流程发展历程如图 8-5 所示。在原神华集团开展煤矿岗位标准作业流程编制工作后,神东公司深度参与了流程研发、设计、编制、试运行、管控以及应用的全过程,并在长期的应用实践中形成了系统的流程建设思路,积累了丰富的应用经验,取得了一系列创新性成果,将"流程"理念深入贯彻到生产管理的各个层面,形成了以流程为核心,全方位融合互动的一流管控模式,提升了流程在煤炭行业应用发展的高度。

为贯彻落实新发展理念,推进煤炭行业供给侧结构性改革,提升矿井安全高效生产水平,实现煤矿岗位作业人员操作的规范化、标准化、流程化,原神华集团会同中国煤炭工业协会咨询中心创新融合流程管理理念,以国家及煤炭行业规程、规范、标准为依据,以信息化平台为支撑,共同开展了煤矿岗位标准作业流程(SOPCMP)的研究工作。2012 年,组织集团管理技术专家、内部技术骨干和外部行业技能专家历时 5 a,不断地进行推敲、打磨、增补和修订,2017 年推出新版煤矿岗位标准作业流程共计 2 819 项,其中井工类 1 577 项、露天类 737 项、洗选装车类 495 项、管理类 10 项。新版流程实现了流程与风险预控体系相互融合,员工通过自我规范作业行为从而避免风险,安全管理变被动为主动,实现了"要我安全"向"我要安全"的转变。同时,新版流程与现行煤炭行业相关法律法规进行了有效结合,进一步优化了流程作业步骤,细化了作业内容,使作业标准更加具体量化,危险源及风险提

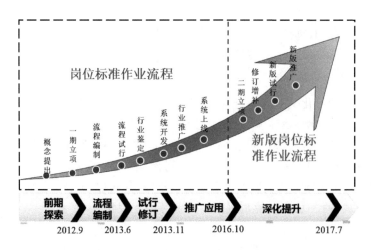

图 8-5　神东公司标准化作业流程发展历程

示更加全面。SOPCMP 的研究填补了煤炭行业岗位作业流程管理和应用空白,带动了行业创新驱动发展、技术提升、管理进步,为行业、企业发展做出了突出贡献。

目前使用的煤矿岗位标准作业流程管理系统为国家能源集团开发的系统,主要包括流程管理、流程宣传贯彻、流程执行、流程评价、用户主页、系统管理及移动应用等主要功能模块,围绕标准作业流程的"编、审、发、学、用、评"业务的闭环管理,支持各层级管理与应用。为了打通流程应用在"最后一公里的障碍",实现流程覆盖海量矿工,解决目前存在的信息化设备不足、传统信息传递方式局限、应用效率不高、流程需要及时下发和更新等难点,开发了移动流程和移动应用。移动应用对象包括管理人员和作业人员两类,不同用户对应不同移动功能,管理人员和作业人员是通过人员角色关联和角色人员管理来区分的。

神东公司把煤矿岗位标准作业流程与风险预控管理体系融合,将风险预控管理体系表单中的任务与流程相对应,精确找出某一作业流程涉及的风险;以工序对应流程步骤,进一步将风险缩小至作业流程中的某一步骤;将流程中作业内容、作业标准和安全提示与风险预控管理体系进行了有机融合,编制了岗位标准作业流程与风险预控管理体系融合手册。

1. SOPCMP 体系

SOPCMP 体系设计的合理性关系流程编制的目标能否实现,并决定流程持续的运行、优化和改进。SOPCMP 体系设计的过程应该层级清晰、衔接紧密,避免产生结构性缺陷。对 SOPCMP 体系的设计原则和关键因素分析后,应利用结构化思维,从目标出发,分析现状,使复杂、庞大的体系变得简单有序,经过系统化管理,形成稳定的体系架构。

SOPCMP 体系分为 4 个层级,分别是规划层、编制层、管控层和执行层。

(1)规划层是进行目标的确定,为行动指明方向。同时,还须进行体系组织的建立和流程对象主体的明确。

(2)编制层是流程的编制程序,包括流程框架的设计、作业事件及其间的逻辑关系、作业内容和作业标准等,体现了目标实现的核心过程。

(3)管控层是用集团内部制度设计和绩效考核等手段,实现流程运行的有效管控。

(4)执行层是流程具体在操作层面上的应用,是流程规划、编制和管控作用效果的具体体现。SOPCMP 体系框架如图 8-6 所示。

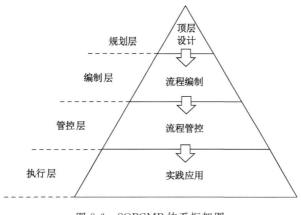

图 8-6　SOPCMP 体系框架图

2. SOPCMP 的作用

（1）规范作业习惯：可以使工作程序化、规范化、流程化，让所有员工学习、掌握、运用标准，并在作业中反复坚持训练，形成良好的习惯和规范的作业动作，实现精益生产，从而提高劳动生产率和生产效益。

（2）技能传授和安全培训：可以将企业积累下来的技术、经验记录在标准文件中，以免因技术人员的流动而使技术流失；使新入职员工经过短期培训，快速掌握较为先进合理的操作技术。

（3）控制和减少安全事故：按照标准作业流程进行设备操作检修，可以有效控制人的不安全行为和设备的不安全状态，从而避免安全事故的发生。

（4）风险管控和安全精益管理：推行标准作业流程是对煤矿风险预控管理体系的"落地"和"无缝对接"，同时与安全生产标准化共同形成"三位一体"煤矿生产安全精益管理模式。

3. SOPCMP 的效果

（1）员工不安全行为次数大为减少

神东公司推行流程以来，员工"上标准岗、干标准活、说标准话"的意识明显提高，操作更加规范，不安全行为次数显著下降。截至 2017 年 8 月，全公司不安全行为累计发生 17 526 起，与去年同期相比下降 2 809 起，降幅为 13.81%，流程推广后员工不安全行为统计情况如图 8-7 所示。

（2）设备故障次数明显降低

自流程应用以来，机电设备事故明显呈递减趋势，流程推广后设备故障次数统计情况如图 8-8 所示。2016 年上半年，全公司共发生机电设备故障 54 起，影响时间 437.3 h，2017年上半年与去年同期相比故障次数下降 24 起，下降 44.44%，影响时间减少 176.2 h。

（3）作业工序科学优化，单产单进生产效率提升

煤矿岗位标准作业流程对作业工序进行了优化，减少了生产作业中的不合理环节，有力促进了煤矿精益化管理，提高了生产管理水平。2017 年上半年，综采单产较计划提高

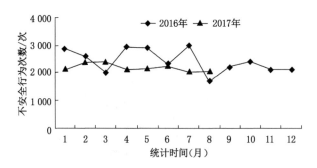

图 8-7　流程推广后员工不安全行为统计

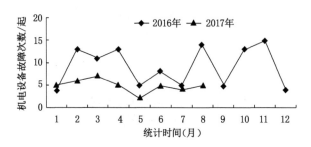

图 8-8　流程推广后设备故障次数统计

1%，单进水平较计划提高 3%，综采工作面单面同比提高 1.2%，掘进工作面单面同比提高 0.8%。

（4）人才培养周期缩短，岗位技能水平快速提升

煤矿岗位标准作业流程的推广应用改变了传统的"师带徒"模式，搭建了一个资源共享的学习平台，缩短了新员工掌握岗位知识的时间。以支架工培养为例，以前培养一名支架工需要 6 个月，现只需 3 个月即可独立上岗。自 2013 年推广以来，技能鉴定人员通过率明显提高。SOPCMP 的推广使各工种之间实现了技术共享，为培养"一岗多能"的复合型人才提供了有效的载体。

（5）现场管理水平明显提升

通过煤矿岗位作业流程，规范了员工现场作业内容，提出了明确的作业标准，有效消除了作业随意、杂乱无章、混乱无序等现象，显著改善了现场作业状况，提高了全公司矿井现场管理水平。以管线吊挂为例，流程推广前部分矿井液压支架管线随意放置，杂乱无章，煤壁电缆等随意吊挂，混乱无序，增加了现场安全作业风险；流程推广后，通过持续的培训和学习，明确了管线吊挂的具体内容、步骤和标准，管线统一捆扎、吊挂，整齐划一，显著提升了管线的吊挂水平。

8.3.1.3　地测管理

地测管理是煤矿生产最基础和最重要的工作之一，地质测量信息作为煤炭企业的基础性信息，是了解煤层赋存情况、指导煤炭企业生产、避免安全隐患、提供决策方案的重要前提。地测管理工作一般包括：地质及水文地质预测预报，跟踪观测生产中出现的特殊地质情况，原煤产量验收管理，煤厚探测管理，编制工作面采后总结，绘制采掘工程交换图，图纸

审核管理和数据管理等。

1．地测信息化管理

（1）地质数据库的建立和管理

在计算机信息管理系统中按照所测的结果,将勘探线数据管理、煤层数据管理、断层数据管理、钻孔数据管理等相关地质数据录入电脑,并对数据库进行相关综合柱状图的绘制,从而方便在后期查阅时能够更加直观地了解相应的地质情况。同时,利用地质数据库的信息,还可以查询煤矿的钻孔信息,实现对地面钻孔情况的把握和管理。

（2）水文数据库的建立和管理

水文数据库的建立和管理包括长观孔数据管理、水文孔数据管理、松调孔数据管理、地表水观测数据管理、水文相关断层管理、突水系数等值线管理、老窑区采空区管理和强含水层管理等。

（3）测量数据库的建立和管理

数据管理是测量管理模块的核心功能,用于导线、水准资料的计算、整理、存储和打印输出等,同时数据管理还提供了方向交会、后方交会、高斯正反算、坐标换带、胶带中线偏离计算等煤矿测量常用的辅助计算工具和便携的管理工具与安全工具。测量数据库的信息系统管理还可以实现对测量数据和信息的自动化筛选与调整,能够迅速找到需要的测量数据,并且可以和同类测量数据进行比较,选择最优的开采方案。

（4）灾害预警

分类建立与矿井地质测量相关灾害的实时数据库,动态跟踪相关灾害的实时数据与信息;实时实现矿井地质测量灾害数据或信息与相关灾害指标体系库、模型库、知识库及空间数据库的比较,根据相关图形库数据采用 GIS 空间分析方法确定矿井地质测量灾害的类别;实现矿井地质测量灾害防治与实时预警预报和决策分析,提交基于空间数据的灾害防治与分析处理的决策报告。

（5）系统 3D 应用

神东公司煤矿地质测量信息管理系统利用 3DGIS 技术进行三维空间分析,能够动态、自动构建包括逆断层在内的任意复杂程度层状地质体的矿山地质模型,与安全信息管理系统平台所形成的地质测量动态图形及数据实现无缝衔接,通过对开采过程的动态建模,可实现三维建模、三维剖切等功能。

2．健全地测管理措施

（1）加强年度、月度的地质及水文地质预测预报和编报工作。

（2）编报专项地质说明书:对生产中出现的特殊地质情况(如断层、冲刷、涌水等),要追踪观测并编报专项地质说明书。

（3）加强原煤产量验收管理。

（4）加强煤厚探测工作的管理:每条巷道施工过程中由施工单位进行顶底板残留煤厚探测,同时要求各施工单位技术人员对顶底煤厚度保留原始记录,各矿地测站及时收集原始记录并整理素描、编录绘制巷道写实图,巷道掘完后绘制巷道素描图。

（5）编制工作面采后总结:内容包括煤层厚度及底板等高线、地质构造实际揭露情况与原预测情况对比分析、储量变化情况、损失煤量及煤量损失原因、回采率计算、测量总结、其他开采技术条件的变化、影响安全生产的主要因素等,同时要定期对总结资料进行归档及时修改。

(6) 提交各矿的采掘工程交换图:内容必须全面符合当时的实际情况,对本月发现的断层、冲刷带等地质构造,必须在交换图中进行绘制;采掘工程平面图每半年进行一次全面修改完善。

(7) 加强图纸审核管理。

3. 完善地测管理制度

(1) 行政管理制度:包括地测中心机构管理制度、驻矿地测站管理制度、档案管理制度、测绘成果管理制度等。

(2) 防治水管理制度:包括地表防治水管理制度、井下防治水管理制度、特殊情况下防治水管理制度、地面塌陷坑管理制度等。

(3) 地测中心岗位责任制:包括地质勘探岗位责任制、矿井地质和矿井水文岗位责任制、资源储量管理岗位责任制、测量岗位责任制等及地测中心机构设置。

(4) 矿山测量规程实施细则:结合自身实际,编制矿山测量规程实施细则。

8.3.1.4 生产调度管理

生产调度管理是保证安全生产运行的中枢和指挥中心,负责生产、洗选、装车、安全、煤质、检修、后勤整个生产系统的综合平衡和综合调度。调度工作需随时掌握安全生产情况,及时反映和解决生产中的矛盾和薄弱环节,使整个生产过程均衡、有序地进行。生产调度管理借助信息自动化技术、高效的调度指挥管理模式和完善的管理制度来实现,从而有效组织和协调各项工作,全面、均衡地完成各项生产任务。

1. 广泛应用信息自动化技术

神东公司自行研发了煤矿井下信息化网络控制技术,在国内外首次实现了煤矿运输、通风、供排水、供电、洗选及外运装车各生产环节的自动化控制;全公司各矿井、洗选厂、装车站全部建成具有国际先进水平的综合自动化系统;矿井除井下移动设备以外,采、掘、机、运、通各系统全面实现了远程控制、监测、维护和故障诊断,全部生产过程及设备控制均可以在地面调度室完成。神东公司总调度室可以完全掌握企业所属 15 个生产矿井及生产辅助单位的安全生产外运情况。通过信息化应用,实现矿井上下固定岗位无人值守,全员工效提高了 22%。神东公司生产调度管理信息化、自动化极大地提升了企业运营的时效性,大幅度提高了管理效率和管理质量,增强了企业应对变化的能力和市场竞争能力。

2. 高度集中统一的调度指挥管理

生产调度指挥的主要目的就是把生产经营活动的各个要素和各个环节尽可能地从空间和时间上有机地组织起来,发挥最大的作用。神东公司生产指挥系统如图 8-9 所示。通过实行高度集中的调度指挥管理,建立合理的调度指挥管理组织体系,在生产经营活动中可以及时有效地处理各种问题,推进对日常煤炭生产外运活动进行全面综合组织调度,使各项外运环节按计划、步调一致地协同进行,及时掌握关键节点、主要环节、特殊情况、故障险情等情况的动态变化,跟踪到底,确保稳定有序。生产调度集中统一管理更有利于神东公司均衡地生产组织。神东公司生产调度纵向需要向神华的运输、销售和集团生产指挥中心沟通,确保相互之间协调配合的衔接;横向需要对各生产矿井、生产辅助单位调度室加强内部配合、协调,统一指挥各基层调度室从事煤炭生产活动,满足企业整体调度的需要。

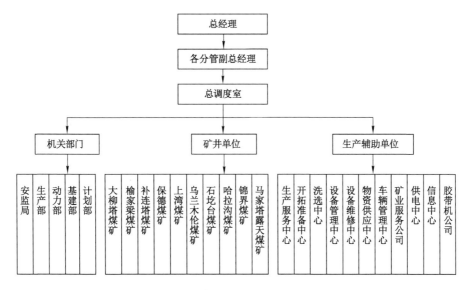

图 8-9　神东公司生产指挥系统

3. 完善生产调度管理制度

矿井按照国家相关法律法规、政策文件和标准规范等要求,结合矿井实际,建立健全生产调度管理制度,并加强监督检查,确保各项制度落到实处。生产调度管理建立的制度主要包括《调度人员交接班制度》《调度值班制度》《逐级汇报制度》《调度会议制度》《内业资料管理制度》《调度人员岗位责任制》《停产检修审批制度》《事故追查制度》《停送电、停送水制度》《保密制度》等。

8.3.2　经营管理

先进的煤炭企业在经营管理的实践和探索中,要形成以全面预算管理、成本管理、全员绩效管理以及财务集中管控为核心的经营管理体系,逐步完善管理制度,落实管理措施,通过精益化管理及对标管理等先进管理办法,最终实现经营管理的精细化,降低经营管理成本,提升企业的经营效益,为增强企业的综合竞争力奠定基础。

8.3.2.1　全面预算管理

全面预算管理利用系统科学的方法进行一套完整的预算,可以使反馈的信息更真实,便于管理层做出正确的决策,全面预算管理系统模型如图 8-10 所示。通过全过程(预算指标制定与分解、预算编制、预算执行监控、预算调整、预算分析、预算考核与激励,达到事前目标制定、事中过程监控、事后绩效评价)、全方位(预算管控指标多元化,覆盖公司经营各个领域)和全员参与(各层级员工分别承担相应的预算管理职责)的全面预算体系,可以实现企业管理精细化、资源配置合理化、发展战略具体化、经营风险最小化、公司价值最大化的目的。年度预算编制按照"上下结合、分级编制、逐级汇总、统一协调"的程序进行,加强预算编制、预算执行控制、预算分析、预算调整与追加,以及预算评价与考核,确保全面预算管理顺利进行。

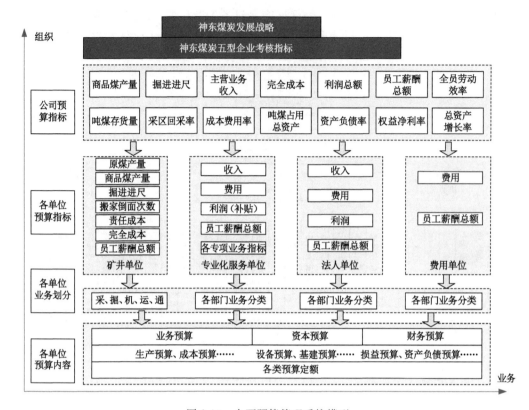

图 8-10　全面预算管理系统模型

1. 全面预算编制

神东公司不同组织根据自身业务内容和特点进行预算编制。具体表现为将每个组织的不同业务抽象为若干个作业,并辅以作业定额开展业务预算编制。对于人工、费用、资本、财务预算,按照统一的方式进行编制。预算编制主要具备以下三个方面突出特点。

(1) 内容全面,重点突出。神东公司全面预算编制内容共包括指标预算、经营预算、资本预算和财务预算四部分。指标预算是指根据企业的发展战略和管控指标,不同单位选取不同的预算指标;经营预算主要包括主营业务收入预算、生产预算、主营业务成本预算、营业费用预算、期间费用预算、人工费用预算、营业外收支预算、税金预算和其他业务利润预算;资本预算主要包括固定资产投资预算、权益性资本投资预算、债券投资预算及转让债券收回本息所引起的现金流入预算。财务预算主要包括损益预算、资产负债预算、现金流量(资金)预算、筹集预算及财务费用预算等。

(2) 定额优化,业务细分。神东公司 71 家下属单位在全面预算管理系统预算编制工作中设置了材料、矿务工程、费用等 146 项定额,建立了矿井、专业化服务单位等 16 套预算体系。以矿井单位为例,区分了掘进、综采等 11 个业务环节及重点预算内容,改变了以往以历史成本为基础进行讨价还价的预算编制方式,使得预算更加准确,强化了预算的指导意义。

(3) 多维数据编制,决策支持有力。改变以往的单一预算体制,建立多维预算体系,充分体现了组织、管理、业务、成本费用等关键要素,打破传统二维预算思路。在全面预算管理系统中,建立了组织、版本等 13 个维度。如通过组织结构和作业环节的区分与对应,从全面预算系统中可以直接得到区队直接成本、工作面直接成本、各类材料消耗成本等信息供不同层级管理者进行查阅。多维度预算体系的建立,使得预算内容更加丰富,分析角度更加全面,成本管理更加精细,为日常管控和决策提供更有力的支持。

2. 全面预算控制

全面预算控制主要以成本费用控制为主,根据成本费用各科目的特点,不同的科目将由不同的管理系统进行控制,并分阶段实施。作为企业管控体系的重要组成部分,全面预算控制和其他管控模块共同构建了科学有效的管控体系。

(1)神东公司全面预算控制的方式主要包括事前控制、事中控制和事后控制三种。在预算控制实际操作中,改变了所有经济业务或事项进行事后反映、监督、分析的现状,实现以事前控制和事中控制为主、事后控制为辅的模式。通过将控制系统中发生的事项直接转换成财务凭证导入核算系统中,扣除预算金额,保证了核算和报销同步进行。同时在控制系统中设置报警系统,一旦达到或即将达到预算额度时,黄灯闪烁,提示预算所剩余额不多;超过预算额度时,红灯报警,申请单据将无法向下个环节流转。各级管理者可随时查看预算的花费情况。对于预算外事项,单独设置预算外审批流程进行处理。

(2)通过建立成本费用分级控制体系,将成本费用项目分为刚性控制和弹性控制两类。刚性控制项目严格执行预算定额和费率标准,禁止超出当期预算;弹性控制项目经规定程序审批后,可以在弹性范围内超出当期预算。

3. 全面预算分析

全面预算分析立足于预算编制内容,根据集团内不同组织的发展战略、管理重点和业务特点,预算分析系统分别为各级组织定制设计相应的预算分析内容及相应指标,并能以合适的图形和表单直观展示预算完成情况;同时,根据重点找出本项目的影响因素,对成本变化动因进行因素分析和数据钻取,找寻最直接的影响因素。

成本变化动因分析依托于成本精益化分析平台。成本精益化分析平台提供了一个数据集中采集和展现的平台,可以有效促进财务数据与业务数据的整合,并永久性地存储数据,避免人为修改和丢失。成本精益化分析平台建立了集团、矿井、区队三级组织的成本分析模型。神东公司的生产方式为集团对矿井单位进行管控,矿井单位对本矿的各生产区队进行管控;每个管理层面需要关注和解决的问题各不相同,基于此构建了符合集团层面、矿井层面、区队层面不同需求的成本分析模型(图 8-11)。

成本分析模型中既包括集团层面整体 KPI 分析、生产分析、财务分析,又包括矿井区队层面的业务分析,既有横向同类组织的对标分析,又有纵向不同期间的对比分析。同时,成本精益化分析平台梳理了成本分析指标体系。通过成本驱动因素分析法,过滤出各作业环节关键成本指标,再对其进行深入对比分析,发现生产过程中存在的不足与差距,为设计解决方案提供依据,最终帮助管理层甄别出生产管理流程可改善的空间。

4. 全面预算调整与追加

全面预算制定下达后,若出现追加或缩减生产任务、业务经营模式和经营范围发生重大调整、国家相关政策发生重大变化和生产条件发生重大变化等情况时,可对预算进行调整。

如果预算调整方案不影响公司下达的年度预算指标,经集团预算管理委员会及总经理

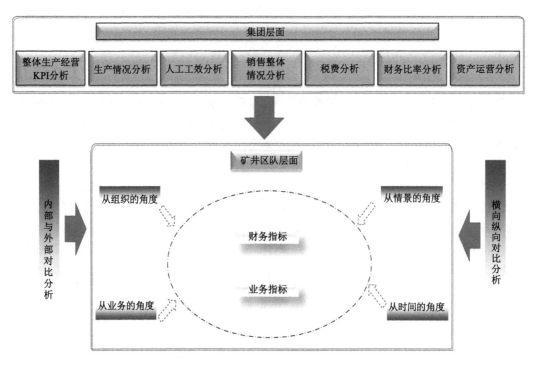

图 8-11　成本分析模型

办公会批准;对于不影响集团预算目标的各公司内部预算的调整,应经本公司预算管理委员会批准,并报集团预算部门备案。如果预算调整方案影响公司下达的年度预算指标,须由集团向总公司提出调整预算申请和调整方案,阐述预算执行的具体情况、客观因素变化情况及其对预算执行造成的影响程度,提出成本预算指标的调整幅度,报由股份预算管理委员会批准。

集团及各子、分公司预算调整时应由预算管理委员会组织召开预算会议,研究讨论调整的原因、单位、部门、时间、项目和额度。预算调整后,应形成书面文件,并编制新的调整后预算表,注明调整时间和具体执行时间,并编写调整说明。

5.全面预算评价与考核

全面预算评价与考核实行"逐级分析、逐级考核、层层落实"的办法。全面预算评价与考核由集团企管部牵头,组织考核委员会成员按月对各单位预算执行情况进行考核,贯彻落实公司资产经营责任制。年度经营考核由企业管理策划部向总经理报告年度预算执行情况和各单位年度考核情况,形成考核报告,组织奖罚兑现。

各单位按月根据神东公司企管部下达的考核结果通知书以及本单位预算执行情况,对本单位各责任部门及区队进行考核,预算指标完成情况与责任部门、区队的工资挂钩;各区队按照与所属班组的承包指标按月对下属班组进行考核兑现。

8.3.2.2 成本管理

由于煤炭企业产品质量差异不大,很难依靠质量的差异化获取企业的竞争优势。因此,如何在保证产品质量的前提下,以低成本战略实现企业产品竞争的提升,已成为煤炭行业成本管理的首要问题。为实现有效的成本管理目标,通过四级成本管理体系,把煤炭公司、矿井、区队、班组四级核算体系作为成本管理和控制的载体,着重在定额管理和班组核算方面进行加强,实现对企业经营成本的有力管控。

1. 定额管理

定额管理是煤炭企业制定成本预算和控制成本费用发生的重要依据。通过有效的定额管理可以达到降低成本、提高效益的目的,是有效组织资源和供应生产需要的依据。为实施有效的定额管理,建立了多维动态消耗定额体系。首先将作业划分为综采作业、掘进作业、机电作业、运煤作业、辅运作业、通风作业等作业类别;然后确定分类作业主要消耗的材料及动因;最后确定定额的表现形式,选择制定方法。

定额管理是一个系统,包括计划、制定、实施、考核和优化五个步骤,定额管理步骤如图 8-12 所示。

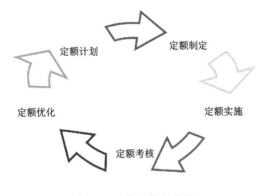

图 8-12 定额管理步骤

(1)计划阶段:制定及修订定额标准的目录。配合企业的总目标和核心计划,建立定额制修订计划,明确各部门之间的权责。

(2)制定阶段:这一阶段整个定额管理的核心阶段,主要任务是按照预订计划展开全面的定额计算工作。

(3)实施阶段:把计算得到的定额指标逐级下放给各个生产部门,按照这一指标进行领料、生产。

(4)考核阶段:记录有关的差异,将发现的差异及时进行信息反馈,并将日常发生的差异汇总起来进行分析研究,找出差异发生的原因和责任的归属,实施考核和奖惩。

(5)优化阶段:若出现特殊情况,原定额不适用,提出进一步改进的措施,将原成本限额加以修正。

神东公司最终形成了一套包括基础生产、专业服务、人力、费用在内的 146 项定额标准体系,这些定额数据确保了成本管理的准确性,是各单位的费用计算基础。

2. 班组核算

班组核算管理控制系统是以班组为核算单位,以材料消耗为起点,包括班组、区队、矿井、公司四级成本核算体系。通过每天对生产成本进行核算,与计划对比,班与班之间对比,与本班组曾经达到的先进指标对比,以利于班组、区队、矿(公司)管理人员加强对成本的日常监控,及时掌握成本信息,发现存在的差距和安全问题并采取对策。

该系统包括八大功能模块,下设矿级、区队级和班组级三级管理功能。系统维护模块包括项目编码维护、单位编码维护、用户权限管理、报表管理等功能;数据录入模块包括班组基础数据、区队基础数据、计划考核指标等数据的录入;系统基础设置模块包括物料多种属性的设置与修改、四级组织成本分解指标设置、四级组织维护等功能;数据查询模块包括职工信息查询、材料入库查询、材料出库查询、材料库存查询、互检表考核查询、材料核减查询、材料互调查询、领料单查询等内容;报表处理模块包括班组成本产量(进尺)、区队成本利润、设备修理费用报表的输出及实际成本与指标的对比、历史情况比较等内容。

3. 四级责任成本管理

通过四级责任成本管理,分公司、生产矿井、区队、班组逐层逐级签订资产经营责任书,最终分解落实到个人,并逐级进行考核兑现,具体措施包括:

(1)编制责任成本预算,确定责任指标范围。责任成本预算在签订经营责任书之前,根据公司规定确认各项责任成本。责任成本预算实行逐级确认制度,环环相扣,每一级都对上一级分配的责任成本负责到底。

(2)实行全员全过程管理,努力降低成本。成本管理是全员全过程的管理,每一个责任单位在签订责任成本预算后,横向到边、纵向到底分解落实到各个班组和个人。对于人工费,严格控制工日数,从根本上杜绝出工不出力的现象。同时严格考勤制度,加大管理力度,避免虚报出勤人员而虚增人工费;对于材料成本,从价格和数量两个方面严格进行管理和控制;对于设备使用费,根据生产工作需要,科学、合理地选用设备,充分发挥设备的效能,提高现场设备的利用率,降低设备使用成本,并定期对设备进行维护与保养,提高设备的完好率;对于其他非生产性支出,加强内部控制各项措施,实行领导负责制、部门负责制等措施和办法,最大限度地节约非生产性费用开支。

(3)严格责任成本考核兑现。每月对落实到各个责任中心的经济指标进行考核,并严格兑现。通过成本考核,做到有奖有罚,有效调动了每一个员工完成目标的积极性和主动性。

8.3.2.3　财务集中管控模式

财务管理是有关资金获得和有效使用的管理工作,在企业经营中起着驾驭、组织和配置资源的作用。在发展经济建设、促进国民经济发展的社会中,财务管理的好坏直接影响企业的经济效益。尤其是煤炭企业,其投资大、周期长、产品深加工不够的特点,使得加强财务管理更加重要。神东公司克服行业特性和作业场所分散的困难,形成"4U2C1E"财务集中管理模式。4U即核算业务、税费管理、预算体制和财务制度四统一。从核算和管理层面,实现了全公司核算体系的统一。2C即资金集中管理和财务人员集中管理。集中管理模式充分发挥了资金集中的优势,优化了人力资源配置,实现了专业化管理。1E即会计信息系统建设,实现数字财务管理,为财务人员由核算型向管理型过渡奠定了基础。

1. 4U 模式

4U 模式包括统一核算业务、统一税费管理、统一预算管理、统一财务制度。

(1)统一核算业务

① 商品煤核算统一管理。将过去按商品煤和原煤两种对象核算统一为以商品煤进行

核算,把顺序结转分步法改变为平行结转分步法。

② 专项资金统一管理。对专项资金实行分散提取、统一上交、集中使用的办法,由公司下达计划、实行招投标、统一组织实施和验工计价,统一进行结算。

③ 基建项目资金统一管理。所以基建项目资金统一由公司核算和管理。

④ 物资统一管理和核算。公司物资管理实行统一采购、统一配送、统一仓储、统一核算。

⑤ 会计基础资料统一管理。会计基础资料采用统一会计凭证格式、统一凭证封面及装订方式、统一账簿格式、统一会计报表、统一会计档案、统一内部收据、统一报销单格式。

⑥ 会计科目和报表体系统一管理。公司根据集团财务会计制度的要求,对现有会计科目及账簿进行修订,形成了公司范围内统一的会计科目和账簿体系。

⑦ 业务核算流程统一管理。为了规范会计核算行为,公司编制了《会计核算业务标准》,涵盖了公司的全部业务,主要包括生产业务、基建业务和国际准则部分。

⑧ 票据集中统一管理。公司财务部及核算中心设专职税费核算人员集中管理全公司各类票据。

(2) 统一税费管理

神东公司地跨三个省区,其面临着复杂的纳税环境。自 1998 年神府和东胜两公司合并后,公司主动将三地主管领导邀请到一起集中协商,拟定分税方案:根据单位所在地不同,在销售环节,陕西从内蒙古分税,在生产环节,内蒙古从陕西分税,增值税以应纳税总额除以总的商品煤量作为分税单价,然后再分别乘以各个省区的产量,最后分别入库。所得税同样按此办法进行分税。相应涉及的资源税等与产量挂钩的税种以及与销售收入挂钩的税种,都由财务部统一计算、缴纳。统一纳税避免了多头纳税造成的纳税混乱和风险。

(3) 统一预算管理

神东公司的预算组织、编制、执行和考核都按统一的模式和规则进行。公司设有预算管理委员会,负责拟定预算的目标、政策,制定预算管理的具体措施和方法,批准年度预算,组织预算的分解、下达和执行情况的检查与考核。预算委员会主任由总经理担任,委员会由企业管理策划部、生产技术部、人力资源部、基建部、动力部、财务部等相关部门负责人构成。各基层单位是主要的预算执行单位,在公司预算管理部门的指导下,负责本单位各项预算指标的编制、控制、分析和考核。公司预算下达后,经层层分解,从横向和纵向落实到各部门、区队、班组和岗位。全公司从上至下,形成了全方位的预算执行责任体系。

(4) 统一财务制度

公司财务部和核算中心从财务业务制度篇、基建业务制度篇、财务常用指标篇、人力资源管理篇、生产机电制度篇、综合业务制度篇、适用会计制度篇七个方面汇编和整合了公司会计核算和财务管理方面的制度、文件。由公司财务部组织编写的《材料消耗定额标准手册》每年根据矿井生产及地质条件的变化,组织定额编写组人员在现场写实的基础上修订完善,编印后下发到各单位及部门,作为材料成本预算、考核和核算的依据。公司财务部和核算中心修订了《财务人员岗位分工与职责》,明确和细化了每个岗位的工作职责;制订了《神东煤炭公司财务管理创水平工作标准和评分标准》,从原始凭证、核算程序、账簿报表、资金管理、往来账项、资产管理、税费核算、预算管理、成本管理、档案管理、制度建设、财经纪律等 12 个方面对财务会计工作进行了规范。公司统一制定的《神东煤炭分公司会计核算业务标准》列明了公司生产、基建业务的会计核算过程及各种经济业务财务处理时附的原始凭证,明确了分公司所属各单位统一的会计政策及具体账务处理办法。

2. 2C 模式

2C 即资金集中管理和财务人员集中管理。

(1)资金集中管理

公司对各项资金以内部银行为载体,以收支两条线的方式集中管理,各单位提取或应上缴的各项资金,每月终由财务部通过委托收款通知单收缴并存入财务部在内部银行开设的账户;分公司下拨的资金,由内部银行从财务部开设的账户中以委托付款的方式划入各单位在内部银行开设的账户,经费单位的经费补贴以内部转账支票的方式按月均衡支付。为保证各单位之间及时结算,减少内部往来,并真实地反映各单位的经营成本,公司实行了资金集中结算制度。公司所有单位的财务或业务经办人员必须到核算中心指定的地点进行集中划转。

(2)财务人员集中管理

2004 年以来,公司撤销了原神东煤炭公司财务结算中心,成立了神东煤炭分公司核算中心,所有二级单位的财务人员全部归核算中心管理,即财务人员的人事档案归核算中心管理,工资由核算中心发放,办公、交通及日常费用由核算中心承担。核算中心下设成本办、费用办和综合办三个职能部门。成本办负责公司 10 个生产矿井和洗选加工中心等 5 个生产辅助单位的核算与管理工作;费用办负责物资供应中心等 3 个生产辅助单位及地面其他费用单位的会计核算与管理工作;综合办负责各单位会计核算工作的监督、检查、考核及中心的党、政、工、团等日常事务的管理工作。在核算机构的设置及人员的管理上采取派驻制和集中核算制两种形式,派驻单位有 18 个,其余单位实行集中统一核算管理。财务人员集中管理解决了原有财务机构臃肿的问题,强化了会计监督,提高了工作效率。

3. 1E 模式

1E 即会计信息系统建设。目前,神东公司的会计信息系统包含财务账务、会计报表、网上资金结算、信息网站、FTP 文件传输、即时消息、班组核算、材料定额八大模块。将来在 IT 战略规划中还要增加预算管理与控制、财务报表分析等模块,并与公司已建立起的各个系统进行整合,充分利用信息平台提高工作效率,逐步实现财务人员由核算型向管理型的过渡。

8.4　人力资源管理

人力资源的开发和利用起着举足轻重的作用,通过实行企业人力资源战略的制定、员工的招募与选拔、培训与开发、绩效管理、薪酬管理等一系列人力资源政策以及开展相应的管理活动,最终实现对企业发展目标的战略性支撑。

8.4.1　班组建设管理

班组建设管理是神东公司管理创新的优秀成果之一。神东公司的班组建设历经实践打磨,积累了丰富的经验,将这些经验和做法理论化、系统化,对进一步提升管理、指导实践具有重要的意义。

从班组担任的角色功能来看,神东公司提出了班组建设四段论。神东公司认为,班组建设可划分为工具化、机械化、人格化和智慧化四个阶段:

(1)工具化阶段:前班组建设阶段。这个阶段,班组是一种相对松散的组织,缺乏向心力和凝聚力,管理机制欠缺,靠经济手段、强制手段或者班组长个人能力组织生产。超高的劳动强度、恶劣的劳动环境、枯燥的劳动程序,决定了人只能像工具一样发挥有限的作用,而班组的作用则为成员作用的简单叠加。企业内部能量的传递是一种漫反射,损失较多,影响较小。

(2)机械化阶段:班组建设起步阶段。此时班组成为一个系统组织,出现了相对完善的管理制度。大多采用任务管理或者"任务管理＋领导魅力"的管理模式。员工处于被动管理状态,班组建设的成效取决于班组长或更高领导者,优秀班组的出现属于偶然性情况。企业内部能量的传递呈现条线式或区块式,影响程度有所增强。

(3)人格化阶段:班组建设发展阶段。进入这一阶段,班组成为一个有机组织,随着员工的人性特征和情感需求逐步得到重视,班组也呈现出人格化的特质。管理多数采用"目标管理＋活力激发"的方式,人性化管理充分加强,文化管理被引入,信息化手段被广泛应用。员工的活力被激发,班组建设从被动管理向主动管理转变,成为一个有文化、会思考的生命体,企业内部能量的传递呈现场式特征,影响力全面而深刻。

(4)智慧化阶段:班组建设高级阶段。这一阶段是班组未来的发展方向,目前仍处于构想阶段。随着通信技术、人工智能的发展,如何利用技术升级突破人的极限,使班组创造更大的价值,是一个值得思考的问题。届时,班组可能会成为一个智慧体或者超级战斗单元,人的潜能被充分激发,更专注于思考和创新,价值被充分实现,班组真正成为乐业福田。

神东公司下辖1 000多个班组,如何将公司先进的理念、方法和工具有效传递给基层,确保基层工作不跑偏,并保持基层的活力,"赋能场"模式给出了完美的答案。神东公司对基层班组的管理,不是单一的直线管理,靠行政命令推动,而是构建"赋能场",以场力激发班组内生活力。班组在"赋能场"中就像粒子在电磁加速器中,磁场力引导粒子始终沿轨道运动,电场力激发粒子不断加速,而"赋能场"通过外驱力(顶层设计)使班组建设始终处于正确的轨道,通过内驱力(机制)的辐射和影响对基层班组进行激发,班组在无形的场力作用下,慢慢达到同频振动,基层活力不断被激发,使得优秀班组的批量涌现成为可能。

采用"赋能场"模式以来,神东公司班组建设实现了五个方面的转变:

(1)工作态度方面:基层单位由被动应付检查向主动开展工作转变。

(2)基层活力方面:员工对班组建设的认识由漠不关心向积极参与转变。

(3)考核评价方面:考核内容由侧重业务资料向侧重生产现场转变,考核标准由定性向定量转变,考核性质由不透明向透明化转变,考核周期由定期考核向实时考核转变。

(4)管理措施方面:公司班组建设管理由单一、分散逐渐向系统化、体系化转变。

(5)管理技术方面:公司班组建设管理由纸面化逐步向信息化转变。

8.4.2 用工管理

1. 以建立劳动定员标准体系为基础,严控劳动用工总量

基于公司发展战略,坚持"按需设岗,人岗匹配"原则,建立行业领先的定额定员标准,构建劳动定员标准体系,实现公司主要业务和全部岗位的劳动定额定员标准全覆盖。充分发挥劳动定员标准体系在用工计划、人员招聘、队伍配置等方面的作用。一是加强现场写实工作,收集日常工作量统计数据,确保劳动定员标准的科学性和准确性;二是组织基层单位研究岗位工序和工艺流程,优化定员标准;三是加强定员标准的实际应用,审核基层单位上报的工作量、工作参数,执行统一的定员标准,计算各单位定员总量,结合集团下达的用工总量控制指标,下达各单位用工计划,指导用工总体调剂和配置工作;四是通过推广信息化、自动化项目和一专多能、扩大岗位巡视范围等措施,精简用工需求,降低了运营成本。通过近几年劳动定员标准的不断优化,编制定员标准 2 285 项、差异系数 331 条,减少劳动用工需求 3 032 人,同时为劳动用工供给计划、减员增效、人员优化配置提供了科学依据。

2. 充分利用现有人才招聘和引进渠道,不断优化员工结构

以劳动定员为依据,以校园招聘为重点,通过各种招聘渠道引进不同层次人才,形成人才梯队,为企业发展提供人力资源保障。建立校企联合培养机制,加大煤炭相关专业大学生招聘数量。依托高校的专业基础理论,结合企业生产实际编写专用教材,有针对性地培养符合智能化矿山发展要求的大学生。在以招聘大学生为重点的同时,针对部分井下操作岗位和专业技术岗位,面向社会和集团内部招聘部分岗位熟练工和高技能人才。探索矿山智能化、智慧化等领域高端人才直聘和引进的渠道与方法。

3. 建立劳动用工内部市场化机制,实现劳动用工"能进能出"

建立公开、透明的内部人力资源调剂机制,通过组织调配、队伍划转、内部专业化服务等方式,全面实施内部劳动力余缺调剂,盘活人力资源,实现人岗匹配,缓解用工结构性矛盾。全面推行内部公开竞聘,及时补充短缺岗位,实现由个人申请调动到内部公开竞聘的转变。建立优胜劣汰的用工管理机制,明确员工不胜任岗位标准,畅通劳动用工出口。加强离岗人员管理,下发了《神东煤炭集团离岗人员管理办法》,规范了员工离岗类型,明确了离岗人员的管理机构和职责,优化了离岗流程,规范了劳动合同文本及合同期满续签条款,明确了解除退出的具体情形。妥善安置岗位富余人员,完善相关制度,明确转岗安置、内部退养、协议解除劳动合同等具体情形,特别是顺应信息化和智能化建设要求,对于需要转岗的富余人员妥善分流安置到其他适合的岗位,加强转岗培训。加强员工日常管理,对违法违规、严重违反企业规章制度和违章操作造成安全事故等情形的员工,采取待岗培训、调整岗位等措施,情节特别严重的予以辞退。

8.4.3 培训管理

先进的煤炭矿井培训管理通过建立以四级培训体系为核心的培训与开发工作模式,结合实操培训和矿井干部培训课程体系,分别对专业技术人员和领导干部进行培训,达到提升其工作能力和基本素质的目的。神东公司员工培训流程如图 8-13 所示。

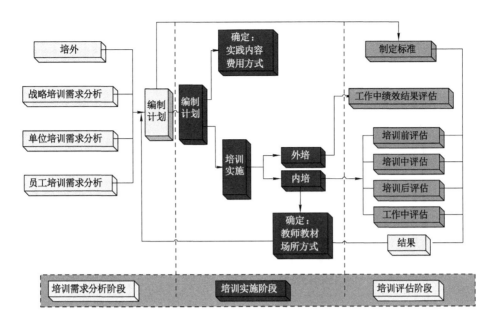

图 8-13　神东公司员工培训流程

8.4.3.1　四级培训体系

企业高度重视自主培训体系的建立,从加强"管理、技能、安全"三项培训入手,形成包括培训教材、课程、课件、师资、教学管理、考务等六个方面的四级(公司级、矿处级、区队级、班组级)网络培训体系。同时积极对标国内外一流矿业集团,分批次组织员工到国内外一流矿业集团学习;与高等院校合作,开展"3+1"等订单式人才培养。有效提升队伍整体的素质,为矿井实现科学、安全发展提供强有力的人力资源保障。四级培训体系的内容及流程如图 8-14 所示。

通过四级培训体系的建立,完善了培训积分制措施,进一步做实做细培训工作,夯实安全生产基础;通过科学、系统的培训能够促进企业安全形势的稳定;将员工培训与绩效、晋升、薪酬等挂钩,能够提高员工参与培训的积极性和主动性,增强组织竞争力及持续发展力。

8.4.3.2　实操培训室

为了全面提升员工技能,神东公司组建了教育培训中心,由集团公司主要领导抓教育培训工作,实现教育培训工作计划统一编制、工作统筹安排、经费统一管理、资源高度共享的专业化管理,建立"中心—矿厂—区队"分级实施、三级联动的实操培训工作体系。

1. 统筹规划,实施实训工作专业化管理

按照统一建设、统筹安排、资源共享的原则,建设功能完备的实训基地;完善专业化管理的制度保障体系,实现将设备优势、专业化管理优势转化为实操培训质量优势;建立"实操—考核—激励"一体化、工作业绩与技能鉴定相结合、能力与贡献相结合的技能人才动态管理和考核评价机制,激发广大员工立足本职,苦练技能,岗位成才;建设资源共享的实训师资队伍,抓好实操培训工作,保障培训质量,最终实现专业化管理。

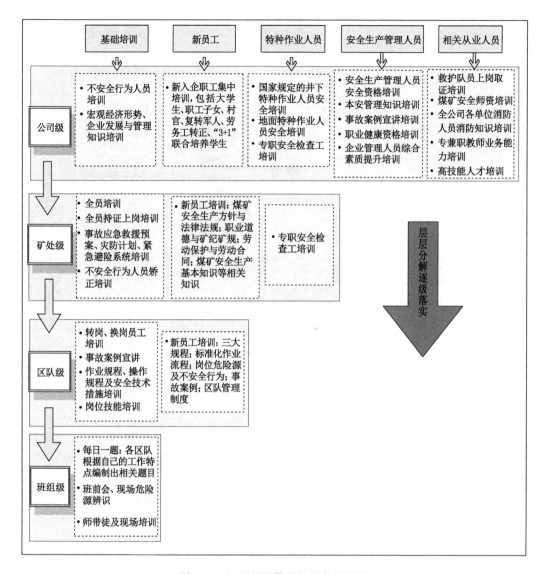

图 8-14　四级培训体系的内容及流程

2. 突出重点,推行"三步曲"技能操作人员培训模式

结合企业员工安全技能和实训资源实际,探索建立了理论培训—基本功训练—现场实训"三步曲"技能操作人员培训模式,实现实训环节紧密衔接,促进员工安全操作技能稳步提升。

抓好理论教学,坚持理论教学与岗位知识、知识拓展与实用够用、通用教材与自编讲义紧密结合;突出基本功训练,注重强化岗位操作、标准化操作两个关键环节,确保训练过程"只有规定动作,没有自选动作";强化现场实操培训,采取"任务下达、委托培训、分类指导"的形式,有针对性地安排学员到实训基地开展现场实操培训。

3. 多措并举,搭建技能人才发展平台

企业将实操培训与实际生产有机结合,立足岗位实际,选树标杆、创新模式、多措并举,为技能人才搭建广阔的发展平台。

建立技能人才工作室,充分发挥高技能人才的标杆引领作用;强化师带徒实训,强力推行"徒弟看着师傅做,师傅指导徒弟做,师傅徒弟一起做"的"师徒平行作业法",签订师徒帮教协议,明确师徒帮教的目标、责任和考核方法;创新实训载体,加快技能人才培养;依据"贴近生产、贴近安全、贴近效益"的原则,开展岗位练兵和技术比武,选拔"岗位新星""技术能手""工种状元""金蓝领",真正做到以练促学、以比促学、全员参与、人人过关。

8.4.3.3　矿井干部培训课程体系设计

为了持续提高组织学习能力,提高培训体系与员工发展、组织发展结合的紧密度,在既有的培训体系基础上,提高培训课程与学习者能力要求的匹配、加强培训内容与现实工作的结合、促进培训成果在实际运用中的转化等方面有较大的改进和提高,建立了一套行之有效的人才培训系统。

神东公司针对班组长、区队长、处矿长三个管理层级的管理者的管理素养和管理技能,设计了一套"进阶型培训课程体系",以期提高培训的针对性、持续性、系统性,并与现有的专业技能培训体系及安全生产培训体系有机结合,为员工发展及企业文化落地、企业战略执行提供有效支撑。矿井干部培训课程体系如图 8-15 所示。

图 8-15　矿井干部培训课程体系

（1）岗位分析:通过岗位分析确定关键岗位序列。

（2）能力建模:对关键岗位序列所要求的胜任素质进行分析,建立各类胜任素质模型（图 8-16）。

图 8-16　胜任素质模型

（3）课程形成:对胜任力素质模型进行聚类分析,形成课程和课程等级,如表 8-1 所示。

表 8-1 课程设计

项目对象	能力重点	对应课程内容（实际内容需要对素质模型进行分析，以下内容仅供参考）
班组长	自我管理 人员管理 工作管理	50%通用内容；50%定制开发内容。 自我管理类课程：如时间管理（第二部分）、团队意识与合作等内容； 人员管理类课程：如何当好班组长、团队管理与合作现场管理、情境领导等内容； 工作管理类课程：流程管理、成本与费用管理、精益生产等内容
科队级	自我管理 人员管理 绩效管理	40%通用内容；60%定制开发内容。 自我管理类课程：如高效人士7个习惯、问题分析与解决等内容； 人员管理类课程：高绩效团队建设、情境领导Ⅱ、授权与激励等内容； 绩效管理类课程：目标与绩效管理、项目管理、全面质量管理等内容
矿处级	自我管理 人员管理 战略管理	30%通用内容；70%定制开发内容。 自我管理类课程：压力与情绪管理、危机管理与媒体应对等内容； 人员管理类课程：管理哲学与领导艺术、有效教练与辅导下属等内容； 任务管理类课程：卓越组织绩效、企业战略与执行、卓越运营沙盘模拟等内容

（4）体系建立：通过培训课程的实施，对培训体系进行完善，逐步形成标准课程体系。

培训使企业管理者的管理技能整体提升而带来整个企业效益的改观与提升，并影响员工的忠诚度和思维能力及行动力。卓有成效的培训体系对企业效益将产生巨大的影响，根据调查显示，一家世界500强企业的培训投入产出比为1∶30，即投资1元钱回报是30元，因此，矿井干部培训课程体系项目，将对企业的整体业绩提升产生较大影响。

8.4.4 劳动定额管理

劳动定额管理是对企业劳动定额工作的计划、组织、指挥、控制和协调等活动，是企业管理的重要组成部分。抓好劳动定额的每一个环节，是保证发挥劳动定额的企业管理基础作用和提高劳动生产率的重要途径。

8.4.4.1 神东公司劳动定额管理发展历程

神东公司从2007年开始开展劳动定额管理工作，通过十多年的探索与积累，逐步形成了覆盖所有操作岗位的劳动定额标准体系。特别是从2017年以来，公司逐步深入推进全面定额量化管理改革，其间公司主要领导提出要把神东公司劳动定额管理打造成国家能源集团乃至中国煤炭行业的一个标杆示范。基于这一目标，组织人事部牵头组织相关单位和部门完善组织机构，制订时间表和路线图，按照先采掘、后辅助、再其他的总体规划，对原有劳动定额标准体系进行修订完善，不断优化系统矿井劳动定额标准，同时积极拓展设备维修、机械加工制造、洗选、检测、后勤服务、物资仓储等业务劳动定额制定，有条不紊地推进劳动定额体系不断完善，截至2021年12月底累计形成公司层面58 455项、单位层面32 401项、区队（厂站）层面88 785项。神东公司劳动定额修订历程如图8-17所示。

8.4.4.2 神东公司劳动定额管理现状

1. 劳动定额覆盖深度、广度逐年扩展

劳动定额覆盖面即劳动定额覆盖率、实施范围。近年根据公司管理的需要，为了满足公司

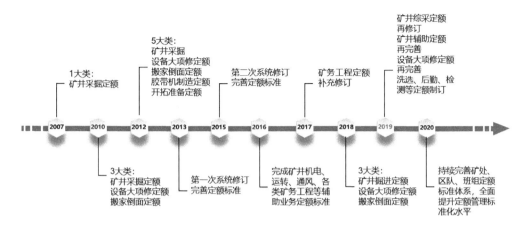

图 8-17　神东公司劳动定额修订历程

对矿井各层级按劳分配和科学组织生产的需要,劳动定额管理工作也进行了有计划的改进,逐步扩大了矿井劳动定额的覆盖面,矿井回采、掘进、生产辅助、生产准备、搬家倒面、矿务工程、机电安装工程、钻探工程等业务都已完成劳动定额的制定,实行劳动定额管理。从公司到矿井持续做实做细劳动定额标准体系(图 8-18),涵盖生产过程、现场管理的各个方面,同时根据矿井新技术、新工艺、新设备对劳动定额产生的影响,以及智能化、信息化、自动化带来的生产效率变化,及时调整完善劳动定额标准。考虑不同的场景和生产条件,各项工作均有对应的定额标准来反映,不断补充完善,形成定额管理数据库,通过近年矿井定额管理逐步形成了全员效率的观念和意识,形成效率管理、减少和杜绝时间浪费的文化。

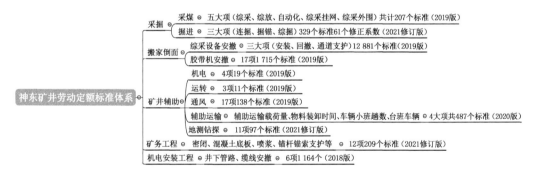

图 8-18　神东公司矿井劳动定额标准体系

2. 劳动定额水平不断提升

劳动定额水平是指对员工完成规定工作应该消耗劳动量要求的高低与松紧程度。神东公司矿井劳动定额标准的修订严格按照定期修订原则,各矿井通过优化工时利用、生产技术创新、工艺改进、装备升级、技能提高,定额水平持续上升,混凝土底板施工作业标准由 2016 年的 4.5 m³/工提升到 6.4 m³/工,提升了 42%,掘进定额标准 2020 年与 2019 年相比,同比提升了 23%。在保证安全、质量的前提下,既充分考虑提高劳动生产率的各种积极可靠因素,又从实际出发,保证了定额水平的科学、先进、合理性,确保定额管理与生产效率提升的同步性,进而促进定额标准的水平以及作业效率不断提升。

3. 定额标准化管理水平稳步提高

2020年公司组织人事部编写并下发《神东煤炭集团劳动定额标准化管理指导手册》,不断优化完善劳动定额标准,持续完善劳动定额基础、方法和管理的标准化体系,指导矿井单位做好劳动定额日常管理工作,实现劳动定额标准化管理。矿井层面、区队层面均已按照劳动定额管理标准化工作手册要求完成了劳动定额标准手册的编制,定额标准制定、修订、贯彻执行、统计分析等环节逐步趋于科学规范。神东公司"三化"融合劳动定额标准体系设计如图8-19所示。

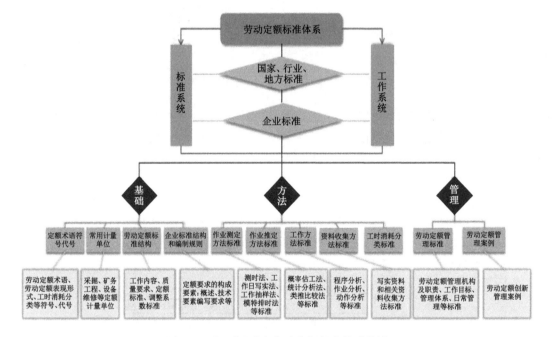

图8-19 "三化"融合劳动定额标准体系设计

4. 劳动定额信息化手段不断丰富

为了进一步提高劳动定额管理水平,增强定额管理的科学性、精准性及透明程度,2017年以来,公司依托魔方网表软件,建设了矿井劳动定额管理系统,主要实现矿井定额标准管理、综采定额测算、掘进计划测算、矿务工程定额测算、搬家倒面测算等定额管理功能,将矿井单位工作量梳理、单价制定、业务量结算等纳入其中。通过使用劳动定额管理系统,不仅公司层面劳动定额应用功能实现了集中管理,为后续矿井定额管理大数据分析奠定基础,并且通过设置不同角色和权限,矿井单位可以便捷地查询到各业务定额执行情况,实现了从公司到矿井的有效联动、统一执行,增强定额管理的科学性、精准性及透明程度,极大地提升了矿井管理和运营效率。

5. 劳动定额管理队伍不断壮大

近三年来公司采用"走出去、请进来、自己讲"相结合的劳动定额培训方式,进一步加强劳动定额队伍建设的工作要求,同专业机构进行沟通协调,邀请国内专家到公司进行劳动定额管理培训(8 期,共 1 159 人次);选派矿井分管领导、经营办主任和区队业务骨干参加劳动定额取证培训,现拥有定额管理高级师资质 10 人、定额管理中级师资质 149 人,逐步树立了人人都是定额管理者的思想理念,为扎实开展劳动定额管理工作打下了坚实基础。

8.4.4.3　神东公司劳动定额应用

以"两利四率"指标为导向,"全员劳动生产率"指标为核心,不断提高劳动生产总值,重点提升人均产出率、全员工效水平。神东公司各矿井持续深入推进劳动定额在多层次、多领域的应用,不断完善各项配套工作的激励办法和政策,确保完成公司考核指标。

(1)为公司、矿井、区队生产作业计划编制、考核指标下达提供数据支持。生产管理部门根据现场地质条件测算并下达当月定额计划(月度作业计划),根据定额单价和实际产量、进尺计算采掘区队工资总额和超产、单进奖励。

(2)为公司、矿井、区队劳动效率提升提供数据支持,为减员增效提供依据。如公司对矿井的工效考核中设置综采饱和度和万吨工时率指标考核,促使各矿井不断提高综采队直接生产效率和全员劳动效率。

(3)为公司和矿井生产接续、设备配套、队伍配置提供数据支持。积极与各业务部门协调,拓展劳动定额在生产接续计划、生产计划下达、设备配套、队伍配置、定编定员、工效提升、工资结算分配等多方面的应用。

(4)有效运用现代工业工程学,以运筹学和系统工程作为理论基础,以计算机信息化建设为手段,进一步提升劳动定额管理水平,进而推动企业的精益化管理和高质量发展。

8.4.5　绩效管理

神东公司建立了科学全面的员工绩效管理评价体系,持续激发个体活力,不断提升员工工作能力及综合素质,改善员工绩效水平,完善择优汰劣和激励约束机制,以保障公司发展战略和年度经营目标的有效落实。

8.4.5.1　基本原则

(1)坚持总体设计、统筹兼顾。按照全面定额量化管理改革的总体要求,统筹谋划"双量化"员工绩效管理的实施路径和制度体系。既聚焦短期业绩考评,又着眼长期人才培养;既关注关键业绩指标的量化管理,又关注能力和态度的评价识别;既关注绩效压力的层层分解下达,又兼顾与战略目标的高度一致;既关注物质激励的重要杠杆作用,又关注非物质激励的潜在作用和无形影响力。

(2)坚持目标导向、正向激励。以目标管理和科学管理为主要思想,权重指标的设置体现少而精,重点关注具有重大影响的关键驱动因素。日常考评以正向激励为主,灵活使用非权重指标,明确重大负面影响因素,辅以重点扣罚相约束,合理体现激励与约束相互兼顾、互为补充。

(3)坚持分层分类、明确责任。建立分层分类的考核关系,压实压细各级管理者主体责任,完成对所属员工绩效管理的具体实施、沟通辅导、改进提升等工作。各级员工有共同参与、积极配合的义务和责任,同时保有正当申诉的权利。

(4)坚持程序规范、公开透明。抓紧建立科学规范的管理制度,健全绩效目标制定、绩效监控、绩效评价、结果应用等管理流程,完善业绩绩效与能力态度绩效指标框架体系,保证绩效指标科学完备,绩效考核程序规范,绩效管理方法合理,绩效考评结果可信,结果运用富有成效。

(5)坚持面向未来、突出重点。绩效管理的关键在于沟通、反馈、辅导,不但要复盘过去,及时总结经验,发现不足,更重要的在于面向未来,明目标、补短板、强弱项、提措施,构建事前、事中、事后绩效管理的闭环。坚持问题导向,聚焦关键影响要素,实现有效驱动。

8.4.5.2 "双量化"分层分类考核体系

员工绩效管理按照岗位实行分层分类管理,中层管理岗位(助理级及以上人员)根据《神东煤炭集团所属单位(部门)领导班子和领导人员综合考核评价办法》《神东煤炭集团任期经营业绩考核管理办法》等组织实施;一般员工以岗位类型区分考核对象,以岗位职责提炼关键业绩指标,建立起承接组织绩效的"双量化"员工业绩衡量标准。操作岗位,以工作任务完成情况及工作能力和态度为考评框架,同时侧重技能水平、安全意识、服务意识的考核。非操作岗位,以关键业绩指标及工作能力和态度为考评框架,在实际操作中以岗位职责为基准,增加激励指标和负面清单进行综合考评。

8.4.5.3 绩效管理闭环

建立包括绩效计划、监督与辅导、考核评价、反馈与沟通四个环节的闭环管理。

(1)绩效计划:以目标管理为导向,根据绩效管理指标体系,将企业和部门绩效目标进行分解,结合岗位职责,形成员工日常的关键业务活动和工作计划。绩效计划应做到具体明确、量化可控、切实可行并具有时限性。直接主管与员工应共同参与绩效计划的制订,商定考核期内的工作目标、任务及考核标准,在绩效期望方面达成共识。绩效计划尽可能通过约定或签订《绩效合约》的形式进行明确。

(2)绩效监督与辅导:直接主管必须全程追踪绩效计划进展情况,及时纠正员工行为与工作目标之间可能出现的偏离,寻找绩效问题与原因,探求提高绩效的方法,并对员工进行必要的辅导,促进绩效计划的实现。

(3)绩效考核评价:按照绩效计划确定的工作任务与目标、评价标准,从数量、质量、效率、效果等方面对工作业绩进行评价。按照员工对应的工作能力和工作态度考核指标及考核周期,进行工作行为考核。

(4)反馈与沟通:从绩效计划的订立、执行、评价的整个过程,直接主管都要注重与员工的沟通。绩效评价完成后,直接主管必须同被考核者进行面谈,并将考核结果反馈给被考核者。绩效沟通和反馈的目的在于肯定成绩、指出问题、交流意见,共同分析期望与结果之间存在差异的原因,提出相应的改进措施。

8.4.5.4 考核结果应用及积分制管理

规范考核等次,充分发挥考核"指挥棒"作用,推动绩效考核结果的运用机制。考核结果直接与收入挂钩,并拓展应用到干部选拔任用、激励奖惩、待岗培训、岗位调整等方面。建立年度考核结果积分制管理及员工绩效档案管理。

8.4.6　薪酬管理

薪酬管理首先根据岗位评价结果制定薪酬策略,设计薪酬结构、薪酬水平和薪酬等级,然后建立以业绩为导向、以岗位价值为基础的薪酬体系,全面提升薪酬内部公平性,为企业经营目标的实现提供有力的人力保证。

8.4.6.1　薪酬优化设计

神东公司在对多家企业实施案例考察的基础上,经反复沟通、研讨,规划出了岗位评价及薪酬优化设计路线图,主要包括四个模块、六大转变。

四个模块包含的主要内容如下:

(1)组织结构优化与职位体系梳理。要求在企业现有组织结构及职位体系的基础上,有针对性地进行梳理,发现目前组织结构及职位体系存在的问题,提出高质量的诊断报告,进而提出可行的、全面的优化方案;有针对性地开展工作分析,对现有职位体系存在的问题或职责不清晰的岗位进行梳理、规范,形成清晰有效的职位体系。在此基础上,组织完成职位说明书汇编。

(2)岗位价值评估。分操作类与非操作类岗位,选择适合企业自身的岗位价值评估工具,从多纬度提炼恰当的职位评价因素,由岗位评价专家小组按照岗位评价流程对各类岗位进行打分,并做数据分析,根据评价结果出具岗位价值评估报告。

神东公司岗位评价体系最终形成评价工具表如表 8-2 和表 8-3 所示。

表 8-2　非操作类评价要素与分值

岗位评估非操作类要素	影响责任因素	350	65	风险控制责任	岗位评估非操作类要素	行动自由度因素	150	50	工作压力
			45	经营损失责任				30	脑体辛苦程度
			65	决策的层次				35	创新与开拓
			55	领导管理责任					
			15	内部协调责任				20	工作紧张程度
			15	外部协调责任					
			20	工作责任范围				15	受监督程度
			40	组织人事责任					
			30	法律责任		沟通因素	70	70	沟通难度
	知识技能因素	300	30	最匹配学历要求					
			40	知识多样性					
			45	胜任工作时间		工作环境因素	130	80	职业病
			40	工作复杂性					
			25	工作灵活性					
			15	语言文字应用能力				50	劳动场所
			50	专业技术知识技能					
			55	管理知识技能					

表 8-3　操作类评价要素与分值

岗位评估操作类要素	劳动技能因素	320	100	技术知识	岗位评估操作类要素	劳动强度因素	160	25	工作班制
			85	操作复杂程度				40	体力劳动强度
			70	产品质量要求				25	工时利用率
			65	处理和预防事故复杂程度				50	脑力消耗和精神紧张程度
	劳动环境因素	230	15	劳动场所				20	劳保负重
			30	粉尘		劳动责任因素	240	45	产品质量责任
			20	噪声				20	设备看管责任
			10	振动				80	安全责任
			10	照明				45	管理责任
			15	高温				35	生产责任
			15	淋水、积水				15	物料消耗责任
			35	化学有毒有害物质影响程度		人心流向因素	50	50	人心流向
			35	伤害可能性					
			30	自然灾害可能性					
			15	工作地技术装备					

（3）任职资格体系设计。在完成组织结构优化及职位体系梳理的基础上,完成企业任职资格体系构建,其中包括:一般任职资格条件和胜任能力素质模型构建。在岗位分析的基础上,根据不同业务性质,横向分类、纵向分层划分职位序列,形成符合企业实际的职系、职群、职位序列、职位子序列、职级、职等,最终形成公司清晰完整的职位关系图。同时,明确岗位所需的关键知识、技能、综合能力等一般性任职资格要求标准,并构建管理岗位、技术岗位和关键技能操作岗位胜任能力素质模型,为下一步实现薪酬人岗匹配和员工职业发展奠定坚实基础。

（4）薪酬体系优化设计与实施。在完成组织结构优化的基础上,根据岗位评价结果,制定薪酬策略,重新设计薪酬结构、薪酬水平和薪酬等级,并依据目前薪酬体系完成套改,从而完成薪酬体系优化设计与实施,最终建立以业绩为导向、以岗位价值为基础的薪酬体系,全面提升薪酬内部公平性,为企业经营目标实现提供有力的人力保证。

（5）全面推行定额量化管理。以劳动定额标准、业绩衡量标准和岗位价值标准三大体系为基础,聚焦效率提升,构建一个突出价值能力和贡献的全面定额量化管理体系,作为精准付薪依据。按照"先试点、后推广,先矿井、后辅助"的方式,建立了从公司到矿处、区队、班组、岗位的"五层四级"劳动定额标准体系,形成八个类别,包含 719 项业务、24.22 万项的定额标准,覆盖矿井采掘、生产准备、搬家倒面、设备大项修、机械加工制造、后勤服务等全部业务,结合岗位评价标准,形成了"横向到边、纵向到底"的劳动价格体系,为每项工作"明码标价",切实解决了干多干少、干好干坏一个样的问题。

（6）分配机制构建。坚持效益效率导向,构建按照岗位价值、业绩和贡献的分配体系。坚持"三个三倾斜"的分配政策,即坚持向贡献大、效益好、效率高的内部单位倾斜,坚持向生产一线、向苦脏累险、向关键核心人才倾斜,坚持向价值高、绩效优、技能高的岗位倾斜。从而最大限度地保证收入分配的内部公平性和科学合理性,不断提高关键核心岗位的薪酬竞争力,推动形成合理有序分配格局。

六大转变如图 8-20 所示,包括:单位评价向岗位＋单位评价的转变;人头核算向总额管理精细化的转变;定员包干向强化工效挂钩的转变;凭经验分配向精细化分配的转变;单通道、熬年限晋薪向多通道全面调薪的转变;粗线条、按比率的薪酬增长向重塑价值导向的转变。

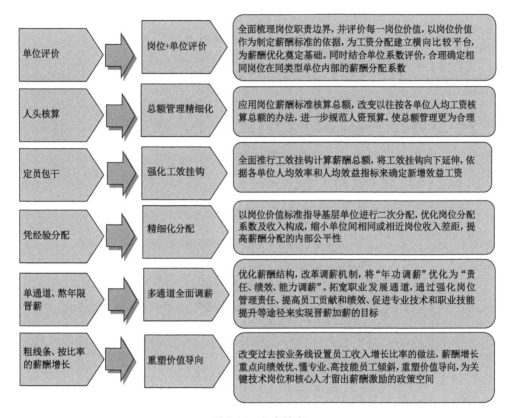

图 8-20　六大转变

通过四个模型、六大转变,建立以业绩为导向、以岗位价值为基础、体现个人能力差异的薪酬分配体系,系统地解决分配机制问题,从而增强员工收入分配的内部公平性。同时全面梳理和规范公司职位职级体系,完善任职资格标准,提高岗位管理精细化水平,为推进员工绩效管理工作,进一步提升公司人力资源管理水平,推动公司战略目标的实现提供有力的保障。

8.4.6.2　3P 薪酬体系

3P 薪酬体系建立在薪酬优化设计的基础上,通过薪酬优化设计形成以岗位(position)、个人知识和技能(person)以及绩效贡献(performance)为三个维度的 3P 薪酬模型,如图 8-21 和图 8-22 所示,有利于激励公司员工承担更大责任(岗位),进一步提升能力(知识技能),创造更优绩效;形成以工效联动为基础的工资总额管控机制,增强了基层单位减人增效的内在动力,促使基层单位由增人增产的粗放型管理向内部挖潜的管理技术创新转变,进一步保持和提升精干高效的优势。

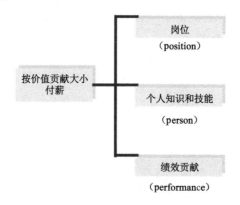

图 8-21 "3P"薪酬体系

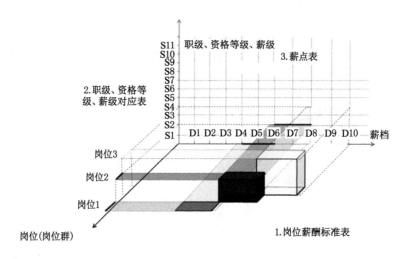

图 8-22 3P薪酬三维模型

通过岗位薪酬政策线的设定,计算确定当期各岗位计划薪酬标准。按照各付薪要素的相互关系,公司形成了员工管理职级、技术职务、技能等级等有机结合的薪级体系。通过岗位评价和员工职业通道的有机结合为员工确定考核期岗位薪酬计划标准,经过公司开展"一领三创"企业绩效考核和员工绩效考核相融合的手段,反映员工应兑现的薪酬水平,实现异岗异薪、岗薪匹配,实现有效调薪晋薪,实现各付薪要素在岗位定薪、职业发展、绩效考核等多方面的有效应用。

8.5 精益化管理

精益生产源于丰田生产方式,是通过系统结构、人员组织、运行方式和市场供求等方面的变革,使生产系统能很快适应用户需求不断变化,并能使生产过程中一切无用、多余的东西被精简,最终达到包括市场供销在内的生产各方面最好结果的一种生产管理方式。与传统的大生产方式不同,其特色是"多品种、小批量"。精益生产方式的优越性不仅体现在生产制造系统,同样也体现在产品开发、协作配套、营销网络以及经营管理等各个方面,它是当前工业界最佳的一种生产组织体系和方式。

2010 年 10 月,国际知名管理咨询公司麦肯锡对神东公司上湾煤矿进行诊断,设备综合利用率只有 56%,国际标杆企业的设备综合利用率为 66%,设备综合利用率低,综合效率有待进一步提高;神东矿区随着开采向深部区延伸,地质条件日趋复杂,加之煤炭市场持续低迷,煤炭价格持续下滑,成本压力增大,提高煤炭生产效率、降低运营成本、加速生产方式由粗放型生产管理方式向精益化管理转变,是神东公司实现可持续发展的必然选择。

神东公司作为我国煤炭行业的龙头,贯彻"五大发展理念",做精"四化五型",做优清洁低碳,做强世界领先的发展战略,在大力开展"找抓促"和"管理提升"活动的同时,一直在积极探索和实践精益化管理模式,弥补管理短板、夯实管理基础,提升企业核心竞争力,建设世界一流煤炭企业。

8.5.1 精益化管理的实施思路

神东公司率先在上湾煤矿试行推行精益生产,在取得良好效果之后,经过对试点单位的经验总结,建立了神东煤炭生产精益化体系后,于 2013 年开始在神东公司 46 个单位推行精益化管理,取得了较好效果。

按照神东公司的精益化管理模式和架构,从精益管理"持续消灭浪费,不断创造价值"的思想出发,以"提高生产效率"为目标,以业务"刚性"和管理"柔性"为主线,进行现状诊断,查找不足,确定关键业务指标,制定切实可行的改善措施,全员参与,全面推行,不断总结分析,完善精益化管理体系,不断提升神东公司精益化管理水平。

8.5.2 现状诊断

从生产组织、设备运营、成本管控、科技创新、文化建设等 9 个方面进行诊断,诊断出矿井运营效率较低、队伍素质有待提高、管理体系精益性不足和生产过程存在七大浪费,煤炭生产中的七大浪费如图 8-23 所示,即等待浪费、检修浪费、生产过程浪费、不良品浪费、生产组织浪费、人力资源浪费和运营效率浪费。

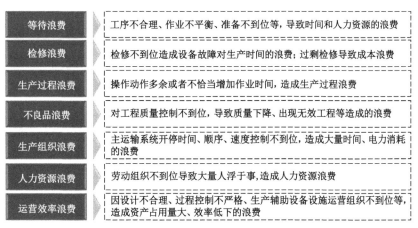

等待浪费	工序不合理、作业不平衡、准备不到位等,导致时间和人力资源的浪费
检修浪费	检修不到位造成设备故障对生产时间的浪费;过剩检修导致成本浪费
生产过程浪费	操作动作多余或者不恰当增加作业时间,造成生产过程浪费
不良品浪费	对工程质量控制不到位,导致质量下降、出现无效工程等造成的浪费
生产组织浪费	主运输系统开停时间、顺序、速度控制不到位,造成大量时间、电力消耗的浪费
人力资源浪费	劳动组织不到位导致大量人浮于事,造成人力资源浪费
运营效率浪费	因设计不合理、过程控制不严格、生产辅助设备设施运营组织不到位等,造成资产占用量大、效率低下的浪费

图 8-23 煤炭生产中的七大浪费

通过诊断分析,按照时间利用模型,精益中的时间利用模型如图 8-24 所示,在保证安全的前提条件下,提高煤炭生产效率,须不断提高煤矿的单产单进水平。决定综采工作面单产水平和掘进工作面单进水平的关键因素是综连采系统的综合利用效率,决定系统的综合利用效率的要素是综连设备的综合利用率。最终确定提高煤矿生产效率的指标为综连采主要设备的 OEE(设备综合效率)。

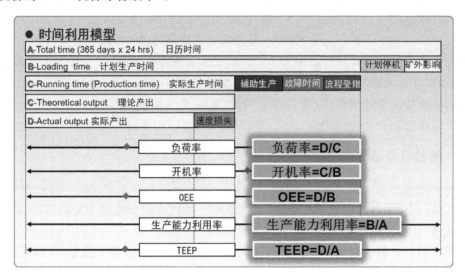

图 8-24　精益中的时间利用模型

图 8-25 中:综合运营效率(TEEP)=生产能力利用率×开机率×负荷率;OEE=开机率×负荷率;开机率=实际运行时间/计划生产时间负荷率=实际产出/理论产出。

8.5.3　生产效率提升

8.5.3.1　综采效率提升

综采效率提升(图 8-25)的途径包括延长计划生产时间、提高开机率、提高负荷率等。

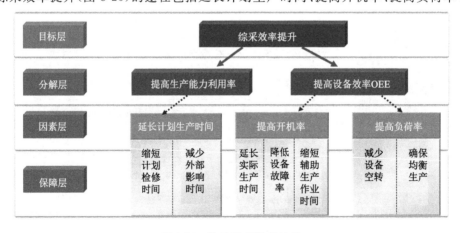

图 8-25　综采效率提升过程

1. 延长计划生产时间

(1) 实施"3＋X"柔性检修组织,缩短计划检修时间,延长计划生产时间。综采设备每天按照 3 h 检修安排,主运按照 2.5 h 检修安排,以 3 d 为一个小周期,每个小周期内安排一次 5 h 检修;每 10 d 为一个大周期,每个大周期内安排一次 7 h 检修;每个月根据情况安排一次 12～16 h 的预防性检修,月增加计划生产时间约 14 h。

(2) 优化并行检修作业流程,缩短计划检修时间,延长计划生产时间。采用"ECRS"工业工程分析法,优化标准检修流程,特别是对停机检修流程进行了取消、合并、重排、简化。

2. 提高开机率

(1) 组织好生产过程中的每一个环节,增加实际生产时间。通过采取生产作业"四到位"法,对比标杆作业,缩短作业时间;通过优化停机作业内容,缩短生产过程停机时间;控制好工程质量,保证正规循环作业。

(2) 实施全员生产维护(TPM)管理,降低设备故障率,增加实际生产时间。TPM 管理核心是"全员参与,预防为主",达到设备"零故障,零灾害,零损失"目的;管理重点是强化标准化点检作业体系,并不断完善设备预防性维修体系。

3. 提高负荷率

(1) 优化主运输系统"开、停"顺序,缩短空转待机时间。以上湾矿为例,通过优化每天可以增加 18 min 的运转时间,减少 27 min 的空转时间,增加了有效作业时间,相当于每天节约 0.5 h 的停机时间。这样算下来,全公司可多生产 1.5 万 t 左右的煤炭,全年多生产 500 万 t 煤,同时可节约电费 1 500 万元。

(2) 合理控制煤机速度,提高产能。重点是根据主运输系统能力、转载机、破碎机和刮板输送机的能力,结合地质条件,合理确定采煤机的割煤速度,做到生产过程参数标准化。

8.5.3.2 连采效率提升

连采效率提升途径主要包括:通过缩短计划检修时间,减少外部影响时间,提高生产能力利用率;通过减少非设备停机,降低设备故障率和科学支护,提高开机率;通过合理确定循环进度、合理确定联巷距离、采取软底割煤法和实施连采定额管理,提高掘进效率,进而提高掘进效率。连采效率提升过程如图 8-26 所示。

1. 提高能力利用率

实施"3＋X"柔性检修,优化并行检修作业流程,缩短计划检修时间,延长计划生产时间,有效消除了"过维修、欠维修"的浪费,与精益化之前相比,此检修方式每月可节约 32 h,相当于一个月多掘 80 m 进尺,一个连采队全年可多掘进 1 000 m 巷道。

2. 提高开机率

降低设备故障率,缩短设备故障处理时间,延长实际生产时间;建立设备 24 h 点检作业机制,使设备始终处于受控状态;建立设备故障分析模式,有针对性地制订检修计划,提高设备检修的精准度;建立设备预防维修体系,通过对设备过煤量、历史大修次数、大型部件及易损件更换频次等各项指标进行现状分析,指导设备科学检修。

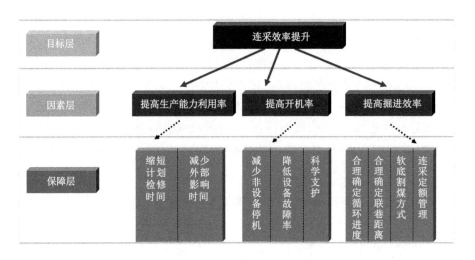

图 8-26　连采效率提升过程

3. 提高掘进效率

实行目标定额管理,提高生产组织效率;合理确定循环进度,提高掘进效率;优化工艺,实现连续采煤机割煤能力和梭车运输能力的最佳匹配;完善特殊地质条件的预案,科学支护,提高效率。

8.5.4　组织保障

以安全为核心,以效率提升为目标,以精益子文化为平台,建立精益运营保障体系。保障体系包括生产组织保障、制度保障、人力资源保障、创新机制保障和文化保障。精益化管理推动保障体系如图 8-27 所示。

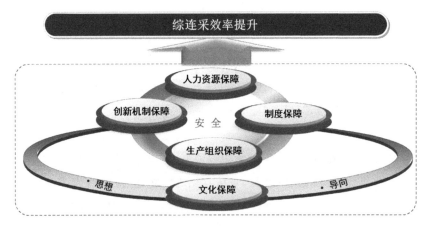

图 8-27　精益化管理推动保障体系

（1）生产组织保障用于实现精准调度和快速响应。

（2）制度保障是指建立一套确保精益化管理推行的制度体系。

（3）人力资源保障是指通过建立三级培训体系,加强培训基础建设,构建员工能力素质模型,提高员工整体技能和素质,为精益化管理推行提供人才保障。

（4）创新机制保障是指构建创新机制常态化管理模式,具体采用科技创新奖励办法,充分调动广大员工的积极性,发挥其聪明才智,做到持续改善。

（5）文化保障是指建立精益文化。采用网络、电视、报纸和班前会等方式进行精益文化宣传,营造浓厚精益文化氛围,促进精益文化落地,使员工对精益化管理有更深的认识。

8.5.5　实施效果

8.5.5.1　社会效益

神东公司采取典型引路试点先行的方法建立了神东煤炭生产精益化管理体系,并应用体系指导在 46 个单位（其中 13 个矿井单位）推行煤炭生产精益化管理工作,取得了较明显的效果,证明精益生产方式不仅适合机械制造业,同样可以在煤炭生产企业发挥作用,提高煤炭生产效率,降低生产成本,增加市场竞争力,同时促进了煤炭生产企业生产方式从粗放型向精益型的转变。

煤炭生产企业推行精益生产方式,按照精益化管理思想的五个原则（价值、价值流、流动、拉动、尽善尽美）,有选择性地选取精益化管理的工具和方法,结合企业实际,建立适合本企业的精益化管理体系,消除煤炭生产过程中的各种浪费,全面诊断,抓住制约煤炭生产效率提升的关键要素和环节,优化流程,规范操作,提高煤炭生产企业效率和效益。神东公司为煤炭企业推行精益生产提供了经验。

8.5.5.2　经济效益

全公司设备故障次数和影响时间从 2015 年 160 次 1 060.4 h,降低到 2020 年的 105 次 882.3 h。

全公司单产水平从 2015 年的 45.82 万 t 提升到 2020 年 52.20 万 t,提升了 13.9%;连掘和掘锚单进水平从 2015 年的 1 058.30 m 和 512.76 m 提升到 2020 年的 1 129.20 m 和 581.00 m,分别提升了 6.7% 和 13.3%。

8.6　专业化服务

神东公司认真总结企业发展过程中的弊端,坚持"有所为,有所不为",构建了内外部相结合的专业化服务体系。以煤炭生产规模化、集约化为基础,以安全生产为中心,将非煤炭业务直接从矿井剥离出来,在全公司范围内统一实行专业化服务,矿井和专业化服务单位建立了服务与被服务的合同契约关系,推行内部模拟市场化有偿服务运作。目前神东公司专业化覆盖的业务有矿井生产准备、综采工作面回撤安装、设备管理、设备维修、物资供应、洗选加工、地质测量、车辆管理、后勤服务等 14 个方面。服务半径超过 200 km,专业化服务单位员工总数占公司总人数的 48%。对于不属于矿井核心业务、技术水平要求高、社会化程度高的,充分利用社会资源,积极开展外部技术协作,实行专业化服务外包。神东公司通过内外部专业化服务体系的构建,形成了煤炭生产核心板块用人少、速度快、效率高的格局,实现了人员、装备、技术的资源共享,提高了工作质量和运行效率,实现了精干高效,降低了运营成本,提升了企业核心能力。

专业化服务是神东公司对推进供给侧结构性改革的重大创新。专业化服务的产生和发展与神东公司生产规模化、技术现代化、队伍专业化、管理信息化模式的形成与发展有着密不可分的关系。神东公司发展的专业化服务,其内涵包括项目化管理、精细化分工、市场化结算和社会化服务四个方面。

8.6.1　项目化管理

围绕煤炭生产,以提高效率与效益为导向,集合人力、物力、财力、管理等生产要素,将专业化单位整合在生产经营价值链主线,这种组合既不同于原有的以煤矿为单位的块状结构,也不同于以专业为主线的线状结构,属于发自市场的驱动,辅以职能管理的匹配,实现了资源的集中统一组合管理,促进了资源的高效利用。

生产组织过程中,将专业化单位视为不同的资源池,根据生产的需要和环境的变化等情况,在不同的区域间灵活组合管理,满足生产过程的复杂性要求。如在采煤过程中,根据生产接续的需要,按照生产工艺流程,由公司的巷道掘进、设备配套准备、搬家倒面等不同的专业化单位进行组合,以满足各种条件下的生产需要,促进持续安全高效生产。

8.6.2　精细化分工

煤炭专业化管理体系打破了单纯按照横向的、块状的划分行政单位和人员归属的做法,根据煤炭生产的工艺和工序特点组合人力资源,对生产单位的业务范围重新界定,实现煤矿"轻装上阵""心无旁骛安全出煤"。

遵照煤炭生产规程组建独立的专业化服务队伍,保持业务流程的连续性和协调性。与煤矿安全生产关联紧密的辅助性工作,全部由公司成立的专业化服务单位承担。与煤矿安全生产关联不紧密的辅助性工作,按照业务外包的方式委托给专业化服务单位管理,而专业化服务中心的专业人员对该项目主要从事监理工作,进行全过程的"专家式"管理。专业化服务不仅使企业的分工更加清晰,也使企业技术进步走向新的平台。

8.6.3　市场化结算

专业化服务单位按照有偿使用的原则同煤矿和各基层单位签订内部有偿服务协议,建立模拟市场结算关系。双方以协议的方式规定过程的安全责任、所需要的时间、费用、质量等条款,明确双方的责任和义务。公司相关职能部门根据生产需要向各专业化单位下达任务,综合协调矿井与专业化单位之间的关系,并进行综合考核考评。市场模拟结算,对增强专业化服务单位节省费用、降低成本的内生动力,助推资源优化配置,实现规模效益,加速辅助专业的产业化发展,均产生了积极的效应。

8.6.4　社会化服务

任何企业所拥有的资源都是有限的,能源型企业的资源制约更为突出。因此,资源型企业尤其需要打造核心竞争优势,面向社会提供人有我优的服务。神东公司在非核心业务和能力缺口引进社会专业化服务的同时,利用自身技术、队伍、装备、管理等因素,积极培育专业化服务优势,为单一内部专业化向社会化服务的转变创造了条件。

8.7　矿业组合服务

神东公司开展了大型煤炭基地矿业组合服务模式与技术研究及应用示范工作,通过提供专业化的矿业组合服务,神东公司可以实现从生产商向生产商＋服务商的转型,为煤炭生产企业的战略转型提供模板,推动了整个煤炭行业转型升级和供给侧结构性改革,为我国与"一带一路"沿线发展中国家在煤炭资源开发与转化方面的合作提供了理论和技术支撑,成功实现了三种典型矿业组合服务模式在陕西、山西、内蒙古、新疆等地示范工程中的应用。近年来,神东公司对外承揽矿业组合服务 132 项,取得经济效益共计约 5.04 亿元,其中 2016 年约 1.98 亿元,2017 年约 3.04 亿元,可见矿业组合服务受到了越来越多同行企业的欢迎,造就了一支既有理论水平又有实践经验的煤矿设计、建设、生产、咨询、管理等专业化服务团队,培养了一批复合型专业技术人才。

大型煤炭基地矿业组合服务模式与技术研究及应用示范取得的成果体现在:

(1) 构建了大型煤炭基地矿业组合服务模式理论框架,建立了模式选择优化模型,通过该模型,帮助矿权拥有者选择出最优服务模式,构建了资源配置优化模型。模型结果为各矿权拥有者配置队伍、设备、现金流、备件等资源,构建了作业网络优化模型。模型结果优化服务队伍不断接续,减少了空闲时间,构建了服务管控模式的架构和全面服务管理体系。

(2) 研发了矿业组合服务支撑平台,搭建了矿业组合服务支撑平台框架;研发出资源优化系统、作业网络优化系统、服务模式选择优化系统;研发出矿业服务管控和全面服务管理系统,实现了矿业组合服务从服务产品发布到服务投诉的业务功能,实现了矿业组合服务全过程管控;研发出安全生产保障与监管考评系统,并构建了矿业组合服务信息安全体系。

(3) 研究并应用示范了三种典型矿业组合服务模式和矿井生产运营总承包模式。给出了矿井生产运营总承包的管控模式、组织管理体系、绩效考评体系、风险管理体系等;选取锦界煤矿作为示范工程,分析了其应用情况,比较了示范工程的经济和社会效益,实现了预期目标。研究并示范了矿井建设及生产技术管理咨询模式,给出矿井建设及生产技术管理咨询模式的管控模式、服务内容及具体解决方案。在新疆东沟煤矿应用了矿井建设组合咨询服务模式,在陕西崔木煤矿应用了工作面生产技术组合咨询服务模式,都取得了良好的经济效益和社会效益。研究并示范了设备有偿托管与租赁模式,给出了设备有偿托管与租赁服务的管控模式、组织体系和保障制度。在杭锦能源塔日高勒煤矿、神东公司上湾煤矿和国华锦能公司锦界煤矿、府谷能源上榆泉煤矿示范应用了设备有偿托管和租赁服务模式,节省了资金占用率,增加了利润来源渠道。

8.7.1　矿业组合服务模式理论框架

大型煤炭基地矿业组合服务的理论框架包含四个方面:概念界定、模式的形成、服务优化、保障体系。概念界定主要界定矿业组合服务、业务组件、矿业组合服务模式的概念和内涵;模式形成主要解决面向大型煤炭基地矿业组合服务中业务组件如何划分,业务组件如何组合成不同的矿业组合服务模式等问题;服务优化主要解决矿业组合服务中服务模式的最优选择、大型煤炭基地内各个矿井资源最优配置、作业网络如何优化等问题;保障体系主要解决面向大型煤炭基地矿业组合服务的服务管控与全面服务管理体系问题。

8.7.1.1 矿业组合服务概述

矿业组合服务是指拥有技术、管理、安全、成本等优势的煤炭企业,将矿井设计、建设、开采、洗选、运输、销售等业务构成不同的服务集合提供给煤炭资源矿权拥有者的行为。即提供商将矿井涉及的各项活动经过划分、组合后形成不同功能的个性化组合服务提供给矿权拥有者。

其内涵有以下几个方面:

(1)矿业组合服务的对象是大型煤炭基地内的矿权拥有者。

本项目中矿业组合服务的对象是大型煤炭基地内的煤炭资源拥有者,即矿权拥有者。这些矿权拥有者在煤矿管理、开采技术、安全、生产成本等方面,与矿业组合服务提供商相比处于劣势,因而亟须借助专业化组织的生产运营、技术和管理咨询等"外力"和"外脑"来维持企业生存,推动企业持续发展。随着我国煤炭资源的耗竭,矿业组合服务的对象未来可延伸到"一带一路"沿线国家中拥有煤炭资源的矿权拥有者。从战略意义上讲,这也是我国煤炭行业"走出去",实现可持续发展的有效途径。

(2)矿业组合服务提供商是我国大型国有煤炭生产企业。

本项目中矿业组合服务提供商主要是指优势煤炭生产商、生产设备制造商、建设管理和生产技术咨询商、材料供应商等各方或各方的联合;然而大型煤炭基地内,乃至全国拥有这些实力的提供商只有我国大型国有煤炭生产企业。大型国有煤炭生产企业已经实现了生产规模化、技术现代化、队伍专业化和管理信息化,实现了企业内部千万吨矿井群的高产高效安全生产。这样的企业不仅拥有煤炭生产服务领域丰富的人才、资金、技术等资源和管理经验,有着健全的信息化工业平台(例如资金管理系统、人力资源系统、采购系统、设备管理系统、本质安全管理系统等),而且积累了矿井勘探、设计、工程建设、采煤、掘进、机电、运输、通风、调度、地质测量、信息化、供排水、搬家倒面、设备采购或租赁、煤炭销售等专业化服务的经验和实力,完全有能力为大量缺乏管理、技术、安全、成本等优势的外部矿权拥有者提供从矿井勘探、矿井建设到生产运营、设备租赁与维护、煤炭销售、技术与管理咨询等的一揽子专业化服务。

(3)服务内容覆盖"私人订制"的个性化组合服务。

可提供的个性化组合服务是指基于专业化和集约化原则,提供商根据矿权拥有者的需求或矿权拥有者矿井的基本信息,经过优化选择,向矿权拥有者提供使其利润最大化的诸如矿井勘探、设计、工程建设、采煤、掘进、机电、运输、通风、调度、地质测量、信息化、供排水、搬家倒面、设备采购或租赁、煤炭销售等单项或多项业务组合的服务。随着矿业组合服务模式日渐成熟,矿业组合服务的内容可以以煤炭企业的基本业务链为依托,向整个煤炭行业的上下游延伸从而形成"全业务链+增值业务"的一体化服务体系。大型国有煤炭企业可以与煤炭设备供应商、物资供应商、路港航运输企业、化工企业、电力企业等大型企业合作,借助矿业组合服务平台实现资源整合,提供更丰富、更广泛的服务。

8.7.1.2 业务组件概述

业务组件是按照矿井生产运营中各项业务的经济性和功能独立性等原则分解成的可灵活组合的最小业务组件。它是完成某项专业化服务所需的各种工序或活动的集合,是构成矿业组合服务及模式的基本单位。业务组件主要指矿井生产运营中的勘探、设计、开

采—综采/连采/房采、工程—掘进/辅助工程、供应—采购/验收/仓储/配送、洗选—破碎/
筛分/分选/脱水干燥、机电、运输、通风、调度、地质测量、信息化、供排水、搬家倒面、销售
等,此外还包括设备租赁/托管、矿井建设咨询、矿井生产技术咨询等。

业务组件的内涵有以下几方面:

(1)业务组件是功能独立的最小单元。

业务组件的功能可独立,它并非某道工序,而是完成某项功能的一组工序或活动的集
合。各组件都是可以独立运行、独立核算的,各组件内部各个工序的凝聚力强,且工序顺序
基本稳定。矿业组合服务中,业务组件可以独立作为一种专业化服务提供给矿权拥有者,
因此,它具有功能上的全备性,是矿业组合服务中可独立提供专业化服务的最小单元。

(2)每个业务组件都带有合理的资源。

业务组件是带有人力、设备、物资等资源的,例如搬家倒面业务组件带有安装队、服务
队、车队三个队伍,有相应的设备和物资。业务组件就是汇集资源耗用的第一对象。业务
组件进行资源合理配置后可以形成业务组件库和资源库,业务组件库就是矿业组合服务模
式优化选择的依据,资源库是多矿井资源调度和配置的依据。

(3)各个组件之间通过组合,可以形成不同矿业组合服务模式。

各业务组件可以单独或组合,业务组件和服务模式如图 8-28 所示,提供生产承包、咨询
服务、租赁、托管等,形成矿业组合服务模式。通过业务组件化,可以对矿权拥有者提供专
业化服务,充分挖掘服务提供商专业化服务、规模经济、资源共享等方面的潜力,缩短服务
时间,降低服务成本,提高服务质量。同时,通过业务组件化,不仅可以不断审视并充分利
用企业内部的现有资产和功能,还可以联合外部优势企业拥有的专业化功能和业务组件,
实现内外部资源的整合利用,以及双方企业价值和利益最大化。

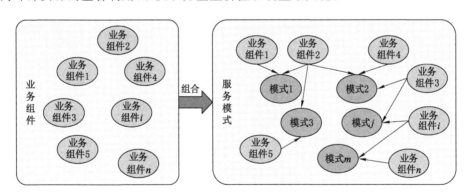

图 8-28　业务组件和服务模式

8.7.1.3　矿业组合服务模式概述

模式即模型、模范、样式,是对现实事物内在机制和事物之间直观的、简洁的描述,能够
向人们表明事物结构或过程的主要组成部分和相互联系。服务模式是指为服务形成过程
中所使用的、具有一定业务功能的服务过程集合及相关服务集合。矿业组合服务模式是指
矿业组合服务中的各业务组件按照一定原则组合而成的专业化服务模板的集合。

矿业组合服务模式的内涵包括以下几个方面:

(1)矿业组合服务模式是专业化服务模板的集合。

各业务组件可以通过组合形成各种不同的专业化服务,而专业化服务模板的集合便是矿业组合服务中的各种模式。矿业组合服务的每一种模式都有自身的个性化特点,本项目着重研究并示范了矿井生产运营总承包、矿井建设管理和生产技术咨询服务、设备有偿托管与租赁服务这三种典型的矿业组合服务模式。

(2)矿业组合服务模式是一套工作方法、步骤、工具和技术体系。

矿业组合服务模式就是一种方法论,它是对矿业组合服务问题进行系统分析和研究,总结其一般规律后形成的理论体系,是矿业组合服务的理论和方法根基,具体包括了解矿业组合服务的一套工作方法、步骤、工具和技术体系。如掘进、采煤、运输、加工等核心流程在煤炭企业生产过程中不断重复出现,通过矿业组合服务模式提供的方法论体系,可以整理、总结出矿业组合服务的服务内容、业务组件,进而开展服务组合和优化设计。

8.7.2 矿业组合服务模式构建

8.7.2.1 业务组件划分原则

基于系统分解与组合理论,采用一定的原则对矿业组合服务系统进行划分和组合,是形成矿业组合服务模式的基本要求。大型煤炭基地的矿业组合服务业务组件划分遵循以下原则。

1. 功能完整性和独立性原则

组件应具有既能够独立完成某项业务的完整功能,又可以满足不同维度的组合需求。每个业务组件要达到这个原则,要求业务组件的内聚性最强,而业务组件之间的耦合性最弱,业务组件划分原则如图8-29所示。依据此原则可以把煤矿生产经营的业务活动划分为可以独立为矿权拥有者提供服务的最小单元,保证在确定的矿业服务范围内每个业务组件都具备完整的功能且相互独立。该原则下每个业务组件都是矿业组合服务中的模式,可以独立完成矿业组合服务。

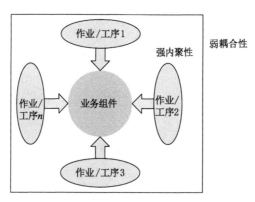

图 8-29 业务组件划分原则

2. 技术可行性原则

受矿井地质条件影响,各个矿井的开采难度和工艺特点不一样,一旦确定了开拓方式、井巷系统等技术方案,就可以确定物料、人员、资金、设备等资源的消耗,可以认为技术方案对煤炭生产有很大的影响。鉴于此,矿业组合服务的业务组件划分必须符合技术可行性原则,每个独立的业务组件内部的各工序或活动所需要的设备和使用的技术是可衔接、可接续的。

3. 经济合理性原则

根据煤矿生产经营的复杂程度,按照功能完整性和独立性原则及技术可行原则,可以决定业务组件的规模与数量。从单个业务组件的角度来看,业务组件的规模越小,越容易控制其功能的独立和技术的可行,控制成本越低。但业务组件规模越小,组件的数量就越多,在进行服务组合时,业务组件间技术风险、安全隐患、组合难度就会越大。因此,业务组件的划分要从整个服务系统整体着眼,考虑到经济合理性,找到业务组件控制成本与组合成本的总成本最低的组件数量,业务组件数量与成本的关系如图 8-30 所示。

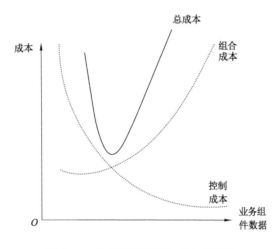

图 8-30　业务组件数量与成本的关系

4. 成本核算独立性原则

业务组件(如掘进、采煤、洗选加工等组件)工等组件应具有使用、消耗资源的独立性,可进行独立成本核算。

8.7.2.2　业务组件化的主要步骤

煤矿的生产与管理具有典型的项目管理特点,在矿业组合服务业务组件划分的时候可以将项目分解结构与工作分解结构分解技术结合使用。业务组件划分步骤如图 8-31 所示。

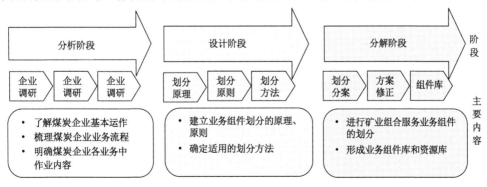

图 8-31　业务组件划分步骤

8.7.3　矿业组合服务支撑平台

为了支撑面向大型煤炭基地矿业组合服务模式的运作,需要构建与之相适应的技术支撑平台。项目以矿业组合服务理论为指导,以功能的动态性和可扩展性、功能的全面性、使用的易用性、数据信息的安全性等为原则,满足矿业组合服务在服务需求申请阶段、服务计划阶段、谈判磋商阶段、服务执行交付阶段的业务需求,设计矿业组合服务技术支撑平台的框架。矿业组合服务支撑平台如图 8-32 所示。

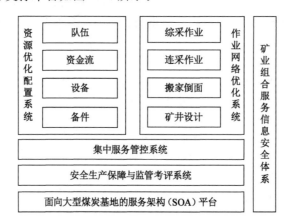

图 8-32　矿业组合服务支撑平台

（1）资源优化配置系统

该系统主要实现的功能有队伍组合优化、现金流管理、设备管理、备件管理、作业成本管理。

（2）作业网络优化系统

该系统主要实现的功能有作业网络计划、综采作业优化、连采组合优化、搬家倒面作业优化、矿井设计作业优化等。

（3）集中服务管控系统

该系统主要实现的功能有服务计划管理、服务产品管理、服务定价管理、服务绩效管理、服务质量监督管理。

（4）安全生产保障与监管考评系统

该系统主要实现的功能有动态考核、定期考核、隐患管理、安监报表。

（5）矿业组合服务信息安全体系

按照物理级、网络级、系统级、应用级四个层次来构建体系,具体内容包括网络硬件安全、数据库安全、数据加密、用户控制、备份与恢复、日志系统、安全管理机制的建立等。

第9章　主要创新技术成果

神东公司近10年以来的科技创新,在千万吨矿井群规划及生产系统、高效开采技术、安全开采技术、绿色开采技术、智能开采技术、智能洗选技术、矿井全面管理技术等方面实现系统性突破,形成了神东特色的千万吨矿井群核心技术体系(图9-1),为国内外千万吨矿井群建设提供了成功案例和实现途径。

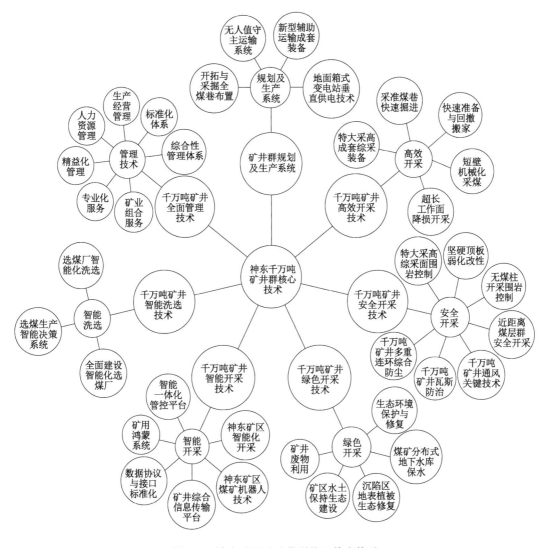

图9-1　神东千万吨矿井群核心技术体系

千万吨矿井群的建设需要坚持不懈地推进煤炭资源配置优化、专业化服务体系改革和核心技术创新投入。神东公司的发展史贯穿了多种资源持续优化配置、核心能力持续提升的过程,神东公司科技发展紧密围绕创新、协调、绿色、开放、共享的新发展理念,取得了举世瞩目的科技成就。近 10 年以来,神东千万吨矿井群核心技术成果主要体现在以下 7 个方面:

(1)创新矿井开拓布局规划与配套生产系统保障,确立了"一井一面年产 1 000 万 t"和"一井两面年产 2 000 万 t"的千万吨矿井生产格局。

① 矿井采用"平硐+斜井"或平硐的综合开拓方式,取消传统的盘区式布置,改为大巷条带式布置,将井筒与大巷联为一体,工作面直达井田边界,保证了矿井的大型化和系统的最简化。工作面宽度由初期的 200 m 加宽至 450 m,推进长度由 2 000 m 提升至 6 000 m,实现了矿井的高产高效采煤。

② 研制 6 000 m 可伸缩单点驱动带式输送机,取代传统的可控启动传输(CST)驱动方式,实现带式输送机的智能变频控制与超长距离运输,大幅度提高运输效率、降低维护费用。升级换代辅助运输成套设备,由早期的轨道矿车到农用车、非防爆车、防爆车,再到近年研发形成的电柴混合双动力运输装备,满足了井下辅助运输高效、低耗、环保的要求,为实现矿井千万吨产能提供了保障。

③ 为了适应千万吨工作面用电负荷大、推进速度快、供电距离长等特点,创新应用地面箱式移动变电技术,通过地面钻孔将 185 mm^2 铠装电缆直接接入井下移动变电站,并附加远程遥控信息传输装置实现远程控制,有效减少了转供电环节,降低了损耗,取得了显著的社会经济效益。

(2)首创 8.8 m 特大采高综采工作面成套装备及技术研发,引领国内外一次采全高综采技术的发展及应用。研制双巷快速掘进技术工艺系统,创新全断面盾构法施工斜井装备及技术,研发短壁机械化开采技术和薄煤层等高式采煤技术,提高掘进效率,适应高效采煤需求。

① 大力推动特大采高国产成套综采装备研发,神东矿区千万吨矿井群一次采全高综采技术实现跳跃式发展,分别于 2007 年、2010 年、2016 年、2018 年国内外首次进行了 6.3 m、7.0 m、8.0 m、8.8 m 超大采高开采实践,首创了特大采高工作面围岩控制、关键生产装备(采煤机、液压支架、刮板输送机等)与安装回撤装备(百吨级支架搬运车、百吨级蓄电池铲板车等)的研发,创造了装机功率世界第一(15 842 kW),一次采全高综采工作面采高世界第一(8.8 m),回采工效世界第一(1 050 t/工),特别是创造了最高日产 6.32 万 t,最高月产 150.6 万 t 的世界纪录,为我国 7.0~10.0 m 特厚煤层超大采高综采提供参考,为晋、陕、蒙、宁、甘乃至新疆等区域厚及特厚煤层一次采全高提供示范标准。

② 发展高效快速智能掘进技术,研制了世界首套高效快速智能掘进技术工艺系统,实现了掘支平行作业和煤流连续运输,单班最高进尺达到 78.5 m,日最高进尺达到 132 m,月最高进尺达到 3 088 m,创造了煤巷大断面单巷掘进的世界纪录。

③ 开展了盾构施工煤矿长距离斜井关键技术攻关研究,首创了盾构法煤矿斜井施工新模式,并首次将盾构施工成套技术与装备应用到煤炭领域,适应于神东矿区超长深埋、连续下坡、富水高压、地层多变的特点,实现斜井施工机械化率 100%,连续 4 个月的月平均进尺均达到 546.4 m,最高月进尺达 639 m。

④ 研究开发了用于大采高液压支架回撤的自支撑变频牵引绞车,集自支撑、变频调速、

遥控、保护等多功能于一体;采用专用的无轨重型支架搬用车搬运液压支架、采煤机、刮板输送机、破碎机、转载机;开发了基于 PM31 的回撤支架遥控系统,减少了工作面回撤作业时的人力和物力,保障了回撤现场工作人员的安全,实现了工作面的快速回撤。

⑤ 发展短壁机械化开采技术,研制成功短壁机械化采煤装备,有效提高了不规则边角块段及小块段煤体的采出率。

⑥ 开展了较薄煤层超长工作面综合机械化开采试验,综采工作面长度达到 450 m,是国内最长的工作面,减少了区段保护煤柱数量、搬家次数、巷道掘进以及维护费用,提高了资源回收率和生产效率,适应了高产高效发展的需要。

(3) 研制了特大采高综采面围岩控制技术,采用定向钻孔水压致裂技术软化顶板坚硬岩层;研发并推广无煤柱开采技术,实现近距离煤层群及复合区煤层的安全开采;开发了矿压预警平台,实现了富水顶板下的安全开采;形成了"一通三防"安全保障技术。

① 形成以关键层理论为核心的特大采高综采面围岩控制技术,提出关键层"砌体梁"与"悬臂梁"结构形态下的支架工作阻力确定方法,精准确定一次采全高综采面的支架类型。采用巷道直孔水力压裂、定向钻孔水力压裂弱化改性顶板坚硬岩层,减小了坚硬顶板工作面的来压步距与来压强度,避免了工作面强矿压灾害的发生。

② 研发并推广柔模混凝土沿空留巷工艺,采用柔模混凝土墙为巷旁进行支护,减少了巷道掘进量,提高了煤炭资源采出率,并进一步成功试验了柔模混凝土支护沿空掘巷技术。在哈拉沟煤矿中厚煤层开采过程中,成功推广应用了切顶卸压自动成巷无煤柱开采技术。针对神东矿区近距离煤层群及沟谷地形等典型赋存条件,以关键层理论为指导,形成的沟谷地形和房采煤柱群下动载矿压控制技术,有效解决了此类特殊条件下工作面安全开采隐患。

③ 提出了富水顶板下涌水量预测方法、自然状态下待采工作面的涌水量预测方法以及人工改造状态下待采工作面的涌水量预测方法,并形成了富水顶板下的防治水技术及清污分离技术。

④ 创建了"大断面、大风量、多通道、低负压"的高效通风系统,降低了矿井通风阻力,系统上实现"降压减漏",显著提升了矿井的通风能力;矿井负压维持在 $400\sim2\,400$ Pa,矿井有效风量率达 87% 以上,矿井等积孔在 4 m^2 以上。研发了全风压通风和局部通风机通风相结合的掘进巷道通风方式,攻克了掘进工作面长距离通风难题,单巷最长供风距离为 5 340 m。创建了高瓦斯矿井超大区域井上下超前规范抽采瓦斯成套技术,并形成采前"瓦斯超前预抽采与利用"技术、采中"煤与瓦斯共采与利用"技术、采后"老空区残余瓦斯抽采与利用"技术,创造了井下瓦斯煤层顺层钻孔 3 353 m 的世界深孔钻进纪录,实现了高瓦斯矿井高产高效和安全生产。鉴于神东矿区井下各个产尘环节的不同特点,形成了多重连环综合防尘技术体系,开发了包括 JSG4 束管监测预报、以"快"防火、"降压减漏"防火和煤层自燃综合防火等防灭火技术,保障了煤矿职工的生命健康安全。

(4) 创建了采动地下水保护与采损地表生态修复的矿区绿色开采技术体系,建成了多个国家级生态修复示范基地,实现了千万吨矿井群资源与环境的协调开发。

① 利用井下采空区构建矿井水储存、净化与循环利用的分布式地下水库,研发形成集水库选址、建设、运行于一体的关键技术体系,有效解决了矿井生产和生态用水难题。基于煤炭开采对地表土壤和植被关键属性指标的影响,系统研究神东矿区干旱半干旱采损区微

生物复垦的系列技术和方法,研发抗旱菌根的快速筛选富集技术,创建规模化微生物菌剂培养和生产方法,发明菌剂质量快速监测方法,掌握了适用于干旱半干旱采损区地表微生物复垦的关键技术。

② 以山水林田湖草沙生命共同体进行建设布局,打造清洁低碳的绿色矿山,大力营造生态林、经济林、景观林,完善土地复垦与修筑水土保持梯田带动农业生产,建设自然水体的湖泊湿地带动渔业生产,全面保护恢复天然草本带动牧业生产,将矿山遗迹改造为生态科普园、生态文化休闲点,建成"大柳塔煤矿沉陷区国家水土保持科技示范园""哈拉沟煤矿沉陷区国家水土保持生态文明工程"等代表性生态修复示范基地,取得了良好的经济效益和社会效益。

(5)建立了神东数据架构管控体系,制定了首套"矿井设备数据接口与协议"标准;率先引入矿用鸿蒙操作系统,首次提出并实现了"一网一站"系统建设构想,形成了神东特色的智能化开采技术体系;建成了亿吨级区域煤矿集中控制系统,创建了首个亿吨矿区中央生产控制指挥中心,对神东公司一半产能实行集中调度,最远控制距离达到 50 km,管理范围为 621.8 km²。

① 神东公司起草并制定了 8 大系统 38 类"矿井设备数据接口与协议"企业标准,成立 EIP 保障实验室,实现了井下各类设备"即插即用",显著减小数据上传和自动化集成的技术难度和工作周期。

② 开发了国内首个工业级国产矿鸿操作系统,实现矿山人机互联、机机互联,解决煤矿设备自主可控、安全可信的问题。首次提出了"一网一站"系统建设构想,使用井下一套系统实现对各类系统的统一接入、统一承载、统一管理,切实解决井下系统多、管理分散、维护困难的问题,为安全生产提供更有效的技术保障。神东公司在探索煤矿智能化开采历程中,形成了以记忆割煤、跟机拉架、远程干预、薄煤层自主智能割煤技术为核心特征的煤矿智能化开采技术体系,研发了面向煤矿全领域的 14 种煤矿机器人。

③ 神东公司建立了综合智能一体化生产控制系统,对矿山的资源勘探、规划建设、安全生产、管理决策等全过程进行数字化表达,通过信息"全"覆盖、"全"共享、"全"分析,实现了管理"全"透明、生产"全"记录、人机"全"监控,降低了生产成本,提高了矿井综合安全生产管理水平。建立了涵盖了煤矿的采、掘、机、运、通、安全等方面的生产执行系统,将煤矿管理提升到一个新的高度。建成了亿吨级区域煤矿集中控制系统,创建了全国首个亿吨矿区中央生产控制指挥中心,实现了对五矿六井的生产指挥,控制范围达 621.8 km²,减少人员约 400 人,年节约人工成本约 8 000 万元。

(6)构建了大型选煤厂智能化建设模式,研发形成煤炭洗选加工全过程的智能感知、智能诊断与控制、智能管理、智能决策、智能化管理模式创新等方面的关键技术,建成上湾千万吨级智能化选煤厂示范点;形成了神东矿区全面建成智能化选煤厂规划框架,为"黑灯"选煤厂等高端智能洗选技术升级提供了支撑。

① 提出了以选煤厂智能化需求为导向,以全方位智能化建设为理念,以精准感知、智能决策、设备智能诊断与管理为基础,以提高生产过程智能化水平为核心,构建了大型选煤厂智能化建设模式,并在上湾选煤厂进行示范应用。提出了以灰分在线智能校正为核心的多维度灰分仪检测优化方法,实现灰分精确检测;开发煤泥水沉降相界面在线精准感知技术,实现浓缩过程实时动态检测。针对神东矿区选煤厂众多、工艺复杂、产品结构多样化的特

点,开发了以生产运营数据为基础,以用户需求及效益最大化为目标的亿吨级特大型选煤厂群生产智能化决策系统,实现了对各选煤厂生产组织、工艺参数和作业成本进行智能调配与管理,达到了精准定制生产的目标。以故障特征数据分析为支撑,开发了选煤设备智能诊断管理系统,实现了设备状态的实时监测、在线分析、故障诊断和全生命周期的智能管理。开发了数据驱动的煤炭重介分选控制参数在线实时智能整定与精准控制技术。开发了基于煤泥水浓缩过程入料特性与固液界面协同的智能化加药控制系统;开发了智能配电技术,缩减了操作指令流程,提升了工作效率,消除了隐患环节,保障了安全性。

② 在上湾选煤厂示范点建设的基础上,对神东洗选中心各选煤厂进行不同水平与层次的整体建设规划,通过对选煤厂实体空间三维建模,提出高级"黑灯"选煤厂建设目标,为加快矿区全面实现智能化选煤厂建设提供保障。

(7) 引领煤炭行业规范化和专业化管理,进行了一系列管理改革和创新,形成了全面的千万吨矿井群运营管理"软"核心技术,对千万吨矿井群的生产经营起到了重要作用。

神东公司建立了集质量(工作质量、服务质量、管理质量)、安全、健康、环保等为一体的综合性管理体系;进行了体系化和标准化建设;不断发展和完善包括生产接续计划、岗位标准化作业、地测管理和生产调度管理的生产管理体系,以及包括全面预算管理、成本管理和财务集中管控模式的经营管理体系;完善了适应煤炭行业特色的人力资源管理;创新性地研究和推进煤炭企业精益化管理;构建了内外部相结合的专业化服务体系,推行内部模拟市场化有偿服务运作;开展了大型煤炭基地矿业组合服务模式与技术及其应用研究,形成了八大类服务模式(矿井建设总承包模式、煤炭生产运营总承包模式、煤炭生产及加工承包模式、煤炭运输和销售承包模式、设备租赁服务模式、设备大修服务模式、矿井建设管理和生产技术咨询服务模式、生产辅助模式)。神东公司在煤炭企业管理技术创新方面取得了明显成效,为千万吨矿井群的高效生产运营提供"软"核心技术。

参 考 文 献

[1] 毕银丽,申慧慧.西部采煤沉陷地微生物复垦植被种群自我演变规律[J].煤炭学报, 2019,44(1):307-315.

[2] 陈苏社.神东矿区井下采空区水库水资源循环利用关键技术研究[D].西安:西安科技 大学,2016.

[3] 顾大钊.煤矿地下水库理论框架和技术体系[J].煤炭学报,2015,40(2):239-246.

[4] 顾大钊,李井峰,曹志国,等.我国煤矿矿井水保护利用发展战略与工程科技[J].煤炭学 报,2021,46(10):3079-3089.

[5] 顾大钊,颜永国,张勇,等.煤矿地下水库煤柱动力响应与稳定性分析[J].煤炭学报, 2016,41(7):1589-1597.

[6] 鞠金峰,许家林,朱卫兵.西部缺水矿区地下水库保水的库容研究[J].煤炭学报,2017, 42(2):381-387.

[7] 李全生,鞠金峰,曹志国,等.基于导水裂隙带高度的地下水库适应性评价[J].煤炭学 报,2017,42(8):2116-2124.

[8] 刘小奇,陈苏社.辅巷多通道综采搬家技术的应用[J].中国煤炭,1999,25(10):36-37.

[9] 刘映刚,马凯.首台国产连续采煤机在神东矿区的应用[J].煤矿机械,2009,30(10): 166-168.

[10] 罗文.浅埋大采高综采工作面末采压架冒顶处理技术[J].煤炭科学技术,2013,41(9): 122-125,142.

[11] 罗文,杨俊彩.神东矿区薄煤层安全高效开采技术研究[J].煤炭科学技术,2020,48 (3):68-74.

[12] 罗文,杨俊彩.神东矿区快速掘进关键技术研究与应用[J].智能矿山,2021,2(2): 7-14.

[13] 罗文,杨俊彩.神东矿区快速掘进装备与技术研究现状及展望[J].工矿自动化,2021, 47(增刊2):32-38.

[14] 罗文,杨俊彩,高振宇.强矿压矿井定向长孔分段压裂技术研究及应用[J].煤炭科学技 术,2018,46(11):43-49.

[15] 罗文,杨新林,黄东,等.光纤陀螺仪在大柳塔快掘系统中的应用[J].煤矿安全,2017, 48(增刊1):56-58,62.

[16] 任文清.国内首台鸿蒙系统矿用巡检机器人在神东投用[J].能源科技,2021, 19(5):94.

[17] 任文清,高小强,梁占泽,等.煤矿机电设备关联控制与数据关联分析[J].陕西煤炭, 2021,40(2):78-81.

[18] 王国法,刘峰,孟祥军,等.煤矿智能化(初级阶段)研究与实践[J].煤炭科学技术,

2019,47(8):1-36.

[19] 王国法,任怀伟,庞义辉,等.煤矿智能化(初级阶段)技术体系研究与工程进展[J].煤炭科学技术,2020,48(7):1-27.

[20] 王虹,王建利,张小峰.掘锚一体化高效掘进理论与技术[J].煤炭学报,2020,45(6):2021-2030.

[21] 谢明军,关伟,陈国定.6 000 m 长距离单点驱动可伸缩带式输送机工业试运行分析[J].煤矿现代化,2016(5):107-108.

[22] 杨俊哲,罗文,杨俊彩.神东矿区煤层智能开采技术探索与实践[J].中国煤炭,2019,45(6):18-25.

[23] 伊茂森.神东矿区快速建井模式[J].煤炭科学技术,2004,32(10):17-19,6.

[24] 岳辉,毕银丽,刘英.神东矿区采煤沉陷地微生物复垦动态监测与生态效应[J].科技导报,2012,30(24):33-37.

[25] 张子飞,杨鹏,罗文.7 m 大采高采煤机易维护全直齿摇臂设计研究[J].煤炭科学技术,2014,42(5):125-128.

[26] 郑明正.浅谈神东矿区"一网一站"数字化矿山建设[J].陕西煤炭,2015,34(4):140-142.

[27] 朱卫兵,许家林,鞠金峰.浅埋煤层开采压架机理及防治[M].北京:科学出版社,2022.